可靠性技术丛书编委会

可靠性技术丛书

半导体集成电路的可靠性及评价方法

工业和信息化部电子第五研究所　组编

章晓文　恩云飞　编著

电子工业出版社

Publishing House of Electronics Industry

北京·BEIJING

内 容 简 介

本书共 11 章，以硅集成电路为中心，重点介绍了半导体集成电路及其可靠性的发展演变过程、集成电路制造的基本工艺、半导体集成电路的主要失效机理、可靠性数学、可靠性测试结构的设计、MOS 场效应管的特性、失效机理的可靠性仿真和评价。随着集成电路设计规模越来越大，设计可靠性越来越重要，在设计阶段借助可靠性仿真技术，评价设计出的集成电路可靠性能力，针对电路设计中的可靠性薄弱环节，通过设计加固，可以有效提高产品的可靠性水平，提高产品的竞争力。

本书适用于集成电路设计和生产的技术人员参考，也可供高校微电子专业的本科生和研究生参考，还可作为培训教材使用。

图书在版编目（CIP）数据

半导体集成电路的可靠性及评价方法/章晓文，恩云飞编著；工业和信息化部电子第五研究所组编. —北京：电子工业出版社，2015.10

（可靠性技术丛书）

ISBN 978-7-121-27160-1

Ⅰ. ①半…　Ⅱ. ①章… ②恩… ③工…　Ⅲ. ①半导体集成电路－可靠性－评价　Ⅳ. ①TN43

中国版本图书馆 CIP 数据核字（2015）第 224303 号

策划编辑：张　榕（zr@phei.com.cn）
责任编辑：王敬栋
印　　刷：北京七彩京通数码快印有限公司
装　　订：北京七彩京通数码快印有限公司
出版发行：电子工业出版社
　　　　　北京市海淀区万寿路 173 信箱　邮编　100036
开　　本：720×1 000　1/16　印张：25.75　字数：519 千字
版　　次：2015 年 10 月第 1 版
印　　次：2025 年 1 月第 16 次印刷
定　　价：88.00 元

凡所购买电子工业出版社图书有缺损问题，请向购买书店调换。若书店售缺，请与本社发行部联系，联系及邮购电话：（010）88254888，88258888。

质量投诉请发邮件至 zlts@phei.com.cn，盗版侵权举报请发邮件至 dbqq@phei.com.cn。

本书咨询联系方式：（010）88254454，niupy@phei.com.cn。

丛 书 序

以可靠性为中心的质量是推动经济社会发展永恒的主题，关系国计民生，关乎发展大局。把质量发展放在国家和经济发展的战略位置全面推进，是国际社会普遍认同的发展规律。加快实施制造强国建设，必须牢牢把握制造业这一立国之本，突出质量这一关键内核，把"质量强国"作为制造业转型升级、实现跨越发展的战略选择和必由之路。

质量是建设制造强国的生命线。作为未来10年引领制造强国建设的行动指南和未来30年实现制造强国梦想的纲领性文件，《中国制造2025》将"质量为先"列为重要的基本指导方针之一。在制造强国建设的伟大进程中，必须全面夯实产品质量基础，不断提升质量品牌价值和"中国制造"综合竞争力，坚定不移地走以质取胜的发展道路。

高质量是先进技术和优质管理高度集成的结果。提升制造业产品质量，要坚持从源头抓起，在产品设计、定型、制造的全过程中按照先进的质量管理标准和技术要求去实施。可靠性是产品性能随时间的保持能力。作为衡量产品质量的重要指标，可靠性管理也充分体现了现代质量管理的特点。《中国制造2025》提出要加强可靠性设计、试验与验证技术开发应用，使产品的性能稳定性、质量可靠性、环境适应性、使用寿命等指标达到国际同类产品先进水平，就是要将可靠性技术作为核心应用用于质量设计、控制和质量管理，在产品全寿命周期各阶段，实施可靠性系统工程。

工业和信息化部电子第五研究所是国内最早从事电子产品质量与可靠性研究的权威机构，在我国的质量可靠性领域开创了许多"唯一"和"第一"：唯一一个专业从事质量可靠性研究的技术机构；开展了国内第一次可靠性培训；研制了国内第一套环境试验设备；第一个将质量"认证"概念引入中国；建立起国内第一个可靠性数据交换网；发布了国内第一个可靠性预计标准；研发出第一个国际先进、国内领先水平的可靠性、维修性、保障性工程软件和综合保障软件……五所始终站在可靠性技术发展的前沿。随着质量强国战略的实施，可靠性工作在我国得到空前的重视，在新时期的作用日益凸显。五所的科研工作者们深深感到，应系统地梳理可靠性技术的要素、方法和途径，全面呈现该领域的最新发展成果，使之广泛应用于工程实践，并在制造强国和质量强国建设中发挥应有作用。鉴于此，五所在建所60周年之际，组织专家学者编写出版了"可靠性技术丛书"。这既是历史的责任，又是现实的需要，具有重要意义。

"可靠性技术丛书"内容翔实，涉及面广，实用性强。它涵盖了可靠性的设计、工艺、管理，以及设计生产中的可靠性试验等各个技术环节，系统地论述了提升或保证产品可靠性的专业知识，可在可靠性基础理论、设计改进、物料优选、生产制造、试验分析等方面为产品设计、开发、生产、试验及质量管理等从业者提供重要的技术参考。

质量发展依赖持续不断的技术创新和管理进步。以高可靠、长寿命为核心的高质量是科技创新、管理能力、劳动者素质等因素的综合集成。在举国上下深入实施制造强国战略之际，希望该丛书的出版能够广泛传播先进的可靠性技术与管理方法，大力推动可靠性技术进步及实践应用，积极推进专业人才队伍建设。帮助广大的科技工作者和工程技术人员，为我国先进制造业发展，落实好《中国制造 2025》发展战略，在新中国成立 100 周年时建成世界一流制造强国贡献力量！

<<<<< PREFACE

　　所谓半导体集成电路，就是在一块硅单晶片上，利用半导体工艺制作许多晶体二极管、三极管及电阻、电容等元器件，并通过内部的互连以完成特定功能的电子电路。集成电路在体积、重量、耗电、寿命、可靠性及电性能方面远远优于晶体管组成的电路，广泛应用于各类电子设备中。

　　对于更低功耗、更高集成度、更小体积的追求使得半导体集成电路的集成度不断提高，目前国际上18nm工艺已实现量产，新材料、新结构、新工艺的使用使得半导体集成电路遵循着摩尔定律持续向前发展。

　　随着集成度越来越高，集成电路的使用环境也变得多样化，这就需要更高要求的可靠性。一般情况下，集成电路的可靠性是用"失效率"来衡量的。失效率是指在某一时间内发生的失效概率，分为早期失效、随机失效和磨损失效。在早期失效区，失效率随时间增加而下降；在随机失效区，失效率低且平缓；在磨损失效区，失效率随着时间的增加而增加，表明了产品寿命的结束。产品的寿命取决于产品的设计和所用材料的寿命。

　　随着线宽的缩小，栅介质层的厚度不断减薄，可靠性的容限不断下降，失效机理的寿命时间制约着集成电路的可靠性。本书的目的是为从事半导体集成电路设计与生产的读者提供一些基础知识，以理解或解决工作中出现的可靠性问题，为改进产品的设计和工艺的优化提供技术指导。

　　本书内容分为4个部分，第一部分（第1～4章）是集成电路的基础知识，主要介绍半导体集成电路的可靠性的发展趋势、半导体集成电路的基本工艺、工艺中的缺陷控制和工艺集成，介绍了典型CMOS集成电路和BiCMOS集成电路工艺；第二部分（第5章）介绍了集成电路主要的失效机理，对三种情况下影响集成电路可靠性的主要失效机理进行了描述，并进行了评价模型的推导；第三部分（第6章）是可靠性的基础数学知识，介绍失效时间的统计分布特性及分布的检验；第四部分（第7～11章）是可靠性评价及仿真方法，介绍集成电路失效机理的可靠性评价方法、可靠性测试结构的设计、可靠性的仿真方法和失效机理的可靠性评价流程，并给出了典型失效机理的可靠性评价案例。

　　本书兼顾了集成电路的基础知识和最新发展（如集成电路可靠性面临的挑战、

缺陷的来源和控制、集成电路工艺集成等），重点介绍了集成电路的失效机理及可靠性评价。因此本书中用了较多的篇幅来描述集成电路的工艺过程、工艺集成和沾污控制，分析了半导体集成电路主要的失效机理、可靠性测试结构的设计，以及失效机理的可靠性评价方法，用案例演示了失效机理的可靠性评价过程，同时对集成电路的可靠性仿真进行了介绍。使读者对半导体集成电路可靠性的内涵以及电路失效机理的可靠性评价方法有所了解，为分析和评价集成电路的可靠性打下基础。

全书共分 11 章，其中第 1、2 章由章晓文、恩云飞编写，第 3、5、7、8、9、10、11 章由章晓文编写，第 4 章由侯波、恩云飞编写，第六章由周振威、恩云飞编写，全书由章晓文负责统稿。此外，林晓玲为书稿的录入做了大量工作，肖庆中同志为书稿绘制了多幅插图，刘远为书稿绘制了部分插图，张战钢核对了部分英文文献，编者向他们表示衷心的感谢。

由于集成电路的发展非常迅速，加上作者水平有限，书中定有不少不足和错误，热诚欢迎读者的批评指正。

编　者

2015 年 6 月

<<<<< CONTENTS

第1章

绪论

所谓集成电路，就是在一块极小的硅单晶片上，利用半导体工艺制作许多晶体二极管、三极管及电阻、电容等元器件，并通过内部的互连以完成特定功能的电子电路。从外观上看，它已成为一个不可分割的完整器件，集成电路在体积、重量、耗电、寿命、可靠性及电性能方面远远优于由晶体管组成的电路，广泛应用于各类电子设备中。

1.1 半导体集成电路的发展过程

半导体集成电路的发展经历了漫长的过程。1947 年 12 月，美国贝尔实验室的 John Bardean 和 Walter Brattain 发明了第一个点接触的晶体管。1948 年 1 月，William Shockley 提出结型晶体管理论。1952 年 5 月，英国科学家 G. W. A. Dummer 第一次提出了集成电路的设想。1958 年 9 月，以德克萨斯仪器公司的科学家 Jack Kilby 为首的研究小组研制出了世界上第一块锗集成电路（如图 1.1 所示）：它包含了 1 个三极管、3 个电阻和 1 个电容，所有的元器件都由锗做成，用超声焊接引线将元器件连接起来。Kilby 于 1959 年公布了该结果，由此获得了 2000 年 Nobel 物理学奖。

图 1.1　Jack Kilby 制出的世界上第一块集成电路

1959 年 7 月，美国 Fairchild 公司的 Noyce 发明了第一块单片集成电路（如图 1.2 所示）。他利用 SiO_2 膜制成平面晶体管，用沉积在 SiO_2 膜上和 SiO_2 膜密接在一起的导电膜作为元器件间的电连接（布线）。

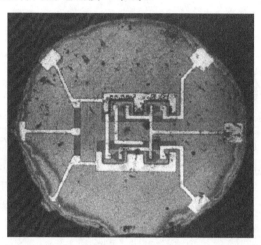

图 1.2　Noyce 发明的第一块单片集成电路

这是单片集成电路的雏形，是与现在的硅集成电路直接有关的发明。

集成电路的发明开创了集有源器件与某些元件于一体的新局面，使传统的电子器件概念发生了质的变化。这种新型的封装好的器件不仅体积和功耗都很小，而且具有独立的电路功能。集成电路的发明使电子学进入微电子学时代，是电子学发展的一次重大飞跃。

早期研制的集成电路都是双极型的，1960 年以后出现了采用 MOS（Metal–Oxide-Semi-conductor）结构和工艺的集成电路，从此 MOS 集成电路得到了迅速发展。双极型和 MOS 集成电路一直处于相互竞争、相互促进、共同发展的状态。但由于 MOS 集成电路具有功耗低、适合于大规模集成等优点，它在整个集成电路领域占的份额越来越大，现在已成为集成电路领域的主流。虽然双极型集成电路在总份额中占的比例在减小，但它的绝对份额依然在增加，它在一些应用中也不会被 MOS 集成电路所替代。

随着电子技术的继续发展，超大规模集成电路应运而生。1967 年出现了大规模集成电路，集成度迅速提高；1977 年超大规模集成电路面世，一个硅晶片中已经可以集成 15 万个以上的晶体管；1988 年，16MB DRAM 问世，$1cm^3$ 大小的硅片上集成有 3500 万个晶体管，标志着进入超大规模集成电路阶段；1997 年，300MHz 奔腾Ⅱ问世，采用 $0.25\mu m$ 工艺，奔腾系列芯片的推出让计算机的发展如虎添翼，发展速度让人惊叹。至此，超大规模集成电路的发展又到了一个新的高度。2009 年，intel 酷睿 i 系列全新推出，创纪录采用了领先的 32nm 工艺；2015 年研发的 14nm

工艺产品即将投入市场，微处理器的发展年表如表 1.1 所示。

集成电路的集成度从小规模到大规模再到超大规模的迅速发展，关键就在于集成电路的布图设计日益复杂而精密，水平迅速提高。这些技术的发展，使得集成电路的发展进入了一个新的时代。随着科技的发展，集成电路还会有更深层次的发展。

一般认为，1969 年美国 Intel 公司研制的 1024 位（简称 1KB）随机存储器（RAM），标志着大规模集成电路的出现。1978 年 64KB RAM 的研制成功则标志着 IC（Integrated Circuit）的发展已进入了超大规模集成的时代。

表 1.1　微处理器发展年表

发 布 年 份	型　　　号	晶 体 管 数	特 征 尺 寸
1971	4004	2250 个	8.0μm
1972	8008	3000 个	8.0μm
1974	8080	4500 个	6.0μm
1976	8085	7000 个	4.0μm
1978	8086	29000 个	4.0μm
1982	80286	134000 个	1.5μm
1985	80386	275000 个	1.5μm
1989	80486	120 万个	1.0μm
1993	Pentium	310 万个	0.8μm
1995	Pentium Pro	550 万个	0.6μm
1997	Pentium II	750 万个	0.35μm
1999	Pentium III	2400 万个	0.25μm
2000	Pentium IV	4200 万个	0.18μm
2002	Pentium IV	5500 万个	0.13μm
2003	Pentium 4-M	5500 万个	0.13μm
2004	Pentium 4 HT	1.69 亿个	0.13μm
2005	Pentium D	2.3 亿个	90nm
2006	Pentium EE	3.76 亿个	65nm
2008	Intel Core 2	4.1 亿个	45nm
2009	Core i7-960	7.31 亿个	32nm
2012	Core i7-3770	14 亿个	22nm
2013	Core i7-4770	—	22nm
2015	Core i7-6700	—	14nm

中国的集成电路产业起步于 20 世纪 60 年代中期。1976 年，中国科学院计算机研究所成功研制 1000 万次大型电子计算机，所使用的电路为中国科学院 109 厂研制的 ECL 型电路；1986 年，原电子部在"七五"期间提出我国集成电路技术"531"发展战略，即推进 5μm 技术，开发 3μm 技术，进行 1μm 技术科技攻关；1995 年，原电子部提出"九五"集成电路发展战略：以市场为导向，以 CAD 为突破口，产学研用相结合，以我为主，开展国际合作，强化投资；在 2003 年，中国半导体占世界半导体销售额的 9%，成为世界第二大半导体市场。目前形成了产品设计、芯片制造、电路封装共同发展的态势。

半导体集成电路的分类

集成电路应用范围广泛，门类繁多，其分类方法也多种多样。本节介绍几种常见的集成电路分类方法。

1.2.1 按半导体集成电路规模分类

一个半导体集成电路芯片中包含的元器件数目称为集成度。在最近的 50 多年里，集成电路的集成度迅速提高，经历了小规模（Small Scale Integrity，SSI）、中规模（Middle Scale Integrity，MSI）、大规模（Large Scale Integrity，LSI）、超大规模（Very Large Scale Integrity，VLSI）、特大规模（Ultra Large Scale Integrity，ULSI）阶段，目前正开始进入巨大规模（Giga Scale Integrity，GSI）阶段。半导体集成电路的分类如图 1.3 所示，各阶段的集成度如表 1.2 所示。

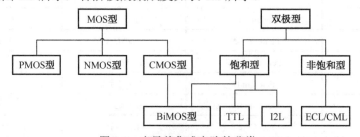

图 1.3　半导体集成电路的分类

表 1.2　集成电路的分类

类　别	数字集成电路		模拟 IC
	MOS IC	双极 IC	
小规模集成电路（SSI）	$<10^2$	<100	<30

类　别	数字集成电路		模拟 IC
	MOS IC	双极 IC	
中规模集成电路（MSI）	$10^2 \sim 10^3$	$100 \sim 500$	$30 \sim 100$
大规模集成电路（LSI）	$10^3 \sim 10^5$	$500 \sim 2000$	$100 \sim 300$
超大规模集成电路（VLSI）	$10^5 \sim 10^7$	>2000	>300
特大规模集成电路（ULSI）	$10^7 \sim 10^9$	—	—
巨大规模集成电路（GSI）	$>10^9$	—	—

对模拟集成电路，由于工艺要求较高，一般认为集成 100 个以下元器件为小规模集成电路，集成 100～500 个元器件为中规模集成电路，集成 500 个以上的元器件为大规模集成电路；对数字集成电路，一般认为集成 1～10 等效门/片或 10～100 个元器件/片为小规模集成电路，集成 10～100 个等效门/片或 100～1000 个元器件/片中规模集成电路，集成 100～10000 个等效门/片或 1000～100000 个元器件/片为大规模集成电路，集成 10000 以上个等效门/片或 100000 以上个元器件/片为超大规模集成电路。

1.2.2　按电路功能分类

根据集成电路的功能不同可将它分为 3 类，即数字集成电路、模拟集成电路和数模混合集成电路。

（1）数字集成电路是处理数字信号的集成电路，即采用二进制方式进行数字计算和逻辑函数运算的一类集成电路。由于这些电路都具有某种特定的逻辑功能，因此它也被称为逻辑电路，如各种门电路、触发器、计数器、存储器等。数字集成电路工作速度较低，但输入阻抗高、功耗小、制作工艺简单、易于大规模集成。

（2）模拟集成电路指对模拟信号（连续变化的信号）进行放大、转换、调制运算等处理的一类集成电路。由于早期的模拟集成电路主要是用于线性放大的电路，因此当时又称其为线性集成电路。但目前许多模拟集成电路已用于非线性情况。常见的模拟集成电路有各种运算放大器、集成稳电源、各种模/数(A/D)和数/模(D/A)转换电路等。

模拟集成电路的频率特性好，但功耗较大，绝大多数模拟集成电路以及数字集成电路中的 TTL、ECL、HTL、LSTTL、STTL 型属于这一类。

（3）数模混合集成电路指在一个芯片上同时包含数字电路和模拟电路的集成电路。

1.2.3 按有源器件的类型分类

根据集成电路中有源器件的结构类型和工艺技术可将集成电路分为 3 类，它们分别是双极型集成电路、MOS 集成电路和 BiCMOS 集成电路。

（1）双极型集成电路是半导体集成电路中最早出现的电路形式。1958 年诞生的世界上第一块集成电路就是双极型的。这种集成电路采用的有源器件是双极晶体管，而双极晶体管中有两类载流子（电子和空穴）参与导电，因此这类电路被称做双极电路。在双极集成电路中，根据晶体管类型的不同还可以进一步细分为 NPN 型和 PNP 型。双极集成电路的优点是速度高、驱动能力强，缺点是功耗较大、集成度相对较低。

（2）MOS 集成电路是金属—氧化物—半导体的英文缩写。MOS 集成电路中采用场效应晶体管作为有源器件。MOS 晶体管主要靠半导体表面电场感应产生的沟道来导电，工作时只有一种载流子（电子或空穴）起主导作用。根据 MOS 晶体管类型的不同，MOS 集成电路又可以分为 NMOS、PMOS 和 CMOS（互补 MOS）集成电路。

（3）BiCMOS 集成电路是芯片上同时包含双极晶体管和 MOS 晶体管两种有源器件的集成电路。BiCMOS 集成电路综合了双极和 MOS 集成电路的优点，但其制造工艺比较复杂，成本较高。

1.2.4 按应用性质分类

按应用性质可把集成电路分为通用集成电路和专用集成电路（Application Specific Integrated Circuit，ASIC）。通用集成电路主要指各种标准逻辑电路、通用存储器和微处理器等，专用集成电路则是指面向专门用途的集成电路。

专用集成电路的功能强，保密性好，产品更新快，具有许多通用集成电路不能代替的优势。因此，尽管有很多通用集成电路，还有很多公司仍投入大量人力、物力设计自己的 ASIC 电路，用于公司的新产品。

1.3 半导体集成电路的发展特点

集成电路从诞生到现在已经过了 50 多年的发展时间，在这 50 多年的时间里，技术的发展取得了巨大的进步。1980 年至 2008 年之间，SRAM 单元的面积从 $1700\mu m^2$ 缩小到 32nm SRAM 单元的 $0.171\mu m^2$，数以亿计的晶体管集成在一个芯片上，半导体集成电路也由早期的单元集成发展到子系统、系统集成。

1.3.1 集成度不断提高

1965 年，美国 Intel 公司的戈顿·摩尔（Gordon Moore）通过对过去数年来集成电路发展情况的总结，提出了著名的摩尔定律，即集成电路芯片的集成度每 3 年提高 4 倍，加工的特征尺寸缩小为 $1/\sqrt{2}$。图 1.4 给出了集成电路代表产品微处理器和线宽缩小的发展曲线。摩尔定律的提出虽然已有 50 多年的历史，但目前集成电路的发展仍然基本符合这一规律。

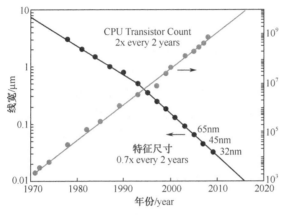

图 1.4　集成电路的发展路线图

1971 年制造出的第一块 4 位微处理器芯片，单个芯片上集成有 2.3k 个晶体管。1981 年生产的 16 位微处理器芯片集成度达到 29k，而到 20 世纪 90 年代末的"奔腾"PIV 微处理器中已集成了 4200 万个晶体管。

同样，在 20 世纪 70 年代存储器的集成度为 Kbit（10^3）规模，到 20 世纪 80 年代中期发展到 Mbit（10^6）规模，1994 年已研制出 Gbit（10^9）规模的 DRAM 芯片，预计到 2031 年左右将达到 1Tbit 的集成度。

1.3.2 器件的特征尺寸不断缩小

为了不断提高集成电路和集成系统的性能及性能价格比，人们不断缩小半导体器件的特征尺寸。因为随着器件特征尺寸的缩小，会使工作速度提高、功耗降低。同时，可以把更多的元器件做在一个芯片上，从而提高集成度，降低单元功能的平均价格。

目前，集成电路特征尺寸已达 14nm。为此，在基础物理（如半导体器件的运输理论、器件模型、器件结构等）、加工工艺（如光刻技术、互连技术等）、电路技术（低电压、低功耗技术、热耗散技术等）及材料体系上，有大量的研究工作要开展。

此外，随着集成电路规模的扩大，硅晶圆片的尺寸越来越大，目前 12 英寸（1 英寸=25.4mm）的晶圆已用于纳米级集成电路的生产，16 英寸的硅晶圆片已见报道，应用于纳米级集成电路的生产只是时间问题。

1.3.3　专业化分工发展成熟

在 50 多年的发展过程中，世界集成电路产业为了适应技术的发展和市场需求，其产业结构经历了 3 个主要阶段。

第一个阶段：1960 年前后，随着平面工艺的发展，加上表面态问题得到了有效控制，以及实现了对器件结构尺寸的精确控制，表面和结型场效应器件获得应用。美国贝尔实验室的 Kahng 及 Atalla 成功研制出第一只 MOSFET，通过在氧化层表面上沉积一层极小的铝层，称为栅极，实现了电流的控制。

20 世纪 70 年代早期，主要器件为 P 沟道铝栅 MOSFET。由于无法控制钠离子的污染，N 沟道铝栅 MOSFET 的阈值电压较大，为常开型（耗尽型）器件，很难得到增强型 N 沟道 MOSFET，因而应用上受到很大限制。

这一时期是以加工制造为主的初级阶段，IC 设计和半导体工艺密切相关，主要以人工为主。

第二个阶段：20 世纪 80 年代，自对准多晶硅栅互补金属氧化物半导体场效应晶体管（CMOS）工艺得到应用。由于采用了自对准工艺，导致寄生电容非常小，并且改善了器件的可靠性。随着工艺和设计复杂度的日益增加，工艺与设计逐步分离，Foundry 线（标准工艺加工线）公司与 IC 设计公司开始崛起。1980 年，美国加州理工学院的 Mead 和 Conway 出版了《Introduction to VLSI System》一书。书中提出了以"λ设计规则"和"等比例缩小"定律为主要内容的 IC 设计与工艺制作相对独立的思想。此外，这一时期 IC CAD 技术也发展到一个新的阶段，能为设计提供方便的原理图编辑、仿真验证和版图自动布局布线等功能。

市场对专用集成电路的需求，带动了标准工艺加工线（Foundry）的发展，形成了无生产线 IC 设计公司与标准工艺加工线相结合的集成电路产业协同发展局面。

第三阶段：1989 年以后，集成电路工艺的主要特点为采用全自对准金属硅化物栅、源及漏极，并且采用侧墙自对准工艺形成轻掺杂漏区。自对准硅化物工艺已经成为大规模超高速 CMOS 逻辑集成电路的关键制造工艺之一。它给高性能逻辑器件的制造提供了诸多好处。该工艺同时减小了源/漏电极和栅电极的薄膜电阻，降低了接触电阻，并缩短了与栅相关的 RC 延迟。

1994 年，集成电路工艺的主要特点是采用全自对准金属硅化钴（CoSi）栅、源及漏极，减小了接触电阻，并且采用侧墙自对准工艺形成轻掺杂漏区。在 0.25μm 以下工艺节点，开始引入浅沟槽隔离（Shallow Trench Isolation，STI）技术，它包括浅沟槽定义（光刻、蚀刻）、浅沟槽内壁隔离层氧化、采用高密度等离子体化学气相增强沉积氧化层进行浅沟槽填充、化学机械抛光（CMP）平坦化。

进入 21 世纪，集成电路工艺跨入纳米时代，主要特点为增加体掺杂离子注入以抑制短沟道效应，同时又可以保持高的沟道载流子迁移率；采用全自对准金属硅化镍（NiSi）栅、源及漏极，减小了接触电阻，采用侧墙自对准工艺形成轻掺杂漏区。由于电路尺寸的缩小、金属布线层数的增加，以及可靠性要求的提高，一块芯片的制作工序多达几百道。

因此，自从 20 世纪 90 年代以后，技术的飞速发展需要巨额资金投入和大量的人才与知识储备，一家企业"小而全"的综合发展策略已不能适应技术发展和市场需求。于是，导体体集成电路的产业结构向高度专业化方向转化，逐步形成了设计、制造、封装、测试自成体系的格局，各自拥有自己的市场空间。

1.3.4　系统集成芯片的发展

Intel 公司的酷睿系列产品中，晶体管的数量多达 11.7 亿个，如此多的晶体管集成在一个芯片上，以至可以将一个子系统乃至整个系统集成在一个芯片上，即 SOC（System On Chip）芯片。SOC 芯片的设计远比传统的集成电路设计复杂，因此在设计方法和设计工具上需要有新的变革。除了要有工艺条件（包括不同工艺的兼容技术）外，还需要有相应的关键技术加以支持，如 IP（Intelligent Property）库及 IP 的复用技术。

1.3.5　半导体集成电路带动其他学科的发展

半导体集成电路的优势在于可以低成本、大批量地生产出功能复杂的芯片，这种技术与其他学科相结合，推动了其他学科的发展。典型例子有微电子机械系统（Microelectro Mechanical System，MEMS）和生物芯片等。

硅基 MEMS 可以把微型声、光、磁、生物等传感器和显示、机械等执行器件与集成电路的信号处理电路、控制电路、接口电路等集成在一起，实现智能传感和控制，推动 MEMS 应用产品的发展。生物芯片是将半导体集成电路制造技术与生物科学相结合而产生的生物工程芯片，它以生物科学为基础，实现对化合物、蛋白质、核酸、细胞及其他生物组分的正确、快速的检测，在各行各业中具有重要作用。

半导体集成电路可靠性评估体系

1.4.1　工艺可靠性评估

可靠性的定义是系统或元器件在规定的条件下和规定的时间内，完成规定功能的能力。从集成电路的诞生开始，可靠性的研究就成为 IC 设计、工艺研究开发和产品生产中的一个重要部分。

第一块商用单片集成电路在 1961 年诞生。1962 年 9 月 26 日，第一届集成电路方面的专业国际会议在美国芝加哥召开，当时会议名称为"电子学失效物理年会"。1967 年，会议名称改为"可靠性物理年会"，1974 年又改为"国际可靠性物会议"（International Reliabilty Procedings Sym，IRPS）并延续至今。IRPS 已经发展成集成电路行业的一个盛会，而可靠性也成为横跨学校、研究所及半导体产业的重要研究领域。

经过 50 多年的发展，集成电路的可靠性评估已经形成了完整的、系统的体系，整个体系包含工艺可靠性、产品可靠性和封装可靠性。

工艺可靠性评估是采用特殊设计的可靠性测试结构对集成电路中与工艺相关的失效机理（Wearout Mechanism）进行评估。例如，在芯片划片线（Scribe Line）上安排测试结构以进行 HCI（Hot Carrier Injection）和 NBTI（Negative Bias Temperature Instability）等效应测试，对器件的可靠性进行评估。产品可靠性和封装可靠性是利用真实产品或特殊设计的具有产品功能的 TQV（Technology Qualification Vehicle）对产品设计、工艺开发、生产、封装中的可靠性进行评估。

可靠性定义中"规定的时间"即常说的"寿命"。根据国际通用标准，常用电子产品的寿命必须大于 10 年。显然，不可能将一个产品放在正常条件下运行 10 年后再来判断这个产品是否有可靠性问题。可靠性评估常采用"加速寿命试验"（Accelerated Life Test，ALT）的方式，即把样品放在高电压、大电流、高湿度、高温、较大气压等条件下进行测试，然后根据样品的失效机理和模型来推算产品在正常工作条件下的寿命。通常的测试时间在 1000h 之内。所以准确评估集成产品的可靠性是可靠性工作的一个最重要的任务。当测试结果表明某一产品不能满足设定的可靠性目标，就需要和产品设计、工艺开发、产品生产部门一起来改善产品的可靠性，这也是可靠性工作的另一项重要任务。当产品生产中发生问题时，对产品的可靠性风险评估是可靠性工作的第 3 个重要任务。为了准确完成这 3 项任务，必须完成以下 6 项具体工作。

（1）研究理解产品的失效机理和寿命推算模型；

（2）设计和优化测试结构；

（3）开发和选择合适的测试设备、测试方法和程序；

（4）掌握可靠性相关的统计知识，合理选择样品数量和数据分析方法；

（5）深入了解工艺参数和可靠性之间的关系；

（6）掌握失效分析的基本知识，有效利用各种失效分析工具。

这 6 个方面的工作相互影响。对失效机理和生产工艺的理解是最基本的，只有理解了，才能设计出比较合适的测试结构，选择适当的测试与数据分析方法，并采用合适的寿命推算模型，以做出准确的寿命评估。只有深入理解工艺参数和失效机理之间的互相关系，才能有效地掌握方向、订下重点、分配资源，来改善产品的可靠性。

1.4.2 集成电路的主要失效模式

1. 失效模式的定义

失效模式就是指器件失效的形式，只讨论器件是"怎样"失效的，并不讨论器件为什么失效。通常器件失效的表现形式多种多样。从外观上看，有涂层脱落、标志不清、外引线断、松动、封装不完整、管壳明显缺陷、漏气等。从电测上看，则有电参数漂移、PN 结特性退化或结穿通、电路开路或短路、电路无功能、存储数数据丢失、保护电路烧毁等。从芯片内部的结构来看，则有芯片与底座粘接不良或脱开、内引线断裂、内引线尾部过长、键合点变形、键合点抬起、键合位置不当、内引线与引脚键合不良、芯片涂敷不良、芯片上有外来异物、芯片裂缝、铝穿透、氧化层划伤、断裂、针孔、过薄、龟裂、介质强度差、光刻对准不佳、钻蚀、毛刺现象等。集成电路的失效模式如表 1.3 所示，失效模式的分类按失效发生的部位划分。

表 1.3 集成电路的失效模式

失 效 部 位	失 效 模 式
表面	沟道漏电、参数漂移、表面漏电、结特性退化、高阻或开路
体内	结退化、低击穿、等离子体击穿、二次击穿、管道漏电、热点、芯片裂纹、开路、漏电或短路、参数漂移
金属化系统与封装	开路、短路、漏电、结退化、烧毁
键合	开路、高阻、短路、高阻或时断时通、热阻增加、芯片脱开
装片	芯片脱开龟裂、热点、结退化

续表

失 效 部 位	失 效 模 式
封装	结退化、表面漏电、铝膜腐蚀、开路或短路、芯片裂纹、键合开路、时断时通、可伐引脚脆裂开路、瞬间短路、存储数据丢失
外部因素 （机械振动、冲击、 过电应力、电源跳动）	瞬间开路、短路、结退化、热击穿、二次击穿、栅穿通、表面击穿或熔融烧毁、闩锁效应

2. 集成电路的主要失效模式

集成电路的主要失效模式有栅介层击穿短路、电参数退化、金属化互连线开路、芯片烧毁、晶闸管闭环效应、电路漏电、电路无功能、存储数据丢失、保护电路烧毁、二次击穿和铝穿透，下面分别给以介绍。

（1）栅介层击穿短路。随着超大规模集成电路器件尺寸的等比例缩小，在器件生产过程中薄栅氧化层上的高电场是影响器件成品率和可靠性的主要因素。当有电荷注入氧化层时，会产生结构变化（陷阱、界面态等），引起局部电流的增加，当有足够的电荷注入进氧化层时会产生热损伤，导致氧化层有一条低的电阻通路，在介质层上产生不可恢复的漏电，即发生栅介层的击穿短路，这种击穿可以在介质层上施加电流或者施加高电场来获得。栅介质按击穿时的情况，通常可分为以下两种情况。

① 瞬时击穿，电压一加上去，电场强度达到或超过该介质材料所能承受的临界场强，介质中流过的电流很大而马上击穿，叫本征击穿。实际栅氧化层中，某些局部位置厚度较薄，或者存在空洞（针孔或盲孔）、裂缝、杂质、纤维丝等疵点，电场增强，它引起的气体放电、电热分解等产生介质漏电甚至击穿，由这些缺陷所引起的介质击穿叫非本征击穿。

② 与时间有关的介质击穿（Time Dependent Dielectric Breakdown，TDDB），施加的电场低于栅氧的本征击穿场强，并未引起本征击穿，但经历一段时间后仍发生了击穿。这是由于施加电应力过程中，氧化层内产生并积聚了缺陷（陷阱）的缘故。

在氧化层较厚时，栅极材料采用铝，这时栅氧击穿有两种形式。由于铝的熔点低且铝层很薄，栅氧某处发生击穿时，生成的热量将击穿处铝层蒸发掉，使有缺陷的击穿处与其他完好的 SiO_2 层隔离开来，这叫自愈式击穿。另一种是毁坏性击穿，铝彻底进入氧化层，使氧化层的绝缘作用完全丧失，产生短路现象。

当栅氧较薄时，栅电极采用多晶硅材料或金属制作，栅氧的击穿与硅中杂质、氧化工艺、栅极材料、施加电场大小及极性等因素有关，击穿的情况可分为 A、B、C 三种模式。A 模式的场强一般在 1MV/cm 以下，它是由于栅氧中存在针孔引起的。B 模式的击穿场强大于 2MV/cm 小于 8MV/cm，一般认为是由于 Na^+ 沾污等缺陷引起的。C 模式的击穿场强大于 8MV/cm，为本征击穿。

（2）电参数退化。电参数退化是指双极型器件的电流增益下降、PN 结反向漏电流增加、击穿电压蠕变等，对 MOS 器件则是平带电压、阈值电压漂移、跨导下降、线性区漏极电流和饱和区漏极电流减少甚至源—漏穿通，对电荷耦合器件则是转移效率下降等。

（3）金属化互连线开路。超大规模集成电路中，0.13μm 以上线宽的 CMOS 工艺中，金属互连线大多采用铝膜（Al），这是因为铝膜具有导电率高、能与硅材料形成低阻的欧姆接触、与 SiO_2 层等介质膜具有良好的黏附性和便于加工等优点。但使用中也存在一些问题，如质地较软、机械强度低、容易划伤、化学性活泼、易受腐蚀、在高电流密度时抗电迁移能力差。在电路规模不断扩大，器件尺寸进一步缩小时，互连线中电流密度上升，铝条中电迁移现象更为严重，成为 VLSI 可靠性中一个主要问题。

0.13μm 以下线宽的 CMOS 工艺中，金属互连线大多采用金属铜（Cu）。铜的电阻率约为 1.7μΩ·cm，而铝的电阻率约为 2.7μΩ·cm，故铜线的电阻率较铝的下降了 40%，利用 Cu 取代 Al 可使互连延迟减少 40%。另外铜的熔点约是 1070℃，高于铝的 660℃，故铜可以承受较高的温度。因铜原子较铝原子不易移动，故抗电迁移性能较好，并且导电性能和散热也较铝好。

虽然铜线有很好的优点，但也有一些缺陷，这是由于铜在硅基板中扩散得非常快，因此一定要有很好的阻挡层，以防止铜原子扩散出来。铜很容易在空气中氧化，并且铜线不能采用一般的干法刻蚀，而需要使用所谓的大马士革方法（Dual Damascene）去刻蚀。

金属化互连线的开路是指芯片上用于电连接的铝连线产生了开路，开路的原因与芯片的加工工艺和使用条件有关。

多层金属布线中，采用腐蚀法刻蚀铝和介质层上的通孔会造成金属边缘和氧化层台阶处第二层金属膜厚的不均匀，从而引起断条，产生开路现象。

使用中，金属条中流过的电流密度过大，金属原子迁移从而导致金属化互连线的断裂，产生开路现象。

（4）芯片烧毁。随着集成度的增加，器件尺寸在减小，按等比例缩小原理，器件尺寸缩小 k 倍，电源电压减少 k 倍，掺杂浓度增加 k 倍。这一比例缩小规则已令人满意地使器件沟道长度缩小到 90nm，但这里有两个致命的可靠性问题。首先是线电流密度增加 k 倍，使电迁移危险增加，其次是栅氧化层中的电场增强。如果器件为保持与现有逻辑兼容而以保持恒定电源电压的等比例缩小时，这些影响将更为严重，电流密度将以缩小因子的三次方增加，电场也将随缩小因子而增强，这使功率密度增强，结温更高。

MOS 器件的栅氧化层对电场增强特别敏感，高场强的电场将引起薄氧化层的击穿和热电子的俘获。栅氧化层的击穿是 MOS 器件的基本失效机理，目前 MOS 器件的栅氧化层厚度可以小于 1.2nm。

当过大的输入信号或电源电压加到芯片上时，会产生器件的大面积烧毁或芯片上产生严重的过应力击穿点，这就是芯片烧毁。

（5）晶闸管闭环效应。CMOS 集成电路中含有 P 沟道和 N 沟道 MOS 场效应晶体管，其制作工艺按衬底导电类型的不同分为 P 阱 CMOS 工艺和 N 阱 CMOS 工艺。在 CMOS 电路中存在 NPNP 寄生晶闸管结构，在一定条件下会被触发，电源到地之间便会流过较大的电流，并在 NPNP 寄生晶闸管结构中同时形成正反馈过程，此时寄生晶闸管结构处于导通状态，只要电源电压不降至临界值以下，即使触发信号已经消失，已经形成的导通电流也不会消失，引起器件的烧毁。这就是 CMOS 电路的寄生晶闸管效应，也称闩锁效应，简称闩锁（Latch－up）。

随着集成度的提高，尺寸的缩小，掺杂浓度提高，寄生管的放大倍数变大，更易引起闩锁效应。

（6）电路漏电。电路漏电是指器件中本应绝缘或小电流的位置产生了大得多的电流，电流的大小与器件中的受损部位有关。

多层金属布线中，两层布线间有氧化层针孔以及因第一层金属不平整或介质膜过厚而引起的介质膜裂纹，破坏了介质的绝缘性能而产生漏电。

器件在使用过程中受到应力损伤或腐蚀，主要是静电应力损伤，降低了介质的绝缘性能，也会产生漏电。

（7）电路无功能。电路无功能是指本应有信号输出的电路端口没有信号输出。影响电路无功能的因素有内因和外因两个方面。内因有输出信号端口的键合引线烧断使信号无法输出、键合引线的键合端腐蚀开路造成信号无法输出、内部电路短路使信号被旁路到地。外因主要是因供电不足使电路不能输出信号。

（8）存储数据丢失。存储数据丢失是指在外界因素作用下产生的电路误动作，使动态存储器存储电荷丢失、静态随机存储器（RAM）的存储单元翻转、动态逻辑电路信息丢失的现象，与器件本身的物理缺陷无关。

（9）保护电路烧毁。微电子器件在加工生产、组装、储存及运输过程中，可能与带静电的容器、测试设备及操作人员相接触，所带静电经过器件引线放电到地，使器件受到损伤或失效，叫做静电放电损伤（Electro-static damage，ESD）。它对各类器件都有损伤，而 MOS 器件对此特别敏感。器件抗静电能力与器件类型、输入端保护结构、版图设计、制造工艺及使用情况有关。

器件的 ESD 分成 1、2、3 三个等级，其抗静电电压分别为 2000V 以下、2000～3999V 及 4000V 以上。在过电应力或过高的静电压作用下，保护电路会被击穿或烧毁，从而使器件失去功能，导致失效。

（10）二次击穿。当器件被偏置在某一特殊工作点时，电压突然降落，电流突然上升，出现负阻的物理现象叫二次击穿。这时若无限流或其他保护措施，器件将被烧毁。

二次击穿和雪崩击穿不同，雪崩击穿是电击穿，一旦反偏压下降，器件（若击穿是在限流控制下）又可恢复正常，是可逆非破坏性的。二次击穿是破坏性的热击穿，为不可逆过程，有过量电流流过 PN 结，温度很高，使 PN 结烧毁。

电压开始跌落点称二次击穿触发点，在二次击穿触发点停留的时间称二次击穿"延迟时间"。二次击穿现象不仅在双极型功率器件中存在，而且在点接触二极管、CMOS 集成电路中也存在。

（11）铝穿透。集成电路中的铝基金属化，当硅溶进覆盖的铝膜，在连接孔退火时铝会穿过连接窗，这种现象常称为铝膜尖峰或连接坑。溶进铝膜的硅在硅片的温度下降后会析出，或者在氧化层上形成小岛，或者作为连接孔的外延硅，从而导致有效接触面积减少，接触电阻增大，甚至阻塞整个连接处。

1.4.3 集成电路的主要失效机理

集成电路的失效机理是指集成电路的失效原因，分析集成电路为什么失效，研究它失效的物理、化学反应过程，以便采取有效措施，消灭或控制这些失效机理的发生。集成电路的失效机理与设计有关，版图、电路和结构方面的设计缺陷会引起器件特性的劣化。集成电路的失效机理与工艺过程有关，表面沾污、掩模不准、可动离子含量高、欧姆接触不良、金属条与氧化层的黏附力差、台阶覆盖不好、氧化层上的针孔、键合点损伤等原因都会使生产出来的器件失效。集成电路的失效机理也和使用环境有关，潮湿环境中的水汽、静电或电浪涌产生的损伤、过高的使用温度以及在辐射环境下使用未经抗辐射加固的集成电路也会引起器件的失效。表 1.4 列出了双极型大规模集成电路和 MOS 大规模集成电路的失效机理。

表 1.4　双极型大规模集成电路失效机理

器 件 类 型	失 效 部 位	失 效 机 理
双极集成电路	芯片	（1）结特性退化、放大倍数衰退、噪声增加等；（2）辐射损伤产生结特性退化、放大倍数衰退等；（3）晶体缺陷产生的反向击穿电压下降、结特性退化等
	多层金属互连	（1）与铝有关的界面反应、电迁移导致两层铝金属间的短路或漏电；（2）铝膜损伤、黏附不良、电迁移产生金属引线开路或电阻增加；（3）局部焦耳热、电迁移、工艺缺陷等造成金属互连线短路；（4）电迁移、铝膜损伤等造成的台阶处开路

续表

器 件 类 型	失 效 部 位	失 效 机 理
双极集成电路	键合引线	键合不良、粘接疲劳
	封装	（1）密封不严导致结退化、表面漏电、金属互连线腐蚀造成开路或短路；（2）陶瓷基座盖板碎裂，产生的表面漏电、金属互连线腐蚀造成开路或短路；（3）热应力使管壳出现裂纹、引线封接处裂开、焊接层破坏；（4）钝化层破裂
MOS 集成电路	芯片	（1）氧化层中的电荷、热载流子注入效应、与时间有关的介质击穿、PMOSFET 的负偏置温度不稳定性、封装材料中的α射线产生的软误差等；（2）辐射损伤产生的阈值电压漂移、漏电等；（3）闩锁效应、ESD、晶体缺陷产生的失效等；（4）层间介质破裂，钝化层破裂
	多层金属互连	（1）铝膜退化、电迁移导致两层铝金属间的短路或漏电；（2）铝膜损伤、黏附不良、电迁移、应力迁移产生金属引线开路或电阻增加；（3）局部焦耳热、电迁移、工艺缺陷等造成互连引线短路；（4）电迁移、铝膜损伤等导致台阶处开路
	键合引线	键合不良、金属间化合物、粘接疲劳、碰丝
	封装	（1）密封不严导致表面漏电、金属互连线腐蚀造成开路或短路；（2）陶瓷基座盖板碎裂，产生的表面漏电、金属互连线腐蚀造成开路或短路；（3）热应力使管壳出现裂纹、引线封接处裂开、焊接层破坏

1.4.4 集成电路可靠性面临的挑战

20 世纪 90 年代以来，半导体集成电路技术得到了快速发展，特征尺寸不断缩小，集成度和性能不断提高。为了减小成本，提高性能，集成电路技术中引入大量新材料、新工艺和新的器件结构。这些发展给集成电路可靠性的保证和提高带来了巨大挑战。

（1）随着特征尺寸的缩小，工艺中的一些关键材料已接近物理极限，其失效模型发生了改变，这对测试方法及寿命评估都带来了严峻挑战。同时，一部分失效机理的可靠性问题变得非常严重。例如于 1966 年报道的 NBTI，对较大尺寸的半导体器件性能影响并不大；然而随着器件尺寸的减小，加在栅极氧化层上的电场强度越来越高，工作温度也相应提高，器件对工作的阈值电压越来越敏感，NBTI 已成为影响集成电路可靠性的关键问题。

在 2008 年，在先进的微处理器中实现了基于硅的场效应晶体管的栅层叠方面的重要突破，即使用基于铪的介质（介电常数值大约为 20）来取代氮化的 SiO_2 介质。掺 N 的和掺 P 的多晶硅栅电极也被双功函数金属栅所取代，消除了多晶硅的耗尽效应。然而，使用适当的金属栅并在 16nm 技术代将栅氧化层的有效栅氧厚度（Effective Oxide Thickness，EOT）减薄到 0.8nm 以下，以及在 16nm 技术代以后减薄到 0.6nm 以下，仍然是未来与器件按比例缩小相关的最严峻的挑战，需要更高介电常数的介质，以及更薄的二氧化硅层。栅介质层的可靠性是高度按比例缩小的 EOT 水平上需要积极应对的问题。

减少多栅器件的栅层叠的界面态是 16nm 及更先进的技术代的严峻挑战之一。另一个关键的挑战是在高 k 介质和硅之间的界面层的按比例缩小的同时，不产生由越来越明显的库仑散射和远程声子散射导致的沟道迁移率恶化。更高迁移率的材料，如锗、锗硅、III-V 族化合物半导体，将会被用来增强沟道载流子输运能力，这给未来的高 k 介质层叠带来额外的困难，这是因为层叠结构的表面特性比较复杂，而且缺乏高质量的自然的界面氧化层。必须要解决对更新的高 k 氧化层材料的可靠性的要求，包括介质击穿特性（硬击穿和软击穿）和晶体管不稳定性（电荷陷阱、功函数稳定性、金属离子游离或扩散等）。

工业界的持续研发使得按比例缩小技术得以加速并变得多样化。基础的存储器包括独立的和嵌入式的 DRAM、SRAM、NAND 和 NOR 闪存。新型的存储器包括硅/氧化层/氮化层/氧化层/硅（SONOS）、铁电 RAM（FeRAM）、磁 RAM（MRAM）和相变存储器（PCM）。

DRAM 不断地按比例缩小使得必须在更小的单元面积中制备存储器电容。同时，为了保证被存储数据的可靠性，也要求电容数值至少不能低于 25～35fF。这导致了高介电常数（高 k）介质材料的引入，如四方晶系的氧化锆、氧化钽、掺杂 Ba/Ti 的高 k 介质或这些材料的多组分层叠结构，以及 3D 存储器结构。在亚 45nm 技术代之后将等效氧化层厚度缩减到 1.0nm 以下，同时保持很低的漏电流水平（每单元几飞安）是 DRAM 工业界面临的一个严峻挑战。

另一方面，闪存器件的关键挑战是隧道介质的不可按比例缩小性、多晶间介质的不可按比例缩小性、介质材料特性、尺寸的控制等。对于闪存器件，持续的按比例缩小和写入电压的降低，将需要使用更薄的多晶氧化物和隧道氧化层。隧道氧化层必须要足够厚，以保证足够的保持时间，但同时它也需要足够薄，以使得擦除和写入变得更加容易。而多晶氧化物也必须足够厚以保证保持时间，同时又要足够薄以保证几乎恒定的耦合比。这个困难的折中问题阻碍了按比例缩小，这需要将高 k 材料和 3D 结构的器件引入到闪存工艺。尽管通过电荷陷阱层或内嵌的纳米晶体层来取代浮栅会对按比例缩小有所帮助，但是，在读/写循环中，如何在按比例缩小的器件空间内的陷阱层中保持足够多的电荷量，以确保充分的读出是一个严峻的挑战。这在多级单元（MLC，Multi Level Cell）中将变得更加严峻，在 MLC 中，不同的存储位之间只有不到十个电子的差别。

（2）新材料和新工艺的引入导致了新的可靠性问题。为了尽量减少信号传输的延迟，130nm CMOS 工艺中通过双金属镶嵌工艺引入了高电导率金属和低介电常数（低 k）材料，45nm 工艺中引入更低介电常数的介质。持续按比例缩小的互连给技术的开发和制造带来了越来越大的挑战。快速引入新的金属/介质系统的可靠性变得十分重要，对低 k 介质材料，常规的方法是引入同质的多孔低 k 材料，另一个方法是空气隙。它在低 k 材料中加入更大体积的空气隙，以得到更低的有效 k 值。低 k 材料必须要有足够强的机械强度，以便能够经历划片、封装和装配过程而不受到损坏。

由于低 k 介质材料的机械、电学和热学性能远远低于传统的二氧化硅材料，低 k 介质材料的斜坡击穿电压和经时击穿 TDDB（Time Dependant Dielectric Breakdown）寿命，以及由低 k 材料和高密度倒装芯片封装引起的新失效机理 CPI（Chip Package Interaction）已成为集成电路可靠性的制约因素。

对于金属而言，由于铜的金属阻挡层或介质界面及晶粒边界处的电子散射，窄铜线的电阻率的上升速度越来越快。此外，需要使用非常薄的、保形的低电阻率阻挡层金属和铜集成在一起，以实现需要的低电阻率和良好的可靠性。

由于传统的按比例缩小的材料解决方案无法获得足够的性能，因此近年来提出了一些新技术，如 3D 结构，包括密集节距硅通孔（Tight Pitch Through Silicon Vias，TPTSV）或空气间隙结构，采用新的设计和封装选择，这些创新技术给新的材料系统、工艺集成和互连可靠性等带来了严峻的挑战。

（3）尺寸的缩小和集成度的提高对可靠性的测试带来了挑战。尺寸缩小导致对 ESD（Electrostatic Discharge）变得更加敏感。封装测试中的 ESD 问题会严重影响可靠性评估的成功率和准确性。集成度的提高也使一些常规可靠性评估因时间变长而显得非常困难。如 4GB Flash 存储器传统的 100K 耐久性测试会超过 2000h，严重影响新工艺可靠性评估的及时完成。

（4）多种致命缺陷的探测。当前的检验系统探测小尺寸缺陷的能力，预期能够以和技术周期所要求的特征尺寸按比例缩小的相同速度甚至更快的速度发展。可以增加检测的灵敏度，以应对缺陷尺寸的发展趋势。然而，如何能够高效地、经济地从一系列噪扰（nuisance）和伪缺陷中找出真正感兴趣的缺陷（Defects of Interest，DOI）是一个重要的挑战。从探测单元和样品中降低背景噪声，是提高缺陷描述时的信噪比的重要挑战。深宽比的增加和互连复杂度将继续带来更多的困难，同时也给检测工具的开发带来机遇。

（5）高吞吐率逻辑诊断能力。随机分布的逻辑电路区对系统成品率的损失机制（如图案处于光刻工艺窗边缘时）非常敏感。在达到随机缺陷限制的成品率之前，系统的成品率损失机制可以通过在产品设计时嵌入的逻辑诊断能力来进行应对，系统地加入到设计流程中去。由于不同的自动化测试码生成（Automatic Test Pattern

Generation，ATPG）流程的适应性可能存在问题，当加载大量的逻辑诊断覆盖所需的测试矢量时，自动化测试设备的结构可能会导致测试时间和每个管芯的逻辑诊断时间的显著增加。

随着晶体管在空间上的尺寸微缩逐渐达到极限，各种问题和挑战也就显现出来，尤其是通道控制效果降低、漏电流增加、短沟道效应出现等问题。这些问题会带来严重的后果，如晶体管的不当关闭、电子装置待机耗电量增加等。这对于目前的半导体产业和电子产业来说，无疑是无法满足需求的。

鳍背式晶体管（FinFET）技术正是在这样的状况下应运而生。FinFET 称为鳍背式场效应晶体管（FinField-effect transistor，FinFET），它是一种新的互补金属氧化物半导体（CMOS）晶体管，栅长已可小于 25nm，未来预期可以进一步缩小至9nm。FinFET 是源自目前传统标准的场效应晶体管（Field-effect transistor，FET）的一项创新设计。在传统的晶体管结构中，只能在栅极的一侧控制电路的接通与断开，属于平面架构。在 FinFET 的架构中，栅极类似鱼鳍的叉状 3D 架构，可在电路的两侧控制电路的接通与断开。这种设计可以大幅改善电路控制并减少漏电流，也可以大幅缩短晶体管的栅长，如图 1.5 所示。

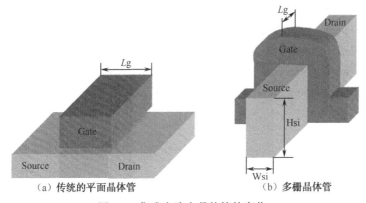

（a）传统的平面晶体管　　　　　　（b）多栅晶体管

图 1.5　集成电路中晶体管的变化

FinFET 技术对移动设备来说也变得日益重要。自 2011 年 Intel 推出商业化的22nm 节点工艺的 FinFET 以来，目前 FinFET 已经在向 14nm 节点推进发展，并带动整个半导体制造技术与产业的发展。

集成电路的快速发展，给可靠性保证带来了巨大的挑战。集成电路的可靠性需要深入研究可靠性物理和失效机理，结合产品的设计要求，以减少可靠性对集成电路特征尺寸进一步缩小的制约，并保证产品保持足够的可靠性容限（Reliability Allowance）。

参 考 文 献

[1] 常青，陶华敏，肖山竹，卢焕章. 微电子技术概论.北京：国防工业出版社，2009

[2] 郝跃，贾新章，董刚，史江义. 微电子概论. 北京：电子工业出版社，2011

[3] 高保嘉. MOS VLSI 分析与设计. 北京：电子工业出版社，2002

[4] 朱正涌. 半导体集成电路. 北京：清华大学出版社，2001

[5] 史保华，贾新章，张德胜. 微电子器件可靠性. 西安：西安电子科技大学出版社，1999

[6] http://kscsma.ksc.nasa.gov/Reliability/Documents/History_of_Reliability.pdf

[7] http://course.baidu.com/view/5fb8e6313968011ca3009188.html

[8] http://wenku.baidu.com/view/896b097d168884868762d672.html

[9] http://wenku.baidu.com/view/2289aed250e2524de5187e9a.html

[10] http://baike.baidu.com/view/170613.htm

[11] http://www.51wendang.com/doc/df417c29197587a84d449293

[12] http://wenku.baidu.com/view/00067169561252d380eb6ef6.html

[13] http://wenku.baidu.com/view/aeb2b87f27284b73f242509b.html

[14] http://english.ime.cas.cn/ns/es/201001/t20100120_50233.html

[15] http://www.docin.com/p-44809232.html

[16] http://www.docin.com/p-305786743.html

第2章

半导体集成电路的基本工艺

硅（Si）、锗（Ge）的纯晶体称为本征半导体。本征半导体是一种绝缘体，硅原子之间靠共有电子对连接在一起，如图 2.1 所示。硅原子的 4 个价电子和它相邻的 4 个原子组成 4 对共有电子对。这种共有电子对称为"共价键"。

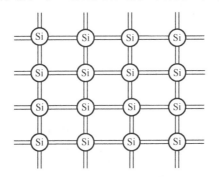

图 2.1　本征硅晶体结构

掺杂 V 价元素的半导体称为 n⁻型半导体。这是因为 5 价元素原子的 5 个价电子中，4 个与周围原子形成共价键，而第 5 个价电子不在共价键上，受到的束缚很弱，使第 5 个电子脱离原子束缚成为自由电子所需能量很低，对于硅，只有 0.05eV 的数量级，远小于硅原子脱离共价键束缚所需要的 1.12eV。这类杂质提供了带负电的载流子，故称它们是施主杂质或 N 型杂质，N 型杂质居多的半导体称为 N 型半导体，如图 2.2（a）所示。掺杂Ⅲ价元素的半导体称为 p⁻型半导体。这是因为 3 价元素原子的 3 个价电子中，第 4 个共价键上出现一个空位置。3 价元素能接受其他硅原子的价电子填补其空位置，在其他硅原子中形成新的空位。由于 3 价元素提供一个带正电的载流子—空穴，因此称为受主杂或 P 型杂质。P 型杂质居多的半导体称为 P 型半导体，如图 2.2（b）所示。

半导体集成电路的生产过程有前工序和后工序之分。前工序是指从圆片开始加工到中间测试之前的所有工序。后工序是指从中间测试开始到成品测试的所有工序。为了保证整个工艺流程的进行，还需要一些辅助性的工序。

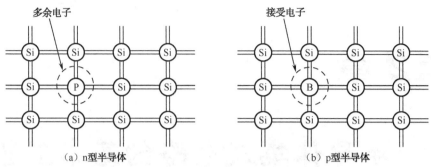

图 2.2　n 型和 p 型半导体结构示意图

前工序包括：（1）薄膜制备工艺，包括氧化、外延、化学气相沉积、蒸发、溅射；（2）掺杂工艺，包括离子注入和扩散；（3）图形加工技术，包括制版和光刻。

后工序包括：中间测试、划片、贴片、焊接、封装和成品测试。

辅助工序包括：（1）超净环境的制备；（2）高纯水、气的制备；（3）材料准备，包括制备单晶、切片、磨片、抛光等工序，制成 IC 生产所需要的单晶圆片。

氧化工艺是指生成 SiO_2 薄膜的工艺。掺杂工艺是指在半导体基片的一定区域掺入一定浓度的杂质元素，形成不同类型的半导体层，来制作各种器件，包括扩散工艺和离子注入工艺两种掺杂方法。光刻工艺是指借助于掩膜版，并利用光敏的光刻胶涂层发生光化学反应，结合刻蚀方法在各种薄膜上（如 SiO_2 薄膜、多晶硅薄膜和各种金属膜）刻蚀出各种所需要的图形，实现掩膜版图形到硅片表面各种薄膜上图形的转移。硅片从起始到完成的过程如图 2.3 所示。

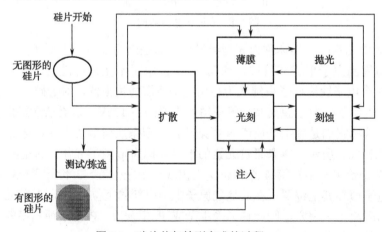

图 2.3　硅片从起始到完成的过程

2.1 氧化工艺

单晶硅表面上总是覆盖着一层 SiO_2，即使是刚刚解理的单晶硅，在室温下，只要在空气中一暴露就会在表面上形成几个原子层的氧化膜。当把硅晶片暴露在高温且含氧的环境里一段时间后，硅晶片的表面会生长一层与硅附着性良好且具有高度稳定的化学性和电绝缘性的 SiO_2。正因为 SiO_2 具有这样好的性质，它在半导体工业中的应用非常广泛。根据不同的需要，SiO_2 被用于器件的栅介质层、绝缘层和钝化层，以及电性能的隔离等。除了可以用硅晶片加热的方法来制备 SiO_2 外，还可以用各种化学气相沉积（Chemical Vapor Deposition，CVD）来获得，如 APCVD（常压 CVD，Atmospheric Pressure CVD）、LPCVD（低压 CVD，Low Pressure CVD）及 PECVD（等离子增强 CVD，Plasma Enhanced CVD）等。SiO_2 在 VLSI/ULSI 中的应用如表 2.1 所示。

表 2.1　二氧化硅在 VLSI/ULSI 中的应用

SiO_2 类型	性质描述
栅氧	薄绝缘层，热生长 SiO_2 分隔 MOS 晶体管中的源漏沟道和（多晶硅）栅
场氧	厚（~4000Å）热生长 SiO_2 常用来确定和隔离硅片的有源区
侧墙氧化	厚 CVD SiO_2 常用来确定 MOS 沟道的宽度和减少热载流子效应
金属间绝缘介质	厚（~7500Å）CVD SiO_2（BPSG 或 TEOS）常用来绝缘衬底和金属化层
钝化	厚 CVD SiO_2，常作为金属间绝缘介质分隔金属线，确定压焊孔
平坦化	SiO_2 层，用于降低由于多层布线造成的表面高低不平的形貌

2.1.1　SiO_2的性质

电阻率：可高达 $10^{15} \sim 10^{16} \Omega \cdot cm$；$SiO_2$ 禁带宽度相当宽，约 0.9eV，因此是比较理想的绝缘体。

介电强度和介电常数：物质的介电强度与薄膜结构的致密性、均匀性以及杂质总量均有直接关系。SiO_2 的薄膜介电强度可达 $10^6 \sim 10^7 V/cm$，可以承受较高的电压，适宜做器件的绝缘膜。SiO_2 的介电系数则为 3.9 左右。

薄膜密度：SiO_2 密度与制备方法有关，一般在 $2.0 \sim 2.3 g/cm^3$ 之间。折射率通常为 1.45 左右，密度高折射率稍大。

化学稳定性：SiO_2 的化学稳定性较高，它不溶于水和氢氟酸以外的酸。被氢氟酸腐蚀的化学方程式如下：

$$SiO_2+4HF=SiF_4+2H_2O$$
$$SiF_4+2HF=H_2SiF_6$$

H_2SiF_6（六氟硅酸）是可溶于水的络合物，利用这个性质可以很容易通过光刻工艺实现选择性腐蚀 SiO_2。为了获得稳定的腐蚀速率，腐蚀 SiO_2 的腐蚀液一般用 HF、NH_4F 与纯水按一定比例配成。

在生产中利用 SiO_2 与氢氟酸反应的性质，完成对 SiO_2 腐蚀的目的。SiO_2 腐蚀速率的快慢与氢氟酸的浓度、温度、SiO_2 的质量以及所含杂质的数量等情况有关。不同方法制备的 SiO_2，其腐蚀速率可能相差很大。不同方法制备的 SiO_2，其物理特性有所不同，如表 2.2 所示。

表 2.2　SiO_2 的物理性质

氧化方法	密度（g/cm³）	电阻率（Ω·cm）	介电常数	介电强度（10⁶V/cm）
干氧	2.24～2.27	$3\times10^{15}\sim2\times10^{16}$	3.4(10KHz)	9
湿氧	2.18～2.21	—	3.82(1MHz)	—
水氧	2.00～2.20	$10^{15}\sim10^{17}$	3.2(10KHz)	6.8～9
热分解沉积	2.09～2.15	$10^7\sim10^8$	—	—
外延沉积	2.3	$7\times10^{14}\sim8\times10^{14}$	3.54(1MHz)	5～6

2.1.2　SiO_2 的作用

1. 作为绝缘介质

SiO_2 不导电，是绝缘体，它的热膨胀系数与硅相近，在加热或冷却时，晶圆不会弯曲，所以 SiO_2 膜常用做场氧化层或绝缘材料。

2. 对杂质扩散的掩蔽作用

SiO_2 在集成电路制造中的重要用途之一是作为选择扩散的掩蔽膜。生产中往往是在硅表面某些特定的区域内掺入一定种类、一定数量的杂质，其余区域不进行掺杂。为了达到上述目的，常采用选择扩散的方法。选择扩散是根据某些杂质，在条件相同的情况下，在 SiO_2 中的扩散速度远小于其在硅中扩散速度的性质来完成的，即利用 SiO_2 层对某些杂质能起到"掩蔽"的作用来达到的。实际上，掩蔽是相对的、有条件的，因为杂质在硅中扩散的同时，在 SiO_2 中也进行扩散，只是扩散的速度相差非常大。在相同条件下，杂质在硅中的扩散深度已达到要求时，其在 SiO_2 中的扩散深度还很小，没有穿透预先生长的 SiO_2 层，因而在 SiO_2 层保护下的那部分硅内没有杂质进入，客观上就起到了掩蔽的作用。

3. 作为表面钝化层

SiO_2 膜硬度高，密度高，可防止表面划伤，并且对环境中的污染物可起到很好的屏障作用，一些可移动离子污染物，也被禁锢在二氧化硅膜中。在晶圆表面生长一层 SiO_2，可以束缚硅的悬挂键，阻止晶圆表面硅电子的各种活动，提高器件的稳定性和可靠性，起到钝化保护的作用。它能防止电性能退化，减少由于潮湿、离子或其他外部污染造成的漏电流的产生。在制造过程中，还可以防止晶圆受到机械损伤。

2.1.3　SiO_2 膜的制备

SiO_2 的制备方法有许多种，包括热氧化法、热分解法、溅射法、真空蒸发法、阳极氧化法、等离子氧化法等。各种制备方法各有特点，不过，热氧化法是应用最为广泛的，这是由于它不仅具有工艺简单、操作方便、氧化膜质量最佳、膜的稳定性和可靠性好等优点，还能降低表面悬挂键，从而使表面态势密度减小，很好地控制界面陷阱和固定电荷。

1. 三种热氧化法

硅的热氧化是指在 1000℃以上的高温下，与含氧物质（如氧气、水汽）反应生成 SiO_2 的过程。热氧化法包括干氧氧化、水汽氧化和湿氧氧化三种方法。

（1）干氧氧化。干氧氧化是在高温下，氧分子与硅直接反应生成 SiO_2 的过程，反应式如下：

$$Si+O_2 \rightarrow SiO_2$$

干氧生长的氧化膜表面干燥，结构致密，光刻时与光刻胶接触良好，不易产生浮胶，但氧化速率极慢。

（2）水汽氧化。水汽氧化是指在高温下，硅与高纯水蒸气反应生成 SiO_2 膜的过程，反应式如下：

$$Si+2HO_2 \rightarrow SiO_2+2H_2$$

（3）湿氧氧化。湿氧氧化中，用携带水蒸气的氧气代替干氧，氧化剂是氧气和水的混合物，反应过程为：氧气通过 95℃ 的高纯水，携带水汽一起进入氧化炉在高温下与硅反应。

湿氧氧化相当于干氧氧化和水汽氧化的综合，其速率介于两者之间。具体的氧化速率取决于氧气的流量和水汽的含量。水温越高，则水汽含量越大，氧化膜的生长速率和质量越接近于水汽氧化的情况；反之，如果水汽含量比较小，则更接近于干氧氧化。

湿氧法由于氧化环境中有水汽存在，所以氧化过程不仅有氧气对硅的氧化作用，还有水汽对硅的氧化作用，即

$$Si+O_2 \rightarrow SiO_2$$

$$Si+2H_2O \rightarrow SiO_2+2H_2 \uparrow$$

氧化环境中含有水汽，水汽和 SiO_2 薄膜也能发生化学反应，生成硅烷醇（Si—OH），即

$$SiO_2+H_2O \rightarrow 2(Si—OH)$$

湿氧氧化和水汽氧化都要用到高纯去离子水，如果去离子水的纯度不够高或者水浴瓶等容器沾污的话，就会使氧化膜的质量受到影响，为此将适当比例混合的高纯氢氢和氧气通入氧化炉，在高温下先合成水汽，然后再与硅反应生成 SiO_2，就能得到高质量的 SiO_2 薄膜。

2. 掺氯氧化法

在氧化气氛中添加微量氯元素进行 SiO_2 薄膜生长，能降低钠离子沾污，抑制钠离子漂移，获得高质量的氧化膜，提高器件电性能和可靠性。常用的氯源有干燥高纯的氯气（Cl_2）或氯化氢（HCl）和高纯的三氯乙烯（C_2HCl_3，液态）。掺氯氧化一般采用干氧氧化法进行，这是因为水的存在会使氯不能结合到氧化膜中去，起不到降低可动钠离子、清洁氧化膜的作用，而且容易腐蚀硅片表面。

掺氯氧化速率略大于普通干氧氧化速率，这是由于氯进入 SiO_2 薄膜，使 SiO_2 结构发生形变，氧化物质在其中的扩散速率增大的缘故。

在掺氯热氧化工艺中，常用的三种氯源里由于氯化氢气体和氯气都是腐蚀性较强的气体，因此在生产上使用越来越多的是三氯乙烯。在高温下三氯乙烯分解生成氯气和氯化氢用于掺氯氧化，而三氯乙烯本身腐蚀性不如以上两种气体，因此三氯乙烯是更具有发展前途的掺氯氧化工艺的氯源材料。

无论是干氧或者湿氧工艺，SiO_2 的生长都要消耗硅。硅消耗的厚度占氧化物总厚度的 0.45，就是说每生长 1000Å 的氧化物，就有 450Å 的硅被消耗。硅片表面一旦有氧化物生成，它将阻碍氧原子与硅原子的接触。所以其后的继续氧化（氧化物的增厚）是氧原子通过扩散，穿透已生长的氧化层向内运动，抵达 Si/SiO₂ 的界面进行反应。

氧化的过程也是气体穿过固态阻挡层扩散的过程，所以硅片制造厂中进行氧化的工作间仍被称为扩散区。

3. 影响氧化物生长的因素

（1）温度。实验表明，氧化速率随温度的升高而增加。实际生产中，热氧化的温度选择在 1000～1200℃之间。

（2）时间。热氧化生长 SiO_2 中的 Si 来源于硅表面，也就是说，只有 Si 表面处的硅才能与氧化剂起化学反应生成 SiO_2 层。随着反应继续进行，Si 表面位置不断向 Si 内方向移动，因此，Si 的热氧化将有一个洁净的界面，氧化剂中沾污物将留在 SiO_2 表面。根据生产实践，生成的 SiO_2 分子数与消耗掉的 Si 原子数是相等的，所以，要生长一个单位厚度的 SiO_2，就得消耗掉 0.44 个单位厚度的 Si 层。当氧化时间很短时，SiO_2 的厚度与时间成线性关系。随着时间增长，氧化层加厚的速率变慢，即氧化速率下降。

（3）晶格方向。<111>晶面的原子密度比<100>晶面的原子密度大，因此，<111>晶面的 Si-SiO_2 界面处的反应速率也较快。但从氧化膜质量的角度来看，<100>晶面的缺陷密度较低，这也是生产制造中采用<100>晶面的原因。

（4）压强。氧化的速率与氧化剂运动到 Si 表面的速率有关，而压力可以强迫氧分子更快地通过正在生长的氧化层，所以压力越高，氧化速率越快。

高压氧化的优点：缩短氧化时间或者降低氧化温度。在氧化速率不变的前提下，每增加一个大气压的压力，氧化炉内的温度可降低 30℃。高压氧化比较适合生长厚的场氧层。

（5）杂质浓度。III−V 族杂质可以提高氧化剂在 SiO_2 中的扩散速率，所以重掺杂 Si 的氧化速率高于轻掺杂 Si。

（6）特定的杂质。某些特定的杂质，如 Cl 可以使氧化速率明显增加，在掺氯氧化或有 HCl 的情况下，生长率可提高 1%～5%。

2.1.4 SiO_2 膜的检测

SiO_2 膜的质量直接关系到半导体芯片的性能，因此，其质量必须达到预定的要求。氧化膜质量的主要要求有表面无斑点、裂纹、白雾和针孔等缺陷，厚度达到规定的标准，薄厚均匀，可动离子含量低，符合要求等。

1. SiO_2 膜厚度的测量

（1）比色法。膜的厚度不同，在光的照射下，由于光的干涉会呈现出不同的颜色，如表 2.3 所示。根据干涉次数与颜色，就能估测出膜的厚度。但误差较大，且当膜厚超过 7500Å 时，色彩变化不明显，因此仅限于测量 1000～7000Å 的氧化膜厚度。

表2.3 氧化膜颜色与氧化膜厚度的关系

氧化膜颜色	氧化膜厚度/Å			
	1 次干涉	2 次干涉	3 次干涉	4 次干涉
灰色	100	—	—	—
黄褐色	300	—	—	—
棕色	500	—	—	—
蓝色	800	—	—	—
紫色	1000	2750	4650	6500
深蓝色	1500	3000	4900	6850
绿色	1850	3300	5200	7200
黄色	2100	3700	5600	7500
橙色	2250	4000	6000	—
红色	2500	4300	6250	—

（2）光干涉法。光干涉法需要将氧化膜腐蚀出一个斜面，用黑蜡或真空油脂保护一定区域，然后放入 HF 酸中将未被保护的 SiO_2 层腐蚀掉，最后再用有机溶剂去掉黑蜡或真空油脂，于是就出现 SiO_2 台阶，如图 2.4 所示，光干涉法比较适合测量厚度在 200nm 以上的氧化膜。

用短波长的单色光垂直入射至斜面处，由于从 SiO_2 层表面及从 Si/SiO_2 界面反射的两束光的干涉作用，台阶处出现黑暗相间的条纹，用显微镜观察斜面处的干涉条纹数（可读到半条）。根据条纹的个数即可计算出膜的厚度，氧化膜厚度的计算公式如下：

$$t_{ox} = N\lambda/2n_{SiO_2}$$

式中，t_{ox} 是 SiO_2 膜的厚度；N 为干涉条纹数；λ 为入射光波长；n_{SiO_2} 为 SiO_2 的折射率，其值为 1.5。

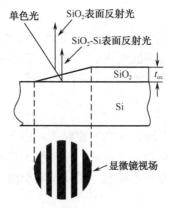

图 2.4 光干涉法测量氧化膜的厚度

（3）椭偏光法。椭偏光法是用椭圆偏振光照射被测样品，观察反射光偏振状态的改变，从而测出膜的厚度。椭偏光法测量精度高达 10Å，且可同时测出薄膜的折射率，它还是一种非破坏性的测量方法。

2.1.5　SiO₂膜的主要缺陷

（1）膜厚不均匀。精度要求不高时，厚度测量可用比色法、磨蚀法；精度要求高时，可用双光干涉法、电容—电压法、椭偏光法。

SiO₂膜层的表面颜色一致，则说明膜厚均匀；若颜色有较明显的变化，则说明膜厚不均。SiO₂膜的厚度不均匀会影响其杂质掩蔽的功能，绝缘性变差，而且在光刻腐蚀时容易造成局部沾污等。氧化炉内的氧气或水汽不均匀、炉温变化不定以及恒温区太短等都是造成膜厚不均匀的原因。想得到厚度均匀的氧化层，则要求氧化前做好硅片的处理，保证清洗质量和硅片表面质量，严格控制炉温，控制好水浴温度，必须有长且稳定的恒温区，对氧化气体的流量也要严格控制。

（2）表面质量：要求薄膜表面无斑点、裂纹、白雾、发花和针孔等缺陷。通常通过在聚光灯下目测或者镜检发现各种缺陷。

表面斑点。斑点一般用肉眼无法看到，要通过显微镜观察。产生表面斑点的原因一般有：晶圆表面清洗不彻底，残留了一些杂质颗粒，这些杂质在高温下黏附在SiO₂膜的表面形成斑点；石英管在高温下工作时间过长，脱落的颗粒落在晶圆表面，出现斑点；晶圆清洗后水迹未干、湿氧过程中有水滴落在晶圆上，都会使 SiO₂膜的表面出现斑点。为了避免斑点的出现，要仔细清洁晶圆表面，清洗石英管，严格控制水温以及氧气的流量。

针孔。针孔会破坏氧化膜的杂质掩蔽能力，会造成器件漏电流的增大，甚者会使器件击穿而失效。由于晶圆抛光效果不好，存在严重位错，在位错处不能形成SiO₂，于是产生针孔。针孔对器件的危害很大且不易发现，因此要采用化学腐蚀法、电解染色法、阳极氧化法以及电解镀铜法等方法检验。为了消除针孔，应严格选择衬底材料，表面应平整、光亮，而且要加强清洁。

（3）氧化层层错：将氧化后的硅片先经过腐蚀显示，再用显微镜观察，可以看到很多类似火柴杆状的缺陷。氧化层层错会使氧化膜出现针孔等，最终导致 PN 结反向漏电流增大，耐压降低甚至穿通，使器件失效。在 MOS 器件中，Si/SiO₂ 系统中的层错会使载流子迁移率下降，影响跨导和开关速度。因此要保证硅片表面抛光质量和表面清洗质量，采用掺氯氧化和吸杂技术，在硅片背面引入缺陷或造成很大应力来降低热氧化层错。

（4）钠离子污染。钠离子主要来源于生产环境，比如去离子水直接接触晶圆，水质将直接影响表面质量。钠离子的含量可由水的电阻率来表征，要求 25℃时水的电阻率高于 18MΩ·cm。在高温下，钠离子会穿过石英管管壁进入氧化炉内，影响氧化膜的质量，因此生产上均使用双层管壁的石英管。

氧化层中可动电荷和界面态密度的高低将影响 MOS 管的漏电流和器件的阈值电压，通常可采用 C—V 和电荷泵技术进行测量。

 ## 2.2 化学气相沉积法制备薄膜

2.2.1 化学气相沉积概述

沉积也叫积淀，是指在晶圆上沉积一层膜的工艺。沉积薄膜的工艺主要包括化学气相沉积和物理气相沉积。

化学气相沉积（Chemical Vapour Deposition，CVD）是指单独综合地利用热能、辉光放电等离子体、紫外光照射、激光照射或其他形式的能源，使气态物质在固体的热表面上发生化学反应，形成稳定的固态物质，并沉积在晶圆片表面上的一种薄膜制备技术。

目前在集成电路的制造中，除了某些薄膜（尤其是金属膜）因特殊原因外，其他所有薄膜材料均可以用 CVD 法来沉积。主要的介电材料有 SiO_2、Si_3N_4、硼磷硅玻璃（Boro—Phospho—Silicate—Glass，BPSG）及磷硅玻璃（Phospho—Silicate—Glass，PSG）等；导体有硅化钨（WSix）、钨（W）及多晶硅等，半导体有硅、砷化镓（GaAs）和磷化镓（GaP）等。

用 CVD 法沉积薄膜，实际上是从气相中生长晶体的物理—化学过程。对于气体不断流动的反应系统，其生长过程可分为以下几个步骤：

参加反应的混合气体被输送到衬底表面，反应物分子由主气流扩散到衬底表面，反应物分子吸附在衬底表面上，吸附分子与气体分子之间发生化学反应，生成固态物质，并沉积在衬底表面。反应副产物分子从衬底表面解析。副产物分子由衬底表面扩散到主气体流中，然后被排出沉积区。

以上这些步骤是连续发生的，每个步骤的生长速率是不同的，总的沉积速率由其中最慢的步骤决定，这一步骤称为速率控制步骤。

在常压下，各种不同硅源沉积硅薄膜的速率与温度有关。在高温区，沉积速率对温度不太敏感，这时沉积速率实际是反应剂的分子通过扩散到达衬底表面的扩散速率；在低温区，沉积速率和温度之间成指数关系。

化学气相沉积反应必须满足三个挥发性条件。

（1）在沉积温度下，反应剂必须具备足够高的蒸气压，使反应剂以合理的速度引入反应室。如果反应剂在室温下都是气体，则反应装置可以简化；如果在室温下反应剂挥发性很低，则需要用携带气体将反应剂引入反应室，在这种情况下，接反应器的气体管路需要加热，以免反应剂凝聚。

（2）除沉积物质外，反应副产物必须是挥发性的。

（3）沉积物本身必须具有足够低的蒸气压，使反应过程中的沉积物留在加热基片上。

2.2.2　化学气相沉积的主要反应类型

CVD 是建立在化学反应基础上的，要制备特定性能的材料首先要选定一个合理的沉积反应。用于 CVD 技术的化学反应主要有 6 大类，分别是热分解反应、氢还原反应、复合还原反应、氧化反应和水解反应、金属还原反应以及生成氮化物和碳化物的反应。

1. 热分解反应

热分解反应是最简单的沉积反应，一般在简单的单温区炉中进行。首先在真空或惰性气氛下将衬底加热到一定温度，然后导入反应气态源物质使之发生热分解，最后在衬底上沉积出所需的固态材料。热分解反应可应用于制备金属、半导体及绝缘材料等。

最常见的热分解反应有 4 种，包括氢化物分解、金属有机化合物的热分解、氢化物和金属有机化合物体系的热分解以及其他气态络合物及复合物的热分解。例如，以下反应均属于热分解反应。

$$SiH_4（气）\rightarrow Si（固）+ 2H_2（气）$$
$$CH_3SiCl_3（气）\rightarrow SiC（固）+3HCl（气）$$
$$WF_6（气）\rightarrow W（固）+3F_2（气）$$

2. 氢还原反应

氢还原反应的优点在于反应温度明显低于热分解反应，其典型应用是半导体技术中的硅气相外延生长，反应式为

$$SiCl_4（气）+ 2H_2（气）\rightarrow Si（固）+4HCl（气）$$

氢还原反应主要是从相应的卤化物中制备出硅、锗、钼、钨等半导体或金属薄膜，另外有些反应还可以作为辅助反应用于其他形式的反应中，抑制氧化物和碳化物的出现。

3. 复合还原反应

复合还原反应主要用于二元化合物薄膜的沉积，如氧化物、氮化物、硼化物和

硅化物薄膜的沉积。典型的复合还原反应为 TiB$_2$ 薄膜的制备，反应方程式为

$$TiCl_4（气）+2BCl_3（气）+5H_2（气）\rightarrow TiB_2（固）+10HCl（气）$$

4. 氧化反应和水解反应

氧化反应和水解反应主要用来沉积氧化物薄膜，所用的氧化剂主要有 O$_2$ 和 H$_2$O。近年来，还有研究用 O$_3$ 作为氧化剂来制备薄膜的。典型的氧化反应和水解反应有

$$SiH_4（气）+O_2（气）\rightarrow SiO_2（固）+2H_2（气）$$
$$Al_2(CH_3)_6（气）+12O_2（气）\rightarrow Al_2O_3（固）+9H_2O（气）+6CO_2（气）$$
$$2AlCl_3（气）+3H_2O（气）\rightarrow Al_2O_3（固）+6HCl（气）$$

5. 金属还原反应

许多金属如锌、镉、镁、钠、钾等有很强的还原性，这些金属可用来还原钛、锆的卤化物。在化学气相沉积中使用金属还原剂，其副产的卤化物必须在沉积温度下容易挥发，这样所沉积的薄膜才有较好的纯度。最常用的金属还原剂是锌，锌的卤化物易于挥发，其典型的化学反应式为

$$TiI_4（气）+2Zn（固）\rightarrow Ti（固）+4ZnI_2（气）$$

另一种金属还原剂是镁，在工业中常用来还原钛，其反应式为

$$TiCl_4（气）+2Mg（固）\rightarrow Ti（固）+2MgCl_2（气）$$

6. 生成氮化物和碳化物的反应

碳化物的沉积通常通过卤化物和碳氢化物相互反应获得，其典型的化学反应式为

$$TiCl_4（气）+CH_4（气）\rightarrow TiC（固）+4HCl（气）$$

在氮化物的沉积过程中，氮的来源主要是通过氨气的分解来提供的，最典型的应用是氮化硅的沉积，其化学反应式为

$$3SiH_4（气）+4NH_3（气）\rightarrow Si_3N_4（固）+12H_2（气）$$

各种 CVD 方法的优缺点如表 2.4 所示。表 2.5 是几种化学气相沉积方法的沉积条件、沉积能力、薄膜性能及其应用的比较。

表 2.4 CVD 方法的优缺点对比

工 艺	优 点	缺 点	应 用
APCVD（常压 CVD）	反应简单，沉积速度快，低温	台阶覆盖能力差，有颗粒沾污，低产出率	低温二氧化硅（掺杂或不掺杂）
LPCVD（低压 CVD）	高纯度和均匀性，一致的台阶覆盖能力，大的硅片容量	高温，低的沉积速率，需要更多的维护，要求真空系统支持	高温二氧化硅（掺杂或不掺杂）、氮化硅、多晶硅等

续表

工 艺	优 点	缺 点	应 用
等离子体增强 CVD(PECVD)	低温，快速沉积，好的台阶覆盖能力，好的间隙填充能力	要求 RF 系统，高成本，压力远大于张力，化学物质和颗粒沾污	高的深宽比间隙的填充，金属上的 SiO_2、钝化(Si_3N_4)

表2.5　化学气相沉积方法制备薄膜的性能对比

性　能	沉 积 方 法		
	常压化学气相沉积	低压化学气相沉积	等离子体增强化学气相沉积
沉积温度/℃	300～500	500～900	100～350
压力/Torr	760	0.2～2	0.1～2
沉积膜	SiO_2、PSG	多晶硅、SiO_2、PSG、Si_3N_4	SiO_2、Si_3N_4
薄膜性能	好	很好	好
台阶覆盖性	差	好	差
低温性	低温	中温	低温
生产效率	高	高	高
主要应用	钝化，绝缘	栅材料，钝化，绝缘	钝化，绝缘

2.2.3　CVD 制备薄膜

1. SiO_2薄膜

SiO_2 薄膜在集成电路中的应用十分广泛，从 MOS 器件的第一个掩膜开始，便可以看到 SiO_2 薄膜的踪迹。早期的 MOS 或 CMOS 器件的制作，大多数 SiO_2 膜都是以热氧化法的方法制作而成的，如今已开始使用 CVD 法制备 SiO_2 薄膜。将含硅的化合物进行热分解，在晶圆表面沉积一层 SiO_2 薄膜，这种工艺中，硅不参加反应，只起到衬底的作用，而且氧化温度很低，又称"低温沉积"工艺。含硅的化合物有两种，分别是烷氧基硅烷和硅烷。

（1）烷氧基硅烷分解法。烷氧基硅烷是一种含有硅与氧的有机硅化物，通常使用四乙氧基硅烷，该物质在室温下为液体，使用时要加热到 40～70℃以提高其饱和蒸气压，分解成为 SiO_2 层，化学反应式为

$$Si(OC_2H_5)_4 \rightarrow SiO_2 \downarrow + 4C_2H_4 \uparrow + 2H_2O \uparrow$$

烷氧基硅烷分解法具有温度低、均匀性好、台阶覆盖优良、薄膜质量好等优点。

（2）硅烷分解法。硅烷分解法是将硅烷在氧气气氛中加热，反应生成 SiO_2，沉

积在晶圆上，这种方法生成的氧化膜质量较好，生长温度也较低，反应式为

$$SiH_4+O_2 \rightarrow SiO_2 \downarrow +2H_2 \uparrow$$

沉积时，反应室内气流要均匀，流量控制也要适当，反应温度要严加控制，同时也要注意安全，硅烷是易燃易爆气体，使用前应稀释至3%～5%的体积浓度。

CVD SiO$_2$薄膜的折射率一般是1.43～1.46，密度是2.05～2.20g/cm^3，都低于热氧化的SiO$_2$薄膜。CVD SiO$_2$薄膜的WER（Wet Etch Rate）远远高于热氧化的SiO$_2$薄膜。CVD SiO$_2$薄膜没有经过致密处理，其膜特性（击穿、漏电等）较差。因此，CVD SiO$_2$薄膜主要被用于做场氧、杂质阻挡层、金属间的介质层。

2. Si$_3$N$_4$薄膜

氮化硅（Silicon Nitride）薄膜是无定形的绝缘材料，在半导体器件及集成电路制作工艺中主要用做SiO$_2$的刻蚀掩膜，它在ULSI中的主要应用如下：

（1）集成电路的最终钝化层和机械保护层（尤其是塑料封装的芯片）；

（2）不易被氧渗透，进行场氧化层制作时，作为硅选择性氧化的掩蔽膜；

（3）DRAM电容中作为O−N−O叠层介质中的一种绝缘材料；

（4）作为MOSFETs的侧墙（例如，用于形成LDD结构的侧墙以及形成自对准硅化物过程中的钝化层侧墙）；

（5）作为浅沟隔离的CMP停止层。

由于氮化硅有较高的介电常数（为6～9，而CVD二氧化硅只有4.2左右），如果代替SiO$_2$作为导体之间的绝缘层，将会造成较大的寄生电容，从而降低了电路的速度，因此不能用于层间的绝缘层。

氮化硅由于有以下特性使其很适合作为钝化层：

（1）对扩散来说，它具有非常强的掩蔽能力，对碱金属离子的防堵能力也很好，且不易被水气分子所渗透；

（2）采用LPCVD和PECVD法均可制作；

（3）可以对底层金属实现保形覆盖；

（4）薄膜中的针孔很少。

作为选择氧化的掩蔽层时，可以把氮化硅直接沉积到硅衬底的表面上，有时考虑到氮化硅与硅直接接触产生应力，形成界面态，往往在硅表面上先沉积一层SiO$_2$作为缓冲层，然后再沉积一层作为掩蔽层的氮化硅。通过光刻形成图形，再进行热氧化。在硅氧化的同时氮化硅本身也会发生缓慢的氧化反应，因氮化硅氧化速度非常慢，只要氮化硅具有一定的厚度，它将保护下面的硅不被氧化，只有暴露的硅表面才能生长一层SiO$_2$。在氧化完成之后，氮化硅被除去。LOCOS工艺就是基于以上操作过程。

可根据需要选择不同方法沉积氮化硅薄膜。当作为选择氧化的掩蔽膜或者作为

DRAM 中电容的介质层时，由于考虑到薄膜的均匀性和工艺成本，氮化硅通常是在中温（700～800℃）下用 LPCVD 技术沉积的。当用作最终的钝化层时，沉积工艺必须和低熔点金属（例如 Al）兼容，这时氮化硅沉积就必须在低温（200～400℃）下进行。对于这种低温沉积，首选沉积方法是 PECVD，因为它可以在 200～400℃温度下沉积氮化硅薄膜。然而，PECVD 氮化硅往往是非化学配比的，含有相当数量的氢原子（10%～30%），因此有时候化学表示式写为 $Si_xN_yH_z$。比较 CVD 氮化硅的折射系数和热生长氮化硅折射系数，可以很容易地估算出 CVD 氮化硅薄膜的化学配比情况，高折射系数表明薄膜中含硅量多，低折射系数表明薄膜中含有氧。氮化硅中的氧以 $Si-O$ 形式存在薄膜中，这是由于真空漏气、气体受到污染、真空度不高等原因造成的，氧的存在可能会使刻蚀速率加快。折射系数通常在 1.8～2.2 之间，理想的数值为 2.0。

LPCVD 氮化硅薄膜最常用的反应剂是 SiH_2Cl_2 和 NH_3，沉积温度在 700～800℃的范围，反应式如下：

$$3SiCl_2H_2（气）+4NH_3（气）\rightarrow Si_3N_4（固）+6HCl（气）+6H_2（气）$$

反应剂也可用硅烷和氨，或者硅烷和氮，反应温度在 200～400℃之间。如果采用 N_2 和 SiH_4 作为反应剂，$N_2:SiH_4$ 之比要高（100～1000:1）以防止形成富硅薄膜，因为在等离子体中 N_2 的分解速度比硅烷的分解速度慢。另外，由 SiH_4、N_2 制备的薄膜含有较少的氢和较多的氮。由于 NH_3 比 N_2 更容易分解，如果采用 NH_3 和 SiH_4 作为反应剂，$NH_3:SiH_4$ 比可以较低（如 5～20:1）。在选用 N_2 和 SiH_4 为反应剂时，薄膜的沉积速率较低，同 SiH_4-NH_3 反应制备的薄膜相比，击穿电压比较低，台阶覆盖也比较差。反应式如下：

$$3SiH_4+4NH_3\rightarrow SiH_4+12H_2\uparrow$$

PECVD 氮化硅的沉积反应式如下：

$$SiH_4（气）+NH_3（或 N_2）\rightarrow Si_xN_yH_z（固）+H_2（气）$$

PECVD 制作的氮化硅的沉积速率和有关参数强烈地依赖于射频功率、气流、反应室压强，以及射频频率、温度等。表 2.6 是对 CVD 多晶硅、二氧化硅、PSG、BPSG、氮化硅等有关内容的总结。

表 2.6 CVD 沉积反应比较

沉积薄膜	反应剂	沉积方式	温度/℃	注　释
氧化硅	SiH_4	LPCVD	580～650	可以进行原位掺杂
	SiH_4+NH_3	LPCVD	700～900	
	$SiCl_2H_2+NH_3$	LPCVD	650～750	
	SiH_4+NH_3	PECVD	200～350	
	SiH_4+N_2	PECVD	200～350	

续表

沉 积 薄 膜	反 应 剂	沉 积 方 式	温度/℃	注 释
二氧化硅	SiH_4+O_2	APCVD	300~500	台阶覆盖差
	SiH_4+O_2	PECVD	200~350	台阶覆盖差
	SiH_4+N_2O	PECVD	200~350	—
	$Si(OC_2H_5)_4$ (TEOS)	LPCVD	650~750	液态源，保形覆盖差
	$SiCl_2H_2+N_2O$	LPCVD	850~900	保形覆盖
掺杂的二氧化硅	$SiH_4+O_2+PH_3$	APCVD	300~500	PSG
	$SiH_4+O_2+PH_3$	PECVD	300~500	PSG
	$SiH_4+O_2+PH_3+B_2H_6$	APCVD	300~500	BPSG
	$SiH_4+O_2+PH_3+B_2H_6$	PECVD	300~500	BPSG

常规 Si_3N_4 薄膜（SiH_4、N_2、NH_3）主要用于钝化。此时，膜中氢的含量在 20%~25%，紫外光（UV，Ultra Violet）不能透过。氢的存在会加速器件的老化，影响阈值电压漂移。

对于低氢 Si_3N_4 薄膜（没有 NH_3），膜中氢含量在 8%~10%，可以提高器件寿命。但紫外光可透过，沉积速率低，台阶覆盖差。

对于低 Si—H 的 Si_3N_4 薄膜，氢的含量在 10%~15%，紫外光（UV）能透过，但器件抗老化能力强，沉积速率及台阶覆盖没有常规 Si_3N_4 好。

3. 多晶硅薄膜

利用多晶硅替代金属铝作为 MOS 器件的栅极是 MOS 集成电路技术的重大突破，它比利用金属铝作为栅极的 MOS 器件性能上得到了很大提高，而且采用多晶硅栅技术可以实现源漏区自对准离子注入，使 MOS 集成电路的集成度得到很大提高。多晶硅是在 600~650℃的低压反应炉中用硅烷热分解制作而成的，其化学反应式为

$$SiH_4 \rightarrow Si+2H_2 \uparrow$$

2.2.4 CVD 掺杂 SiO_2

在低温下通过硅烷热分解法很容易沉积未掺杂和掺杂的 SiO_2 薄膜，而对以 TEOS 为源沉积的 SiO_2 薄膜进行掺杂则有些困难。

1. 磷硅玻璃

在沉积 SiO_2 的气体中同时掺入 PH_3，就可形成磷硅玻璃（PSG）。由于 PSG 中

包含 P_2O_5 和 SiO_2，所以它是一种二元玻璃网络体，并且它的性质与非掺杂 SiO_2（USG）有很大的不同。APCVD PSG 与未掺杂 CVD SiO_2 相比，有较小的应力，阶梯覆盖也有所改善（尽管仍然很差）。虽然 PSG 对水汽的阻挡能力不强，但它可以吸收碱性离子。PSG 在高温下可以流动，从而可以形成更为平坦的表面，使随后沉积的薄膜有更好的台阶覆盖。PSG 高温平坦化工艺的温度控制范围在 1000～1100℃之间，压力控制范围在 $1.01325×10^5$～$2.533125×10^6$Pa，在 O_2、N_2 等气体环境中进行。此时 PSG 玻璃软化，可使尖角变得圆滑。表面坡角减小的程度能够反映 PSG 流动的程度，流动的程度还依赖于温度及磷的浓度。

提高温度，增加高温处理时间或者氧化层中磷的浓度，都会增加薄膜的流动性。当 PSG 中磷的浓度低于 6%（重量百分比）时，流动性变得很差。BPSG（硼磷硅玻璃）之所以能替代 PSG，因为它可以在较低的温度下就能回流平坦化。随着 CMP 的出现，回流平坦化已不是一个主要的问题，但 PSG 比 BPSG 有更好的吸杂作用，所以现在 PSG 的使用有回升的趋势。

把 P_2O_5 加入到 SiO_2 中相对比较容易，可以通过调整 SiH_4 与 PH_3 的比率来控制沉积薄膜中 SiO_2 与 P_2O_5 的比例。PSG 在高磷情况下，有很强的吸潮性，所以氧化层中的磷最好限制在 6%～8%，以减少磷酸的形成，从而减少对其下方铝的腐蚀。快速热处理过程也可以成功地实现 PSG 回流。如果 PSG 用作最终的钝化层（不需要回流平坦化），PSG 中允许的磷的最大浓度为 6%。采取这个措施可以防止磷酸的形成，尤其是当与 Al 接触的时候。

在 PECVD 系统中，以氩气（Ar）作为携载气体通过 SiH_4、O_2、N_2 和 PH_3 之间的反应完成 PSG 的沉积。一般认为，这种情况下沉积的薄膜比 APCVD 沉积的薄膜有更好的台阶覆盖、不易破碎而且没有真空间隙。PSG 中磷的含量与 SiH_4/PH_3 比、沉积温度以及 $N_2O/(SiH_4 + PH_3)$ 比有关。

PSG 的主要优点：PSG 比 USG 有更好的抗划伤能力，能够吸附可能损坏管芯的 Na 杂质，有比 USG 更低的压应力。磷杂质的加入将降低 SiO_2 膜的熔点（回流）温度。

加磷（PSG）存在的问题：增加了 Al 侵蚀的风险，磷扩散到圆片的其他区域，比 USG 更糟的沉积均匀性、台阶覆盖能力略差和更高的腐蚀速率（WER、DER）。

用作钝化层及层间绝缘的 PSG，磷含量不应超过 8%，最佳含量为 4%。含磷量过高，PSG 会发生极化，引起表面漏电，影响器件的稳定性；磷与水汽反应生成偏磷酸，腐蚀 Al；加速器件失效；膜的黏附性变坏，易脱胶等。

含磷量过低时，会降低 PSG 对 Na^+ 的提取、固定和阻挡作用，PSG 的本征张应力大，热处理时易龟裂等。

2. 硼磷硅玻璃

为了达到对衬底上陡峭台阶的良好覆盖，采用玻璃体进行平坦化是一步重要工艺。在沉积磷硅玻璃的反应气体中掺入硼源（B_2H_6），可以形成三元氧化薄膜系统（B_2O_3-P_2O_5-SiO_2），也就是硼磷硅玻璃（BPSG），从而可以获得在 850℃下的玻璃回流平坦化，这个温度比 PSG 回流需要的温度（1000～1100℃）要低，从而降低了浅结中的杂质扩散。BPSG 薄膜广泛地用在金属沉积之前，使金属层与其下面的多晶硅之间绝缘，在 DRAM 中电容的介质以及金属之间的绝缘层。有文献报道，使用 TEOS/O_3 沉积形成的 BPSG 薄膜有更低的玻璃回流平坦化温度（750℃）。

BPSG 的流动性取决于薄膜的组分、工艺温度、时间以及环境气氛。实验表明，在 BPSG 中硼的浓度增大 1%，所需回流温度降低大约 40℃。在 LPCVD 系统中回流所需温度与 BPSG 中掺杂浓度有关。然而，当磷的浓度达到 5%之后，即使再增加磷的浓度也不会降低 BPSG 回流所需温度。此外，硼的掺杂浓度上限也受到薄膜稳定性的影响。当 BPSG 薄膜中硼的含量超过 5%时，将发生结晶，形成硼酸根 B_2O_3 及磷酸根 P_2O_5 的晶粒沉淀，BPSG 就很容易吸潮，并且变得非常不稳定，还会导致在回流过程中生成难溶性的 BPO_4。形成的酸根晶粒会使玻璃体产生凹陷，并且降低掺杂浓度，从而影响玻璃体的回流特性，回流过程中生成的 BPO_4 成为玻璃体中的缺陷。

BPSG 除了具有回流平坦化所需温度较低的优点以外，同时还可以吸收碱性离子，薄膜的张力小。但是，BPSG 中的杂质会向硅衬底中扩散，其中主要是磷的扩散，而且在硼的浓度比较大的时候，磷的扩散更为明显。

BPSG 膜中，B 的掺入能降低回流温度，P 能起到抗碱离子的作用。通常 BPSG 膜中，B、P 含量约为 4%，回流温度在 800～950℃，比 PSG 膜的低 150～300℃。P 含量的降低对减轻 Al 的腐蚀、改善台阶陡度有利。

2.3 扩散掺杂工艺

扩散是一种基本的掺杂技术。通过扩散将一定种类和一定数量的杂质掺入到硅片或其他晶体中，以改变其电学性质。掺杂可形成双极器件的基区、发射区和集电区，MOS 器件的源区与漏区，以及扩散电阻、互连引线、多晶硅电极等。

在硅中掺入少量Ⅲ族元素可获得 P 型半导体，掺入少量Ⅴ族元素可获得 N 型半导体。掺杂的浓度范围为 10^{14}～10^{21}cm^{-3}，而硅的原子密度是 $5×10^{22}$cm^{-3}，所以掺杂浓度为 10^{17}cm^{-3} 时，相当于在硅中仅掺入了百万分之几的杂质。

P 型半导体中掺入的杂质为硼或其他的三价元素，硼原子在取代原晶体结构中的原子并构成共价键时，将因缺少一个价电子而形成一个空穴，于是半导体中的空穴数目大量增加，空穴成为多数载流子，自由电子则成为少数载流子。

　　N 型半导体中掺入的杂质为磷或其他五价元素，磷原子在取代原晶体结构中的原子并构成共价键时，多余的第五个价电子很容易摆脱磷原子核的束缚而成为自由电子，于是半导体中的自由电子数目大量增加，自由电子成为多数载流子，空穴则成为少数载流子。

　　掺杂的目的是形成特定导电能力的材料区域，包括 N 型或 P 型半导体层和绝缘层，是制作各种半导体器件和 IC 的基本工艺。经过掺杂，原材料的部分原子被杂质原子代替。材料的导电类型决定于杂质的化合价。掺杂可与外延生长同时进行，也可在其后。例如，双极型硅 IC 的掺杂过程主要在外延之后，而大多数 GaAs 及 InP 器件和 IC 的掺杂与外延同时进行。

　　扩散和离子注入是半导体掺杂的两种主要工艺，两者都被用来制作分立器件与集成电路，互补不足，相得益彰。扩散是较早时期采用的掺杂工艺，并沿用至今，而离子注入是 20 世纪 60 年代后发展起来的一种在很多方面都优于扩散的掺杂工艺。离子注入工艺大大推动了集成电路的发展，使集成电路的生产进入超大规模时代，是应用最广泛的主流掺杂工艺。

　　扩散必须同时具备两个条件：

　　(1) 扩散的粒子存在浓度梯度。一种材料的浓度必须要高于另外一种材料的浓度，扩散才能进行。

　　(2) 一定的温度。系统内部必须有足够的能量使高浓度的材料进入或通过另一种材料。

2.3.1　扩散形式

1. 间隙式扩散

　　杂质原子从一个原子间隙运动到相邻的另一个原子间隙，依靠间隙运动方式而逐步跳跃前进的扩散机理，称为间隙式扩散，如图 2.5 所示。O、Au、Ag、Cu、Zn、Mg、Fe 和 Ni 等半径较小的重金属杂质原子，不易与硅原子键合，一般按间隙式进行扩散。

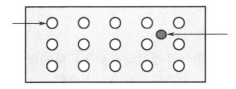

图 2.5　间隙式扩散

这种杂质原子大小与 Si 原子大小差别较大，杂质原子进入硅晶体后，不占据晶格格点的正常位置，而是从一个硅原子间隙到另一个硅原子间隙逐次跳跃前进。镍、铁等重金属元素等是此种方式。

间隙杂质在间隙位置上的势能相对极小，相邻的两个间隙之间，对间隙杂质来说是势能极大位置，也就是说间隙杂质要从一个间隙位置运动到相邻的间隙位置上，必须要越过一个势垒，势垒高度 W_i 一般为 0.6～1.2eV。

间隙杂质一般情况下只能在势能极小位置附近作热振动，振动频率=10^{13}/s～10^{14}/s，平均振动能≈kT，在室温下只有 0.026eV，就是在 1200℃ 的高温下也只有 0.13eV。因此，间隙杂质只能依靠热涨落才能获得大于势垒高度的能量，越过势垒跳到近邻的间隙位置上。

2. 替位式扩散

替位式扩散指的是替位式杂质原子从一个替位位置运动到相邻的另一个替位位置，如图 2.6 所示。只有当相邻格点处有一个空位时，替位杂质原子才有可能进入邻近格点而填充这个空位。因此，替位原子的运动必须以其近邻处有空位存在为前提。所以，替位式杂质原子的扩散要比间隙式原子扩散慢得多，并且温度越高，杂质在硅中扩散得越快。在通常的温度下，扩散是极其缓慢的，这说明要获得一定的扩散速度，必须在较高的温度下进行。P、As、Sb、B、Al 和 Ga 等III、V族半径较大的杂质原子，一般按替位式进行扩散。

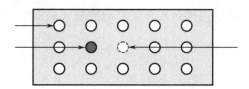

图 2.6　替位式扩散运动示意图

这种杂质原子或离子大小与 Si 原子大小差别不大，它沿着硅晶体内晶格空位跳跃前进扩散，杂质原子扩散时占据晶格格点的正常位置，不改变原来硅材料的晶体结构。硼、磷、砷等是此种方式。

2.3.2　常用杂质的扩散方法

1. 液态源扩散

液态源扩散主要是使保护气体通过含有扩散杂质的液态源，从而携带杂质蒸气进入处于高温下的扩散炉中。杂质蒸气在高温下分解，形成饱和蒸气压，原子通过硅片的表面向内部扩散，达到掺杂的目的。其特点是设备简单，操作方便，均匀性好，适于批量生产。控制好炉温、扩散时间及杂质源即可得到预期的掺杂要求。

2. 片状固体源扩散

片状固体源扩散的扩散源为片状固体，外形与硅圆片相同，扩散时将其与硅片间隔放置，并一起放入高温扩散炉中。

（1）固态硼扩散。用于固态硼扩散的杂质源为片状氮化硼，片状氮化硼首先经过氧化激活，使其表面氧化生成三氧化二硼，三氧化二硼与硅反应生成二氧化硅和硼原子，硼原子开始扩散。其反应方程式为

$$BN+O_2 \rightarrow B_2O_3+N_2$$
$$B_2O_3+Si \rightarrow SiO_2+B$$

（2）固态磷扩散。用于固态磷扩散的杂质源是偏磷酸铝和焦磷酸硅经过混合、干压和烧制而成的，这两种化合物在高温下分解，释放出五氧化二磷，五氧化二磷与硅反应生成磷原子，磷原子向晶圆内部扩散。其反应方程式为

$$Al(PO_3)_3 \rightarrow AlPO_4+P_2O_5$$
$$SiP_2O_7BN \rightarrow SiO_2+P_2O_5$$
$$P_2O_5+Si \rightarrow SiO_2+P$$

3. 固—固扩散

固—固扩散指的是在硅晶圆片表面用化学气相沉积等方法生长薄膜的过程中同时在膜内掺入一定的杂质，然后以这些杂质为扩散源在高温下向硅片内部扩散。薄膜可以是掺杂的氧化物、多晶硅及氮化物等。目前，以掺杂氧化物最为成熟，其在集成电路生产中已经得到广泛的应用。

固—固扩散分两步进行，第一步，在低温（700～800℃）下沉积包含杂质的氧化层，以 N 型掺杂为例，将磷酸三甲酯和有机硅烷以 50∶1 的比例混合，置于 750℃的真空反应腔内使其发生分解，在晶圆表面沉积一层五氧化二磷；第二步，升高反应温度至 1200℃，使表面的氧化层与硅反应生成杂质磷原子，磷原子再分布扩散，达到掺杂的目的。

2.3.3 扩散分布的分析

1. 杂质扩散后结深的测量

扩散结深定义为从晶圆表面到扩散层浓度等于衬底浓度处之间的距离。一般情况下，集成电路的结深为微米数量级，所以测量比较困难，常采用晶圆表面磨角法或滚槽法把结的侧面露出并放大，再进行测量。

（1）磨角法。磨角法是将完成扩散的晶圆磨出一个斜面（角度为 1°～5°），

对磨出的斜面进行染色，然后测量计算得到结深。具体步骤：用石蜡将完成扩散的晶圆粘在磨角器上，用金刚砂或氧化镁粉将晶圆磨出斜面来。清洗磨出的斜面，然后对斜面进行镀铜染色，所用的染色剂是五水硫酸铜与氢氟酸的混合溶液。

原理：Si 的电极电位低于 Cu，Si 能从硫酸铜染色液中把 Cu 置换出来，而且在 Si 表面上形成红色 Cu 镀层，又由于 N 型 Si 的标准电极电位低于 P 型 Si 的标准电极电位，因此会先在 N 型 Si 上先有 Cu 析出，这样就把 PN 结明显地显露出来。染色液的配比如下：

$$CuSO4 \cdot 5H2O : 48\% \ HF : H_2O = 5g : 2mL : 50mL$$

测量染色的晶圆就可以计算出结深，如图 2.7 所示，$x_j = d\sin\theta$，通常 θ 越小、斜面越长，测量越准确。

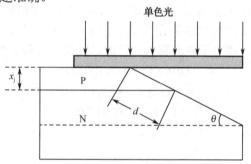

图 2.7　磨角法测结深示意图

（2）滚槽法。磨角法测量存在一定的误差，尤其对于浅结，磨角法很难精确测量，此时要精确测量结深就要采用滚槽法了。滚槽法测量的原理如图 2.8 所示，滚槽的半径为 R，槽线与扩散层表面、底面的水平交线分别长 $2a$ 和 $2b$，根据勾股定理可计算得到结深：

$$x_j = (R^2 - b^2)^{1/2} - (R^2 - a^2)^{1/2}$$

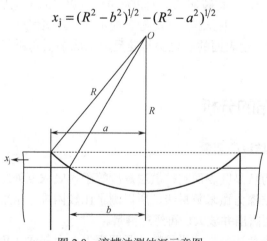

图 2.8　滚槽法测结深示意图

2. 方块电阻的测量

方块电阻（Sheet Resistance）即扩散层电阻，又简称方阻。其定义为正方形的半导体薄层，在电流方向所呈现的电阻，单位为欧姆每方（Ω/□）。简单来说，方块电阻就是指导电材料单位厚度单位面积上的电阻值，其大小可以反映出半导体中掺杂的比例，因此扩散后要测量此参数。

（1）方块电阻的定义。对于一块均匀的导体，其导电能力与材料的电阻率 ρ、长度 L 以及横截面积 S 都有关，关系式为

$$R = \rho \frac{L}{S}$$

方块电阻指一个正方形的扩散层边到边之间的电阻，如图 2.9 所示。若扩散薄层是边长为 L 的正方形，而结深为均 x_j，则这个小方块所呈现的电阻就是方块电阻 R_s，公式为

$$R_s = \rho \frac{L}{L x_j} = \frac{\rho}{x_j}$$

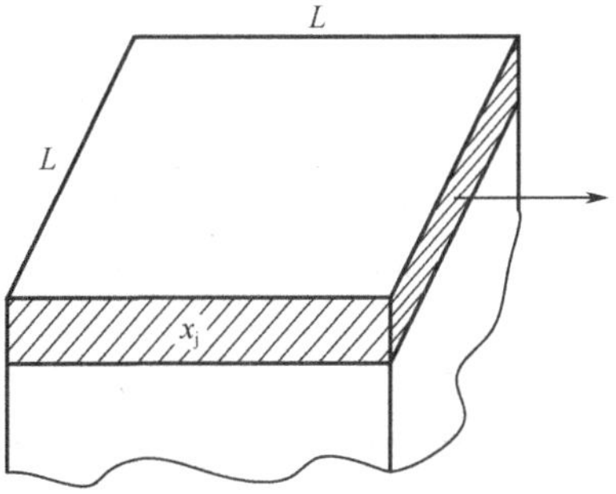

图 2.9　薄层（方块）电阻示意图

由此可见，薄层电阻只与电阻率和薄层的厚度有关，而与边长无关。由于薄层电阻测量简单，工艺过程中常用测量它来判断扩散层的质量是否符合工艺设计要求。

（2）方块电阻的测量。扩散后要测量方块电阻，检验杂质浓度的控制情况。测量方块电阻通常采用四探针法，如图 2.10 所示。

$$R_s = K \frac{V}{I} \qquad (2.1)$$

其中，V 为内侧探针的电位差，即电位差计的读数（mV）；I 为外侧探针的电流值（mA）。由于被测样品的形状、大小、探针间距等都不同，所以要对结果进行修正，K 为修正因子。修正因子可以从表 2.7 中

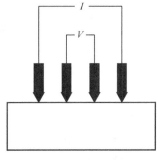

图 2.10　四探针法测量方块电阻

查得，表中给出了圆形、正方形、长方形样品的修正因子。其中，s 是探针间距，D 是圆形样品的直径，d 为垂直探针列的一边长，L 为平行探针列的一边长。

表 2.7　不同图形方块电阻的修正因子

d/s	圆形 D/s	正 方 形	长 方 形		
			$L/d=2$	$L/d=3$	$L/d\geq4$
1.0	—	—	—	0.9988	0.9994
1.25	—	—	—	1.2467	1.2248
1.5	—	—	1.4788	1.4893	1.4893
1.75	—	—	1.7169	1.7238	1.7238
2.0	—	—	1.9475	1.9475	1.9475
2.5	—	—	2.3532	2.3541	2.3541
3.0	2.2662	2.4575	2.7000	2.7005	2.7005
4.0	2.9289	3.1137	3.2246	3.2248	3.2248
5.0	3.3625	3.3625	3.5749	3.5750	3.5750
7.5	3.9273	3.9273	4.0361	4.0362	4.0362
10.0	4.1716	4.1716	4.2357	4.2357	4.2357
15.0	4.3646	4.3646	4.3947	4.3947	4.3947
20.0	4.4364	4.4364	4.4553	4.4553	4.4553
40.0	4.5076	4.5076	4.5129	4.5129	4.5729
∞	4.5324	4.5324	4.5325	4.5325	4.5325

范德堡法测薄层电阻如图 2.11 所示。

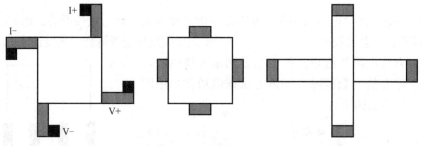

图 2.11　范德堡图形

在相邻两端加电流，测另外两端的电压，一共可测出四组值，然后再用电压除以电流即可得到薄层的电阻值，即 $R_S=(V_{12}/I_{34}+V_{23}/I_{41}+V_{34}/I_{12}+V_{41}/I_{23})/4$，用微电子测试图形测量薄层的方块电阻时，为了方便起见，都采用对称的图形结构和电极安排，薄层电阻又可写成如下的形式：

$$Rs = \frac{\rho}{W} = \frac{\pi}{\ln 2}\frac{V}{I} = 4.532\frac{V}{I} \qquad (2.2)$$

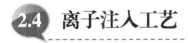

2.4 离子注入工艺

2.4.1 离子注入技术概述

在集成电路制造中，多道掺杂工序均采用了离子注入技术，例如调整阈值电压采用沟道掺杂，CMOS 工艺阱的形成以及源区、漏区的形成，尤其是浅结，主要靠离子注入技术来完成。与扩散法掺杂比较，离子注入法掺杂具有加工温度低、容易制作浅结、能够均匀地大面积注入杂质和易于实现自动化等优点，已成为超大规模、特大规模、巨大规模集成电路制造中不可缺少的工艺。

1. 离子注入原理

原子或分子经过离子化后形成离子，它带有一定量的电荷，即等离子体。用能量为 100KeV 量级的离子束入射晶圆，离子束与晶圆中的原子或分子将发生一系列的相互作用，入射离子逐渐损失能量，最后停留在晶圆中，从而达到掺杂的目的。

离子注入晶圆中后，会与硅原子碰撞而损失能量，能量耗尽后离子就会停在晶圆中的某个位置上。离子通过与硅原子的碰撞将能量传递给硅原子，使得硅原子成为新的入射粒子，新入射离子又会与其他硅原子碰撞，形成连锁反应，如图 2.12 所示。

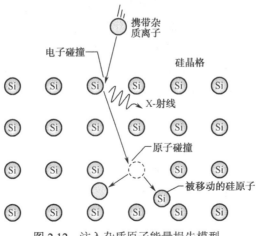

图 2.12　注入杂质原子能量损失模型

杂质在晶圆中移动会产生一条晶格受损路径，损伤情况取决于杂质离子的轻重，这会使得硅原子离开格点位置，在半导体中产生一些晶格缺陷。

2. 离子注入的特点

1）优点

离子注入时，衬底的温度较低，可在较低的温度下（<750℃）将各种杂质掺入到半导体中，避免由于高温扩散引起的热缺陷。所掺杂质是通过分析器单一地分选出来后注入半导体基片中去的，可避免混入其他杂质。能精确控制基片内杂质的浓度、分布和注入浓度。能在较大面积上形成薄而均匀的掺杂层。注入杂质是按掩模图形近于垂直入射，横向扩散效应比热扩散小得多，这一特点有利于器件特征尺寸的缩小。

另外，化合物半导体是两种或多种元素按一定组分构成的，这种材料经高温处理时，组成可能发生变化。采用离子注入技术，容易实现化合物半导体的掺杂。

2）缺点

在晶体内产生的晶格缺陷不能全部消除。离子束的产生、加速、分离和集束等设备价格昂贵。制作深结时要求的能量太高，难以实现，要注入高浓度时效率低。因此，高浓度深结掺杂一般仍采用高温热扩散方法。

3. 离子注入材料

离子注入是一个物理过程，掺杂离子被离化、分离、加速（获取动能），形成离子束流，扫过硅片。杂质离子对硅片进行物理轰击，进入表面，并在表面以下停止。

离子源和引出装置通常放置在同一真空腔，用于从气态或固态杂质中产生正离子。带正电的离子由杂质气态源或固态源的蒸汽产生。通常用到的 B^+、P^+、As^+、Sb^+ 都是电离原子或分子得到的，最常用的杂质物质有 B_2H_6、BF_3、PH_3、AsH_3 等气体。由于离子本身带电，因此能够被电磁场控制和加速。

另一种供应杂质材料的方法是加热并气化固态材料，这种方法有时被用于从固态小球中获得砷 As+ 和磷 P+。固态源的缺点是气化时间较长（40～180 分钟）。

气态源大多有毒且易燃易爆，使用时必须注意安全。从环境和安全角度出发，大多数 IC 制造商更愿意使用固态离子源。注入材料形态选择如表 2.8 所示。

表 2.8　离子注入材料形态

材　料	气　态	固　态
硼	BF_3、B_2H_6	—
磷	PH_3	红磷
砷	AsH_3	固态砷、As_2O_3
锑	—	Sb_2O_3

2.4.2　离子注入的浓度分布与退火

1．离子注入区域的杂质浓度

离子注入后晶圆表面的离子分布与扩散工艺后的分布不同。离子注入工艺中，原子数量（剂量）由束流密度（每平方厘米面积上的离子数量）和注入时间来决定。晶圆内部离子的具体位置与离子能量、晶圆取向、离子的停止机制有关。离子的能量是有分布的，最终离子停留在晶圆内一定的区间范围，如图 2.13 所示。它们集中在一定的深度，称为投影射程，两侧的浓度逐渐降低，呈现出高斯分布。

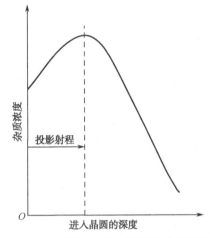

图 2.13　离子注入后杂质浓度分布剖面图

晶圆的晶体结构在离子注入时，注入内部的离子会与晶格原子发生不同程度的碰撞。当晶圆的主要晶轴对准离子束流时，来自原子的阻止作用要小得多，离子可以沿沟道深入，达到计算深度的 10 倍距离处，这种现象称为"沟道效应"，如图 2.14 所示。

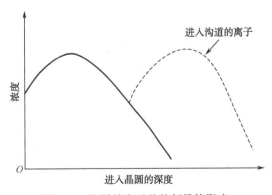

图 2.14　沟道效应对整体剂量的影响

沟道效应会使离子注入的可控性降低，甚至使得器件失效，因此，在离子注入时需要抑制这种沟道效应。沟道效应可以通过几种技术最小化：表层的无定型阻碍层，晶圆方向的扭转，以及在晶圆表面形成损伤层。

通常的无定型阻碍层是生长出一薄层二氧化硅，这一层入射离子的方向是随机的，以便离子以不同的角度进入晶圆，不会直接沿晶体沟道深入。将晶圆取向偏移主要晶面 3°～7°，可以起到防止离子进入沟道的效果。使用重离子，如硅、锗对晶圆表面的预损伤注入会在晶圆表面形成非晶层。非晶层中，原子的排列是无规则的，入射离子受到的碰撞过程是随机的，从而避免了沟道效应的发生。

2. 离子注入后的退火

注入离子所造成的晶格损伤，对材料的电学性质将产生重要的影响。例如由于散射中心的增加，使载流子迁移率下降；缺陷中心的增加，会使非平衡少数载流子的寿命减少，PN 结的漏电流也因此而增大。另外，离子注入的掺杂机理与热扩散不同，在离子注入中，是把欲掺杂的原子强行射入晶体内，被射入的杂质原子大多数都存在于晶格间隙位置，起不到施主或受主的作用。而且注入区的晶体结构又不同程度地受到破坏，注入的杂质更难处于替代位置。如果注入区已变为非晶区，根本就谈不上替位与间隙。所以，采用离子注入技术进行掺杂的硅片，必须消除晶格损伤，并使注入的杂质转入替位位置以实现电激活。

晶格损伤的消除采用热退火的方式进行，恢复其少子寿命和迁移率，使掺入的杂质进入晶格位置，实现一定比例的电激活。

因为不同注入条件下所形成的晶格损伤情况相差很大，各种器件对电学参数恢复程度的要求又不相同，所以具体退火条件和退火方式要根据实际注入情况和要求而定。随着集成电路的发展，对损伤消除以及电学参数恢复程度的要求也越来越高，常规热退火已经不能完全满足要求，因为它不能完全消除缺陷，而且又会产生二次缺陷，高剂量注入时的电激活率也不够高，要想完全激活某些杂质所需要的退火温度至少要达到 1000℃。同时，在热退火过程中，整个晶片（包括注入层和衬底）都要经受一次高温处理，增加了表面污染，特别是高温长时间的热退火会导致明显的杂质再分布，破坏了离子注入技术固有的优点，过大的温度梯度也可能造成硅片的翘曲变形，这些都限制了常规的热退火方法在 ULSI 中的应用。

随着集成电路技术的发展，对损伤区、电学参数恢复程度，以及注入离子电激活率的要求也越来越高，常规的热退火方法已经不能满足要求，一些快速退火技术得到了发展。

快速退火的目的就是通过降低退火温度，或者缩短退火时间完成退火。快速退火技术目前有脉冲激光、脉冲电子束与离子束、扫描电子束、连续波激光以及非相干宽带光源（如卤灯、电弧灯、石墨加热器）等。它们的共同特点是短时间内使硅

片的某个区域加热到所需要的温度，并在较短的时间内（$10^{-3} \sim 10^2 s$）完成退火。

2.5 光刻工艺

集成电路制造中要进行多次工艺过程，包括光刻、氧化、金属化和清洗等。光刻工艺是指通过匀胶、前烘、对准曝光、显影、后烘等工艺步骤，将设计文件上的信息转移到晶圆上的过程。集成电路制造过程中往往要用几十道的光刻工序。

2.5.1 光刻工艺流程

1. 涂光刻胶

清洗晶圆，在 200℃温度下烘干 1h。目的是防止水汽引起光刻胶薄膜出现缺陷。待晶圆冷却下来，立即涂光刻胶。

光刻胶有两种：正性胶与负性胶。正性胶显影后去除的是经曝光的区域的光刻胶，负性胶显影后去除的是未经曝光的区域的光刻胶。正性胶适合作窗口结构，如接触孔、焊盘等，而负性胶适用于做长条形状如多晶硅和金属布线等。

光刻胶对大部分可见光灵敏，对黄光不灵敏，可在黄光下操作。涂了光刻胶的晶圆再次进行高温烘烤，将溶剂蒸发掉，准备曝光。

2. 曝光

将掩模版置于光刻胶层上，用一定波长的紫外线照射，使光刻胶发生化学反应。若不是第一次光刻图形，应保证本次光刻图形与硅片上已有的前几次光刻图形的套准。套准精度直接影响器件的成品率。光源可以是可见光紫外线、X 射线和电子束。曝光光量的大小和时间取决于光刻胶的型号、厚度和成像深度。

3. 显影

经过曝光后的光刻胶中受到紫外线照射的部分因发生化学反应，大大地改变了这部分光刻胶在显影液中的溶解度。

晶圆用真空吸盘吸牢，高速旋转，将显影液喷射到晶圆上。显影后，用清洁液喷洗，将光刻后的图形显现出来。影响显影效果的主要因素包括显影液的浓度、温度及显影时间等。显影之后，若图形的尺寸不满足要求，可以返工，只需去掉光刻胶，重新进行上述各步工艺。

4. 烘干

在通有氮气的烘箱中烘烤坚膜，坚膜时间太长，光刻胶会流动，破坏图形；坚膜时间太短，溶剂没有完全蒸发，胶与硅片的黏附性差，腐蚀时会出现脱胶现象，导致圆片报废。

5. 刻蚀

经过上述工艺步骤之后，就可以进行刻蚀或离子注入了。由于光刻胶具有抗刻蚀性能，所以刻蚀只是将没有光刻胶膜保护的区域腐蚀掉。

刻蚀的目的是把经曝光、显影后光刻胶微图形下层材料的裸露部分去掉，即在下层材料上重现与光刻胶相同的图形。刻蚀方法分为干法刻蚀和湿法刻蚀，干法刻蚀是以等离子体进行薄膜刻蚀的技术，一般是借助等离子体中产生的粒子轰击刻蚀区，它是各向异性的刻蚀技术，即在被刻蚀的区域内，各个方向上的刻蚀速度不同，通常 Si_3N_4、多晶硅、金属以及合金材料采用干法刻蚀技术；湿法刻蚀是将被刻蚀材料浸泡在腐蚀液内进行腐蚀的技术，这是各向同性的刻蚀方法，利用化学反应过程去除待刻蚀区域的薄膜材料。

6. 光刻胶的去除

经过腐蚀或离子注入之后，已经不再需要光刻胶作为保护层，因此便可以将光刻胶从硅片的表面去除。去胶的方法包括湿法去胶和干法去胶。对非金属膜（如 SiO_2、多晶硅、氮化硅）上的胶层一般用无机溶剂（如硫酸等）去胶，可使胶层氧化，溶于溶剂中。金属膜（如铝、铬等）上的胶层一般用有机溶剂（如丙酮和芳香族的有机溶剂等）去胶，这些去胶剂对金属无腐蚀作用。

干法去胶则用等离子体将光刻胶去除。如使用氧等离子体，硅片上的光刻胶通过氧等离子体发生化学反应，生成气态的 CO、CO_2 和 H_2O，可以由真空系统抽走。相对于湿法去胶，干法去胶的效果更好，但干法去胶存在反应残留物的玷污问题，因此二者经常搭配进行，光刻工艺流程如图 2.15 所示。

7. 光刻质量控制

（1）光刻胶的质量控制。光刻胶的质量控制主要体现在黏附性、胶膜厚度等方面。（2）对准和曝光的质量控制。对准和曝光的质量控制主要体现在光源的强度、光源的聚焦、图形的分辨率和投影掩膜版的质量控制上。（3）显影检查。显影检查是为了找出光刻胶中成形图形的缺陷。继续随后的刻蚀或掺杂之前必须进行显影检查以去除有缺陷的晶圆。

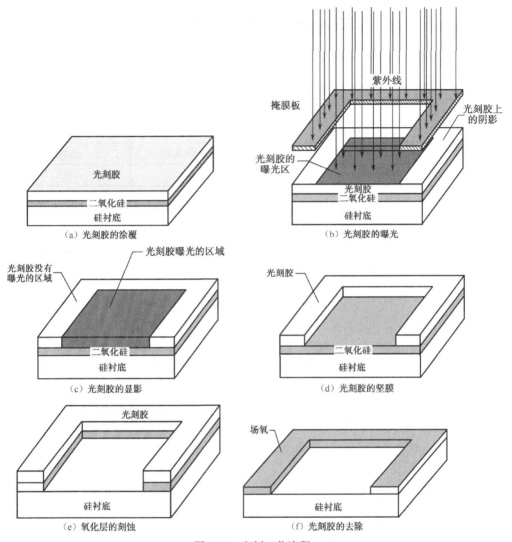

图 2.15 光刻工艺流程

2.5.2 光刻胶的曝光

1. 曝光光源

曝光光源的能量要能激活光刻胶，并将图形从掩膜版转移到晶圆表面。由于光刻胶材料与紫外光所对应的特定波长的光发生反应，因此目前紫外光一直是形成光刻图形常用的能量源，常用的曝光光源及光源波长与特征尺寸的关系如表 2.9 所示。

表 2.9　常用的曝光光源及光源波长与特征尺寸的关系

UV 波长/nm	波长名	UV 发射源	特征尺寸分辨率/μm
436	G 线	汞灯	0.5
405	H 线	汞灯	0.4
365	I 线	汞灯	0.35
248	深紫外（DUV）	汞灯或氟化氪（KrF）准分子激光	≤0.25
193	深紫外（DUV）	氟化氩（ArF）准分子激光	≤0.18
157	真空紫外（DUV）	氟（F2）准分之激光	≤0.15

紫外线一直是形成光刻图形常用的能量源，并会在接下来的一段时间内继续沿用（包括 0.1μm 或者更小的工艺节点的器件制造中）。

电磁光谱用来为光刻引入最合适的紫外光谱，如图 2.16 所示。一般而言，深紫外光（DUV）指的是波长在 300nm 以下的光。

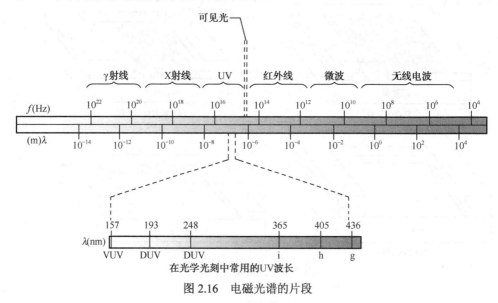

图 2.16　电磁光谱的片段

2. 抗反射层

光刻胶的下面是最终要被刻蚀形成图案的底层薄膜。如果这个底层是反光的，那么光线将从这个膜层反射并有可能损害临近的光刻胶。这个损害会对线宽控制产生不利的影响，因此需要使用抗反射涂层。两种最主要的光反射问题是反射切口和驻波。

在刻蚀形成的垂直侧墙表面，反射光进入不需要曝光的光刻胶中就会形成反射切口。

驻波表征入射光波和反射光波之间的干涉，这种干涉引起了随光刻胶厚度变化的不均匀曝光。驻波的发生对深紫外光刻胶更加显著，因为很多硅片表面在较短的深紫外波长反射更加厉害。驻波的发生本质上降低了光刻胶成像的分辨率。减小驻波效应的方法有抗反射涂层、染料、曝光后烘焙。

底部抗反射涂层：该涂层有 2 种，即有机抗反射涂层（吸收光以减少反射）和无机反射涂层（通过特定波长相移相消起作用）。选择抗反射涂层的一个因素是在完成光刻工艺后抗反射涂层被除去的能力。有些有机抗反射涂层是水溶的，通过显影步骤很容易去除。无机反射涂层较难去除，有时留在硅片上成为器件的一部分。

顶部抗反射涂层：顶部抗反射涂层在光刻胶和空气的交界面上减少反射。顶部抗反射涂层不吸收光，而是作为一个透明的薄膜干涉层，通过光线间的相干相消来消除反射。

3. 分辨率

光刻中，分辨率被定义为清晰分辨出硅片上间隔很近的特征图形对的能力。分辨率对于任何光学系统都是一个重要的参数。影响分辨率的 3 个参数分别是波长、数值孔径 NA、工艺因子 k。其中，数值孔径是指透镜收集衍射光的能力。分辨率表达式如下：

$$R = \frac{k\lambda}{NA} \tag{2.3}$$

影响分辨率的因素：光刻掩膜版与光刻胶的接触、曝光光线的平行度、掩膜版的质量和套刻精度直接影响光刻精度、小图形引起的衍射、光刻胶膜厚度和质量的影响、曝光时间的影响、衬底反射影响、显影和刻蚀的影响。

4. 焦深

焦点周围有个范围，在这个范围内图像连续地保持清晰，这个范围被称为焦深或DOF（Depth Of Focus）。光刻工艺中，焦深应穿越光刻胶层上下表面，其表达式如下：

$$DOF = \frac{\lambda}{2(NA)^2} \tag{2.4}$$

焦深方程式的含义：如果分辨率提高了，焦深就会减小。然而焦深的减小严重缩减了光学系统的工艺宽容度。

2.5.3　光刻胶的曝光方式

以紫外光为光源的曝光方式分别有接触式曝光、接近式曝光、投影式曝光 3 种，其他曝光方式有 X 射线曝光、电子束曝光、直接分步重复曝光、深紫外线曝光。

接触式光刻适用于 5μm 及以上的工艺，由于掩膜版与硅片相接触磨损，使掩膜版的寿命降低，当硅片尺寸增加就有套准精度问题。

接近式光刻机适用于 2～4μm 工艺，由于紫外光发散，减小了分辨能力，因此接近式曝光是以牺牲分辨率来延长掩膜版的寿命的，大尺寸和小尺寸器件上同时保持线宽容限还有困难。另外，与接触式曝光相比，接近式曝光的操作比较复杂。

投影式曝光适用于 1μm 及以上的工艺。避免了掩膜版与硅片表面的摩擦，延长了掩膜版的寿命。掩膜版的尺寸可以比实际尺寸大得多，克服了小图形制版的困难。消除了由于掩膜版图形线宽过小而产生的光衍射效应，以及掩膜版与硅片表面接触不平整而产生的光散射现象。投影式曝光虽有很多优点，但由于光刻设备中许多镜头需要特制，设备复杂。

X 射线曝光的基本要求：材料的形变小，这样制成的图形尺寸及其相对位置的变化可以忽略。掩膜衬底材料透 X 光能力强，在它上面制作微细图形的材料透 X 光能力差，这样在光刻胶上可获得分辨率高的光刻图形。

电子束曝光的特点：电子束曝光的精度较高。电子束的斑点可以聚焦得很小，而且聚焦的景深很深，可用计算机控制，精度远比肉眼观察要高。电子束曝光改变光刻图形十分简便，电子束曝光机是把各次曝光图形用计算机设计，改变图形只要重新编程即可。电子束曝光虽然不需要掩膜版，但电子束曝光设备复杂，成本较高。

直接分步重复曝光有 3 个独特的优点：（1）它是通过缩小投影系统成像的，因而可以提高分辨率，用这种方法曝光，分辨率可达到 1～1.5μm；（2）不需要 1:1 的精缩掩膜，因而掩膜尺寸大，制作方便，由于使用了缩小透镜，原版上的尘埃、缺陷也相应地缩小，因而减小了原版缺陷的影响；（3）由于采用了逐步对准技术可补偿硅片尺寸的变化，提高了对准精度，制造投影掩膜版更容易。逐步对准的方法也可以降低对硅片表面平整度的要求。

深紫外光大致定义为 180～330nm 间的光谱能量。它进一步分为 3 个光带：200～260nm，260～285nm，285～315nm。

2.5.4　32nm 和 22nm 的光刻

32nm 半节距仍是光刻成像方案的一个关键的转折点。193nm 的水浸没工艺的数值孔径有限，难以充分解决这个节距的问题，除非通过双图形生成或曝光过程，将密集的节距分离成为更大的节距。这样一来，光刻的成本也将加倍。

对 22nm 半节距光刻来说，水浸没 193nm 扫描器和双图形生成方法克服单模光刻缺陷的同时，会受到极大掩模版误差增强因子（Mask Error Enhancement Factor，MEEF）、晶圆线条边缘粗糙性（Line Edge Roughness，LER）和设计规则的限制。

在付出更高成本采用多次曝光工艺后，上述问题能够部分得到缓解。

波长降至 13.5nm 的远紫外线光刻（Extreme-UV lithography，EUVL），要比 ArF 激光的水浸没式光刻的波长短一个数量级，给工业界带来了发展摩尔定律的希望。预计在半节距达到 11nm 之前，不需要引入二次曝光。因此，对设计规则的限制会更少。

深紫外光刻的挑战：缺乏高功率源、高速光刻胶、无缺陷而高平整度的掩模带来的延时。进一步的挑战包括提高深紫外系统的数值孔径到超过 0.35，以及提高增加成像系统反射镜数量的可能性。

多电子束无掩模光刻技术（Multiple-e-beam maskless lithography）具备绕过掩模难题，去除设计规则的限制，并提供制造灵活性的潜力。在显示高分辨率影像和关键尺寸控制方面已经取得了进展。

随着图形几何尺寸的缩小，散粒噪声开始制造麻烦。光刻胶在显影以后的坍塌会将其高宽比限制在 2.5～3 之间，因此，每一代工艺进步后的光刻胶绝对厚度都减薄了。使用浸没式光刻技术，光刻胶材料的显影过程必须保证将光刻胶引发的缺陷率降到最低，这进一步限制了材料的选择。对 EUVL，光刻胶的气体释放会对精密的反射性光学表面形成污染。在为实现高吞吐率选择高灵敏度光刻胶和为降低散粒噪声选择低灵敏度光刻胶、低 LER 等因素之间的折中，还将带来更多问题，而不仅仅是光刻胶坍塌风险。电子束光刻胶也必须在灵敏度、散粒噪声和 LER 之间进行折中，但是灵敏度要求不像 EUVL 那么高。

2.5.5　光刻工艺产生的微缺陷

光刻工艺的质量不仅影响器件的特性，而且对器件的成品率和可靠性也有很大影响，对光刻质量的要求是刻蚀的图形完整、尺寸准确、边缘整齐；图形外氧化层上没有针孔，同时要求套合准确、无污点等。对氧化工艺过程的要求则是氧化层的厚度均匀，结构致密，与光刻胶的黏附良好，不易产生浮胶现象。对金属化工艺过程的要求则是与绝缘介质膜有良好的黏附性、层间接触电阻要小、无污点等。

光刻过程中，常会出现浮胶、毛刺、钻蚀、针孔和小岛等缺陷，影响栅氧和金属化的可靠性。

（1）浮胶是指显影或腐蚀过程中，由于化学试剂不断浸入光刻胶膜与 SiO_2 或其他薄膜间的界面，引起抗蚀剂胶膜皱起或剥落的现象。

产生浮胶的原因有涂胶前硅片表面不清洁，沾有油污或水汽，使胶膜与硅片表面间沾润不良；光刻胶配制有误或胶液陈旧变质，胶的光化学反应性能不好，与硅片表面黏附能力差。前烘时间不足或过度；曝光不足，光化学反应不彻底，部分胶膜溶于显影液中，引起浮胶；显影时间过长；腐蚀时产生浮胶的原因有坚膜不足，胶膜没有烘透，黏附性差，在腐蚀液作用下引起浮胶；腐蚀液配比不当，如腐蚀 SiO$_2$ 的氢氟酸缓冲腐蚀液中氟化铵太少，腐蚀液活泼性太强；腐蚀温度太低或太高，温度太低，腐蚀时间太长，腐蚀液穿透或从胶膜底部渗入，引起浮胶，温度太高，则腐蚀液活泼性强，也可能产生浮胶。

（2）腐蚀时如果腐蚀液渗入光刻胶膜的边缘，使图形边缘受到腐蚀，从而破坏掩蔽扩散的氧化层或铝条的完整性，若渗透腐蚀较轻，图形边缘出现针状的局部破坏，称为毛刺；若图形边缘腐蚀严重，出现锯齿状或花斑状的破坏，称为钻蚀。

产生毛刺或钻蚀的原因有基片表面不清洁，存在油污、灰尘或水汽，使光刻胶和氧化层黏附不良，引起毛刺或局部钻蚀。氧化层表面存在磷硅玻璃，特别是磷的浓度较大时，表面与光刻胶黏附性不好，耐腐蚀性能差，容易造成钻蚀。

光刻胶中存在颗粒状物质，造成局部黏附不良。对于光聚合型光刻胶，曝光不足，显影时产生钻溶，腐蚀时造成毛刺或钻蚀。显影时间过长，图形边缘发生钻溶，腐蚀时造成钻蚀。掩蔽图形的边缘有毛刺状缺陷，以及硅片表面有突起或固体颗粒，在对准定位时掩模版与硅片表面间有摩擦，使图形边缘有划线，腐蚀时产生毛刺。

（3）小岛是指在氧化层刻蚀的光刻窗口内，还留有没有刻蚀干净的氧化层局部区域，其形状不规则。

光刻产生小岛的原因有：掩模版图形上的针孔或损伤，在曝光时形成漏光点，使该处的光刻胶膜感光交联，保护了氧化层不被腐蚀，形成小岛，对于这种情况，可在光刻腐蚀后，易版或移位再进行一次套刻，以减少或消除小岛；曝光过度或光刻胶变质失效，以及显影不足，使局部区域光刻胶在显影时溶解不净；氧化层表面有局部耐腐蚀物质，如硼硅玻璃等。腐蚀液不干净，存在阻碍腐蚀作用的脏物。因此必须定期更换新的腐蚀液。

（4）针孔是指在光刻图形外面的氧化层上，经光刻后会出现的微小孔洞。光刻时产生针孔的原因有：氧化硅薄膜表面有灰尘、石英屑、硅渣等外来颗粒，使得涂胶时胶膜与基片表面未充分沾润，留有未覆盖的小区域，腐蚀时产生针孔；光刻胶中含有固体颗粒，影响曝光效果，显影时剥落，腐蚀时产生针孔；光刻胶膜本身抗蚀能力差，或者胶膜太薄，腐蚀液局部穿透胶膜，造成针孔；前烘不足，残存溶剂阻碍抗蚀剂交联，或者前烘时骤热，引起溶剂挥发过快而鼓泡，腐蚀时产生针孔。

曝光不足或曝光时间太长，胶层发生皱皮，腐蚀液穿透胶膜而产生腐蚀斑点。腐蚀液配方不当，腐蚀能力太强。掩模版透光区存在灰尘或黑斑，曝光时局部胶膜未曝光，显影时被溶解，腐蚀后产生针孔。

硅片表面质量不好，有一定的位错和层错，而位错和层错处又积聚了快扩散杂质（如铜、铁等），这些地方不能很好地生长二氧化硅，于是形成氧化层针孔。其次，硅片清洗不干净，有残留的杂质，光刻腐蚀后在 SiO$_2$ 层上产生针孔。

2.6　金属化工艺

集成电路中的金属化用于连接电路中的各元器件以形成一个具有一定功能的电路。金属互连线与元器件的接触必须满足电路的要求，或是欧姆接触（这是大多数情况），或是整流接触（如肖特基器件），而且金属互连线还要用于连接外部电源和电源地，以形成完整的电源回路。集成电路中的金属互连线构成了硅平面工艺的基础。

随着集成电路规模的扩大，集成的电路元器件不断增加，金属互连线的电阻和寄生电容也随之增加，从而降低了信号的传播速度。工艺制作中需要减小金属互连线的电阻，目前在超深亚微米 CMOS 工艺中采用金属铜和低 k 介质的集成取代了金属铝作为金属互连的材料，以减少寄生电容，提高信号在电路中的传播速度。

2.6.1　金属化概述

在金属化过程中，需要解决各种各样的问题（如台阶覆盖、电迁移等），使得金属化工艺既能满足电路性能要求，又能与集成电路制造工艺相兼容。制造工艺技术中常用的金属材料很多，但是能满足要求的金属是铝，它已广泛地应用到双极和MOS 集成电路中。铝的电阻率很低，能满足欧姆接触低阻的要求，与各种绝缘膜附着性好，又易于沉积和刻蚀等特点。但是铝也有缺点，主要是电迁移问题，硅在铝中的扩散引起在 AlSi 界面向硅中楔进以及耐腐蚀性差等问题。因此出现了 AlSi、AlSiCu、AlCu 合金，Pl－Si/Si，Pd－Si/Si，W/Si 界面，TiW、TiN 扩散阻挡层以及难熔金属或难熔金属硅化物、多晶硅/硅化物复合材料互连等。在集成电路中对器件内部的互连金属导电薄膜的要求如下：

（1）欧姆接触，金属薄膜必须能够与 N^+ 型硅、P^+ 型硅及 Poly（聚酯纤维）形成低阻的欧姆接触；

（2）电导率，要求电流在膜中的损失很小，具有高电导率，能够传导大电流密度；

（3）稳定性，要求在金属化工艺后，该金属与硅不发生反应；

（4）可刻蚀性，必须能够采用常规的刻蚀方法，确定金属膜图形；

（5）黏附性，该金属与硅、SiO_2 及薄膜所覆盖的任何材料的黏附性要好；

（6）可压焊，要求在压焊时能够形成良好的、牢固的电和机械接触；

（7）抗电迁移性，在大电流密度下，金属薄膜的完整性不被破坏，即金属抗电迁移能力强；

（8）台阶覆盖，要求具有良好的覆盖台阶能力，即台阶覆盖性好；

（9）可沉积性，要求薄膜易于沉积且在沉积过程中不改变器件的特性。

在硅集成电路制造技术中所选择的金属有 Al、Cu、W、Ti、Ta、Mo 和 Pt 等。在硅集成电路制造技术中各种金属和金属合金可组合成下列种类：铝、铝铜合金、铜、阻挡层金属、硅化物、金属填充塞。

2.6.2　金属膜的沉积方法

物理气相沉积（Physical Vapor Deposition，PVD）是以物理方式进行薄膜沉积的一种技术，金属薄膜一般都是用这种方法沉积的。PVD 主要有 3 种技术，分别是真空蒸发、溅射及分子束外延生长。

金属膜的物理气相沉积通常在一个真空系统中进行。该系统由真空室（实际沉积就在其中进行，内置沉积部件、沉积源及加热器等）、排气系统及测量仪器等组成。

在集成电路工艺中，利用物理气相沉积金属薄膜，最常用的方法是蒸发和溅射。真空蒸发时必须把待沉积金属加热到相当高的温度，使其原子获得足够的能量而脱离金属表面，当蒸发出来的金属原子在飞行途中遇到硅片时，就沉积在硅片表面形成金属薄膜。

按热源的不同，蒸发可分为电阻加热蒸发和电子束蒸发两种，由于前一种易带来杂质污染，特别是钠离子污染，而且很难沉积高熔点金属和合金薄膜。因此，在 VLSI/ULSI 制造中多采用电子束蒸发和磁控溅射法。

溅射后圆片发雾一般有两种，一种为圆片表面异常造成的发雾，一种为 Al 被氧化造成的发雾。Al 被氧化造成的发雾基本原因有 5 种：

（1）靶温过高，造成的原因基本为靶冷却有问题；

（2）腔体漏气；

（3）残气未除尽，造成的原因基本为腔体的烘烤及靶的老练不够；

（4）氩气不纯；

（5）第一圆片效应。

做产品前要运行假片，原因在于圆片溅射的第一片会发雾，间隔时间越长或温度越高，发雾就越严重。这就是"第一圆片效应"。产生的原因在于：虽然靶处在高真空度下，但腔体内多多少少含有氧，这样靶材表面就会被慢慢氧化，如果腔体内温度较高，这种氧化会加快；溅第一片前，腔体内有被吸附的残气，溅第一片时，这些残气几乎会全部释放出来，造成圆片发雾。

Al 膜是比较活泼的金属，在大气下易被氧化形成 Al_2O_3，Al_2O_3 会带来如下影响：

（1）接触电阻增大；

（2）抑制溅射；

（3）Al_2O_3 与 P 易形成 HPO_3，HPO_3 会与 Al 反应，引起腐蚀。

芯片的制造过程中不希望有小丘的产生，但实际上工艺过程中难以避免。产生小丘基本有如下几个因素：

（1）H_2 易引起小丘；

（2）预除气不充分；

（3）高温易引起 Si 的沉积，产生小丘；

（4）被污染的薄膜易产生小丘。

如果薄膜内含有 Ti，可抑制小丘的产生，这就是 Al 靶材加入少量 Ti 的原因，降低小丘的方法有：

（1）Al 膜溅射后快速冷却；

（2）降低溅射温度；

（3）降低膜的厚度；

（4）降低 Si 的合金含量。

生产过程中会产生 O_2、N_2 及 H_2 等残余气体，残余气体对膜的影响如下：

（1）O_2：会使膜的电阻率增大，使 Al 氧化发雾；

（2）N_2：引起应力，产生龟裂和空洞，易产生电迁移；

（3）H_2：易引起小丘。

具体改善的方法有：

（1）提高真空度；

（2）预除气；

（3）提高氩气的纯度；

（4）使用抽速快的泵及冷阱；

（5）提高溅射速率。

2.6.3　金属化工艺

集成电路中的各个元器件或模块制作完成后，需要按照原理图的要求将这些元器件或模块进行相应的连接以形成一个完整的电路系统，并提供与外电路相连接的接点。这种通过金属薄膜连线实现将相互隔离的元器件或模块连接的工艺称为布线。一旦布线形成，就构成了一个具有完整功能的集成电路。金属化指的是通过真空蒸发或溅射等方法形成金属膜，然后通过光刻、刻蚀把金属膜的连接线刻画形成金属膜线。平坦化就是将晶圆表面起伏不平的介质层加以平坦的工艺。经过平坦化处理后的介质层不会有大的高低起落，这样，很容易进行后续的第二层金属互连线的制作。

1. 欧姆接触

若只是简单地将金属和半导体连接在一起，接触区就会出现整流效应，这种附加的单向导电性，使得晶体管或集成电路不能正常工作。要使接触区不存在整流效应，就要形成欧姆接触。

良好的欧姆接触应满足以下条件：电压与电流之间具有线性的对称关系；接触电阻尽可能低，不产生明显的附加阻抗；有一定的机械强度，能承受冲击、震动等外力的作用。

形成欧姆接触的方法有 3 种，分别是半导体高掺杂的欧姆接触、低势垒高度的欧姆接触和高复合中心欧姆接触。

（1）半导体高掺杂的欧姆接触。在器件制造中常使用半导体高掺杂接触方法。由于隧穿几率与势垒高度密切相关，而势垒高度又取决于半导体表面层的掺杂浓度，势垒越窄，隧穿效应越明显，而势垒的宽度取决于半导体的掺杂浓度，掺杂浓度越高，势垒越窄。因此，只要控制好半导体的掺杂浓度，就可以得到良好的欧姆接触。当掺杂浓度较高，通常大于 10^{19} 个/cm^3 时，半导体表面的势垒高度很小，载流子可以隧穿过势垒，从而形成欧姆接触。该方式的接触电阻随掺杂浓度的变化而变化。

（2）低势垒高度的欧姆接触。低势垒高度的欧姆接触是一种肖特基接触，如铝与 P 型硅的接触。当金属功函数大于 P 型硅功函数而小于 N 型硅功函数时，金属—半导体接触即可形成理想的欧姆接触。但是，由于金属—半导体界面的表面态的影响，使得半导体表面感应空间电荷区层形成接触势垒，因此在半导体表面掺杂浓度较低时，很难形成较理想的欧姆接触。

（3）高复合中心欧姆接触。当半导体表面具有较高的复合中心密度时，金属—半导体间的电流传输主要受复合中心控制。高复合中心密度会使接触电阻明显减小，伏安特性近似对称，在此情况下，半导体也可以与金属形成欧姆接触。

随着微电子器件特征尺寸越来越小，硅片面积越来越大，集成度水平越来越高，对互连和接触技术的要求也越来越高。除了要求形成良好的欧姆接触外，还要求布线材料满足以下要求：

① 电阻率低，稳定性好；

② 合金可被精细刻蚀，具有抗环境侵蚀的能力；

③ 易于沉积成膜，黏附性好，台阶覆盖好；

④ 具有很强的抗电迁移能力，可焊性良好。

2. 合金工艺

合金法又称烧结法，这种方法不仅可以形成欧姆接触，而且可以制备 PN 结。合金时，将金属放在晶圆上，装进模具，压紧后，在真空中加热到熔点以上，合金熔解，降温后与晶圆凝固而结合在一起，形成欧姆接触，合金完成。整个过程分为升温、恒温和降温三个阶段。

以铝与 P 型硅接触为例介绍合金法工艺。硅铝的最低共熔点是 577℃，当合金温度低于此温度时，铝和硅不熔化，都保持固态状态，如图 2.17（a）所示。当温度升高到 577℃时，交界面处的硅铝原子相互熔化，并形成铝原子 88.7%、硅原子11.3%的铝-硅溶液，如图 2.17（b）所示。随着时间和温度的增加，交界面处的溶液迅速增多，如果温度继续增加，铝硅熔化速度也增加，最后整个铝层变成铝硅熔体，如图 2.17（c）所示。保持一段时间，使合金溶液中的硅原子达到饱和，再缓缓降温，硅原子在熔液中溶解度将下降，多余的硅原子会逐渐从熔液中析出，形成硅原子结晶层，同时，铝原子也被带入结晶层中，如图 2.17（d）所示。

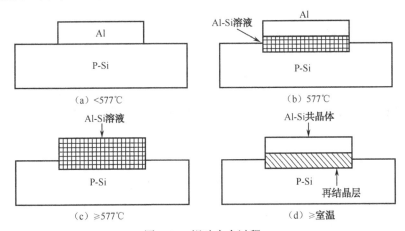

图 2.17　铝硅合金过程

合金的方法很多，可在扩散炉或烧结炉中通入惰性气体或抽真空，也可以在真空中进行。目前，一般都是反刻铝以后，把去胶和合金在一起完成，这样既去除了光刻胶，又达到了合金的目的，操作简单方便。

3. 台阶覆盖

台阶覆盖在金属化工艺中是一个很重要的参数，进入 1.0μm 以下的工艺显得十分明显。如果台阶覆盖不好，将直接导致接触不好而使器件失效。一般来说，孔的形貌是影响台阶覆盖最主要的因素。

一般地，台阶覆盖率的定义有两种，一种为孔底部 Al 的厚度 C 与 Al 的厚度 A

之比，即台阶覆盖率=*C*/*A*×100%；另一种为孔侧壁 Al 的最小厚度 *B* 与 Al 的厚度 *A* 之比，即台阶覆盖率=*B*/*A*×100%。这种台阶覆盖率的定义比较适合用于做实际的控制及考核。台阶覆盖如图 2.18 所示。提高台阶覆盖率的方法：对衬底进行溅射刻蚀，因为它可使孔角平滑，有利于 Al 的流动。对衬底进行加热，这种方法比较常见，一般的加热温度要大于 250℃，台阶覆盖才会有明显的变化。

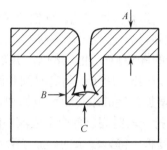

图 2.18　孔中金属的台阶覆盖示意图

2.6.4　Al/Si 接触及其改进

Al 与 Si 之间没有硅化物形成，但可形成合金。Al 在 Si 中的溶解度十分低，但 Si 在 Al 中的溶解度却十分高。因此，当 Al 与 Si 接触时，在退火过程中，就会有相当可观的 Si 溶到 Al 中去。这将引起 Al 的尖刺现象，严重时会引起结短路，影响可靠性及成品率，如图 2.19 所示。

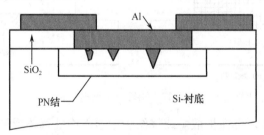

图 2.19　铝和硅之间反应导致的结穿通

另外，衬底晶向对尖刺的形貌会产生影响，在（111）晶向，尖刺趋向横向扩展，而在（100）晶向，尖刺趋向纵向扩展；双极电路采用（111）Si 作为衬底，而在 MOS 电路中，为了减少界面态的影响而采用（100）Si 作为衬底。因此，尖刺现象在 MOS 电路中表现得尤为明显。所以，必须对尖刺现象进行改善。

1. Al 中掺入少量的 Si

在纯 Al 中加入少量的 Si 形成 AlSi 合金材料，一般为 1%（质量比），可以在很大程度上解决 Al 尖刺现象。但是它将引入另一个问题，就是 Si 的析出问题。即在合金退火过程中，一部分 Si 会溶解到 Al 中直至饱和，而剩余的 Si 将会以微粒的形式存在于 Al 中，冷却时，这些微粒 Si 会成为析出沉积 Si 的核，并逐步增大成为一个个 Si 单晶的结瘤。这会使结接触电阻增大，另一方面会使键合变得困难。这就迫使人们去寻找新的金属化结构。

2. Al-阻挡层结构

现在普遍使用的结构为 Ti/TiN/Al，Ti 用做黏附层及接触之用。在高温下，Ti 与 Si 会形成一层电阻率极低的 $TiSi_2$。TiN 起阻挡层用，它可有效地阻止 Al/Si 间的互溶，防止了结穿通的发生。

2.6.5 阻挡层金属

为了消除诸如浅结材料扩散或结尖刺问题，常采用阻挡层金属化方法。阻挡金属层是沉积金属或金属塞，其作用是阻止金属层上下的材料互相混合。对于 0.35μm 工艺水平的器件，其阻挡层金属厚度为 400～600nm；对于 0.25μm 工艺水平的器件，阻挡金属层的厚度约 100nm，而对于 0.18μm 工艺水平的器件，其阻挡层金属厚度约 20nm。

阻挡层金属在集成电路制造中被广泛应用。为了连接铝互连金属线和硅源漏之间的钨填充薄膜接触，阻挡层金属阻止了硅和钨相互进入接触点，也阻止了钨和硅的扩散以及任何结尖刺。

可接受的阻挡层金属的基本特性：有很好的阻挡扩散特性，分界面两边材料（如钨和硅）的扩散率在烧结温度时很低，具有高电导率且很低的欧姆接触电阻，在硅和金属之间有很好的附着，抗电迁移，在高温下有很好的稳定性，抗侵蚀和氧化。

通常用做阻挡层的金属是具有高熔点的难熔金属。在硅工艺中，用于多层金属化的普通难熔金属有 Ti、W、Ta、Mo、Co 及 Pt。用 Ti 作为阻挡层的优点是增强铝合金连线的附着，减小接触电阻，减小应力以及控制电迁移。为了得到好的阻挡层特性，在沉积之前，硅片在其空腔经历了消除硅片上的自然氧化层和氧化物残留物等清理步骤（称为反溅射刻蚀）。

TiW 和 TiN 是两种普通的阻挡层金属材料，它们用于阻挡硅衬底和铝之间的扩散。TiN 也被广泛用做铝层上的抗反射涂层以改进光刻确定图形的过程，在钨塞的制作过程中，TiN 还可以用来作为钨的黏附层。然而 TiN 和硅之间的接触电阻不小。为了解决这个问题，TiN 被沉积之前，一薄层 Ti（几百埃或更少）被沉积，这层 Ti 能与下层的硅材料反应形成低阻的化合物 $TiSi_2$，因此，Ti 与 Si 的界面可以形成良好的欧姆接触。这在一种称为"自对准金属硅化物"（Self-Aligned silicide）的工艺中可以得到很好的实现。在热 Al 工艺中，Ti 膜还可作为湿润层，有利于 Al 膜的流动，防止空洞的产生，而且 Ti 膜可以和 N_2 反应，形成 TiN。

阻挡层金属材料的典型制作方法是在集成设备里沉积 Ti 和 TiN，以避免氧化物在两层之间形成，示意图如图 2.20 所示。

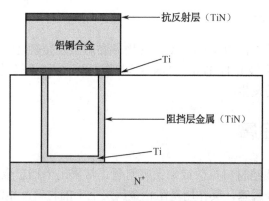

图 2.20　阻挡层金属示意图

铜在硅和 SiO_2 中都有很高的扩散速率，这会破坏器件的性能。传统的阻挡层金属对铜的阻挡作用不够好，铜需要由一层薄膜阻挡层完全封装起来，这层封装薄膜的作用是加固附着并有效地阻止扩散。对铜来说这个特殊的阻挡层金属要求：阻止铜扩散，低薄膜电阻，对介质材料和铜都有很好的附着，与 CMP 平坦化工艺兼容，具有很好的台阶覆盖，填充高深宽比间隙的金属层是连续、等角的，允许铜有最小厚度，占据最大的横截面积。实验表明，Ta 对铜来说有很好的阻挡和附着特性。

在集成电路制造技术中，通常采用 TiN/Ti 作为 Al、W 塞的阻挡层金属材料。在互连金属 AlSiCu/TiN/Ti 结构上，第一层 Ti 的沉积，通常采用磁控 DC 溅射，使用的气体是氩，沉积厚度在 200～500Å 之间，接下来第二层作为阻挡层之间的 TiN，其制作方法是将一定厚度的 Ti，先以磁控 DC 溅射，沉积在衬底的表面，然后再将衬底置于含 N_2 或 NH_3 的环境中，借高温将这层 Ti 氮化成 TiN。另一种沉积 TiN 方法是反应溅射，金属靶成分是 Ti，利用氮气与氩气所混合的反应气体，经离子轰击而溅射出的 Ti，与等离子内因解离反应形成的氮原子一起，形成 TiN 并沉积在衬底的表面。通常 TiN 厚度为 500～1500Å 之间。

TiN 除了可以作为阻挡层用以外，在钨塞工艺中，还可以用来作为钨回蚀时的刻蚀的中止层。另外，为了防止金属表面的反光对光刻胶曝光的影响，TiN 还可以用来作为铝层的防反射层。

Cu 的阻挡层金属材料是 Ta、TaN。在硅衬底上，采用离化了的金属等离子体物理气相沉积 Ta 薄膜。沉积厚度均匀、电阻率可控的薄膜并达到所要求的厚度。选择合适的衬底温度、沉积时间、压力以及靶材纯度等，可以得到所要求的 TiN/Ti 薄膜或 Ta 薄膜的厚度。工艺完成后沉积的厚度应达到规范值。硅片清洗、TiN/Ti 或 Ta 薄膜沉积以及薄膜检测等组成薄膜沉积的基本工艺。

2.6.6　Al 膜的电迁移

电迁移现象是一种在大电流密度作用下的质量输运现象。质量输运是沿电子流方向进行的，结果在一个方向形成空洞，而在另一方向则由于 Al 原子的堆积而形成小丘，前者会使连线开路，后者会使光刻困难或使多层布线间短路。当线条变得越窄时，这个问题更为突出。具体的改进方法如下：

（1）提高 Al 膜沉积温度。温度越高，成长的晶粒也就比较大，沉积薄膜的均匀性也就比较好。大的晶粒不易产生质量的输运，从而改善了电迁移。

（2）Al 中掺入少量的 Cu。Al 中加入少量的 Cu 可以改善电迁移现象，一般为 0.5%～4%（质量比）。但过多加入 Cu 会使 Al 膜电阻率升高，以及使 Al 刻蚀有难度。为什么加入少量的 Cu 可以改善电迁移现象呢？在金属多晶膜中，金属离子的传输主要是沿晶界进行的，加入 Cu 后，Cu 原子与 Al 晶界缺陷产生相互作用，这种相互作用表现在以溶质原子本身或以 $CuAl_2$ 形式在晶界处沉淀，占据了晶界处的空位。由于可供 Al 原子扩散的晶界空位点大大减少，或者说 Al 在 $CuAl_2$ 中的扩散系数小，从而改善了电迁移。

（3）三层夹心结构。改进 Al 电迁移的另一种方法是在两层 Al 薄膜之间加一层约 500Å 的过渡金属层，如 Ti、Cr 及 Ta 等。这三层结构经 400℃ 退火 1 小时后，将形成金属间化合物，它们是很好的 Al 扩散阻挡层，可以防止空洞穿透整个 Al 金属化引线，同时也可以在 Al 晶粒间界处形成化合物，降低 Al 在晶粒间界中的扩散系数，改善了电迁移。

2.6.7　金属硅化物

1. 金属硅化物的产生与形成

难熔金属与硅在一起发生反应，熔合时形成硅化物。硅化物是一种具有热稳定性的金属化合物，并且在硅/难熔金属的分界面具有低的电阻率。在硅片制造业中，难熔金属硅化物是非常重要的，因为为了提高芯片性能，需要减小许多源漏和栅区硅接触的电阻。在铝互连工艺技术中，钛和钴是用于改善接触的普通难熔金属。

如果难熔金属和多晶硅反应，那么它被称为多晶硅化物。掺杂的多晶硅用做栅电极，相对而言它有较高的电阻率（约 500μΩ·cm），正是这较高的电阻率导致了不应有的 RC 信号延迟。多晶硅化物对减小连接多晶硅的串联电阻是有益的，同时也保持了多晶硅对氧化硅良好的界面特性。

随着超大规模集成电路器件尺寸的按比列缩小，MOS 管的源/漏区和第一层金属间的接触面积越来越小，这个小的接触面积将导致接触电阻增加。一个可提供稳定接触结构、减小源/漏区接触电阻的工艺被称为自对准硅化物技术。它能很好地与露出的源（S）、漏（D）以及多晶硅栅的硅对准。许多芯片的性能问题取决于自对准硅化物的形成（如图 2.21 和图 2.22 所示），自对准硅化物的主要优点是避免了对准误差，硅化物的一些特性列于表 2.10 中。

表 2.10　硅化物的一些特性

硅化物	最低熔化温度/℃	形成的典型温度/℃	电阻率/μΩ·cm
钴/硅 (CoSi$_2$)	900	550～700	10～18
钼/硅 (MoSi$_2$)	1410	900～1100	100
铂/硅 (PtSi)	830	700～800	28～35
钽/硅 (TaSi$_2$)	1385	900～1100	35～45
钛/硅 (TiSi$_2$)	1330	600～800	13～25
钨/硅 (WSi$_2$)	1440	900～1100	70

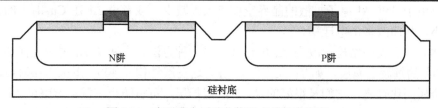

图 2.21　自对准金属硅化物形成前的有源区

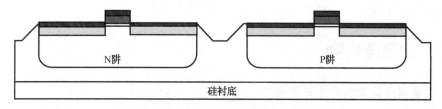

图 2.22　高电阻率 TiSi2 金属硅化物的形成

为了形成自对准硅化物，首先沉积 TEOS 或 Si$_3$N$_4$，然后用等离子体刻蚀，以便在 Poly 栅的两边留下 TEOS 或 Si$_3$N$_4$ 侧墙绝缘分隔层。仅顶部的 Poly 栅裸露出来，经 HF 浸泡去掉了自然层，250～350Å 的 Ti 层被沉积在硅衬底上。经过 600～800℃的退火，形成高电阻率的 TiSi$_2$，通过 NH$_4$OH 和 H$_2$O$_2$ 的腐蚀，去掉了所有未参与反应的 Ti。留下的 $TiSi_2$ 覆盖在 S/D 区和 Poly 栅的顶部。再经过 $800\sim900℃$ 的退火，产生低电阻率的 $TiSi_2$。退火过程应避免 O_2 沾污，$TiSi_2$ 的退火相如表 2.11 所示。

表 2.11　$TiSi_2$ 的退火相

$TiSi_2$ 的退火相	烧结的温度	电　阻　率
$TiSi_2$-C49	$625\sim675℃$	$60\sim65\mu\Omega\cdot cm$
$TiSi_2$-C54	$800\sim900℃$	$10\sim15\mu\Omega\cdot cm$

对于超浅的源/漏结，接触层正在变薄。硅化物接触层的电阻率随着它的减薄而增加，因此，$TiSi_2$ 不希望用做太薄的接触层。对于 $0.18\mu m$ 或更低的工艺技术，采用的硅化物是 $CoSi_2$，这种硅化物经退火处理以后，即使几何尺寸降到 $0.18\mu m$ 或更低的深亚微米，它的接触电阻值仍保持在一个降低了的水平 $13\sim19\mu\Omega\cdot cm$。

WSi_2 普遍地用在多晶硅化物的结构上。随着 VLSI 的发展，多晶硅电阻率偏大（最小为 $300\mu\Omega\cdot cm$），将严重影响器件的速度。然而，在重掺杂的多晶硅上（$1500\sim2500Å$）沉积一层 WSi_2（$1000\sim2000Å$），经过高温退火（$900\sim1100℃$）后，电阻率大大降低，可减至 $1.5\Omega/\square$。

制造工艺使用 LPCVD 法或溅射法来沉积 WSi_2。它是覆盖在 Poly 的上面，而形成 Poly 化金属的结构。然后经光刻和 Poly 化金属的刻蚀后，形成了整个 MOS 的结构。LPCVD 刚沉积的 WSi_2 层的电阻率还很高，经快速热过程（Rapid Thermal Processing，RTP）适当退火后，使 WSi_2 层的组成由多硅转变成多钨，使整个由 Poly 化金属键形成的栅极金属层的电阻显著下降。

选择合适的两次退火的温度和时间等，可以得到所要求的硅化物。硅片清洗、难熔金属薄膜的沉积、两次退火以及薄膜检测等组成硅化物薄膜形成的基本工艺。

注意硅化物不是阻挡层金属。在一些硅化物中发现，硅迅速地扩散穿过硅化物。扩散发生在金属—硅化物—硅系统的热处理过程中，硅扩散穿过硅化物进入到金属中，这降低了系统的完整性。解决这个问题的方法是在硅化物和金属层之间沉积金属阻挡层。普通的硅化物阻挡层薄膜是 TiN，它对钨和铝都有效。例如铝是常用互连材料，但是因为铝与硅的界面并不稳定，所以通常在铝与硅的界面上，增加一层用来隔离它们两者的阻挡层，通常使用 TiN。但是这么一来，铝与源漏区的欧姆接触能力降低，解决方法是在 TiN 与硅的接触界面再增加一层导电性较好的 $TiSi_2$，使接触区金属事实上由铝合金/TiN/$TiSi_2$ 三层组合而成。$TiSi_2$ 层是在接触区表面，溅射一层 Ti，然后在高温下来形成的。以钽为基础的阻挡层被应用于金属铜的互连布线中。

影响金属硅化物可靠性的主要问题是膜的不均匀、针孔以及硅化物与 Si 黏附不牢。由于 Si 表面存在一层不连续的天然 SiO_2 薄层，硅化物首先在 SiO_2 的薄弱处形成，所以必然形成不均匀、强度差的硅化物层。为此，在沉积 WSi_2 前必须对 Si 表面进行清洗处理，沉积 WSi_2 时的真空度要高。

2. 金属硅化物的发展与演变

金属硅化物在 VLSI/ULSI 器件技术中起着非常重要的作用，被广泛应用于源漏极和硅栅极与金属之间的接触。其中自对准硅化物（Self-Aligned silicide）工艺已经成为超高速 CMOS 逻辑大规模集成电路的关键制造工艺之一。它给高性能逻辑器件的制造提供了诸多好处。该工艺减小了源/漏电极和栅电极的薄膜电阻，降低了接触电阻，并缩短了与栅相关的 RC 延迟。另外，它采用自对准工艺，无须增加光刻和刻蚀步骤，因此允许通过增加电路封装密度来提高器件集成度。

现在，金属硅化物的制备通常采用快速热处理工艺。快速热退火已经被证明在减少硅化物形成中的总热预算方面优于传统的加热炉技术。

钛硅化物（$TiSi_2$）。钛硅化物 $TiSi_2$ 因具有工艺简单、高温稳定性好等优点，最早广泛应用于 0.25μm 以上 MOS 技术。其工艺是首先采用诸如物理溅射等方法将 Ti 金属沉积在晶片上，然后经过稍低温度的第一次退火（600～700℃），得到高阻的中间相 C49，然后再经过温度稍高的第二次退火（800～900℃）使 C49 相转变成最终需要的低阻 C54 相。

对于钛硅化物而言，最大的挑战在于 $TiSi_2$ 的线宽效应，即 $TiSi_2$ 电阻会随着线宽或接触面积的减小而增加。原因是当线宽变得过窄时，从 C49 相到 C54 相的相变过程会由原先的二维模式转变成一维模式，这使得相变的温度和时间将大大增加。而过高的退火温度会使主要的扩散元素 Si 扩散加剧而造成漏电甚至短路的问题。因此随着 MOS 尺寸的不断变小，会出现 $TiSi_2$ 相变不充分而使接触电阻增加的现象。

钴硅化物（$CoSi_2$）。钴硅化物作为钛硅化物的替代品最先应用于从 0.18μm 到 90nm 技术节点，其主要原因在于它在该尺寸条件下没有出现线宽效应。另外，钴硅化物形成过程中的退火温度相比于钛硅化物有所降低，有利于工艺热预算的降低。同时由于桥接造成的漏电和短路也得到改善。

虽然在 90nm 及其以上尺寸，从高阻的 CoSi 到低阻的 $CoSi_2$ 的成核过程还十分迅速，在 $CoSi_2$ 相变过程中没有出现线宽效应，但是当技术向前推进到 45nm 以下时，这种相变成核过程会受到极大的限制，因此线宽效应将会出现。另外，随着有源区掺杂深度不断变浅，钴硅化物形成过程中对表面高掺杂硅的过度消耗也变得不能满足先进制程的要求。MOS 进入 45nm 以后，由于短沟道效应的影响对硅化物过程中热预算提出了更高的要求。$CoSi_2$ 的第二次退火温度通常还在 700℃以上，因此必须寻找更具热预算优势的替代品。

镍硅化物（NiSi）。对于 45nm 及其以下技术节点的半导体工艺过程，镍硅化物（NiSi）正成为接触应用上的选择材料。相对于之前的钛钴硅化物而言，镍硅化物具有一系列独特的优势。

镍硅化物仍然沿用之前硅化物类似的两步退火工艺，但是退火温度有了明显降低（<600℃），这样就大大减少对器件已形成的超浅结的破坏。从扩散动力学的角度来说，较短的退火时间可以有效地抑制离子扩散。因此，尖峰退火（Spike anneal）越来越被用于镍硅化物的第一次退火过程。该退火只有升降温过程而没有保温过程，因此能大大限制已掺杂离子在硅化物形成过程中的扩散。

研究表明，线宽在 40nm 以下的钴硅化物的电阻明显升高，而镍硅化物即使在 30nm 以下都没有出现线宽效应。

另外，镍硅化物的形成过程对源/漏硅的消耗较少，而靠近表面的硅刚好是掺杂浓度最大的区域，因而对于降低整体的接触电阻十分有利。镍硅化物的反应过程是通过镍原子的扩散完成的，因此不会有源漏和栅极之间的短路。同时镍硅化物形成时产生的应力最小。表 2.12 总结了镍硅化物各项性能的优缺点对比。

表 2.12　三种硅化物各项性能的优缺点对比

硅化物	$TiSi_2$	$CoSi_2$	NiSi	NiSi 的优缺点
技术节点	>0.18μm	0.18μm～90nm	≤65nm	—
体电阻率	13～16	18～22	12～15	低电阻率
硅消耗（1nm 金属）	2.24nm	3.63nm	1.84nm	更节省硅
应力（$10^8 dyn/cm^2$）	15～25	8～10	1	更低的应力
移动元素	Si	Co	Ni	无短路
热稳定性	900℃	1000℃	600℃	高温下不稳定

虽然镍硅化物对比之前的硅化物具有很多优点，但是它对制程的控制和整合也提出了更高的要求。镍硅化物随着温度的升高具有不同的化学组成。低温时首先形成的是高阻 Ni_2Si，随着温度的升高，低阻的 NiSi 开始出现。NiSi 相在高温下不稳定，在高于 700℃时会因为团聚和相变而生成高阻的 $NiSi_2$ 相，因此对随后的后段工艺中各个步骤的最高温度产生了限制。在 Ni 中掺入少量 Pt 能提高 NiSi 的高温稳定性。

镍硅化物整合的另一个挑战是接触面漏电流的增大，其原因是镍硅化物与硅之间的存在缺陷或界面过于粗糙。因此，对于 Ni 金属镀膜之前晶片表面的清洁状况及缺陷控制的要求十分严格。如果表面清洁状况不理想，很容易形成诸如针状等缺陷，从而造成器件漏电。另外，界面形貌的控制对漏电流也至关重要。尖峰退火具备限制扩散的能力，从而能控制镍硅化物与硅接口间的形貌。

3. Silicide、Salicide 和 Polycide 名词解释

首先，这三个名词对应的应用应该是一样的，都是利用硅化物来降低 Poly 上的连接电阻。但生成的工艺是不一样的。Silicide 是指金属硅化物，是由金属和硅经过物理-化学反应形成的一种化合态，其导电特性介于金属和硅之间，而 Polycide 和 Salicide 则分别对应不同的形成 Silicide 的工艺流程。

Polycide：栅氧化层完成以后，继续在其上面生长多晶硅，然后在 Poly 上继续生长金属硅化物（Silicide），一般为 WSi_2（硅化钨）和 $TiSi_2$（硅化钛）薄膜，然后再进行栅极刻蚀和有源区注入等其他工序，完成整个芯片制造。

Salicide：它的生成比较复杂，先是完成栅刻蚀及源漏注入以后，以溅射的方式在 Poly 上沉积一层金属层（一般为 Ti、Co 或 Ni），然后进行第一次快速热退火处理（Rapid Thermal Anneal，RTA），使多晶硅表面和沉积的金属发生反应，形成金属硅化物。根据退火温度设定，使得其他绝缘层（氮化硅或二氧化硅）上的沉积金属不能跟绝缘层反应产生不希望的硅化物，因此是一种自对准的过程。然后再用一种选择性强的湿法刻蚀（$NH_4OH/H_2O_2/H_2O$ 或 H_2SO_4/H_2O_2 的混合液）清除不需要的金属沉积层，留下栅极及其他需要做硅化物的 Salicide。另外，还可以经过多次退火形成更低阻值的硅化物连接。与 Polycide 不同的是，Salicide 可以同时形成有源区 S/D 接触的硅化物，降低其接触孔的欧姆电阻，在深亚微米器件中，减少由于尺寸降低带来的相对接触电阻的提升。另外，在制作高值 Poly 电阻时，必须专门有一层用来避免在 Poly 上形成 Salicide，否则电阻值较低。

2.6.8 金属钨

多层金属化产生了数量很多的接触孔，这些接触孔要使用金属填充塞来填充，以便在两层金属之间形成连接通路。接触填充薄膜被用于连接硅衬底中器件和第一层金属化。目前被用于填充的最普通的金属是钨，因此填充薄膜常常被称为钨填充薄膜。钨具有均匀填充高深宽比通孔的能力，因此被选为传统的填充材料。溅射的铝不能填充具有高深宽的通孔。基于这个原因，铝被用做互连材料，钨被限于做填充材料。

通常 CVD W 的第一步是沉积 TiN/Ti 阻挡层，在 TiN 被沉积之前沉积 Ti，以使它和下层材料反应，降低接触电阻。Ti 和硅反应形成 $TiSi_2$。$TiSi_2$ 作为钨的阻挡层金属和附着加固剂，它需要一个最小约 50Å 的底层厚度，具有连续的侧墙覆盖以形成一个有效的阻挡层金属并且避免钨侵蚀下层材料。

CVD W 工艺完成以后，在介质层上的垫膜钨必须消除。线宽较大的工艺中，垫膜钨的消除是由钨反刻并留下经平坦化后的填充薄膜来实现的。在 0.25μm 或更小的器件中，由化学机械平坦化（CMP）完成的钨平坦化是首选的过程。阻挡层金属比如 TiN 和 Ti 被用于防止钨和硅之间的扩散。垫膜钨的工艺过程如图 2.23 所示。

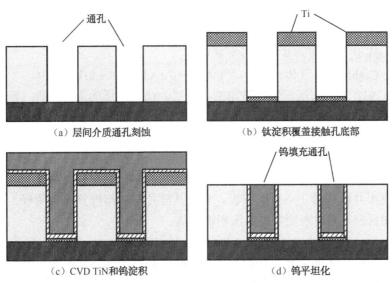

（a）层间介质通孔刻蚀   （b）钛淀积覆盖接触孔底部

（c）CVD TiN 和钨淀积   （d）钨平坦化

图 2.23   具有 Ti/TiN 阻挡层金属的垫膜钨 CVD

2.6.9 铜互连工艺

当器件的特征尺寸到 0.13μm 或更小时，布线间距进一步缩小，布线引起的电阻明显增大，因布线产生的传输延迟将变得更加显著，难于满足器件高速化的要求。要改善布线产生的传输延迟，必须降低布线电阻，同时还需降低布线电容。

在传统铝金属导线无法突破瓶颈的情况下，经过多年的研究发展，铜/低 k 介质的集成系统已经开始成为超大规模集成电路制造的主流工艺技术。由于铜的电阻率比铝小，可在较小的面积上承载较大的电流，芯片上的电路可以做得更密集，效能可提升 30%～40%。而且，由于铜的抗电子迁移能力比铝好，因此可减轻铜互连线的电迁移作用，提高芯片的可靠性，而低 k 介质材料的使用可降低布线引起的电容，提高器件的工作速度。

1. 铜互连概述

对于铜互连来说，钽（Ta）、氮化钽（TaN）都是阻挡层金属的材料。这个扩散阻挡层必须很薄（约 75Å），以致不影响具有高深宽比填充薄膜的电阻率而又能扮演一个阻挡层的角色。

采用 CVD 沉积铜电镀所必需的薄的种子层。种子层或触及电镀层是一层度为 500～1000Å 的薄层并沉积在扩散阻挡层顶部（以钽为基础的阻挡层金属）。对于成功的电镀，沿着侧壁和底部，种子层是连续的，没有针孔以及空洞是至关重要的。如果种子层不连续，就可能会在电镀的铜中产生空洞。

用于 CVD 铜的是气体 $Cu(hfac)_2(TMVS)$，常温下为黄色气体，能通过在 H_2 中还原 $Cu(hfac)_2$ 进行反应，其化学反应式如下：

$$Cu(hfac)_2（气体）+ H_2（气体）\rightarrow Cu（固体）+ 2H_2（气体）$$

采用 CVD 工艺来沉积铜电镀薄的种子层。选择合适的工艺条件（沉积温度、时间、系统压力及反应剂浓度等），可以得到所要求的种子层薄膜的厚度。工艺完成后沉积的厚度应达到规范值。

电镀铜金属是将具有导电表面的硅片沉浸在硫酸铜溶液中，该溶液中包含需要被沉积的铜。片子和种子层作为带负电荷的平板或阴极连接到外部电源。固体铜块沉浸在溶液中并构成带正电荷的阳极。电流从硅片进入溶液到达铜阴极。当电流流动时，下面反应在硅片表面发生以沉积铜金属：

$$Cu^{2+}+2e^-\rightarrow Cu（固体）$$

电镀过程中，金属铜离子在硅片表面阴极被还原成金属铜原子，同时在铜阳极发生氧化反应，以此平衡阴板电流。这个反应维持了溶液中的电中和。

铜的沉积量直接正比于传输到导电硅片表面的电流。控制电镀的基本参数是电流和时间。当外加电源加一电压时，电流在阳极和阴极之间形成，金属沉积在阴极，且正比于电流量。图 2.24 是金属铜的电镀示意图。

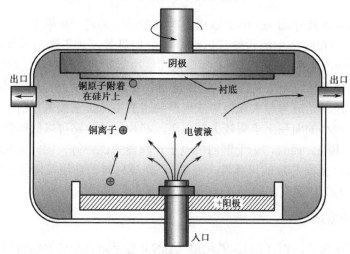

图 2.24　金属铜的电镀示意图

加在阴极/阳极系统的电压方波的类型不同，在电镀高深宽比通孔方面能够起到的帮助也不同。例如，通过加一个振荡电场并控制方波的幅度，沉积/刻蚀序列就被获得。用这种方式，在高电流密度区，铜能稍微消除（刻蚀）以维持铜间隙填充能力的平衡。

2. 铜的多层金属化

铜作为集成电路中金属互连的材料有如下的特点：

（1）铜在硅和 SiO_2 中都有很高的扩散率，一旦铜扩散进入器件的有源区，将会损坏器件，因此，必须使用阻挡层金属；

（2）应用常规的等离子体刻蚀工艺，铜不容易形成图形，干法刻蚀铜时，在它的化学反应期间不产生挥发性的副产物，而这一点对于经济的干法刻蚀是必不可少的；

（3）低温下（<200℃）空气中，铜会很快被氧化，而且不会形成保护层阻止铜进一步氧化，铜需要由一层薄膜阻挡层完全封闭起来。

金属 Cu 很稳定，很难找到一种廉价的化学反应，以便通过形成挥发性物质对它进行刻蚀。然而 Cu 很容易被 CMP（化学机械抛光）去除。一种被称为双镶嵌的工艺配以 Cu 的金属化及 CMP 工艺成为普遍采用的 Cu 互连线的布线工艺。该工艺先进行介质层的刻蚀，决定互连线的宽度和间距，然后沉积 Cu，最后进行 Cu 的CMP。

铜的多层金属化不需要刻蚀铜，此外钨填充被用做第一层金属与源、漏和栅的接触。应用钨克服了铜沾污硅衬底的问题。钨甚至可以刻蚀成金属线用于局部互连。而用于多层的所有其他金属连线和通孔都是铜。对铜互连来说，阻挡层金属是关键的。传统的阻挡层金属对铜来说阻挡作用不够好，需要用一层薄膜阻挡层完全封装起来，这层封装薄膜的作用是加固附着并有效地阻止扩散。对铜来说，这个特殊的阻挡层金属要求：阻止铜扩散，低薄膜电阻，对介质材料和铜都有很好的附着，与化学机械平坦化过程兼容，具有很好的台阶覆盖，填充高深宽比间隙的金属层是连续、等角的，允许铜有最小厚度，占据最大的横截面积。目前用做铜的阻挡层是金属钽（Ta）。

如前所述，铜的快速扩散可采用阻挡层进行屏蔽，而铜的刻蚀技术则采用所谓的双大马士革法解决。其方法是通过在层间介质中刻蚀孔和槽，然后沉积铜进入刻蚀好的图形，再应用化学机械平坦化去除额外的铜。

双大马士革法有许多可能的过程步骤。图 2.25 中解释了使用基本技术的工艺流程。

（1）用 PECVD 沉积内层氧化硅到希望的厚度，这里没有关键的间隙填充，因此 PECVD 是首选的制造工艺；

（2）厚 250Å 的 Si_3N_4 刻蚀阻挡层被沉积在内层氧化硅上。Si_3N_4 需要致密，没有针孔，因此使用高密度等离子体化学气相沉积（High Density Plasma CVD，HDPCVD）法进行沉积；

（3）光刻确定图形、干法刻蚀通孔窗口进入 Si_3N_4 中，刻蚀完成后去掉光刻胶；

（4）为保留层间介质，进行 PECVD 氧化硅沉积；

（5）光刻确定氧化硅槽图形，带胶，在确定图形之前将通孔窗口放在槽里；

（6）在层间介质氧化硅中干法刻蚀沟道，停止在 Si_3N_4 层，穿过 Si_3N_4 层中的开口继续刻蚀形成通孔窗口；

（7）在槽和通孔的底部及侧壁用离子化的 PVD 沉积钽（Ta）和氮化钽（TaN）扩散层；

（8）用 CVD 沉积连续的铜种子层，种子层必须是均匀的并且没有针孔；

（9）用电化学沉积（Electrochemical Deposition，ECD）沉积铜填充，既填充通孔窗口也填充槽；

（10）用 CMP 清除额外的铜，这一过程平坦化了表面并为下道工序做了准备，最后的表面是金属镶嵌在介质内，形成电路的平面结构。

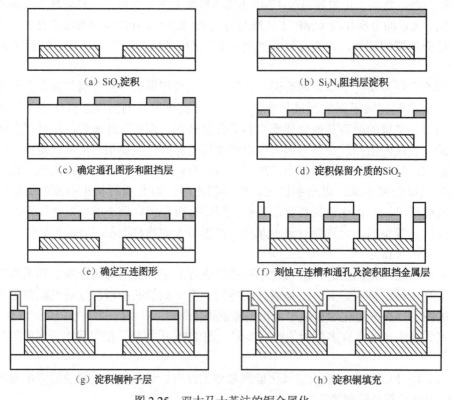

（a）SiO_2淀积

（b）Si_3N_4阻挡层淀积

（c）确定通孔图形和阻挡层

（d）淀积保留介质的SiO_2

（e）确定互连图形

（f）刻蚀互连槽和通孔及淀积阻挡金属层

（g）淀积铜种子层

（h）淀积铜填充

图 2.25　双大马士革法的铜金属化

参 考 文 献

[1] Peter Van Zant.芯片制造-半导体工艺制程实用教程（第五版）. 韩郑生，赵树武译，北京：电子工业出版社，2010

[2] 关旭东. 硅集成电路工艺基础. 北京：北京大学出版社，2011

[3] 潘桂忠. MOS 集成电路工艺与制造技术. 上海：上海科学技术出版社，2012

[4] 杜中一，杨天鹏，郑远志，许毅. 半导体芯片制造技术. 北京：电子工业出版社，2012

[5] 郝跃，贾新章，董刚，史江义. 微电子概论. 北京：电子工业出版社，2011

[6] 张渊. 半导体制造工艺. 北京：机械工业出版社，2010

[7] http://wenku.baidu.com/view/8f31b1d149649b6648d747b0.html

[8] http://wenku.baidu.com/view/afd8b97d27284b73f24250f7.html

[9] http://wenku.baidu.com/view/90f3ded8ce2f0066f53322f7.html

[10] http://wenku.baidu.com/view/f1c2852231126edb6f1a10de.html

[11] http://wenku.baidu.com/view/0d9c5e12de80d4d8d15a4fd8.html

[12] http://wenku.baidu.com/view/ad1f77354b35eefdc8d333da.html

第**3**章

缺陷的来源和控制

在过去的 50 年中，电子工业持续显著的增长在很大程度上是由于出现了更小、更轻、更快和更便宜的半导体产品。目前基于 18nm 特征尺寸的硅集成电路的先进产品正在 300mm 直径的硅衬底上制造。21 世纪的半导体生产将受到多种变化因素的影响，生产中新材料的引入是工艺集成中最为困难的问题之一，新材料的引入可带来器件的优良性能，但新材料引入的缺陷将决定半导体产品的性能、成品率和可靠性。

3.1 缺陷的基本概念

3.1.1 缺陷的分类

随着尺寸的缩小和纵横比的上升，缺陷类型将限制新一代半导体的成品率。由于新工艺和新材料，缺陷的复杂度也提高了。界面的原子粗糙度将在确定缺陷类型和分布中起关键作用。因此，一种缺陷检测工具不能满足所有用途。光学显微术将达到极限，对于任何 250nm 以下的测量，最好的光学显微镜也只能产生模糊的点。缺陷可广泛归类为随机或系统缺陷。

随机缺陷——随机缺陷定义为晶圆上性质为随机的缺陷。对于新一代产品，随机缺陷将和今天遇到的相同，但缺陷的可容许尺寸将相应缩小。例如，对于 250nm 特征尺寸的电路，80nm 的粒子在引起掩模针孔或刻蚀鼠咬（Mouse bite）等情况下是可以承受的。但对于特征尺寸 100nm 的生产来说，需要降低到 40nm。对洁净室、化学供应、设备负载和现场工艺等要格外注意。

系统缺陷——系统缺陷定义为非随机缺陷。系统缺陷会影响许多晶圆上空间丛集的芯片。随着特征尺寸的下降，系统缺陷的容限会更小。而且大直径晶圆的经济价值增加，会需要降低接受缺陷圆片的风险。

由于系统缺陷的根源往往是各种工艺参数的复杂相互作用，因此还需要复杂的统计成品率分析方法。表 3.1 列出了缺陷类型和用于检测它们的技术所发生的根本转变。目前还没有高速的生产检验工具可检验深窄通孔或沟道的底部。表 3.2 总结了缺陷表征技术的主要预期变化。

表3.1　缺陷作用的根本转变

缺 陷 类 型	时　间	检 测 技 术
设施和操作人员产生的粒子	年代	空中/液体粒子的检测工具
工艺过程产生的粒子	1980~1990 年	裸圆片和图形圆片粒子检测工具
器件级致命（Killer）缺陷	1990~2000 年	抑制（Kill）比率计算器——使用工具，可电激活器件和区分缺陷
单元级致命缺陷	2010 年至今	以电子、离子和 X 线的使用为基础的新工具

表3.2　缺陷表征技术的主要预期变化

工 艺 细 节	目 前 做 法	将　来
缺陷的本质	随机和系统	特征尺寸小于 100nm 的，随机缺陷将主导成品率
缺陷检测与缺陷数	缺陷数重要	特征尺寸小于 100nm 的对电性能的影响将很重要
缺陷分类	缺陷评审站	实时缺陷/故障分类
缺陷类型检测工具	主要为光学技术	光学技术的使用减少，主要使用 SEM UV，有时使用 SPM
深窄通孔或沟道的检验	没有工具	需要开发出基于 SEM 的工具

传统的缺陷概念（缺陷在很大程度上与粒子污染相关）可能不够充分，不能预计产品的实际成品率。除了宏观缺陷，微观缺陷及其在导致宏观缺陷的发展方面的作用也可能是主要的问题。由于尺寸较小，刻蚀步骤的边缘定义（在目前的技术中是可接受的变异）本身会成为一个缺陷问题。所有工艺步骤都需要更严格的控制，更小的缺陷都会成问题。一般地，类似互连上的应力裂纹这样的裂缝都会引起开路，但用光学显微镜无法检测。诊断工具的分辨率也需要提高。

微结构的同质性是改进所有材料的性能和可靠性的最重要的参数。对于前端工艺，这一般包括栅介质、栅材料、结的形成等。对于后端工艺，这包括互连的金属和介质。对于金属互连来说，微结构的同质性是指晶粒结构和晶粒尺寸分布的均匀性。晶粒尺寸的非均匀性是造成失效率上升的最显著的原因。晶粒尺寸的非均匀性会造成晶粒尺寸坡度。当器件不工作时，这一坡度值不会引起严重损伤。当存在外部激励（导体中的高密度电流流动、栅材料的高电场等）时，这些坡度可进一步上升，而这些位置最易失效。

对于晶粒尺寸的对数正态分布，也存在这样的晶粒尺寸坡度。由于早期失效（如金属迁移）主要是通过晶界扩散而发生的，因此所有这类结构的早期失效概率总是很高。对于有均匀晶粒尺寸分布的纳米金属，导体内的应力是均匀的，这种结构的早期失效概率较小。这种结构的中位失效时间（Mean Time To Failure，MTTF）要低于晶粒尺寸较大的结构。但这并不会带来严重问题，因为产品在市场中的平均寿命已经大大低于所有器件的 MTTF。

根据缺陷和结构特性的讨论，一个区缺乏微结构同质性会造成应力的上升。一个工艺步骤后薄膜中的应力直接与薄膜中存在的缺陷数有关。圆片在一个工艺步骤后的总体应力图可提供有关圆片上分布的缺陷密度的重要信息。但圆片中的缺陷不是随机分布的，而是趋向于丛生。这种丛生现象随着圆片尺寸的增加而越来越明显。在圆片的一个区中的应力量升高是缺陷密度较高或缺陷丛生的宏观指示，因此可作为自动缺陷检测和分类工具的输入。

3.1.2 前端和后端引入的缺陷

1. 前端工艺引入的缺陷

高介质常数材料——对很多应用来说，高介质常数材料已取代像二氧化硅和氮化硅这样的传统材料。高介质常数材料（如 Ta_2O_5、$BaSrTiO_3$、$PbLaZrTiO_3$ 等）可用做栅介质、DRAM 电容器的介质以及集成在硅衬底上的放电电容器的介质。对于栅介质应用，有可能用外延介质（用晶体结构与衬底相同的介质），但对所有其他应用来说，高介质常数材料在本质上是多晶的。从缺陷表征的观点来看，表征多晶材料的典型问题将与高 k 介质有关。

栅材料——介质/金属界面处的任何不均匀性以及栅电极的成分变化都将导致栅的非等电位面的产生，这会相应地导致不合格的阈值电压变化。

浅结——浅源/漏结将产生新的可靠性和成品率问题。硅化物不应吸收来自衬底的硅。界面处的原子粗糙度可造成电流集边的问题，带来性能、可靠性和成品率的问题。还有一个与晶界加剧扩散有关的问题，可在源/漏区引起有害的片式电阻变化。表 3.3 概括了前端工艺中的主要材料/工艺变化。

表 3.3　前端工艺的主要材料变化

工艺步骤或材料	以前的材料或方法	现在的材料或方法	备　注
栅介质和 DRAM 电容器	SiO_2、Si_3N_4 和 SiO_xN_y	高 k 材料（如 Ta_2O_5、$BaSrTiO_3$ 等）	从无定形到多晶材料的缺陷表征

续表

工艺步骤或材料	以前的材料或方法	现在的材料或方法	备　　注
栅	多晶硅	金属	成分和金属/介质界面粗糙度
浅结	离子注入	固相外延或其他方法	将需要 3−D 掺杂剖面技术
硅化物	吸收硅	目前的工艺不再允许 Si 吸收	Si-硅化物界面粗糙度应为最小值

2. 后端工艺引入的缺陷

金属铜的引入目的主要是为了减少 RC 延迟、降低功耗、减少串扰和提高可靠性。作为导体，Cu 有较低的电阻率，比传统的 Al−Si−Cu 合金有更高的抗电迁移能力，而且由于可用更小的线来传送等量的电流，因此可降低费用，每一层可实现更紧密的封装密度。

铜（Cu）按下列顺序在生产中使用：（1）用钨埋层来接触源、漏和栅区，对于某些短连线可用钨形成图形，而其他金属化都可使用 Cu；（2）Cu 可用双镶嵌方法来形成图形；（3）扩散阻挡层将建立在 Ta 或 TaN 基础上；（4）用 PVD 或 CVD 沉积一个 Cu 仔晶层；（5）通过电镀用 Cu 填充通孔和沟道；（6）Cu 的 CMP；（7）用带氮化硅的 TiN/TaN 作为封盖层（Capping layer）。仔晶层的均匀度以及没有针孔对于通过电镀获得低缺陷 Cu 沉积是非常重要的。

Cu 需要从所有 4 面来封盖。先沉积后形成图形的导体，它的热和残留应力不同于在图形区沉积的导体。因此，和 AlSiCu 基的互连相比，整个应力模式是不同的，会产生新的缺陷类型。铜的磨损（Undercut）、金属空隙、刻蚀残留物是铜双镶嵌工艺的几个缺陷例子。

浅沟道隔离（STI）的潜在优势（如更好的平面性、抗闩锁能力、低结电容和几乎为零的场侵蚀）使其能够在器件缩小到 100nm 尺寸以下时使用。STI 工艺很复杂，需要对每个步骤进行仔细的工艺集成。沟道填充和 CMP 均匀度是几个主要的集成问题。沉积氧化层与热氧化层相比的高刻蚀率可在栅前表面清洁过程中造成场氧化物的损失。

任何介质常数 k 小于 SiO_2 的材料都可归类到低 k 介质材料。用氟化二氧化硅取代二氧化硅，k 值可降低到 3.0～3.2 之间。k 值在 1～3 之间的基本上是聚合材料（如特氟纶 AFTM，$k=1.93$）和多孔材料（如干凝胶，k 值在 1～3 之间）。除了低的热传导性和光的各向异性以外，多孔材料还存在着微结构的非均匀性这一主要问题。

扩散阻挡层在 Cu 基互连中起着非常重要的作用，但会带来针孔和非均匀性的问题。化学机械磨光普遍用于浅沟道隔离到顶部全面互连的所有平面化步骤中，粒子是涂层中最可能出现的缺陷，而经过 CMP 后，膜也可能有微划伤和干浆残留问题。Cu 的 CMP 中最困难的挑战是需要在不过度磨掉任何功能的情况下均匀地去除 Cu 和阻挡层。顶层厚度由于底下的形貌而出现差异，这会带来色噪声。表 3.4 则概括了后端工艺的主要材料/工艺变化。

表 3.4　后端工艺的主要材料/工艺变化

工艺步骤或材料	以前的材料或工艺	现在的材料或方法	备注
导体	AlSiCu 占主导	铜占主导	所有 4 面都封盖
层间介质	二氧化硅	低 k 介质	多孔材料的光各向异性、低热传导性、非均匀性
扩散阻挡层	Al 为 TiN	Cu 为 Ta	应力相关可靠性问题
接触和通孔	钨埋层	铜基	界面的化学完整性

3.2　引起缺陷的污染物

　　半导体集成电路工艺尺寸越来越小，在一块小小的芯片上集成了许多的器件。因此，制作过程中必须防止外界杂质污染源的污染，以避免污染源造成元器件性能的劣化以及电路产品不良率的上升和可靠性的下降。污染问题是芯片生产工业必须慎重对待且须花大力气解决的首要问题。污染不仅来源于大规模集成电路的生产过程，还包括提供的超净间专用化学品和材料，甚至建造超净间的建筑材料和建造手段也会引入污染。

　　特大规模集成电路（ULSI）时代的半导体制造需要对大量的悬浮分子颗粒进行严格控制，包括水蒸气、酸蒸气、烃类和引入杂质到硅片表面的其他气体。十亿分之几（PPB，Parts Per Billion）级别的悬浮分子沾污的检测现在已成为先进生产线的标准。分子化合物包括金属、非金属、有机物和无机物沾污，所有这些沾污对器件性能都有破环性。图 3.1 所示是硅片生产过程中污染物的变化。

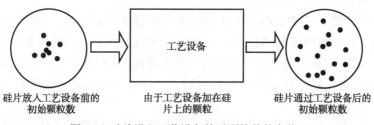

图 3.1　硅片进入工艺设备前后颗粒数的变化

3.2.1　颗粒污染物

颗粒污染物包括空气中所含的颗粒、人员产生的颗粒、设备和工艺操作过程中使用的化学品产生的颗粒等。在任何晶圆上，都存在大量的颗粒。有些颗粒位于器件不太敏感的区域，不会造成器件缺陷，而有些则会造成致命性的缺陷。根据经验得出的法则：颗粒的大小要小于器件上最小的特征图形尺寸的 1/10；否则，就会形成缺陷，如图 3.2 所示。

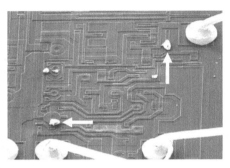

图 3.2　芯片表面的颗粒沾污

直径为 0.03μm 的颗粒将会损害 0.3μm 线宽大小的特征图形。落于器件的关键部位并毁坏了器件功能的颗粒称为致命缺陷。致命缺陷还包括晶体缺陷和其他由于工艺过程引入的问题。1994 年，半导体工业协会 SIA（Semiconductor Industry Association）将 0.18μm 设计的光刻操作中的缺陷密度定为 0.06μm 135 个（每平方厘米每层）。为形象起见，如图 3.3 所示，其中给出了人体毛发与集成电路特征尺寸的对比图形，说明尺寸非常小的颗粒足以影响集成电路的可靠性。

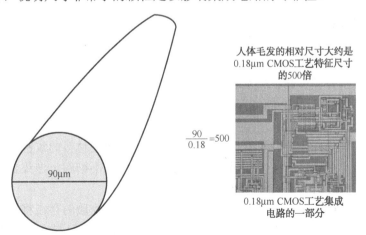

图 3.3　人体毛发与集成电路特征尺寸的对比

3.2.2 金属离子

在半导体材料中，以离子形态存在的金属离子污染物，称为可动离子污染物（MIC，Mobile Ion Contamination）。这些金属离子在半导体材料中具有很强的可移动性，即使在器件通过了电性能测试并且从生产厂运送出去，金属离子仍可在器件中移动从而造成器件失效。危害半导体工艺的典型金属杂质是碱金属离子，它们在普通化学品和工艺中都很常见（如表 3.5 所示）。

表 3.5 危害半导体工艺的典型金属

重 金 属	碱 金 属
Iron (Fe)	Sodium (Na)
Copper (Cu)	Potassium (K)
Aluminum (Al)	Lithium (Li)
Chromium (Cr)	—
Tungsten (W)	—
Titanium (Ti)	—

最常见的可动离子污染物是钠离子。钠离子是硅中移动性最强的物质，因此，对钠的控制成为硅片生产的首要目标。MIC 的问题对 MOS 器件的影响更为严重，所以，在晶圆中，MIC 污染物必须被控制在 10^{10} 原子/cm^2 的范围内甚至更少。有必要采取措施研制开发 MOS 级或低钠级的化学品。这也是半导体业的化学品生产商努力的方向。

3.2.3 有机物沾污

有机物沾污是指那些包含碳的物质，几乎总是同碳自身及氢结合在一起，有时也和其他元素结合在一起。有机物沾污的一些来源包括细菌、润滑剂、蒸汽、清洁剂、溶剂和潮气等。为了避免有机物沾污，现在用于硅片加工的设备使用不需要润滑剂的组件来设计。

在特定工艺条件下，微量有机物沾污能降低栅氧化层材料的致密性。工艺过程中有机材料给半导体表面带来的另一个问题是表面清洗不彻底，导致金属杂质之类的沾污即使在清洗之后仍残留在硅片表面。

此外，还有半导体工艺中不需要的化学物质。这些物质的存在将导致晶圆表面受到额外的刻蚀，在器件上生成无法去除的化合物，或导致不均匀的工艺过程。最常见的化学物质是氯。在工艺过程用到的化学品中，氯的含量须受到严格的控制。

3.2.4　细菌

细菌是在水系统中或不定期清洗的表面生成的有机物。细菌一旦在器件上形成，会成为颗粒状污染物或给器件表面引入不希望见到的金属离子。

3.2.5　自然氧化层

如果暴露在室温下的空气或者含溶解氧的去离子水中，硅片表面将被氧化。自然氧化层同样是一种沾污，是硅片制造不可接受的。图 3.4 所示为自然氧化层的存在导致金属导体和器件有源区间接触电阻增加的示意图。

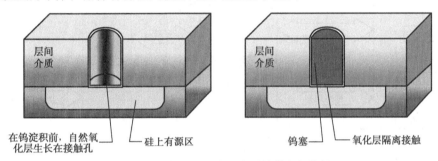

图 3.4　自然氧化层隔离了金属钨的良好接触

3.2.6　污染物引起的问题

（1）器件工艺成品率下降。污染改变了器件的尺寸，使表面洁净度和平整度下降。在污染环境中制成的器件工艺成品率下降，最终导致成本上升。

（2）器件性能下降。在制造工艺过程中漏检或未能检测出的小污染可能会产生多余的化学物质和可动离子污染物，从而改变器件的性能。

（3）器件可靠性下降。污染物会停留在器件内部，引起失效，或者使器件可靠性降低，有可能在将来带来无法预料的损失。

3.3 引起缺陷的污染源

洁净室内污染源是指任何影响产品生产或产品功能的一切事物。由于固态器件的要求较高，决定了它的洁净度要求远远高于大多数其他工业的洁净程度。实际上，生产期间任何与产品相接触的物质都是潜在的污染源。主要的污染源有空气、

厂务设备、洁净室工作人员、工艺使用水、工艺化学溶液、工艺化学气体和静电，每种污染源产生特殊类型和级别的污染，需要对其进行特殊控制以满足洁净室的要求。

3.3.1　空气

普通空气中含有许多污染物，一般指微小颗粒或浮尘，须经过处理后才能进入洁净室。如图 3.5 所示（单位是毫米）。微小颗粒（悬浮颗粒）的主要问题是在空气中长时间飘浮。而洁净室的洁净度就是由空气中的微粒大小和微粒含量来决定的。

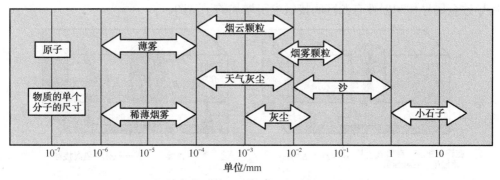

图 3.5　空气中颗粒物的相对尺寸

美国联邦标准 209E 规定空气质量由区域中空气级别数来表示。标准按两种方法设定，一是颗粒大小，二是颗粒密度。区域中空气级别数是指在一立方英尺中所含直径为 0.5μm 或更大的颗粒总数。一般城市的空气中通常包含烟、雾、气。每立方英尺有多达五百万个颗粒，所以是五百万级。随着芯片部件尺寸的更新换代，不断提高的芯片灵敏度要求越来越小的颗粒。联邦标准 209E 规定最小洁净度可到一级。因为 209E 以 0.5μm 的颗粒定义洁净度，而成功的晶圆加工工艺要求更严格的控制，所以工程技术人员和工程师们致力于减少 10 级和 1 级环境中 0.3μm 颗粒的数量，如表 3.6 所示。

表 3.6　不同环境的典型级别数

环　　境	级　别　数	最大颗粒尺寸限度/μm
256MB 内存加工车间	0.01	<0.1
微环境	0.1	<0.1
特大规模集成电路加工车间	1	0.1
超大规模集成电路加工车间	10	0.3

环　　境	级　别　数	最大颗粒尺寸限度/μm
空气层流立式	100	0.5
工作台装配区	1000～10000	0.5
库房	100000	0.5
室外	>500000	—

3.3.2　温度、湿度及烟雾控制

除了控制颗粒，空气中温度、湿度和烟雾的含量也需要规定与控制。温度控制对操作员的舒适性与工艺控制是很重要的。许多利用化学溶剂进行刻蚀与清洗的工艺都在没有温度控制的设备箱内完成，只依赖洁净室温度的控制。这种控制非常重要，因为化学反应会随温度的变化而不同。例如，温度每升高 10℃，刻蚀速率参数加二。通常的室温为 72℉，上下幅度为 2℉。

相对湿度也是一个非常重要的工艺参数，尤其在光刻工艺中，要在晶圆表面镀上一层聚合物作为刻蚀膜版。如果湿度过大，晶圆表面太潮湿，会影响聚合物的结合，就像在潮湿的画板上绘画一样。如果湿度过低，晶圆表面就会产生静电，这些静电会从空气中吸附微粒。一般相对湿度应保持在 15%～50%之间。

烟雾是洁净室的另一个空中污染源。它对光刻工艺影响最大。光刻中的一个步骤与照相中的曝光相似，是一种化学反应工艺。臭氧是烟雾中的主要成分，易影响曝光，必须被控制。在进入空气的管道中装上碳素过滤器可吸附臭氧。

3.4　缺陷管理

超净间也叫洁净室，是指将一定空间范围内空气中的微粒、有害空气、细菌等污染物排除，并将室内的温度、洁净度、室内压力、气流速度与气流分布、噪声、照明及静电等控制在某一需求范围内而特别设计的房间。不论外在空气条件如何变化，其室内都能维持原先所设定要求的洁净度、温湿度及压力等。超净间最主要的作用在于控制半导体芯片所接触的大气的洁净度及温湿度，使产品能在一个良好的环境空间中生产和制造。

3.4.1　超净间的污染控制

　　超净间所用的建筑材料都应是不易脱落的材料，所有的管道口都要密封，可以采用不锈钢材料制造工作台。

　　黏性地板垫。在每个超净间入口都应放置一块黏性地板垫，这样可以把鞋底的脏物黏住，防止带入超净间。一般地板垫有很多层，脏了一层便撕掉一层。

　　更衣区。超净间的更衣区是超净间与厂区的过渡区域，更衣区通过天花板中的高效空气过滤器提供空气，工作人员必须在此换上洁净服。此区域利用长凳分为两个部分，工作人员在长凳一侧穿上洁净服，而在长凳上穿戴鞋套，这样可以使长凳和超净间保持干净。超净间和厂区的门不能同时打开，确保超净间不会暴露在厂区的污染环境中。有些厂还在走廊上提供更衣柜，超净间衣物和物品也要妥善管理。更衣区通常分为两个更衣区，即一次更衣区和二次更衣区。

　　风淋室。超净间与更衣间要建造风淋室，高速流动的气流可以吹掉洁净服外面的灰尘颗粒。风淋室必须装有互锁系统，防止前后门同时打开。

　　维修区。超净间周围是维修区，一般要求它的洁净级别低于超净间（通常要求1000 级或 10000 级）。这里包括工艺化学品传输管道、电缆和洁净室物品。主要工艺设备装于墙后的维修区内，面对洁净室，技术员在超净间外维护设备，而不必进入超净间。

　　双层进出通道。维修区还可作为次洁净室来储存物料和供给，它们通过双层进出通道进入洁净室，这可保持洁净室的洁净度。进出通道可以是一个双层门的盒子，或者是供给正压过滤空气，并有防止进出门同时打开的互锁装置。通常进出通道装有高效颗粒收集（High Efficiency Particle Amass，HEPA）过滤器，所有进入洁净室的物品与设备都须在进入前经过净化处理。

　　空气压力控制系统。严格防止空气污染的厂房在设计方案上要求平衡超净间、更衣间和厂区的空气压力。通常超净间的空气压力最高，更衣间次之，厂区和走廊最低。这样当超净间的门打开时，超净间相对高的空气压力可以防止空气中的灰尘进入。

　　净鞋器和手套清洗器。用净鞋器去除鞋套和鞋侧的灰尘。用手套清洗器清洗手套并烘干。

　　防静电设施。静电会吸附空气和工作服中的尘埃，容易影响晶圆上高密度的集成电路的制造和性能。静电产生于两种不同静电势的材料接触或摩擦，带过剩负电荷的原子被相邻的带正电荷的原子吸引，这种由吸引产生的电流泄放电压可以高达几万伏。

　　芯片制造过程中特别容易产生静电放电，因为芯片加工通常是在较低的湿度（典型条件为 40%±10%）环境条件下进行的，这种条件容易生成较高级别的静电荷，虽然增加相对湿度可以减少静电荷生成，但也会增加潮湿带来的污染，因而这种方法并不实用。

尽管静电放电发生时转移的静电总量通常很小（纳库伦级别），然而放电的能量积聚在芯片上很小的一个区域内。发生在几纳秒内的静电放电能产生超过 1A 的峰值电流，导致金属连线烧毁和穿透氧化层，成为栅氧化层击穿的原因。图 3.6 所示是带电硅片吸引颗粒的一个例子。

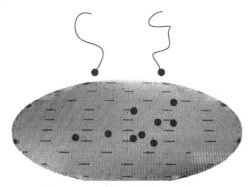

图 3.6　带电硅片静电吸引颗粒示意图

静电对元件的封装区域也有特别的影响，这样就要求在敏感的元器件（如大矩阵内存）的加工和运输中采用防静电装置。光刻掩膜工艺的掩膜版对静电放电也非常敏感。放电可气化并损坏镀铬掩膜层。有些设备故障也与静电有关，特别是机械手、晶圆传送器、测量仪器。晶圆通常由 PFA 材料制的机械手送入设备中。这种材料是防化学腐蚀的，但不导电。静电存在晶圆里，但无法从机械手泄放。当机械手靠近设备的金属部分时，晶圆表面的静电就会对设备放电，产生的电磁干扰就会影响设备的正常工作。

静电控制包括防止静电堆积和防止放电两个方面，防止静电堆积可使用防静电服、防静电周转箱和防静电存储盒。防止静电放电的方法包括使用电离器和使用静电接地带，电离器一般放在 HEPA 过滤器的下面，中和过滤器上堆积的静电，也包括人员的接地腕带和工作台接地垫等。

3.4.2　工作人员防护措施

超净间工作人员是最大的污染源之一。人的呼吸也包含大量的污染，每次呼气向空气中排出大量的水汽和微粒。人坐着时，每分钟仍会释放 10 万到 100 万个颗粒，此外还有脱落的头发和坏死的皮肤等。普通的衣服也会给超净间增加上百万个颗粒。

一个吸烟者的呼吸在吸烟后的很长时间里仍能带有上百万的微粒。而体液，例如含钠的唾液也是半导体器件的主要杀手。健康的人是许多污染的源头，而病人就更加严重了。特别是皮疹与呼吸传染病患者还会产生额外的污染源。一些制造厂对患特定病症的工作人员另行安排。人类活动释放的颗粒数如表 3.7 所示。

表 3.7　人类活动释放的颗粒

颗粒来源	每分钟大于 0.3μm 的平均颗粒数
静止（坐或站）	100000
移动手、臂、躯干、脖子和头	500000
每小时步行 2 公里	5000000
每小时步行 3.5 公里	7500000
最洁净的皮肤（每平方英寸）	10000000

防止人产生污染的解决办法就是把人完全包裹起来。洁净服选用无脱落而且编织紧密的材料，且含有导电纤维以释放静电，在满足过滤能力的情况下考虑穿着的舒适度。洁净服要制成高领长袖口，身体的每一个部分都要被罩住，头用内帽罩住头发，外面再套一层外罩，外罩带披肩，用工作服压住披肩，以压住头罩，面部用面罩罩住，衣服以宇航服的头套为模型，可接过滤带、吹风机和真空系统。

超净服系统的目标是满足以下职能标准：对身体产生的颗粒和浮质的总体抑制、超净服系统颗粒零释放、对静电零积累、无化学和生物残余物的释放。

新鲜空气由真空泵提供，过滤器保证呼出的气体污染物不被吹进超净间。皮肤涂上特制的润肤品，可进一步防止皮肤脱落物，润肤品中不含盐分和氯化物。穿衣的顺序应该从头向下穿，使上一部位扬起的灰尘用下一部位的服饰盖住，最后戴上手套。

3.4.3　工艺制造过程管理

1.　工艺用水要求

在晶圆制造的整个过程中，晶圆要经过多次的化学刻蚀与清洗，每步刻蚀与清洗后都要经过清水冲刷，一个现代的晶圆制造厂每天要使用多达几百万加仑的水。由于半导体器件容易受到污染，因此所有工艺用水必须经过处理，达到非常严格的洁净度要求。

城市系统中的水包含大量的洁净室不能接受的污染物：

溶解的矿物、颗粒、细菌、有机物、溶解的氧气、二氧化碳。

普通水中的矿物质来自盐分，盐分在水中分解为离子。例如，食盐（氯化钠）

会分解为钠离子和氯离子。每个都是半导体器件与电路的污染物。反渗透和离子交换系统可去除离子。去除带电离子工艺，使水从导电介质变成阻抗，这样可用于提高去离子（DI）水的质量，去离子水在25℃时的电阻是18兆欧姆。

工艺水的目标与规格是 18 兆欧姆，超纯去离子水中不允许的沾污有溶解离子、有机材料、颗粒、细菌、硅土、溶解氧。水中的各种颗粒的相对尺寸如图 3.7 所示。

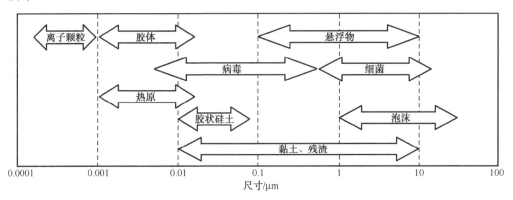

图 3.7　水中的各种颗粒的相对尺寸

固态杂质（颗粒）通过沙石过滤器、泥土过滤器与次微米级薄膜从水中去除。细菌和真菌可由消毒器去除，这种消毒器使用紫外线杀菌，并通过水流中的过滤器滤除。

有机污染物（植物与排泄物）可通过碳类过滤器去除，溶解的氧气与二氧化碳可用碳酸去除剂和真空消毒剂去除。表 3.8 显示了 4MB DRAM 制造厂的工艺水规格。

表 3.8　动态随机存取存储器的工艺水规范

杂　　质	64KB	1MB	16MB
电阻率/（MΩ·cm）	>17	>18	>18.1
TOC/（μg/L）	<200	<50	<10
细菌/（数量/L）	<250	<50	<1
微粒/（数量/mL）	<50	<50	<1
关键尺寸/（μm）	0.2	0.2	0.05
溶解氧/（μg/L）	<200	<100	<20
钠/（μg/L）	<1	<1	<0.01
氯/（μg/L）	<5	<1	<0.01
锰/（μg/L）	N/A	<1	<0.005

清洁工艺用水至可接受的洁净水平所需的费用是制造厂的主要营运费用之一。在大多数制造厂里，工艺加工站装配有水表来检测使用后的水。如果水质降到一定的水平，就需要在净化系统中再循环净化使用。多余的脏水需依照法规规定处理，再排出工厂。

2. 工艺化学品

在制造工厂中，用于刻蚀和清洗晶圆和设备的酸、碱、溶剂必须是最高纯度的。涉及的污染物有金属离子微粒和其他化学品。与水不同的是，工艺化学品是采购来的，直接运输到工厂后使用。工业化学品分不同级别，它们分一般溶剂、化学试剂、电子级和半导体级。前两种对于半导体使用来说过脏，电子级与半导体级相对洁净些，但不同制造商所生产化学品的洁净度也是不同的。

类似 SEMI 这样的商业组织为整个行业建立了洁净度的规格，但是大多数半导体厂按照自己内部的规格采购化学品。化学品的主要污染是移动的金属离子，通常须限制为百分之一（PPM）级或更低。一些供应商可制造 MIC 级的化学品，含量仅仅为十亿分之一。微粒过滤器的级别被规定为 0.2μm 或更低。

化学品的纯度由成分来表示。成分数就是指容器内所含化学品的百分数。例如，一瓶 99.9%的硫酸表示含有 99.9%的纯硫酸和 0.01%的其他溶液。把化学品传输至工艺加工区域不只要求保持化学品的洁净，还包括对容器内表面的清洁、使用不易溶解的材质的容器、不产生微粒的标志牌，并在运输前把瓶放置化学品袋中。

3. 化学气体

除了许多液体工艺过程，半导体晶圆还要使用许多气体来加工。这些气体有从空气中分离出来的，如氧气、氮气和氢气，还有特制的气体，如砷烷和四氯化碳。和化学品一样，气体也必须清洁地传输至工艺工作台与设备中。气体质量由以下 4 项指标来衡量：纯度、水气含量、微粒、金属离子。

所有工艺气体都要求极高的纯度，用于氧化、溅射、等离子刻蚀、化学气相沉积（CVD）、活性离子刻蚀、离子注入和扩散等工艺的气体也有特殊要求。所有涉及化学反应的工艺都需要能量。如果工艺气体被其他气体污染，则预期的反应就会产生显著改变，或者在晶圆表面的反应结果也产生改变。例如，一罐溅射工艺用氩气里如果有氯杂质，就会导致生成的溅射薄膜有影响器件的恶果。气体纯度由成分数表示，纯度一般从 99.99%～99.999999%，取决于气体本身和该气体在工艺中的用途。纯度由小数点右边的 9 的位数表示，最高纯度级别可为 6 个 9 纯。

保持气体从生产商到工艺工作台过程中不变的纯度是对晶圆制造厂的一个挑战。从生产源开始，气体要通过管道系统、带有气阀与流量表的气柜，然后接入设备。这整个系统中的任何一部分的泄漏都是灾难性的。外部气体（特别是氧气）进入工艺气体参加化学反应，就改变了反应气体的成分，也改变了期望的化学反应。气体的污染还可以由系统本身散气而产生。一个典型的系统设有不锈钢管道与阀门，还有聚脂材质的部件，如接头与密封件。对于超级洁净系统，不锈钢表面还须经过电子抛光，和（或）用真空双层保护表面内部的熔接点以减少散气。另一种技术就是在表面生长一层离子氧化膜，以进一步减少散气。这种技术一般称为氧气钝化（Oxide Passivation, OP）。要避免使用聚酯物质。气体柜的设计减少了可堆积污染的死角。另外洁净焊接工艺的使用也非常重要，杜绝了焊接气体被吸入气体管道。

水气的控制也是非常重要的。水蒸气是一种气体，和其他污染气体一样，也会导致多余的反应。在晶圆制造厂中加工晶圆时带有水气是个严重的问题。当有氧气或水分存在时，硅很容易被氧化。所以控制多余的水气对阻止硅表面的氧化是非常重要的。水气的上限一般是3～5ppm。

在气体中有微粒或金属离子会产生与化学溶剂污染相同的影响，气体最终会过滤至 0.2μm 级，而金属离子也要被控制在百万分之一以下。由空气中分离的气体以液态形式存储于厂区里，在这种状态下，气体温度很低，而且这种状态可冷冻许多杂质并储于罐底部。特殊气体是以高压瓶的形式采购来的。因为特殊气体大多是有毒或易燃的，所以一般储存在厂区外的特制的气柜中。

晶圆有大量的工艺时间是在石英器中度过的，如晶圆固定器、反应炉石英管、传送器。石英件也是一种非常大的污染源，通常由散气与微粒的方式产生。即使是高纯度石英也含有许多重金属离子，这些离子可以从石英中散出来进入扩散与氧化工艺反应的气流中，特别是在高温反应中。这些微粒来自晶圆与晶圆舟的擦伤和晶圆舟与反应炉石英的摩擦。

4．设备

污染控制的成功与否与确认污染源是息息相关的。许多分析显示机械设备是最大的微粒污染源。到 20 世纪 90 年代为止，设备引发的微粒升至所有污染源的75%～90%，但这并不意味机械设备变得越来越脏。由于对空气、化学品与生产人员污染的控制越来越先进，使得设备变为污染控制的焦点。

3.4.4　超净间的等级划分

普通的空气中含有大量微粒或浮尘等污染物，只有经过处理后才能进入超净间。超净间的洁净度是由空气中微粒的大小和微粒的含量来决定的。通过天花板的HEPA 过滤器实现空气过滤，并从地板上回收空气，保持持续的洁净空气流。

按照国际惯例，无尘净化级别主要根据每立方米空气中粒子直径大于划分标准的粒子数量来规定。也就是说，所谓无尘并非 100%没有一点灰尘，而是控制在一个非常微量的范围内。

这个标准中符合灰尘标准的颗粒相对于常见的灰尘已经是小得微乎其微，但是对于半导体器件而言，哪怕是一点点的灰尘都会产生非常大的负面影响，所以在半导体产品的生产上，无尘是必须的要求。

根据单位体积尘埃数的不同，超净间分为不同的等级，如表 3.9 所示。以直径为 0.5μm 的尘埃作为比较标准，在一立方英寸空间中大于 0.5μm 的尘埃粒子数少于 10 粒，就称为 10 级洁净空间，大于 0.5μm 的粒子数少于 1000 个，就称为 1000 级洁净空间。目前许多半导体生产线都要求洁净度为 1 级。表 3.10 列出了美国联邦标准 209E 中各净化间级别对空气漂浮颗粒的限制。

表 3.9 超净间的等级划分

级 别	洁净度		温度/℃		湿度/%		噪声（A 声级）/dB
	粒径/μm	浓度/（粒/英寸^3）	最高	最低	最高	最低	
1 级		≤1					
10 级		≤75					
100 级	大于等于 0.5	≤750	27	18	60	40	小于等于 70
1000 级		NA					
10000 级		—					

表 3.10 美国联邦标准 209E 中各净化间级别对空气漂浮颗粒的限制

级 别	颗粒/立方英寸				
	0.1μm	0.2μm	0.3μm	0.5μm	5μm
1 级	3.50×10	7.70	3.00	1.00	—
10 级	3.50×10^2	7.50×10	3.00×10	1.00×10	—
100 级	—	7.50×10^2	3.00×10^2	1.00×10^2	—
1000 级	—	—	—	1.00×10^3	7.00
10000 级	—	—	—	1.00×10^4	7.00×10
100000 级	—	—	—	1.00×10^5	7.00×10^2

3.4.5 超净间的维护

超净间的定期维护是非常必要的。清洁人员必须穿着与生产人员一样的洁净服，超净间的清洁器具，包括拖把，均需仔细选择，一般家庭使用的清洁器具太脏，不可在超净间使用。使用真空吸尘器也要特别注意，真空吸尘器中的排风系统中，装有 HEPA 过滤器，现在已经可以在超净间中使用了。许多超净间采用内置式真空系统来减少清洁时产生的脏东西。

擦拭工艺工作台需要使用特殊的、低污染的抹布与海绵。擦拭的程序也是非常关键的，墙面的擦拭要从上到下，桌面要从后向前。用喷壶喷洒的清洁剂，应喷到洁净布表面，而不是被清洁物表面，这样可以减少在晶圆与设备上不必要的过量喷洒。合理的净化间操作规程如表 3.11 所示。

表 3.11 合理的净化间操作规程

应 该 做 的	不 应 做 的	理　　由
只有经过授权的人员方可进入净化间	没有经过净化间行为严格培训的人员不得入内，净化间的管理者具有最后的决定权	经过授权的人员才熟悉超净室操作中严格且近乎苛求的规定
只把必需物品带入净化间	禁止化妆品、香烟、手帕、卫生纸、食品、饮料、糖果、木制/自动铅笔或钢笔、香水、手表、珠宝、磁带播放机、电话、摄像机、录音笔、香口胶、梳子、纸板或非净化间允许的纸张、设计图、操作手册或指示图表等	阻断不想要的沾污源进入，在半导体器件中产生缺陷
根据公司培训规定的方式着装进入	不允许包裹不严的服装进入净化间	确保超净服免受可能进入净化间的沾污
始终确保所有的头部和面部头发被包裹起来	不要曝露脸上和头部的头发	头发是沾污源
遵守进入净化间的程序，如风淋和鞋清洁器（如必要）	不要在所有程序完成之前开启任何一道通往净化间的门	所有的淋浴都可能有助于去除沾污，许多公司由于空气沾污的原因已经停止使用这一道程序
在净化间中所有时间内都保持超净服闭合	不要把任何街头服装曝露于超净间内，不要让你皮肤的任何部分接触超净服的外面部分	不想要的沾污源
缓慢移动	不要群聚或快速运动	这会破坏气流模式

温湿度控制系统。半导体超净间的温湿度控制是个重点，其控制的效果直接影响生产的优良率。温度控制对操作员的舒适性和工艺控制都是很重要的，特别是在利用化学溶剂进行刻蚀和清洗的工艺时，化学反应会随温度的变化而不同。相对湿度也是非常重要的工艺参数，尤其在光刻工艺中，如果湿度过大，晶圆表面太潮湿，会影响聚合物的结合，如果湿度过低，晶圆表面会产生静电，这些静电会在空气中吸附微粒。

洁净室的物质与供给。除了工艺化学品以外，加工晶圆还需要大量的其他物质与供给。这些物品须满足洁净度要求。记录单、表格和笔记本都需要采用无脱落表面的纸张或聚酯塑料制造。铅笔是不允许使用的，钢笔须是不能擦去字迹的。

晶圆储存盒是由特殊的不产生微粒的物质制造的，运输车与反应管也是一样。车轮与设备不使用润滑油脂。在许多区域中，机械工具与工具箱要经过清洁，并存放在洁净室里。

 # 3.5 降低外来污染物的措施

洁净的圆片是芯片生产全过程中的基本要求，但并不是在每个高温下的操作前都必须进行晶圆表面清洗。一般情况下，全部工艺过程中高达 20%的步骤为晶圆清洗。清洗工艺贯穿芯片生产的全过程。

半导体工艺的发展过程可以说是清洗工艺随着对无污染晶圆需求不断增长而发展的过程。半导体器件制造过程中主要的环境污染源有微尘颗粒、重金属离子、有机物残留物和钠离子等轻金属离子。可归纳为四大常见类型，每一种在晶圆上体现为不同的问题，并可用不同的工艺去除：颗粒、有机残余物、无机残余物、需要去除的氧化层。

通常来说，晶圆清洗的工艺或一系列的工艺，必须在去除晶圆表面全部污染物（上述类型）的同时，不会刻蚀或损害晶圆表面。它在生产配制上是安全的、经济的，是为业内可接受的。通常对清洗工艺的设计适用于两种基本的晶圆状况。一种叫前端工序（Front End of Line，FEOL），特指那些形成有源电性部件之前的生产步骤。在这些步骤中，晶圆表面尤其是 MOS 器件的栅区域，是暴露的、极易受损的。在这些清洗步骤中，一个极其关键的参数是表面粗糙度。过于粗糙的表面会改变器件的性能，损害器件上面沉积层的均匀性。表面粗糙度是以 nm 为单位的表面纵向变差的平方根。2000 年的要求是 0.15nm，但到 2010 年已降低到 0.1nm 以下。在 FEOL 的清洗工艺中，另外一个值得关注的方面是晶圆表面的电性条件。器件表面的金属离子污染物改变电性特征，尤其是 MOS 传感器极易受损。Na^+连同 Fe、Ni、Cu 和 Zn 是典型的问题。清洗工艺必须将其浓度降至 2.5×10^9 原子/cm^2 以下，从而达到器件需要。铝和钙在晶圆表面的含量同样需要低于 5×10^9 原子/cm^2 的水平。

另一个最为关键的方面是保持栅氧的完整性。清洗工艺可能会破坏栅氧从而使其粗糙，尤其是较薄的栅氧更易受到损害。在 MOS 传感器中，栅氧是用来做绝缘介质的，因此它必须具有一致的结构、表面状态和厚度。栅氧的完整性是靠测试栅的电性短路来测量的。半导体工业协会（SIA）的国家半导体技术路线图指出，在

180nm 的长度上，用 5MV/cm 的电压测试 30s，缺陷密度应低于 0.02 缺陷/cm^2。

对于后道工序（Before End of Line，BEOL）的清洗，除了颗粒问题和金属离子的问题，通常的问题是阴离子、多晶硅栅的完整性、接触电阻、过孔的清洁程度、有机物以及在金属布线中总的短路和开路的数量，光刻胶的去除也是 FEOL 和 BEOL 都存在的重要清洗工艺。

不同的化学物质与清洗方法相结合以适应工艺过程中特殊步骤的需要。典型的 FEOL 清洗工艺（如氧化前的清洗）包括颗粒去除（机械的）、通常的化学清洗（如硫酸、氢气、氧气）、氧化物去除（典型的稀释的 HF）、有机物和金属去除（SC－1）、碱金属和氢氧化物去除（SC－2）、漂洗步骤和晶圆烘干，如表 3.12 所示。

表 3.12　一般清洗技术

工　艺	清　洁　源	容　器	清　洁　效　果
剥离光刻胶	氧等离子体	平板反应器	刻蚀胶
去聚合物	$H_2SO_4 : H_2O = 6 : 1$	溶液槽	除去有机物
去自然氧化层	$HF : H_2O < 1 : 50$	溶液槽	产生无氧表面
旋转甩干	氮气	甩干机	无任何残留物
RCA-1（碱性）	$NH_4OH : H_2O_2 : H_2O = 1 : 1 : 1.5$	溶液槽	除去表面颗粒
RCA-2（酸性）	$HCl : H_2O_2 : H_2O = 1 : 1 : 5$	溶液槽	除去重金属粒子
DI 清洗	去离子水	溶液槽	除去清洗溶剂

该种 FEOL 清洗称为非 HF 结尾的工艺。其他的类型是以 HF 去除工艺收尾的清洗。非 HF 结尾的表面是亲水性的，可以被烘干而不留任何水印，同时还会生成（在清洗过程中形成）一层薄的氧化膜从而对其产生保护作用。这样的表面也容易吸收较多的有机污染物。HF 结尾的表面是憎水性的，在有亲水性（氧化物）表面存在时不容易被烘干而不留水印。这样的表面由于氢的表面钝化作用而异常稳定。对于 HF 结尾或非 HF 结尾工艺的选择，取决于晶圆表面正在制造的器件的敏感度及其对清洁程度的要求。

3.5.1　颗粒去除

晶圆表面的颗粒大小可由从约 50μm 大变化到小于 1μm。大的颗粒可用传统的化学浸泡池和相应的清水冲洗除去。较小的颗粒被几种很强的力量吸附在表面，所以很难除去。一种是范德华吸引力，它是由一个原子中的电子和另一个原子的核之间形成的很强的原子间吸引力。尽量减小这种静电引力的技术是控制垂直电势的变量。垂直电势是在颗粒周围的带电区与清洁液中带相反电荷的带电区域形成平衡的平衡电势。该电势随着速度（当晶圆在清洗池中移动时清洗液的相对移动速度）、溶液的 pH 值和溶液中电解质的浓度变化而变化的。同时，它还会受到清洗液中的添加剂，如表面活性剂的影响。可以通过设定这些条件来得到与晶圆表面相同电性的较大电势，从而产生排斥作用，使得颗粒从晶圆表面脱落而保留在溶液中。

表面张力引力是另外一个问题。它产生了颗粒与表面之间形成的液体桥，如图 3.8 所示。表面张力引力可以比范德华引力大。表面活性剂或一些机械的辅助（如超声波）被用来去除表面的这些颗粒。

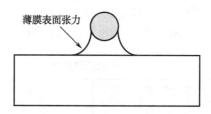

图 3.8　薄膜上的表面张力

清洗工艺多由一系列的步骤组成，用来将大小不一的颗粒同时除去。最简单的颗粒去除工艺是用位于清洗台的手持氮气枪喷出的经过过滤的高压氮气吹晶圆的表面。在存在小颗粒问题的制造区域，氮气枪上配置了离子化器，除去氮气流中的静电，而使晶圆表面呈中性。

氮气吹枪是手持的，操作员在使用它的时候必须注意不要污染操作台上的其他晶圆或操作台本身。通常在洁净等级为 1/10 的洁净室中，不使用吹枪。

晶圆外延生长对于晶圆清洁程度的严格要求导致了机械的晶圆表面洗刷器的发展。同时这一方法也被用在非常关键的颗粒去除中。

图 3.9　机械刷洗装置

刷洗器将晶圆承载在旋转的真空吸盘上，如图 3.9 所示。在一般去离子水直接冲洗晶圆表面的同时，旋转的刷子近距离地接触旋转的晶圆。刷子和晶圆旋转的结合在晶圆表面产生了高能量的清洗动作。液体被迫进入晶圆表面和刷子末端之间极小的空间，从而达到很大的速度，以辅助清洗。必须注意的是，要保持刷子和清洗液道路的清洁以防止第二污染。另外，刷子到晶圆要保持一定的距离，以防止在晶圆表面造成划痕。

在去离子水中加入表面活性剂可以提高清洗的效果，同时防止静电的形成。在某些应用中，稀释的 NH_4OH 被用做清洗液以防止在刷子上形成颗粒，同时控制系统中的 Z-电势。刷洗器可以设计为有自动上/下料功能的独立操作单位，也可以设计为其他设备的一部分，在工艺过程前自动执行对晶圆的清洗。

高压水清洗。对因静电作用附着的颗粒的去除，是玻璃和铬光刻掩膜版清洗工艺的首要任务，采用的是高压水喷洒清洗。将一注小的水流施加 $1.38 \times 10^7 \sim$ $2.76 \times 10^7 \mathrm{Pa}$ 的压力，水流连续不断地喷洒到掩膜或晶圆的表面，除去大小不一的颗粒。在水流中经常加入少剂量的表面活性剂作为去静电剂。

有机残余物。有机残余物是含碳的化合物，例如指纹中的油分。这些残余物可以在溶剂浸泡池中被去除，如丙酮、乙醇。一般情况下，要想将晶圆表面的溶剂完全烘干非常困难，如果可能，会尽量避免用溶剂清洗晶圆。另外，溶剂经常会有杂质，从而使其本身成为了污染源。

无机残余物。无机残余物是那些不含碳的物质。这样的例子有无机酸，如盐酸、氢氟酸。它们会在晶圆制造的其他工序中介绍。关于晶圆表面有机物和无机物的去除，有一系列的清洗方案，将在下面的部分介绍。

3.5.2 化学清洗方案

半导体工业中存在大范围的清洗工艺。每个制造区域对清洁度有着不同的要求，也对不同的清洁方案有着不同的经验。在这一节中描述的清洗方案是最常用的类型。当然，在不同的晶圆制造区域，它们又将有多种变化或方案的多种不同组合。在这里描述的是在掺杂、沉积和金属沉积前晶圆的清洗工艺。

液体的化学清洗工艺通常称为湿法工艺或湿法清洗。浸泡型清洗在嵌入清洗台台板上的玻璃、石英或聚四氟乙烯的反应池中进行。如果清洗液需要加热，则反应池会置于加热盘上，周围被加热用的电阻线缠绕或者其内部有一个浸入式加热器。化学品也可用于喷洒，应用于直接冲击或离心分离设备中。

一种常见的清洗溶液是热硫酸添加氧化剂，在 $90 \sim 125\,^{\circ}\mathrm{C}$ 的温度范围内，硫酸是非常有效的清洗剂。在这样的温度下，它可以去除晶圆表面大多数的无机残余物和颗粒。添加到硫酸中的氧化剂用于去除含碳的残余物，化学反应将碳转化成二氧化碳，后者以气体的形式离开反应池：

$$C + O_2 \rightarrow CO_2 \ （气体）$$

一般使用的氧化剂有过氧化氢（H_2O_2）、亚硫酸氨 $[(NH_4)_2S_2O_8]$、硝酸（HNO_3）和臭氧（O_3）。

过氧化氢和硫酸混合制成一种常见的清洗液，用于各个工艺过程之前，尤其是炉工艺之前晶圆的清洗。它也可用做光刻操作中光刻胶的去除剂。在业内，这种配方有多种命名，包括 Caro 酸和 Piranha 刻蚀（Piranha 是一种非洲的食人鱼）。

Piranha 是一种强效的清洗溶液，它联合使用硫酸（H_2SO_4）和过氧化氢（H_2O_2）去除硅片表面的有机物和金属杂质。Piranha 在工艺的不同步骤中使用，有时在 SC－1 和 SC－2 清洗步骤之前。最为常见的组分是 7 份浓缩的 H_2SO_4 和 3 份

30%（按体积）的 H_2O_2。通常的方法是把硅片浸入 Piranha 溶液中 19min，紧接着用去离子水清洗。Caro 酸（Caro's acid）是 Piranha 的变种，它通过混合 380 份浓缩 H_2SO_4、17 份 30% H_2O_2 和 1 份超纯水制备而成。

一种手动的方法是在盛有常温的硫酸容器中加入 30%（体积）的过氧化氢。在这一比例下，发生大量的放热反应，使容器的温度迅速地升到了 110～130℃的范围。随着时间发展，反应逐渐变慢，反应池的温度也降到有效范围内。这时，往反应池中添加额外的过氧化氢或不再添加。过量地添加过氧化氢会使硫酸稀释而导致清洗效率降低。

在自动系统中，硫酸被加热到有效清洗的温度范围内。在清洗每一批晶圆前，再加入少量（50～100mL）的过氧化氢。这种方法保证清洁池处于合理的温度下，同时由过氧化氢产生的水可通过汽化离开溶液。基于经济和工艺控制因素的考虑，一般选用加热硫酸这一方法。这种方法也使两种化学物质的混合比较容易自动实现。

氧化剂添加剂的作用是给溶液提供额外的氧，有些公司将臭氧的气源直接通入硫酸的容器。臭氧和去离子水混合是一种去除轻微的有机物污染的方法，典型的工艺是将 1～2ppm 的臭氧通入去离子水中，在室温下持续 10min。

3.5.3 氧化层的去除

在空气中或有氧存在的加热的化学品清洗池中均可产生氧化反应。通常在清洗池中生成的氧化物，尽管很薄（10～20nm），但其厚度足以阻止晶圆表面在以后的工艺过程中发生正常的化学反应。这一薄层氧化物隔离了晶圆表面与导电的金属层之间的接触。

有氧化物的硅片表面具有吸湿性，而没有氧化物的硅片表面具有憎水性。氢氟酸是去除氧化物的首选酸。在初始氧化之前，当晶圆表面只有硅时，将其放入盛有氢氟酸（49%）的池中清洗，以去除氧化物。

在以后的工艺中，当晶圆表面覆盖着之前生成的氧化物时，用水和氢氟酸的混合溶液可将圆形的孔隙中的薄氧化层去除。这些溶液的强度从 100∶1 到 10∶7（H_2O∶HF）变化。强度的选择取决于晶圆上氧化物的多少，因为水和氢氟酸的溶液既可将晶圆上孔中的氧化物刻蚀掉，又可将表面其余部分的氧化物去除。既要保证将孔中的氧化物去除，同时又不会过分地刻蚀其他的氧化层，就要选择一定的强度。典型的稀释溶液是 1∶50 到 1∶100。

如何处理硅片表面的化学物质一直以来是清洗工艺所面临的挑战。一般地，栅氧化前的清洗用稀释的氢氟酸溶液，并将其作为最后一步化学品的清洗。这叫做 HF 结尾。HF 结尾的表面是憎水性的，同时对低量的金属污染是钝化的。然而，憎水性的表面不容易被烘干，经常残留水印。另一个问题是增强了颗粒的附着，而且还会使电镀层脱离表面。

RCA 清洗。20 世纪 60 年代中，Warner Kern，一名 RCA 公司的工程师，开发出了一种两步的清洗工艺，以除去晶圆表面的有机和无机残留物。这一工艺被证明非常有效，而它的配方也以简单的"RCA 清洗"为人们熟知。只要提到 RCA 清洗，就意味着过氧化氢与酸或碱同时使用。1 号标准清洗液（SC－1）的化学配料为 $NH_4OH/H_2O_2/H_2O$（氢氧化铵/过氧化氢/去离子水），这三种化学物质按 $1:1:5$ 到 $1:2:7$ 的配比混合。2 号标准清洗液（SC－2）的组分是 $HCl/H_2O_2/H_2O$（盐酸/过氧化氢/去离子水），按 $1:1:6$ 到 $1:2:8$ 的配比混合。这两种化学配料都是以过氧化氢（H_2O_2）为基础，习惯上在 75～85℃之间使用，存放时间为 10～20min。

1 号标准清洗液（SC－1）是碱性溶液，能去除颗粒和有机物质。对于颗粒，SC－1 湿法清洗主要通过氧化颗粒或电学排斥起作用。过氧化氢是强烈氧化剂，能氧化表面和颗粒，颗粒上的氧化层能提供消散机制，分裂并溶解颗粒，破坏颗粒和硅片表面之间的附着力，使颗粒变得可溶于 SC－1 溶液而脱离表面，如图 3.10 至图 3.11 所示。

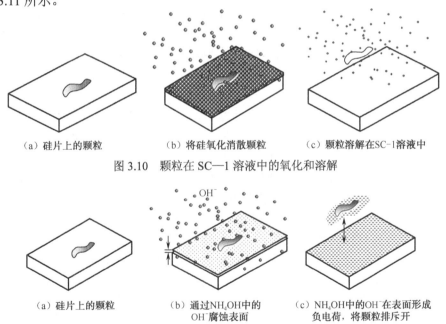

（a）硅片上的颗粒　　（b）将硅氧化消散颗粒　　（c）颗粒溶解在SC-1溶液中

图 3.10　颗粒在 SC—1 溶液中的氧化和溶解

（a）硅片上的颗粒　　（b）通过NH₄OH中的OH⁻腐蚀表面　　（c）NH₄OH中的OH⁻在表面形成负电荷，将颗粒排斥开

图 3.11　颗粒在 SC－1 溶液中的电学排斥

2 号标准清洗液（SC－2）去除碱金属离子、氢氧根及复杂的残余金属。它会在晶圆表面留下一层保护性的氧化物。为了去除硅表面的金属（和某些有机物）沾污，必须使用高氧化能力和低 pH 值的溶液，在这种情况下，金属成为离子并溶于

具有强烈氧化效应的酸液中。清洗液就能从金属和有机物沾污中俘获电子并氧化它们，电离的金属溶于溶液中，而有机杂质被分解。化学溶液的原始浓度及其稀释的混合液均列在表 3.13 中。

表 3.13　RCA 清洗配方

清洗类型	按体积计的组分
1 号标准清洗液（SC−1）	5 份：去离子水
	1 份：30%过氧化氢
	1 份：29%氢氧化铵
	清洗条件：70℃，5min
2 号标准清洗液（SC−2）	6 份：去离子水
	1 份：30%过氧化氢
	1 份：37%盐酸
	清洗条件：70℃，5～10min

　　改进的 RCA 清洗。多年来，RCA 的配方经久不衰，至今仍是大多数炉前清洗的基本清洗工艺。随着工业清洗的需求，化学品的纯度也在不断地进行改进。根据不同的应用，SC−1 和 SC−2 前后顺序也可颠倒。如果晶圆表面不允许有氧化物存在，则需加入氢氟酸清洗这一步。它可以放在 SC−1 和 SC−2 之前进行，或者在两者之间，或者在 RCA 清洗之后。

　　晶圆表面金属离子的去除曾是一个问题。这些离子存在于化学品中，并且不溶于大多数的清洗和刻蚀液中。通过加入一种整合剂，如乙烯基二胺乙酸，使其与这些离子结合，从而阻止它们再次沉积到晶圆上。

　　在最初的清洗配方的基础上，曾有过多种改进和变化。SC−1 稀释液的比例为 1:1:50（而不是 1:1:5），SC−2 的稀释液的比例为 1:1:60（而不是 1:1:6）。这些溶液被证明具有与比它们更浓的溶液配方同样的清洗效果。稀释液减少了化学品的使用和处理而具有成本优势。

　　RCA 湿法清洗取得成功的一个重要原因是超纯水和化学品的可用性。新的清洗方法，如现场化学品生成，比以前提供了更高级别的纯度，产生了更有效的清洗效应。RCA 清洗生成大量的化学蒸气，为防止化学蒸气进入净化间，增加了净化间排放系统的负载。溶液的另一个问题是它具有随时间推移改变溶液组分的效应。

3.5.4 水的冲洗

每一步湿法清洗的后面都跟着去离子水的冲洗。清水冲洗具有从表面上去除化学清洗液和终止氧化物的刻蚀反应的双重功效。冲洗可用几种不同的方法来实现。未来的焦点集聚在提高冲洗效果和减少水的用量上。在尺寸为 50nm 的器件上，每平方英寸硅片的水用量由目前的 $1.13 \times 10^{-1} m^3$ 减少到 $7.57 \times 10^{-3} m^3$。

3.6 工艺成品率

高水平的工艺成品率是生产性能可靠的芯片并获得收益的关键所在。本节将结合影响成品率的主要工艺及材料要素对主要的成品率测量点做出阐述。对于不同电路规模和成品率测量点的典型成品率也在本节中列出。

3.6.1 累积晶圆生产成品率

在晶圆完成所有的生产工艺后，第一个主要成品率被计算出来了。对此成品率有多种不同的叫法，如 Fab 成品率（Fab Yield）、生产线成品率、累积晶圆厂成品率或累计成品率。

晶圆厂累计成品率用一个百分比来表示，可通过两种不同的计算方法得到。一种是用完成生产的晶圆总数除以总投入片数。这种简单的计算方法在实际上很少被使用。因为大部分的晶圆生产线同时生产多种不同类型的电路。不同类型的电路有不同的特征工艺尺寸和密度参数。一条晶圆生产线经常是生产一系列不同的产品，每一种产品都有其各自不同数量的工艺步骤和难度水平。在这种情况下，将会针对每一类产品计算一个成品率。

一条晶圆生产线上会存在大量过程中的晶圆，这些晶圆的生产周期从 4~6 周不等。一类或更多类产品在过程中的某些地方受阻滞留，这种情况并非罕见。完成过程的晶圆很少与投入的晶圆直接对应。因此只是简单地使用投入与产出的晶圆数很难反映每一种类型电路的真实成品率。

要得到累计成品率，需要首先计算各工艺过程的成品率（Station yield），即以离开单一工艺的晶圆数进入此工艺过程的晶圆数：

成品率=离开工艺过程的晶圆数/进入工艺过程的晶圆数

将各次工艺过程的成品率依次相乘就可以得到整体晶圆生产的累计成品率：

晶圆生产累计成品率=成品率（过程—1）×成品率（过程—2）…×成品率（过程—N）。表 3.14 列出了一个 11 步的晶圆工艺过程。

表 3.14 11 步的晶圆工艺过程

序 号	工艺步骤	进入的晶圆数	成品率（%）	输出的晶圆数	累积成品
1	场氧化物	1000	99.5	99.5	99.5
2	S/D 光刻	995	99.0	98.5	96.5
3	S/D 掺杂	985	99.3	97.8	97.8
4	栅极区光刻	978	99.0	96.8	96.8
5	栅极氧化	968	99.5	96.4	96.4
6	接触孔光刻	964	94.0	90.6	90.6
7	金属层沉积	906	99.2	89.9	89.9
8	金属层光刻	899	97.5	87.6	87.6
9	合金属层	876	100	97.6	87.6
10	钝化层沉积	876	99.5	87.2	87.2
11	钝化层光刻	872	98.5	85.9	85.9

表中第 3 列列出了各次工艺的典型成品率，累计成品率列在第 5 列。对单一产品来说，从各次工艺过程计算出的累计成品率与通过晶圆进出计算出的成品率是相同的。也就是说，对这一产品累积成品率与简单方法计算出的累计成品率是相等的。值得注意的是，即使单个工艺具有非常高的成品率，累计成品率也将随着晶圆通过工艺继续降低，现代的集成电路需要 300～500 步工艺，这对维持有收益的生产将是巨大挑战。

成功的晶圆制造必须使累积成品率超过 90%才能保持盈利和具有竞争性。典型的晶圆生产累计成品率在 50%～95%之间，这取决于一系列的因素。计算出来的累计成品率被用于计划生产，或者被工程部门和管理者作为工艺有效性的一个指标。

3.6.2 晶圆生产成品率的制约因素

晶圆生产成品率受到多方面的制约。下面列出了 5 个制约成品率的基本因素，任何晶圆生产厂都会对这些基本因素进行严格的控制。这 5 个基本因素的共同作用决定了一个工厂的综合成品率。

（1）工艺过程步骤的数量。要得到 85.9%的累计晶圆生产成品率，每个单一过程的成品率必须高于 90%。表 3.14 所示只是一个非常简单的 11 步工艺流程。ULSI 电路需要 300～600 个主要工艺操作。每个主要工艺操作包含几个步骤，每个步骤又依序涉及到几个分步。能够在经过如此众多的工艺步骤后仍然维持很高的累计成品率，这一切显然应归功于晶圆生产厂内持续不断的成品率压力。在如此众多的工艺步骤作用下，电路本身越复杂，预期的累计成品率也就会越低。

工艺步骤的增加同时提高了另外 4 个成品率制约因素对工艺中晶圆产生影响的可能性。例如，要想在一个 50 步的工艺流程上获得 75%的累积成品率，每单步的成品率必须达到 99.4%。如果一个工序步骤只能达到 50%的成品率，整体的累计成品率不会超过 50%。每个主要工艺操作都包含了许多工艺步骤及分步，这使得晶圆生产部门面临着日益升高的压力。在表 3.14 所示的 11 步工艺流程中，第一步是氧化工艺。一个简单的氧化工艺需要完成几个工艺步骤，分别是清洗、氧化和评估。它们每一步都包含有分步骤。表 3.15 中列出了典型的氧化清洗工艺所包含的 8 个分步骤。每一个分步骤都存在污染晶圆、打碎晶圆或者损伤晶圆的可能。

表 3.15　氧化工艺的分步骤

序　号	分　步　骤	对晶圆操作次数
1	将晶圆从片架盒中取出并放入清洗舟中	2
2	晶圆清洗、漂洗和甩干	1
3	将晶圆从清洗舟中取出，检查并放到氧化舟上	2
4	将氧化舟从反应炉中取出	0
5	将晶圆从氧化舟中取出并放回到片架盒中	1
6	将测试的晶圆从片架盒中取出	2
7	对晶圆操作总数	8

（2）晶圆破碎和弯曲。在晶圆生产过程中，晶圆本身会通过很多次的手工和自动的操作。每一次操作都存在将这些晶圆打破的可能性。设想一下，典型 300mm（12 英寸）晶圆的厚度只有大约 800μm 厚。必须要小心操作晶圆，自动化的操作台必须将晶圆被打碎的可能性减为最小。

对晶圆的多次热处理使得晶圆更容易破裂。热处理造成晶格结构上的损伤导致晶圆在后续步骤中增加了破碎的机会。在手动的工艺过程中，还有机会对破碎的晶圆进行后续生产。而自动化的生产设备只能处理完整的晶圆。因此，如果破碎，不论破碎大小，整片晶圆都将被拒收并丢弃。

如果操作得当，硅晶圆相对而言易于操作，并且自动化的设备已经把晶圆的破碎降到了很低的水平。但是砷化镓晶圆就没有这么好的弹性，晶圆破碎是限制其良率的主要因素。由于砷化镓电路和器件具有很高的性能和高昂的价格，所以在砷化镓生产线上，对破碎晶圆的继续生产是可能的，特别是通过手动的工艺。

在尽量减少晶圆破碎的同时，晶圆的表面在整个生产过程中必须保持平整。这一点对于使用光刻技术将电路图案投射到晶圆表面的晶圆生产至关重要。如果晶圆表面弯曲或起伏不定，投射到晶圆表面的图像会扭曲变形，并且图像尺寸会超出工艺标准。晶圆的弯曲主要归因于晶圆在反应管中的快速加热/冷却。

（3）工艺过程变异。在晶圆通过生产的各个工艺过程时，会有多次的掺杂及光刻工艺，每一步都必须达到极其严格的物理特性和洁净度的要求。但是，即使是最成熟的工艺过程也存在不同晶圆之间，不同工艺之间，以及不同天之间的变化。偶尔某个工艺过程还会超出它的工艺界限并生产出不符合工艺标准的晶圆。工艺过程的自动化所带来的最大好处就是将这种工艺过程变异减至最小。

工艺过程和工艺控制程序的目标不仅仅是保持每一个工艺操作在控制界限范围之内，更重要的是维持相应的工艺参数稳定不变的分布。大多数的工艺过程都呈现为数学上称为正态分布（Normal distribution）的参数分布，也称为中心极限分布（Central theorem distribution）。它的特点是大部分的数据点处于均值附近，距离均值越远，数据点越少。有时一个工艺过程的数据点都落在指定的界限内，但是大部分的数据都偏向一端。表面上看这个工艺还是符合工艺界限的，但是数据分布已经改变了，很可能会导致最终形成的电路在性能上发生变化，导致达不到标准要求。晶圆生产的挑战性也就在于要保持各道工艺过程数据分布的持续稳定。

在整个晶圆生产工艺流程中，设有许多用来发现有害变异的检查和测试，以及针对工艺标准的周期性设备的参数校准。这些检测一部分由生产部门人员来执行，一部分由质量控制部门来执行。所有的这些检测及工艺过程标准允许一定程度的变异。

（4）工艺过程缺陷。工艺过程缺陷被定义为晶圆表面受到污染或不规则的孤立区域（或点）。这些缺陷经常被称作点缺陷（Spot defect）。在一个电路中，仅仅一个非常小的缺陷就致使整个电路失效。这样的缺陷被称为致命缺陷（Killer defect）。遗憾的是，这些小的孤立缺陷不一定在晶圆生产过程中能够被检测出来。在晶圆电测时它们会以拒收芯片的形式表现出来。

这些缺陷主要来源于晶圆生产区域涉及到的不同液体、气体、洁净室空气、人员、工艺设备和水。微粒和其他细小的污染物寄留在晶圆表面或内部。这些缺陷很多是在光刻工艺时造成的。光刻工艺需要使用一层很薄、很脆弱的光刻胶层，以便在蚀刻工艺中保护晶圆表面。在光刻胶层中任何由微粒造成的空洞或破裂将会导致晶圆表层细小的蚀刻洞。这些洞称为针孔（Pinhole），是光刻工艺需要关注的主要方面。因此经常需要检查晶圆受污染的程度，通常在每个主要工艺步骤之后做此类检查。缺陷密度超出允许值的晶圆将会被拒收。SIA 的国际半导体技术路线图（ITRS）要求 300mm 晶圆表面每平方厘米 0.68 个最大缺陷密度。

（5）光刻掩模版缺陷（Defect of photo mask）。光刻掩模版是电路图样的母版，在光刻工艺中被复制到晶圆表面上。光刻掩模版的缺陷会导致晶圆上的缺陷或电路图样变形。一般有 3 种掩模版引起的缺陷。第一种是污染物，如在掩模版透明部分上的灰尘或损伤。在进行光刻时，它们会将光线挡住，并且像图案中不透明部分一样在晶圆表面留下影像。第二种是石英板基中的裂痕，它们同样会挡住光刻光线或散射光线，导致错误图像或者扭曲的图像。第三种是在掩模版制作过程中发生的图案变形，包括针孔（Pinhole）或铬点（Cr spot）、图案扩展（Residue）或缺失（Notch）、图案断裂（Gap）或相邻图案桥接（Bridge），如图 3.12 所示。

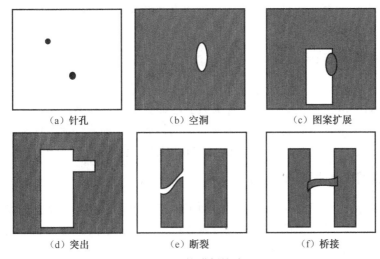

（a）针孔　　　　　　　（b）空洞　　　　　　　（c）图案扩展

（d）突出　　　　　　　（e）断裂　　　　　　　（f）桥接

图 3.12　掩膜版缺陷

　　器件/电路的尺寸越小，密度越高，并且芯片尺寸越大，控制由掩膜版产生的缺陷也就越重要。

3.6.3　晶圆电测成品率要素

晶圆电测是非常复杂的测试，很多因素会对成品率有影响。

1．晶圆直径和边缘芯片（Edge die）

半导体工业从引入硅材料起就使用圆形的晶圆。第一片晶圆直径还不到 1 英寸（inch）。从那时候起，晶圆的直径就保持着持续变大的趋势。20 世纪 80 年代末，150mm（6inch）是 ULSI 集成电路标准；20 世纪 90 年代，200mm 晶圆被开发出来并投入生产。在 21 世纪初，直径 300mm（12 inch）的晶圆已投入使用。

2．晶圆直径和晶体缺陷

晶体位错是指在晶圆中，由晶格的不连续性造成的缺陷点。位错在晶体的各处均存在，并且与污染物和工艺缺陷密度一样，对晶圆的电测成品率造成影响。

　　晶圆的生产过程也会造成晶体位错。它们发生（或成核）在晶圆边缘有崩角和磨损的地方。这些崩角和磨损是由较差的操作技术和自动化操作设备造成的。被磨损的区域造成了晶体位错。在后续的热处理中，晶体位错会向晶圆中心蔓延，例如氧化和扩散工艺。晶体位错线伸入晶圆内部的长度是一个晶圆热力学函数。也就是说，晶圆经受越多的工艺步骤或越多的加热处理，晶体位错的数量就越多，长度就越长，也就会影响更多数量的芯片。当晶圆直径增大时，就会使晶圆中心保留更多的未受影响的芯片。

3. 电路密度和缺陷密度

晶圆表面的缺陷通过使部分芯片发生故障从而导致整个芯片失效。有些缺陷位于芯片的不敏感区，并不会导致芯片失效。然而，由于日益减小的特征工艺尺寸和增加的元器件密度，电路集成度有逐渐升高的趋势，这种趋势使得任何给定缺陷落在电路有源区域的可能性增加，晶圆电测的成品率将会降低。

4. 特征图形尺寸和缺陷尺寸

更小的特征工艺尺寸从两个主要方面使维持一个可以接受的晶圆电测成品率变得更困难。第一，较小图像的光刻比较困难；第二，更小的图像对更小的缺陷承受力很差，对整体的缺陷密度的承受力也变得很差。一项评估指出，如果缺陷密度为每平方厘米 1 个缺陷，则特征工艺尺寸为 $0.35\mu m$ 的电路的晶圆电测成品率会比相同条件下的 $0.5\mu m$ 电路低 10%。

5. 工艺过程周期

晶圆在生产中实际处理的时间可以用天来计算。但是由于在各工艺过程的排队等候和工艺问题引起的临时性减慢，晶圆通常会在生产区域停留几个星期。晶圆等待的时间越长，受到污染而导致电测成品率降低的可能性就越大。向即时生产方式的转变是一种提高成品率及降低由生产线存量增加带来的相关成本的尝试。

6. 晶圆电测成品率公式

指数关系或 Poisson 是最简单也是最早被研究出来的成品率模型之一。它适用于单项工艺步骤，并且假设在晶圆上缺陷（D_0）是随机分布的。对于多步骤分析，该因子（n）等于使用的工艺步骤数。该模型一般用于包含多于 300 个芯片的晶圆，并且是低密度的中规模集成电路。用 Seed 模型预测更小的芯片尺寸。

指数模型、Poisson 模型和 Seed 模型都阐明芯片面积、缺陷密度和晶圆电测试成品率之间的主要关系。

成品率除了与电路敏感区域内的缺陷有关以外，随机分布的点缺陷是造成芯片失效的另一个原因。图 3.13 所示为整个区域 24 个芯片位格的栅极内含随机分布的

10 个点缺陷的情况。在这个例子中，24 个位格内的 16 个位格无缺陷，就是说，它们是好芯片的位格，余下的 8 个位格中，含一个缺陷的位格数是 6，2 个缺陷的位格数是 2，不存在大于 2 个缺陷的位格。确定好芯片成品率的问题跟在 N 个小盒内放置 n 个小球的经典统计问题完全一样。也就是计算给定的小盒内包含 k 个小球的问题。

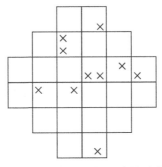

图 3.13　24 个芯片位格含 10 个缺陷的情况

如果 n 个缺陷随机地分布在 N 个芯片之间，那么已知芯片含 k 个缺陷的几率由二项式分布给出：

$$P(k) = \frac{m}{k!(n-k)!} \frac{1}{N^n} (n-1)^{n-k} \tag{3.1}$$

在 N 和 n 两者都很大且比值 $n/N = m$ 呈有限的极限情况下，二项式分布可以用更便于使用的泊松分布来近似（Poisson 模型）：

$$P(k) = e^{-m} \frac{m^k}{k!} \tag{3.2}$$

芯片不含缺陷的几率，即成品率：

$$Y_1 = P_0 = e^{-m} \tag{3.3}$$

芯片只含一个缺陷的几率则为

$$P_1 = m e^{-m} \tag{3.4}$$

如果芯片面积为 A，硅片完好部分芯片的总面积则为 NA，缺陷密度便是 $n/NA = D_0$，每块芯片的平均缺陷数 m 就是

$$m = \frac{n}{N} = D_0 NA / N = D_0 A \tag{3.5}$$

而

$$Y_1 = P_0 = e^{-D_0 A} \tag{3.6}$$

好芯片成品率的泊松估算是对制作初期集成电路成品率的预计。不过，较大电路上求得的实际成品率显然要比采用较小的电路求得的数值和利用泊松公式相适应的办法测量 D_0 值后再计算的结果大。事实上，利用泊松公式估算得到的成品率较

低，毫无疑问已经拖延了集成电路研制的早期工作。

1）D_0 的简单非均匀分布

早期集成电路成品率的预测与实际测量不相符，促使研究人员对硅片上 D_0 的不均匀分布对硅片成品率的影响进行探索。整个硅片上 D_0 作不均匀分布时，芯片的成品率可表示为

$$Y = \int_0 \mathrm{e}^{-D_0 A} f(D) dD \qquad (3.7)$$

式中，

$$Y = \int_0 f(D) dD = 1 \qquad (3.8)$$

现在对 D_0 的三种分布，即 δ 函数、三角形分布和矩形分布进行估算，如图 3.14 所示，结果如下：

δ函数：

$$Y_1 = \mathrm{e}^{-D_0 A} \qquad (3.9)$$

三角形分布：

$$Y_2 = \left[\frac{1 - \mathrm{e}^{-D_0 A}}{D_0 A} \right]^2 \qquad (3.10)$$

矩形分布：

$$Y_3 = \frac{1 - \mathrm{e}^{-2D_0 A}}{2D_0 A} \qquad (3.11)$$

$D_0 A \gg 1$ 时，观察上面表达式的形式，可以发现：

$$Y_1 \cong \mathrm{e}^{-D_0 A} \qquad (3.12)$$

$$Y_2 = \frac{1}{(D_0 A)^2} \qquad (3.13)$$

$$Y_3 \cong \frac{1}{2D_0 A} \qquad (3.14)$$

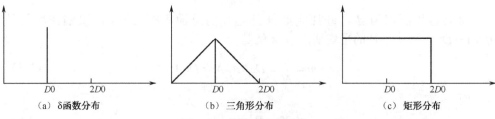

(a) δ函数分布   (b) 三角形分布   (c) 矩形分布

图 3.14　缺陷密度的分布

2）D 的 γ 分布

计算集成电路成品率较为物理性的分布指的是 γ 分布，该分布的几率密度函数为

$$f(D) = \frac{1}{\Gamma(\alpha)\beta^2} D^{\alpha-1}e^{-D/\beta} \tag{3.15}$$

式中，α 和 β 是两个分布参数。$\Gamma(\alpha)$ 即 γ 函数，D_0、α 和 β 均大于零。在该分布中，缺陷的平均密度由 $D_0 = \alpha\beta$ 给出，D_0 的方差由 $Var(D) = \alpha\beta^2$ 给出，变分系数则由 $\sqrt{var(D)}/D_0 = 1/\sqrt{\alpha}$ 给出。

具有 k 个缺陷的芯片的几率为

$$P_k = \int_0^\infty e^{-m}\frac{m^k}{k!}f(D)dD = \frac{\Gamma(k+\alpha)}{k!\Gamma(\alpha)}\frac{(A\beta)^k}{(A\beta+1)^{k+\alpha}} \tag{3.16}$$

式中，

$$Y = \int_0^\infty f(D)dD \approx 1 \tag{3.17}$$

芯片上无缺陷的几率为

$$Y_4 = P_0 = \frac{1}{(1+A\beta)^\alpha} = \frac{1}{(1+SAD_0)^{1/S}} \tag{3.18}$$

式中

$$S = \frac{Var(D)}{D_0^2} = \frac{1}{\alpha} \tag{3.19}$$

按上述方程，成品率是平均缺陷密度 D_0、芯片面积 A 及 D 分布方差 δ 系数的函数。一般而言，D 的 γ 分布属于从零到无穷大的不对称分布。在 $S \to 0$ 的极限情况下，γ 分布简化为 δ 函数：

$$f(D) = \delta(D - D_0) \tag{3.20}$$

其中，$S \approx 0$，$\beta = SD_0$，而成品率则由预期的泊松成品率给出。

γ 成品率函数是表示集成电路成品率最常用的函数。形状参数 S 的数值对按不同工艺装备制成的不同类型的产品来说变化很大。因为许多不同类型的缺陷对成品率都有影响，故参数 D_0 和 S 对不同类型缺陷的变化也很大。

B.T.Murphy 提出了使用更精确的缺陷分布的模型。Bose-Einstein 模型增加了工艺步骤数，在负二项式模型中有个群因子。它认为缺陷在晶圆上趋向于成群分布，而不是表现为简单的随机分布。它已被 SIA 在 ITRS 采用，群因子赋予 2 的值。

Murphy 模型：

$$Y = \left(\frac{1-e^{-\sqrt{AD_0}}}{AD_0}\right) \tag{3.21}$$

Bose-Einstein 模型：

$$Y = \left(\frac{1}{(1+AD_0)^n}\right) \tag{3.22}$$

Seed 模型：

$$Y = e^{-\sqrt{AD0}}$$ （3.23）

负二项式模型：

$$Y = \frac{1}{\left(1 + \dfrac{AD_0}{\alpha}\right)^{\alpha}}$$ （3.24）

在大多数成品率模型中，工艺步骤的因子（n）实际是光刻工艺步骤。经验已经证明光刻工艺步骤对点缺陷数贡献最大，因此对中测成品率有直接的影响。

3）具有冗余单元的芯片成品率

许多大型 MOS 存储器芯片都设计有备用的冗余单元，以便替换有缺陷的电路单元。这种替换在 MOS 存储器的情况特别简单，因为大部分都是由重复的单元组成的，有缺陷的单元替换通常采用可熔连线来实现。可熔连线是靠激光或电应力进行熔断操作的。

如果设计的存储器芯片内有一列备用单元，那么在某一列中有缺陷的任何芯片都可以用备用单元替换有缺陷的列使电路修复。于是，这种芯片的成品率由下式给出：

$$Y = P_0 + \eta P_1$$ （3.25）

式中，P_0 是不含缺陷的芯片成品率；P_1 是含一个缺陷的芯片几率；η 是含一个缺陷但能利用单个备用单元修复的芯片几率。这种成品率模型可以扩充到包含更复杂的冗余单元的芯片。

4）多重缺陷类型

集成电路的成品率要受许多类型缺陷影响，每种类型缺陷对不同电路的影响程度也各有差异。例如，栅氧化层中的缺陷仅仅出现在晶体管的栅区，由氧化缺陷诱发的堆垛层错缺陷引起 PN 结漏电流，栅区可能出现，源区和漏区也可能出现。金属互连间的短接，仅在那些具有高密度金属布线的芯片中才极重要。

由于成品率跟不同缺陷机理的依赖关系非常强烈，因此应对各种类型的缺陷单独考虑。各种缺陷机理都应按其平均缺陷密度 D_{n0}、缺陷分布的形状因数 S_n 和对特定类型缺陷敏感部分的面积 A_n 来表征，采用 η 成品率函数，每种缺陷类型的成品率为：

$$Y_n = \frac{1}{(1 + S_n A_n D_{n0})^{1/S_n}}$$ （3.26）

故总成品率便为各已知缺陷类型成品率之积：

$$Y = \prod_{n=1}^{n} Y_n = \prod_{n=1}^{n} \frac{1}{(1 + S_n A_n D_{n0})^{1/S_n}}$$ （3.27）

当芯片成品率由几种主要缺陷类型决定时，必须单独计算确定 S_n、A_n 和 D_{n0}。

对于工艺过程控制良好和成品率高的生产线上加工的成熟产品，所有限制成品率的主要缺陷几乎全都可以控制或消除，因此，上式所表示的成品率是许多接近于 1 的各项主积，即 $S_n \times A_n \times D_{n0} \ll 1$，此时，成品率为

$$Y = \prod_{n=1}^{n} Y_n = \prod_{n=1}^{n} (1 + S_n A_n D_{n0})^{1/S_n} \tag{3.28}$$

$$\ln Y = \sum_{n=1}^{n} -\frac{1}{S_n} \ln(1 + S_n A_n D_{n0}) \tag{3.29}$$

因为 $S_n \times A_n \times D_{n0} \ll 1$

$$\ln(1 + S_n A_n D_{n0}) = S_n A_n D_{n0} \tag{3.30}$$

同时，

$$\ln Y = \sum_{n=1}^{n} -A_n D_{n0} \tag{3.31}$$

或

$$Y = \exp\left[-\sum_{n=1}^{1} A_n D_{n0} \right] = \exp\left(-A\bar{D} \right) \tag{3.32}$$

式中

$$\bar{D} = \frac{1}{A} \sum_{n=1}^{n} A_n D_{n0} \tag{3.33}$$

因此，对成熟的高成品率芯片来说，成品率可用指数来表示，而与各类缺陷的形状参数无关。不过，组合缺陷密度 $\bar{D}$ 是电路类型和面积 A_n 的函数，根据某一块芯片设计求得的 $\bar{D}$ 对另一块芯片设计并不适用。但是，上式表示的成品率却能应用于单一芯片多重成品率实验的研究。在这种情况下，就成熟的高成品率芯片而言，可以预期 M 重芯片位格的成品率：

$$Y_M = e^{-MA\bar{D}} \tag{3.34}$$

5）缺陷的径向分布

上述所言均假定缺陷密度是不均匀的，是指整片硅片内以及与各片硅片之间均有变化。一些研究者详尽地研究了缺陷密度因特定工艺而变化的原因，他们发现某种类型的缺陷显示出其出现的频率与径向有极强的依赖关系，如处理时的损伤、套准误差、光致抗蚀剂残存物等。缺陷密度的径向变化可用下式表示：

$$D(r) = D_0 + D_{\text{Re}} \, e^{(r-R)/L} \tag{3.35}$$

式中，D_0 是跟硅片中心相关的缺陷密度；D_R 是硅片边缘处缺陷的增量；r 是径

向坐标；R 是硅片半径；L 是跟边缘处缺陷相关的特征长度。

具有径向缺陷分布的硅片的成品率可在整个硅片面积上对泊松成品率函数积分求得：

$$Y_R = \frac{2}{R^2} \int_0^R e^{-D(r)A} r \, dr \qquad (3.36)$$

按（3.35）式表示的径向缺陷分布也能变换成 D 的分布函数 $f(D)$，于是成品率可用（3.10）式计算，或用 γ 函数近似求出 $f(D)$。

没有任何两个复杂电路在设计和工艺上是可比的。不同公司使用不同的工艺过程，基本的背景缺陷密度也不同。这些因素使得开发一套精确通用的成品率模型非常困难。大多数的半导体公司拥有自己特有的成品率模型，这些模型反映了它们各自的生产工艺和产品设计。但这些模型都是和缺陷直接相关的。因为它们都假定所有晶圆生产工艺是可控的，并且缺陷水平是所用工艺固有的，这里面不包含重大的工艺问题，如工艺气体罐的污染。

在所有模型中使用的缺陷密度并不是通过对晶圆表面进行光学检查所得到的缺陷密度。成品率模型中的缺陷密度包含了所有情况，它包含了污染、表面及晶体缺陷。进一步说，它只是估计能损坏芯片的缺陷：致命缺陷。落在芯片非重要区域的缺陷不在模型的考虑范围内，在同一敏感区的两个或两个以上的缺陷不被重复计算。

另外一个需要了解的重要方面是，成品率模型得出的成品率基于工艺过程基本受控的前提。实际上不同晶圆的成品率会有变化，因为晶圆生产工艺存在着正常的工艺过程变异。

7. 整体工艺成品率

整体工艺成品率是 3 个主要成品率的乘积，如下式所示。前面一项是晶圆生产成品率，中间一项是晶圆电测成品率，最后是封装成品率，即整体成品率。这个数字以百分数表示，给出了出货芯片数相对最初投入晶圆上完整芯片数的百分比。它是对整个工艺流程成功率的综合评测。

$$\frac{晶圆产出}{晶圆投入} \times \frac{合格芯片}{晶圆上的芯片} \times \frac{通过最终测试的封装器件}{投入封装的器件} = 整体成品率$$

整体成品率随几个主要的因素变化。表 3.16 列出了典型的工艺成品率和由此计算出的整体成品率。前两列是影响单一工艺及整体成品率的主要工艺过程因素。

第一列是特定电路的集成度，电路集成度越高，各种成品率的预期值就越低。更高的集成度意味着特征图形尺寸的相应减少。第二列给出了生产工艺的成熟程度。在产品生产的整个生命周期内，工艺成品率的走势几乎都呈现出 S 曲线的特性，如图 3.15 所示。开始阶段，许多初始阶段的问题逐渐被解决，成品率上升缓慢。接下来是成品率迅速上升的阶段，最终成品率会稳定在一定的水平上，它取决于工艺的成熟度、芯片尺寸、电路集成度、电路密度和缺陷密度共同作用。

表3.16 典型的工艺成品率和由此计算出的整体成品率

集 成 规 模	产品成熟度	加工成品率/%	中测成品率/%	封装终测成品率/%	整体成品率/%
甚大规模集成电路	成熟	95	85	97	78
甚大规模集成电路	中等	88	65	92	53
超大规模集成电路	新品	65	35	70	16
大规模集成电路	成熟	98	95	98	91
分立器件	成熟	99	97	98	94

从表中数据可以看出，晶圆电测成品率是 3 个成品率中最低的，这就是为什么会有许多致力提高晶圆电测成品率的计划。

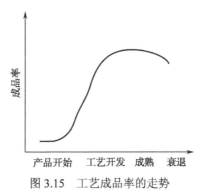

图 3.15 工艺成品率的走势

参 考 文 献

[1] Peter Van Zant. 芯片制造——半导体工艺制程实用教程（第五版）. 韩郑生，赵树武译. 北京：电子工业出版社，2010

[2] Michael quirk, Julian serda. 半导体制造技术. 韩郑生等译. 北京：电子工业出版社，2004

[3] S.M.Sze. 超大规模集成电路工艺学. 史常忻等译. 上海：上海交通大学出版社，1986

[4] http://wenku.baidu.com/view/53e9c279a45177232f60a2d6

[5] http://wenku.baidu.com/view/1528cf3643323968011c92e0.html

[6] http://wenku.baidu.com/view/13250149cf84b9d528ea7a45.html

[7] http://wenku.baidu.com/view/ad1f77354b35eefdc8d333da.html

[8] http://wenku.baidu.com/view/ba1d2928376baf1ffc4fade7.html

[9] http://wenku.baidu.com/view/8aa28cc5360cba1aa811dae1.html

[10] http://wenku.baidu.com/view/033d767a561252d380eb6ee0.html

第4章

半导体集成电路制造工艺

为了控制沾污，半导体集成电路的制造都在净化间内完成，净化间除需要保持一定的净化级别外，还需满足恒温、恒湿等环境要求。CMOS 工艺是当今半导体制造的主流工艺，遵循摩尔定律，向更小的特征尺寸和更高的集成度发展。

4.1 半导体集成电路制造的环境要求

为保证集成电路功能正常，半导体制造需要严格控制生产线免受沾污。沾污是指集成电路制造过程中在硅片上引入的任何危害电学性能及芯片良率的物质。沾污通常产生缺陷，致命缺陷将导致芯片失效。据估计，80%的芯片电学失效是由沾污带来的缺陷引起的。为实现沾污控制，集成电路制造需要在净化间（超净间）内完成。

4.1.1 沾污对器件可靠性的影响

净化间的沾污主要有五种：颗粒、金属杂质、有机物沾污、自然氧化层及静电放电。

颗粒能引起集成电路开路或短路。随着芯片的特征尺寸越来越小，颗粒造成的危害也越来越大。半导体制造中，尺寸小于器件特征尺寸一半的颗粒是可以接受的，大于这个尺寸的颗粒将会引起致命的缺陷。

金属杂质沾污中，典型金属杂质是碱金属，碱金属通常来自于化学溶液或半导体制造中的各个工序。金属离子可以与硅片表面的氢原子交换电荷而被束缚在硅片表面，也可以在硅片表面氧化时分布于氧化层内。束缚在硅片表面的金属离子很难去除，分布于氧化层内的金属可通过去除硅片表面的氧化层去除。金属杂质将导致氧化物——多晶硅栅结构中的结构性缺陷、PN 结漏电增加及减少少数载流子寿命。当金属杂质成为可动金属离子时会在整个硅片中移动，严重损害器件电学性能和长期可靠性。

有机物沾污主要是指含碳物质。有机物沾污的一些来源包括细菌、蒸气、清洁剂、溶剂及潮气等。在特定的工艺条件下，微量有机物沾污能降低栅氧化层材料的致密性。

当硅片暴露于空气或含溶解氧的去离子水中时，硅片表面将被氧化，生成一层薄的自然氧化层。自然氧化层的厚度随暴露时间的增长而增加。自然氧化层将会对其他的工艺步骤产生影响，如外延的生长、超薄栅氧化层的生长等。自然氧化层也可能含有某些可动金属离子。自然氧化层存在于金属半导体的欧姆接触区将会导致器件接触电阻增加，甚至导致金属和有源区不能接触。

静电释放也是一种形式的沾污，静电荷转移时可能损害芯片。静电放电的能量积累在硅片表面很小的一个区域内。发生在几纳秒内的静电释放能产生超过 1A 的峰值电流，可能使得金属互连线蒸发。静电释放也可能导致栅氧化层被击穿，使得器件在出厂前就已经损坏。另外，静电释放导致电荷在硅片表面积累，积累的电荷产生的电场能吸引带电颗粒或极化并吸引中性颗粒到硅片表面。随着器件关键尺寸的缩小，静电释放对更小颗粒的吸引变得越来越重要。

4.1.2 净化间的环境控制

净化间的沾污源主要有 7 种：空气、人、厂房、水、工艺用化学品、工艺气体及生产设备。

净化间使用的空气是经过净化过滤的空气，这种空气只含有非常少的颗粒。净化间的净化级别标定了净化间的空气质量等级，它由净化间空气中的颗粒尺寸和密度表征。根据美国 FED-STD-2090D 关于净化间等级的规定，净化间的净化等级如表 4.1 所示。

表 4.1 净化间等级规定

等　级	每立方英尺内空气所含有对应微尘粒子大小的颗数限制					
	0.1μm	0.2μm	0.3μm	0.5μm	1μm	5μm
0.01	0	0	—	—	—	—
0.1	3	1	0	0	—	—
1	28	7	3	1	0	—
10	280	67	29	10	2	—
100	2800	670	290	100	24	1
1000	28000	6700	2900	1000	240	8
10000	—	—	—	10000	2400	80
100000	—	—	—	100000	24000	830
1000000	—	—	—	1000000	240000	8300

用颗粒数来说明净化间的净化级别，例如 1 级净化间，表示每立方英尺中等于或大于 0.5μm 的颗粒最多只能有 1 个。半导体制造相比于其他的工业生产，需要更高的洁净等级。一般地，典型的医院手术室的洁净等级为 1000。现代半导体制造的超净间的净化等级大都为 10 或 1，其中光刻所需要的净化等级最高。

实际上，人也是净化间中颗粒的产生者。人员进出净化间以及在净化间中走动是净化间沾污的最大来源。硅片加工中的简单活动，如开门、关门或在工艺设备周围过度活动，都会产生颗粒沾污。通常的人的活动，如谈话、咳嗽、打喷嚏对半导体都是有害的。因此，在净化间内工作的人员必须穿上净化服。净化服由兜帽、连衣裤工作服、靴子和手套组成，完全包裹住身体，同时还需要佩戴口罩。现代净化服是高技术膜纺织品或密织的聚酯织物。先进的材料能够阻止 99.999% 的 0.1μm 及更大尺寸的颗粒通过。为减小净化间的污染，半导体制造公司都有一套严格的操作规程，如进入净化间需要经过风淋、不能使用铅笔、需要使用无尘纸、无尘布、禁止化妆品、头发不能露出净化服外、不能群聚或快速运动等。

厂房设计中，现代的净化间都分为生产区和灰区（设备维护区）。生产区的净化等级为 1 级，绝大多数设备维护在 1000 级的服务区内进行。净化间下面都设有包括大量的设施（如泵、管道系统、电缆等）的区域。

净化间必须有空气处理系统。空气进入到天花板内的特效颗粒过滤器，以层流模式流向地面，进入到空气再循环系统后与补给的空气一道返回空气过滤系统。位于天花板中的特效颗粒过滤器，要么是高效颗粒空气过滤器，要么是超低渗透率空气过滤器。

净化间需要维持恒定的温度和湿度。一个 1 级 0.3μm 净化间的典型的温度控制在 20℃，相对湿度控制在 40%±10%。

净化间的光源大都采用白光，然而在对白光敏感的材料可能暴露的所有房间（如光刻区域）以及走廊均需要安装黄光灯。黄光源可以使用黄灯管或白灯管外加装滤光套，尽量采用黄灯管。黄光区周边的门和窗应有黄色滤光膜。用于灯管和窗户的黄色滤光膜应能阻挡 250～450nm 范围内的所有光线，并且光能损耗要小于 20mJ/cm^2，优先采用能阻挡所有 250～650nm 光线的滤光膜。

为抑制静电释放，净化间所使用的手推车、工作台、设备等都必须导电，并且净化间的人员和物体必须接地，通过这些方式使静电得以释放到地。先进的净化间通过位于净化间天花板内专用的离子发射器产生高电场使空气分子电离，当导电性空气接触到硅片表面时，能够中和掉硅片表面绝缘层内所带的静电荷。空气电离的另一种方式是采用软 X 射线辐射。通过软 X 射线使得带电硅片周围的空气产生大量的离子对，从而快速中和硅片表面的电荷。

半导体制造所使用的水是超纯去离子水，去离子水主要用于硅片的化学清洗、氧化、湿法腐蚀等工艺中。去离子水中不允许有溶解离子、有机材料、颗粒、细菌、硅土、溶解氧等沾污。水中的溶解离子来源于纳和钾这样容易形成离子的矿物质，这些溶解离子容易造成可动离子沾污。有机物质是指溶解在水中的含碳化合物，称为有机碳总量。有机沾污对氧化层薄膜生长具有破坏性作用。水中的细菌可以产生有机物，可导致氧化层、多晶硅和金属层的缺陷，某些含磷的细菌还可能导致器件的掺杂变化。城市用水中的硅土是细碎的悬浮颗粒，这些颗粒的尺寸从 10Å 到 10μm。高含量的硅土能淤塞水净化设备的过滤装置，并降低热生长氧化物的可靠性。水中的溶解氧将导致硅片表面自然氧化层的形成。当水被减压时，溶解氧将从溶液中释放出来形成气泡，导致硅片表面的不完全浸润。城市用水经过净化装置成为半导体制造的超纯水。净化过程包括去离子化、去离子水过滤等过程。去离子化采用特制的离子交换树脂去除电活性盐类的离子，将水的电阻率转变为 18MΩ·cm（25℃）。去离子化的水再经过反渗透技术去除更小的颗粒、金属离子、胶体和有机物质。脱气器用于去除水中的溶解气体（如氧），紫外灯用于杀灭水中的细菌。

半导体制造中所使用的液态化学品必须不能含有沾污，通过使用过滤器来保证化学品的纯度。不同的过滤器分类如下：

颗粒过滤（Particle filtration）：用于过滤大约 1.5μm 以上颗粒；

微过滤（Microfiltration）：用于去除液体中 0.1～1.5μm 范围颗粒的膜过滤；

超过滤（Ultrafiltration）：用于去除 0.005～0.1μm 尺寸大分子的加压膜过滤；

反渗透（Reverse osmoSis）：也称为超级过滤（Hyperfiltration），采用加压的方式，使得液体通过一层半渗透膜，过滤掉至接近 0.005μm 的颗粒和金属离子。

膜过滤使用聚合物薄膜或带有细小渗透孔的陶瓷作为过滤器媒介，用于工艺设备之前提供最后的过滤。

过滤器应不对气体流量产生显著的压力衰减，不引入二次沾污并与化学品相容。对于 ULSI 工艺中使用的液体过滤器，对于 0.2μm 以上颗粒的过滤效率达到99.9999999%（称为"9 个 9 效率"）。

半导体制造使用的气体大都为超纯气体，气体经过提纯器和气体过滤器去除杂质和颗粒。气体过滤器大都由聚四氟乙烯制成，也有一些气体过滤器是全金属的（如镍）。这种金属过滤器具有一层镍膜，能够经受腐蚀性气体，可有效过滤小至0.003μm 的颗粒，并且不会产生颗粒或释放有机沾污。

由于现代半导体制造自动化程度的提高，生产设备成为半导体制造中最大的颗粒来源。工艺设备中各种沾污颗粒来源有剥落的副产物积累在腔壁上、自动化的硅片装卸和传送、机械操作，如旋转手柄和开关阀门、真空环境的抽取和排放以及清洗和维护过程等。硅片制造过程中，硅片从片架传入设备，在设备中完成相应工艺后，再返回到片架中，被送交到下一工作台，这一过程可能重复上百次。当硅片经过更多的设备操作时，硅片表面的颗粒数将增加。光滑、高度抛光的表面是减少颗粒沾污最好的方法，不锈钢是广泛采用的工作台面和净化间设备材料。

一些半导体制造厂采用穿壁式设备布局来安装设备，设备的主要部分位于生产区后面的夹层中，只有用户界面操作平台和硅片架位于生产线内。

为减少颗粒，半导体制造中采用片架在设备间传送硅片（典型情况下，每个片架放 25 片硅片）。片架需要满足产生的颗粒最少、释放静电和最小化学物释放的要求。当前，硅片进入工艺室广泛采用静电吸盘，静电吸盘通过对卡盘的电极施加电压产生静电荷工作，电极通过绝缘介质与硅片后表面隔离，硅片的下表面感应出相反的电荷，把硅片紧紧拉向卡盘。

现代半导体制造中普遍采用微环境来加工硅片。微环境通常是建在洁净室内部的，装备风机过滤器装置的框架结构，四周用侧壁隔离周围环境和尘埃对设备和工艺的影响。微环境可以在一个特定小区域内实现比周围环境高得多的洁净等级。微环境净化区域包括用来支撑硅片的支架、硅片工艺室，装在通道和储藏区域。

微环境被控制到极端洁净的净化级别（如 0.1μm 的 0.1 级），而净化间本身在一个较高的净化等级，如 10 级。这种情况使得硅片在装载、卸载和置于工作台加工时能更简便地获得超洁净的环境。

为了在微环境包围的工艺设备之间转移硅片，使用一个标准化的容器密封和传送整架的硅片。这个容器与各种设备具有一个标准机械接口，它最初是由惠普公司开发并制作成型的。当把一个容器提交给一台设备时，设备中的机器人自动开启容器门，移走片架。标准机械接口系统能加入到现有的设备中，或者完全集成到设备附件中。

在 300mm 的硅片工艺中，片架和容器是合二为一的，允许硅片直接从容器中处理。这个新式的容器称为前开口片盒（Front-Opening Unified Pod，FOUP）。完全进行自动处理而不需要人工传送硅片容器。标准机械接口完全集成到设备中。

微环境的一个优点是可以控制分子沾污。硅片在装载、卸载和传送时，通过惰性的氮气吹洗与分子沾污隔离开来，这种控制在巨大的净化间内更难获得。微环境通过氮气吹洗也减少了硅片对水蒸气的暴露，这对抑制自然氧化层生长有利。

4.2 CMOS 集成电路的基本制造工艺

4.2.1 CMOS 工艺的发展

CMOS 意为互补氧化物，其全称为 Complement Metal-Oxide-Semiconductor。1963 年，Wanlass 和 Sah 首先提出互补逻辑的概念。1966 年，RCA 公司第一次展示了 CMOS 集成电路的性能。随着硅的局部氧化工艺的发明，可动离子电荷的降低，离子注入的引入以及光刻技术的改进，CMOS 工艺得到了广泛的应用。图 4.1 所示为 CMOS 反相器的电路图，无论输入是高电平还是低电平，只有一个 MOS 管处于导通状态，仅在输入电平跳变时产生一定的功耗，因此 CMOS 工艺技术成为当今主流的半导体制造的工艺技术。

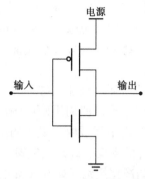

图 4.1　CMOS 反相器电路图

　　CMOS 工艺从诞生之初，遵循着摩尔定律，尺寸不断缩小，集成度不断提高，CMOS 工艺特征尺寸的变化，如图 4.2 所示。

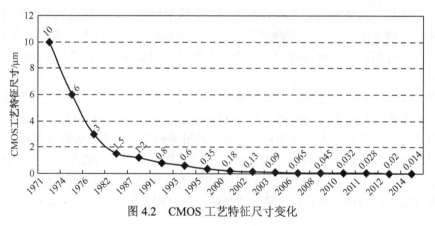

图 4.2　CMOS 工艺特征尺寸变化

4.2.2　CMOS 集成电路的基本制造工艺

　　0.18μm 工艺为 CMOS 工艺发展的一个关键节点。在 0.18μm 以上，CMOS 工艺的隔离方式是采用局部氧化（Local Oxidation of Silicon，LOCOS）隔离，互连采用金属铝。而 0.18μm 工艺则采用浅沟槽（Shallow Trench Isolation，STI）隔离，阱也采用倒退阱（Retrograde well），金属互连可以用铝做互连，但大都采用铜做互连。产业界一般将 CMOS 工艺分为前段（Front End）和后段（Back End）。前段工序形成器件的源漏区域，后段工序完成器件的金属互连。本节首先介绍 0.18μm CMOS

工艺的前段工序，然后分别介绍采用金属铝和铜做互连的后段工序。

4.2.2.1　0.18μm CMOS 前段工序

1. 有源区的形成

首先，在 P 型硅衬底（Substrate）/P 型外延（Epitaxial）层热氧化生长一层二氧化硅（SiO_2），该层二氧化硅称为衬垫氧化层（Pad oxide），其作用是为了缓解随后生长的氮化硅（Si_3N_4）与硅衬底之间的应力，这是因为 Si_3N_4 和硅之间的晶格常数不同，两者之间存在着较大的应力，若 Si_3N_4 和 Si 直接接触，则易造成硅片破裂。接着再沉积 Si_3N_4。随后涂胶并使用 1#光刻版进行曝光和显影，显影后器件隔离区域的光刻胶被去掉。接着腐蚀 Si_3N_4、SiO_2 和 Si，此时未被光刻胶覆盖的区域的 Si_3N_4、SiO_2 和 Si 均被腐蚀掉，在圆片上形成了硅的浅槽，如图 4.3 所示。

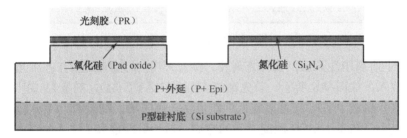

图 4.3　STI 腐蚀后器件的剖面图

下一步，去掉光刻胶后在 1000℃下热生长二氧化硅（称为 Rounding oxide）。此步骤是为了使得浅槽底部角落处的尖角变得圆滑（尖角易引起击穿电压的降低和产生漏电）。随后采用低压气相沉积 SiO_2，在 950℃，O_2 和 N_2 氛围下进行致密化处理。接着采用化学机械抛光（Chemical Mechanical Planarization，CMP）的方法进行平坦化处理，然后去掉 Si_3N_4 和 SiO_2。最后在 900℃下生长 SiO_2。此步骤生长 SiO_2 是为随后的离子注入做注入阻挡层，如图 4.4 所示。

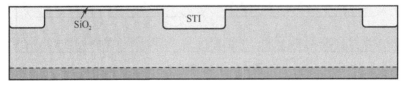

图 4.4　STI 形成后器件的剖面图

2. N、P 阱的形成

器件的有源区形成后，接下来就是 N 阱和 P 阱的制作。在圆片表面涂覆光刻胶，采用 2#光刻版曝光显影后，N 阱区域的光刻胶被去掉。接着进行离子注入，如图 4.5 所示。首先高能大剂量离子注入 N 型杂质磷（P），剂量为 10^{13} 量级，形成 N 阱。接着以较低的能量离子注入砷（As），剂量为 10^{12} 量级，此步骤的注入是为了防止 PMOS 源漏之间的穿通（Punch through）。最后低能量离子注入 As，剂量为 10^{11} 量级，此步骤的注入是为了调节 PMOS 的开启电压。

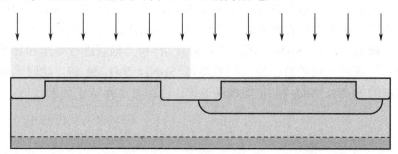

图 4.5　N 阱离子注入

完成 N 阱离子注入后，去掉光刻胶。接着采用 3#光刻版进行 P 阱光刻，随后进行离子注入，如图 4.6 所示。首先高能大剂量注入硼（B），剂量为 10^{13} 量级，此步骤离子注入形成 P 阱。接着以较低的能量注入离子 B，剂量约为 10^{12} 量级，此步骤的注入是为了防止 NMOS 源漏之间的穿通。最后低能量离子注入 B，剂量为 10^{11} 量级，此步骤的注入是为了调节 NMOS 的开启电压。N、P 阱 3 次注入的能量与剂量均从高到低，浓度分布自硅片表面往下从低到高，这种阱称为倒退阱（Retrograde well）。

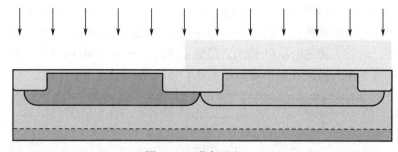

图 4.6　P 阱离子注入

3. 栅形成

N、P 阱制作完成后，接着去除氧化层并对硅片进行清洗，然后在 800℃下热生长栅氧化层。再沉积多晶硅作为栅极，如图 4.7 所示。

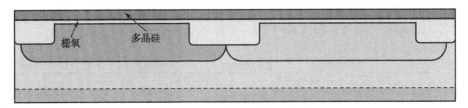

图 4.7　栅氧生长及多晶硅沉积

栅极多晶硅沉积完成后采用 4#光刻版进行栅极光刻，采用干法腐蚀将不需要的多晶硅腐蚀掉，最终形成器件的栅极及多晶互连，如图 4.8 所示。

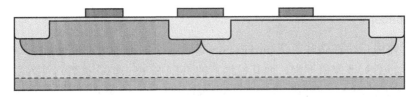

图 4.8　多晶硅腐蚀形成器件的栅极和互连

4．轻掺杂源漏（LDD）

器件栅极形成后进行多晶氧化，在栅极多晶上热生长一层 SiO_2。接着采用 5#光刻版进行 NMOS 轻掺杂漏（Lightly Doped Drain，LDD）的光刻，随后进行离子注入量级，形成 NMOS 的轻掺杂的源漏区域（N LDD），如图 4.9 所示。注入元素为 As，剂量为 10^{13} 量级，注入的能量比较低，因此 As 被注入的位置比较浅。为防止多晶硅栅的遮蔽，注入时圆片需要旋转不同的角度。最后去除光刻胶并对圆片进行清洗。

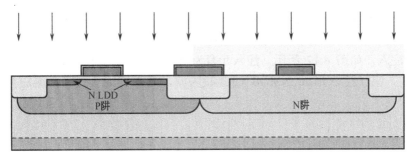

图 4.9　NLDD 注入

下一步采用 6#光刻版进行 PMOS 轻掺杂漏（P LDD）的光刻以及离子注入，同样采用低能量注入，注入元素为 B，剂量为 10^{13} 量级，如图 4.10 所示。由于 B 的扩散比 As 快，因此 P LDD 的注入能量要比 N LDD 的注入能量低，注入时同样旋转圆片以消除多晶硅栅的遮蔽效应。最后去除光刻胶并对圆片进行清洗。

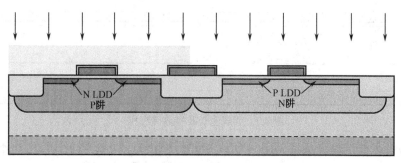

图 4.10　PLDD 注入

5. Spacer

LDD 完成后，在圆片上沉积 TEOS，随后进行各向同性的干法腐蚀，栅极多晶硅侧壁的 TEOS 被保留下来，而其他地方的 TEOS 被去掉。接着对注入后的 LDD 进行高温快速热退火（Rapid Thermal Anneal，RTA），如图 4.11 所示。Spacer 可为随后的源漏注入做阻挡，这一工艺称之为自对准工艺。

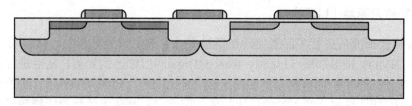

图 4.11　spacer 制作

6. NMOS、PMOS 源漏

Spacer 工序完成后，下一步热生长一层薄氧化层，作为随后进行的源漏离子注入的注入阻挡层。然后采用 7#光刻版进行 NMOS 源（Source）漏（Drain）的光刻以及离子注入，如图 4.12 所示。注入元素为 As，剂量约为 10^{15} 量级，注入能量约为 60KeV，离子注入形成 NMOS 的源漏区域。注入完成后去除光刻胶并进行清洗。

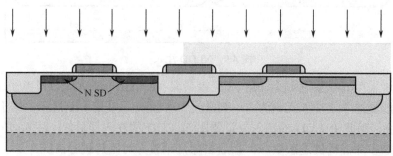

图 4.12　NMOS 源漏注入

接着采用 8#光刻版进行 PMOS 的源漏光刻和离子注入，注入离子为 BF2，剂量为 10^{15} 量级，能量比 N SD 注入低，形成 PMOS 的源漏区域（P SD），如图 4.13 所示。最后去除光刻胶并进行清洗。

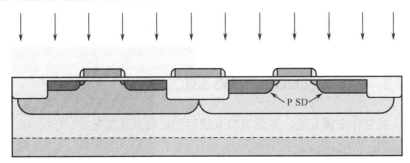

图 4.13　PMOS 源漏注入

NMOS、PMOS 源漏注入后进行 RTA 退火，以激活注入元素和消除注入损伤。RTA 后的器件剖面如图 4.14 所示。

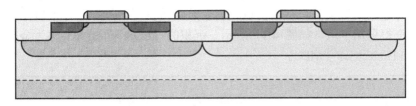

图 4.14　RTA 退火后的器件剖面图

7．硅化物形成

为减小多晶硅的电阻以及金属与多晶硅之间的接触电阻，CMOS 工艺普遍采用金属硅化物工艺（Salicide）。金属多采用钛（Ti）或钴（Co）。首先在圆片表面采用溅射的方式沉积一层 Ti 或 Co，如图 4.15 所示。随后进行 RTA 退火，高温下金属和硅发生反应生成硅化物。接着采用湿法腐蚀，去掉未和硅反应的金属而保留硅化物。然后再次进行 RTA 退火，降低金属硅化物的电阻，如图 4.16 所示。至此前段工序完成。

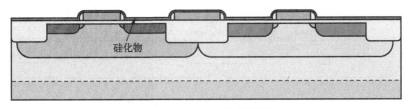

图 4.15　Salicide 金属沉积

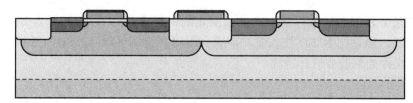

图 4.16　Salicide 金属去除

4.2.2.2　0.18μm CMOS 后段铝互连工艺

后段主要进行金属互连，下面说明 6 层铝的后段互连工艺。

1.　接触孔（Contact）

前段工序完成器件制作后，后段工序进行器件之间的互连。0.18μm CMOS 的介质平坦化采用 CMP 工艺。孔的填充材料采用钨（W），互连采用 Al。

首先沉积一层 TEOS，然后沉积掺杂 B 和 P 的 TEOS（BPSG）。掺杂 B、P 的 TEOS 具有较高的流动性，从而可以使得台阶覆盖良好。最后进行平坦化处理，使圆片表面变得更加平坦，如图 4.17 所示。沉积的 TEOS 和 BPSG 称为金属前介质（Pre-Metal Dielectric，PMD）。

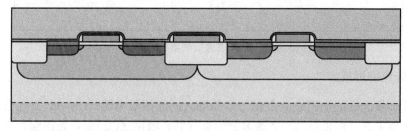

图 4.17　PMD 介质沉积

下一步进行接触孔（Contact）的光刻，并进行干法腐蚀。腐蚀掉未被光刻胶覆盖区域的介质。接着沉积 Ti、TiN 和 W。随后进行金属 W 的 CMP，去除表面多余的 W 而只保留接触孔的 W，形成最终的接触孔，如图 4.18 所示。

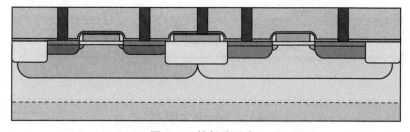

图 4.18　接触孔形成

2. 第一层金属

接触孔制作完成后,沉积 Ti、AlCu 及 TiN。接着进行第一层金属(金属 1)的光刻和刻蚀,去掉未被光刻胶覆盖的金属,形成金属 1 互连,如图 4.19 所示。

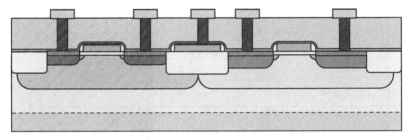

图 4.19 金属 1 互连形成

3. 通孔 1~5 及金属 2~6 层

金属 1 完成后,进行通孔 1 的工艺,通孔的工艺与接触孔工艺类似。接着进行金属 2 工艺,金属 2 的工艺与金属 1 相同。同样,其他层的通孔及金属工艺均无大差别,只是因为流过大电流的要求,一般上层(尤其是顶层)金属厚度较下层金属厚。最终完成金属 6 后器件的剖片如图 4.20 所示。

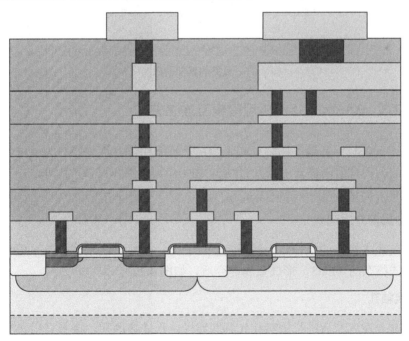

图 4.20 金属 6 后的器件剖片图

4. 钝化及 Pad

顶层金属完成后，沉积 SiO_2 及 Si_3N_4 作为钝化层，以保护芯片。接着进行 Pad 的光刻和腐蚀，去掉需要打引线的 Pad 上的钝化层，器件最终的剖面图如图 4.21 所示。

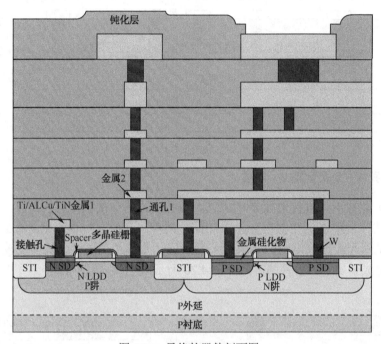

图 4.21　最终的器件剖面图

4.2.2.3　0.18μm CMOS 后段铜互连工艺

铜互连工艺与铝互连不同之处在于金属互连采用铜互连，同时为了降低寄生电容，金属层间的介质隔离采用低 k 介质。由于金属铜难以腐蚀，因此采用大马士革（Damascene）的铜 CMP 工艺。

1. 金属前介质沉积

首先沉积未掺杂的 TEOS，随后沉积 BPSG，经过高温致密化及平坦化处理。接着沉积未掺杂的 TEOS，形成金属前介质，如图 4.22 所示。

2. 接触孔

金属前介质沉积后进行接触孔光刻和腐蚀，形成接触孔。接着采用 CVD 方法沉积一层薄的 Ti 和 TiN，随后采用 CVD 方法沉积 W，进行 W 填充，然后进行 W CMP。去除掉表面的 W，保留接触孔内的 W，如图 4.23 所示。

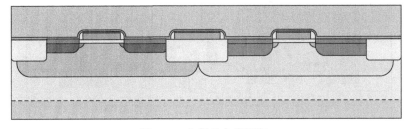

图 4.22　金属前介质沉积

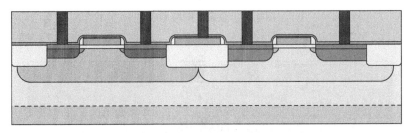

图 4.23　接触孔形成后的器件剖面图

3. 金属层 1

涂覆低 k 介质，接着沉积 SiO_2。随后进行金属 1 的光刻，腐蚀 SiO_2 和低 k 介质，形成金属 1 填充的凹槽，如图 4.24 所示。

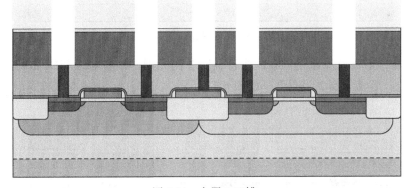

图 4.24　金属 1 凹槽

沉积 Ta 作为铜浸润层，采用 CVD 法沉积金属铜，金属 1 凹槽被铜填充，接着用 CMP 方法去除圆片表面的铜，最终形成金属 1 的互连。如图 4.25 所示。

4. 金属层 2

沉积 SiN 作为刻蚀阻挡层。涂覆低 k 介质。沉积 SiO_2，作为刻蚀的终点层。二次涂覆低 k 介质，再沉积 SiO_2。随后进行通孔 1 的光刻，接着腐蚀二氧化硅和低 k 介质，形成通孔，如图 4.26 所示。

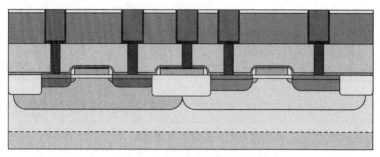

图 4.25　金属 1 图形形成

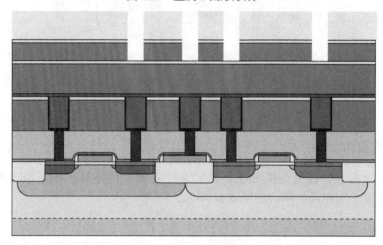

图 4.26　通孔腐蚀

通孔腐蚀后接着涂覆光刻胶，进行金属 2 的光刻。接着刻蚀 SiO_2 和低 k 介质。刻蚀 Si_3N_4，形成金属 2 的图形，如图 4.27 所示。

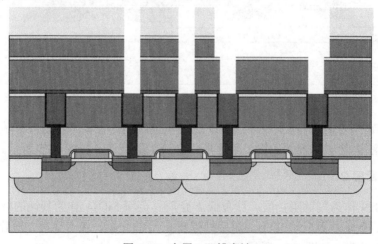

图 4.27　金属 2 凹槽腐蚀

采用 PVD 沉积 Ta 浸润层，CVD 沉积铜，此时凹槽中均已填充 Ta 和铜，接着进行铜 CMP，去掉表面多余的铜，最终形成金属 2 的互连，如图 4.28 所示。

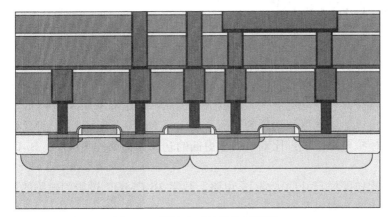

图 4.28　铜填充后的器件剖面图

5. 多层金属互连以及 Pad

金属 3 及其上层金属工艺与金属 2 类似。在顶层金属完成后，采用 PECVD 的方法沉积 Si_3N_4 和 SiO_2，作为器件的钝化保护层。Pad 光刻并腐蚀掉 Si_3N_4 和 SiO_2，形成引线 Pad（Bonding pad）区域。全部工序完成后的器件剖面图如图 4.29 所示。

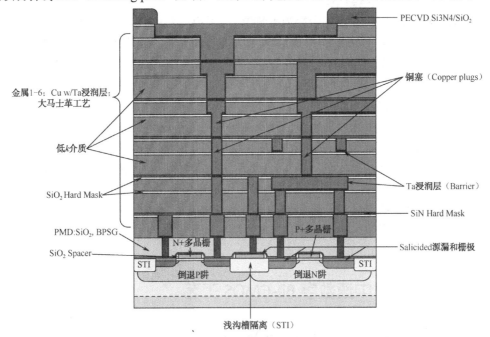

图 4.29　Cu 互连器件剖面图

4.3 Bi–CMOS 工艺

Bi-CMOS 工艺是将双极型器件工艺和 CMOS 工艺结合在一起形成的一种工艺，兼具双极和 CMOS 工艺的优点。CMOS 具有功耗低、噪声容限大、集成度高的优点。双极器件具有驱动电流大、速度快等优点。通过对双极和 CMOS 工艺各自特性的调整，可以达到速度和功耗的平衡，使 Bi-CMOS 可以达到比 CMOS 更高的速度、更好的模拟电路性能；比双极工艺更低的功耗和更高的集成度。Bi-CMOS 具有以下优点：

（1）相比较同样尺寸的 CMOS 电路，数字 Bi-CMOS 逻辑门电路的驱动电流更大，驱动大电容负载时具有更高的速度；

（2）Bi-CMOS 门电路具有与 CMOS 门电路同样的功耗，并且交流功耗更低；

（3）数字 Bi-CMOS 电路可以制作 TTL 或 ECL 输出接口。

Bi-CMOS 主要应用于 3 个方面，一是在诸如静态随机存储器（SRAM）等存储器电路中，可以采用双极型器件构成灵敏放大器来检测电路中微小的电压变化；二是在高速数字集成电路中，双极型器件可以用来驱动比较大的电容负载；三是应用于数字/模拟混合集成电路中。

Bi-CMOS 工艺在 1980 年中期为主流 IC 所采用，发展至今出现了针对不同应用的 Bi-CMOS 工艺：低成本、中速数字 Bi-CMOS 工艺、高成本、高性能数字 Bi-CMOS 工艺以及数模混合 Bi-CMOS 工艺。数模混合 Bi-CMOS 工艺和 5V 数字 Bi-CMOS 工艺之间的主要区别在于工作电压不同，其中模拟器件的工作电压变化范围较宽且通常工作在高压下。

数字 Bi-CMOS 工艺通常是在已有的 CMOS 工艺基础上发展起来，稍作修改而成的，如增加几块用于双极晶体管制造的掩膜。在 Bi-CMOS 数字集成电路中，双极型器件所占的比例通常很低（<1%），然而这些比例很低的双极型器件却对整个芯片的性能有很大的影响。数模混合电路中的模拟电路部分经常要用到双极型器件的精密匹配特性和低噪声特性，常用到的器件有 PNP 型晶体管、精密电阻和精密电容等。因此数模混合的 Bi-CMOS 工艺比较复杂，而且通常是由双极型器件工艺发展而来的。

4.3.1 低成本、中速数字 Bi–CMOS 工艺

最简单的低成本、中速数字 Bi-CMOS 工艺只需要向一个现有的 N 阱 CMOS 工

艺额外增加一块用于形成轻掺杂的 P 型区域的掩膜版，该区域用做双极型晶体管的
P 型基极，CMOS 的 N 阱做晶体管的集电极。图 4.30 所示为 Bi-CMOS 结构示意
图。三极管的发射极由 CMOS 工艺中 NMOS 的源漏注入完成，器件之间的隔离采
用 LOCOS 隔离。衬底可以为 P 型，也可以为 P⁺型衬底上的一个 P 型外延层。这种
工艺被称为 3 次扩散（Triple-Diffused，3D）Bi-CMOS 工艺，因为双极型晶体管是
通过 3 次扩散而成的。3D 双极型晶体管最大的缺点是集电极串联电阻（R_C）大。
对于 N 阱的集电极而言，这个电阻值的大小一般为 2kΩ/ 。在强电流条件下，R_C 值
偏大可导致基极-集电极结的内部偏置减小，使得驱动电流变小，从而导致门延迟
增大。

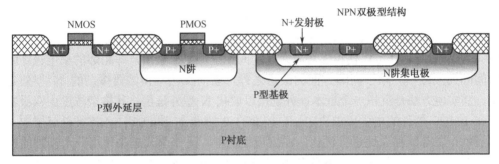

图 4.30　3D Bi-CMOS 结构示意图

4.3.2　高成本、高性能数字 Bi–CMOS 工艺

高成本、高性能数字 Bi-CMOS 工艺需要确保 CMOS 器件和双极型器件的性能
均达到单独制造时的水平。可以采用两种基本的方法：（1）修正 P 阱 Bi-CMOS 工
艺，额外增加 3 个掩膜过程；（2）修正双阱 Bi-CMOS 工艺，额外增加 3～4 个掩膜
过程。

1. P 阱 Bi-CMOS 工艺

P 阱 CMOS 工艺如图 4.31 所示，这种工艺通过采用了 P 衬底 N 外延，在 P 阱
之外的区域制作了重掺杂的 N 型埋层，减小了集电极电阻，这些重掺杂的 N⁺埋层
区成为标准的埋入集电区，形成双极型晶体管的集电极，这项工艺有时又称为 SBC
Bi-CMOS（Standard-Buried-Collector）工艺。在 Bi-CMOS 工艺中使用 N⁺埋层具有
3 个关键性的优点：（1）降低集电极电阻 R_C 的值；（2）降低器件对 CMOS 闩锁效
应的敏感性；（3）通过以 N 型外延层取代 P 型外延层来改善器件的抗闩锁特性。P
阱用以在相邻的集电极之间提供双极结区隔离。向标准 P 阱 CMOS 工艺增加的 3 个
额外的掩膜步骤用以形成 N+型埋层、集电极深 N+层和 P 基极区。

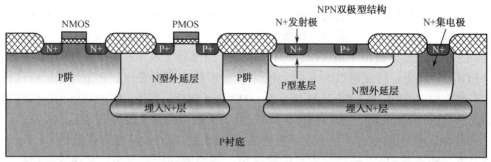

图 4.31　修正 P 阱 Bi-CMOS 结构示意图

2. 双阱 Bi-CMOS 工艺

可以通过向埋入 N+区增加自校准埋入 P 层而提高双极型器件的集成度，如图 4.32 所示。这样可以使相邻势阱之间的间距变得更加紧凑，即相邻的集电极之间的间隔大大减小。除了间隔方面的改进之外，新的工艺不再需要掺杂的 N 型外延层。其实现方法是沉积一个近本征外延层以取代 N 型外延层，其掺杂浓度由双极器件和 PMOS 器件的电学要求决定。自校准的 P 阱和 N 阱也将注入本征外延层中，而且每个阱都能独立地进行优化。在这项工艺中，另一个改进是使用一个额外的掩膜来实现多晶硅发射极，而不是在 N+型源极/漏极形成过程中制作扩散集电极。更浅的发射极和更窄的基区宽度使得多晶硅发射极可以达到更好的双极性能，另外通过使用相同的多晶硅层同时形成 CMOS 栅极和双极型发射极，又可以使增加的工艺复杂性降低。为了将这一高性能 Bi-CMOS 工艺结合到传统的 CMOS 工艺中，需要 4 个额外的掩膜层（埋入 N+、深 N+下向扩散、P 基极和发射极的多晶硅）。

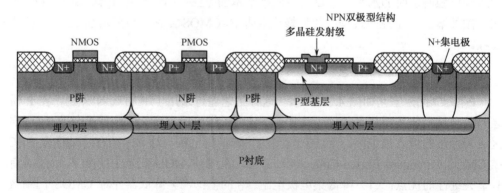

图 4.32　双阱 Bi-CMOS 结构示意图

多晶硅发射极高性能 Bi-CMOS 结构是一种共具有 23 步掩膜步骤的 Bi-CMOS 结构，该结构适用于 3.3V 和 5V 的电路。这种结构建立在双多晶硅层、双金属、双阱 0.6μm 标准 CMOS 工艺的基础之上。在 CMOS 电路部分采用了埋入 N^+ 和 P^+ 层以提高抗闩锁能力。同时在该结构中，还采用了硅化物 MOS 栅极和多晶硅发射极双极型结构，隔离采用 LOCOS。

典型的双阱工艺步骤如下：

开始的材料为 P 型轻掺杂 100 晶向单晶硅片。首先热生长一薄层二氧化硅并沉积一层氮化硅。光刻并腐蚀掉埋层 N^- 区域的氮化硅。进行锑注入，如图 4.33 所示。

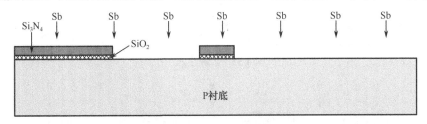

图 4.33　埋层 N 注入

对注入的锑进行退火并热生长一层二氧化硅，此时 N 埋层上方生长一层厚氧化层，接着去除氮化硅。进行硼注入，埋层 N^- 上方的厚氧化层阻挡该区域的硼注入，在 N 埋层以外的区域注入了硼。该工艺称为自对准工艺，可以只使用一块光刻版而形成埋层 N 和埋层 P，如图 4.34 所示。

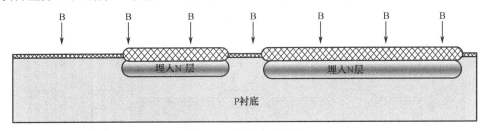

图 4.34　埋层 P 注入

埋层形成后，生长外延层。同埋层生长的工艺相同。首先沉积二氧化硅和氮化硅。光刻出 N 阱区域并注入磷。随后推阱并热生长氧化层，利用 N 阱上方的厚氧化层做阻挡层，在 N 阱以外的区域注入硼，形成 P 阱，这样可以少使用一块光刻版，如图 4.35 所示。

阱完成后，进行有源区的光刻和刻蚀。采用多晶硅缓冲 LOCOS 来提高工艺的集成度。先生长一薄层二氧化硅，再沉积多晶硅，最后沉积氮化硅。进行有源区光刻和腐蚀。随后进行防止寄生场效应管开启的硼注入，如图 4.36 所示。

接着，进行 N^+ 集电极的光刻和注入，注入元素为磷，注入后进行推阱，使 N^+ 集电极扩散到埋层 N^-，以与埋层 N 相连接。随后采用基极光刻版进行光刻并注入硼，如图 4.37 所示。

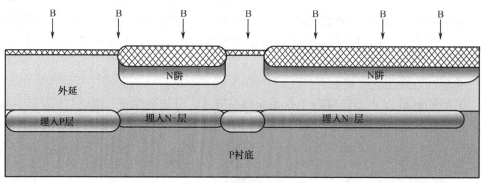

图 4.35　P 阱注入

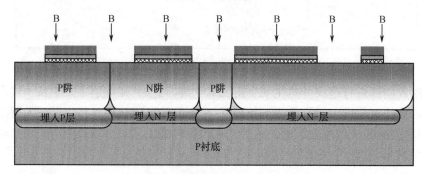

图 4.36　防止寄生场效应管开启注入

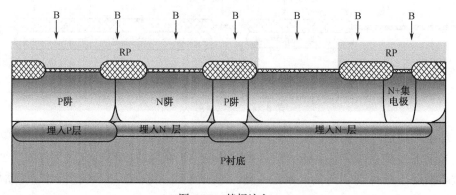

图 4.37　基极注入

　　发射极可采用多晶硅。首先生长栅氧化层，随后沉积第一层多晶硅。采用发射极光刻版进行光刻和腐蚀，去掉集电区的多晶硅和氧化层，如图 4.38 所示。

　　接着沉积第二层多晶硅，并进行磷注入。发射极处的多晶硅与硅衬底连接。随后进行栅极光刻和腐蚀，形成发射极以及 MOS 的多晶栅，如图 4.39 所示。

　　随后的工艺与标准 CMOS 工艺相同，最终的器件结构如图 4.40 所示。

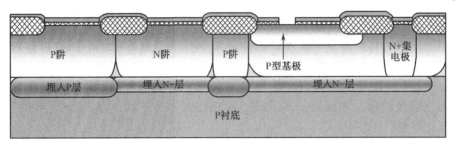

图 4.38 多晶硅发射级腐蚀

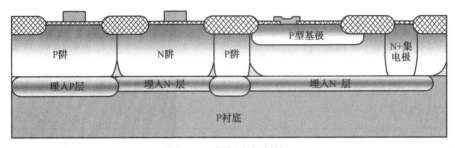

图 4.39 栅极多晶刻蚀

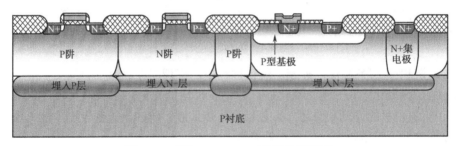

图 4.40 双阱 Bi-CMOS 工艺器件剖面图

4.3.3 数模混合 Bi–CMOS 工艺

数模混合 Bi-CMOS 与数字 Bi-CMOS 工艺之间的基本区别在于，数模混合 Bi-CMOS 通常工作在一个较宽的工作电压（高于 10V）范围。由于这些高电压超出了一些由 5V 兼容 Bi-CMOS 工艺中所集成的器件的最高电压，因此必须更改器件结构和工艺步骤以适合数模应用。数模 Bi-CMOS 工艺根据其应用可再分为：（1）中压（10~30V）工艺，基于 CMOS 工艺流程；（2）大功率（大于 30V 且大于 1A）工艺，基于功率模拟工艺流程。中压数模混合工艺需要对 CMOS 和双极器件的性能进行优化设计，以满足高电压的要求。因此必须对 CMOS 的速度和性能进行折中，以满足在高电压下可靠地工作（例如，栅氧需要加厚以便能满足更高栅压的要求，但饱和电流将会降低）。

模拟功能也需要无源器件，这些无源器件必须具有较小的温度和电压系数。多晶硅电阻因具有比扩散电阻更小的温度系数而在需要精确电阻的场合得到大量使用。

高性能电容器也是模拟 CMOS 和 Bi-CMOS 技术的关键部分，特别在 A/D 转换和开关电容滤波器，多晶硅—多晶硅电容相比多晶硅—硅电容具有更小的寄生效应，因此得到广泛应用。

Ti 较早开发了一种典型的数模混合 Bi-CMOS 工艺。该工艺由 N 阱 CMOS 工艺增加 4 次光刻步骤，以集成高性能双极型晶体管。双极器件是集电极扩散隔离（CDI）型，使用 N+埋层和 P 型外延层。在 CDI 中，N 阱将作为 NPN 的集电区，P型外延层提供侧壁 PN 结隔离区。

衬底材料为 100 晶向的 P 型硅片，硅片表面的第一步工艺是氧化。然后用 1#光刻版开出 N+埋层的窗口。采用注入锑和扩散的方法形成埋层，然后去除二氧化硅，如图 4.41 所示。

图 4.41　N+埋层形成

接着沉积 P 型外延层，外延层沉积过程中，N+埋层在高温下会向上扩散。外延层沉积后，热氧化生长一层二氧化硅，并完成 N 阱的光刻，在 N 阱区域注入磷。随后进行 N+集电极的光刻和磷注入，最后进行热扩散。磷的原子量较小，注入表面的磷可以在高温下扩散较深，如图 4.42 所示。

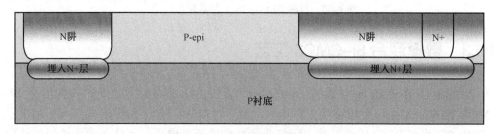

图 4.42　N 阱及 N+集电极形成

在 N 阱和 N+集电极区形成后，去除表面的二氧化硅，热生长一层薄二氧化硅，作为注入的阻挡层。接着进行 NPN 晶体管的基极光刻，注入硼离子，去除光刻胶后进行扩散，形成基极，如图 4.43 所示。

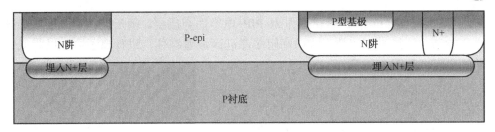

图 4.43　P 型基极形成

基区形成后，在二氧化硅层上方沉积一层氮化硅。随后进行有源区光刻和腐蚀，去除掉非有源区表面的氮化硅和二氧化硅。接着进行防止寄生场效应管的开启注入，光刻后在 PMOS 器件的区域注入磷（P^{31}）来提高 PMOS 器件寄生场效应管的阈值电压，再次进行光刻，在 NMOS 区域注入硼（B^{11}），提高 NMOS 器件寄生场效应管的阈值电压。去除光刻胶后进行场氧生长。随后去除氮化硅和二氧化硅，如图 4.44 所示。

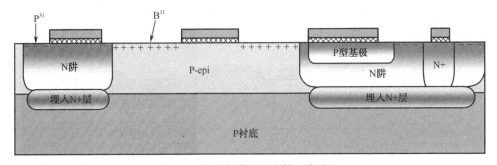

图 4.44　防止寄生场效应管开启注入

热生长栅氧化层，并进行阈值电压的调整注入。随后沉积第一层多晶硅，并进行光刻和刻蚀，形成 MOS 的栅极和多晶—多晶电容（Poly-Insulator-Poly，PIP）的下极板，如图 4.45 所示。

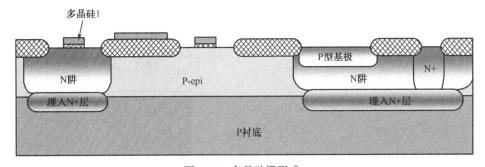

图 4.45　多晶硅栅形成

多晶硅 1 形成后，对多晶硅氧化生成薄氧化层，接着沉积氮化硅（Oxide-

Nitride-Oxide，ONO）和二氧化硅作为 PIP 电容的介质层。随后沉积第二层多晶硅并进行掺杂。通过光刻将要形成的高阻多晶硅区域遮挡住，进行离子注入以降低多晶硅的电阻，如图 4.46 所示。

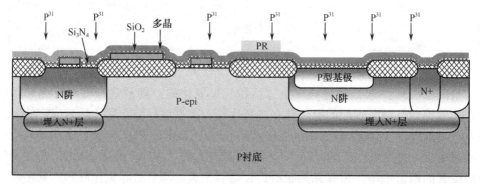

图 4.46　多晶 2 沉积及注入

多晶硅 2 注入后先进行光刻，随后干法腐蚀去掉多余的多晶硅 2，只保留作为电容上极板和电阻的多晶硅，如图 4.47 所示。

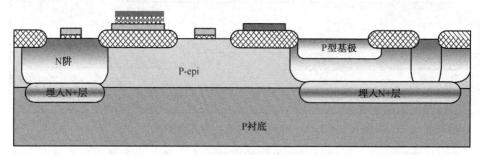

图 4.47　多晶 2 腐蚀

随后的工艺步骤同标准的 CMOS 工艺相同，源漏注入后器件的剖面图如图 4.48所示。

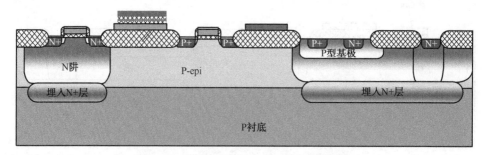

图 4.48　数模混合 Bi-CMOS 器件剖面图

参 考 文 献

[1] Michael quirk, Julian serda. 半导体制造技术. 韩郑生等译. 北京：电子工业出版社，2004

[2] Stephen A. Campbell. 微电子制造科学原理与工程技术. 曾莹等译. 北京：电子工业出版社，2003

[3] Kiat-seng Yeo, Samir S.Rofail, Wang-Ling Goh. 低压低功耗 CMOS_BiCMOS超大规模集成电路. 周元兴等译. 北京：电子工业出版社，2003

[4] Stanley Wolf. Silicon Processing for the VLSI Era Volume 2: Process Integration. California: Lattice press

[5] Stanley Wolf. Silicon Processing for the VLSI Era volume 4: Deep Submicron Process Technology. California: Lattice press

第5章

半导体集成电路的主要失效机理

5.1 与芯片有关的失效机理

5.1.1 热载流子注入效应（Hot Carrier Injection，HCI）

1. 热载流子注入效应的产生机理

热载流子是指其能量比费米能级大几个 kT 以上的载流子，这些载流子与晶格不处于热平衡状态，当其能量达到或超过 Si/SiO_2 界面势垒时（对电子注入为 3.2eV，对空穴注入为 4.5eV）便会注入氧化层中，产生界面态、氧化层陷阱或被陷阱所俘获，使氧化层电荷增加或波动不稳，这就是热载流子效应。由于电子注入时所需能量比空穴低，因此一般不特别说明的热载流子多指热电子，双极器件与 MOS 器件中均存在热载流子注入效应。

（1）双极器件。热载流子会引起电流增益下降、PN 结击穿电压蠕变。前已述及，Q_{it} 的存在使晶体管的放大倍数下降及产生 $1/f$ 噪声。随着 Q_{it} 的增加，情况将进一步恶化甚至导致器件失效。当 PN 结发生表面雪崩击穿时，载流子不断受到势垒区电场的加速有可能注入附近的 SiO_2 中并为陷阱所俘获。注入载流子可为电子，也可为空穴，与 SiO_2 电场有关。如注入热载流子后使 PN 结表面处势垒区宽度变窄，降低击穿电压，反之则增高击穿电压，使击穿电压随时间变化，此即击穿电压的蠕变。

（2）MOS 器件。随着沟道电流的增加，热载流子增加，注入氧化层中使 Q_{it} 和 Q_{ot} 增加，这使 MOS 器件的平带电压（V_{FB}）、阈值电压（V_{th}）漂移，跨导（$g_{m(max)}$）减小，变化达到一定数值即引起失效。图 5.1 所示是 MOS 器件中热载流子注入效应示意图。

热载流子主要为热电子，所以 N 沟道 MOS 器件的热载流子注入效应比 P 沟道 MOS 器件的明显。文献报道：对于纳米器件，有效沟道长度缩小到 65nm，漏源电压（V_{DS}）降至 1.2V 时仍发生热载流子效应，此时 PMOS 器件的热载流子注入效应变得明显起来。

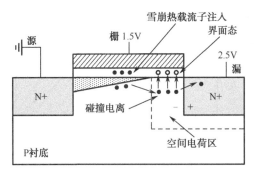

图 5.1　MOS 器件中热载流子注入效应示意图

热电子的来源一般分为雪崩热载流子和沟道热载流子两类，它对应于器件的不同工作状态。如果 $V_{GS}=V_{DS}$ 且 $V_{BS}<0$ 时，这时的条件叫雪崩热载流子注入条件，此时注入区主要发生在漏结附近，是 V_{DS} 控制着沟道热电子注入量。当器件的沟道长度逐渐变小时，由于电压不能随比例下降，沟道中的电场强度会上升。以 NMOS 管为例，漏极是电场最强的地方，当沟道中的载流子进入漏极时，会获得高能量，通过碰撞离化作用产生电子空穴对，当载流子的能量超过 Si/SiO$_2$ 势垒高度时，会注入氧化层中形成陷阱电荷或界面态，使器件的特性退化，形成沟道热载流子注入。

界面态的产生过程如图 5.2 所示，沟道热载流子直接轰击产生界面态陷阱，或者热载流子激发进入氧化层形成氧化层陷阱。

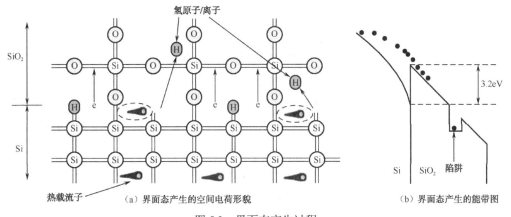

（a）界面态产生的空间电荷形貌　　　　　　　（b）界面态产生的能带图

图 5.2　界面态产生过程

对于深亚微米 CMOS 工艺器件，当漏极电压一定时，衬底电流（I_{sub}）随栅源电压（V_{GS}）变化的情况如图 5.3 所示。

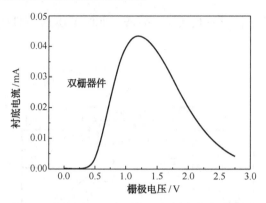

图 5.3　漏极电压一定时栅压与衬底电流的关系

由图可知，当 V_{GS} 为 V_{DS} 一半附近，I_{sub} 达最大值。这是因为此时漏极附近形成高电场区，载流子一进入该区，就从电场获得很高的能量而成为热载流子。另外，漏极附近热载流子的运动因碰撞电离而产生电子—空穴对。产生的多数空穴流向衬底，形成衬底电流，部分空穴随着漏极向栅极正向电场的形成而注入氧化层。这样电子和空穴这两种载流子都注入 SiO₂，引起器件特性的很大变动，这时产生的是沟道热载流子注入效应。

界面陷阱在整个工作区域影响器件的性能，会影响阈值电压、跨导等参数，N 沟和 P 沟 MOSFET 都要受到热载流子注入效应的影响。热载流子效应包括载流子产生注入和栅氧化层中载流子的俘获等过程。载流子注入是一种局域现象，仅仅发生在整个沟道的一部分区域中，对于 NMOS 器件已经报道了 4 种热载流子产生注入机制，如图 5.4 所示。

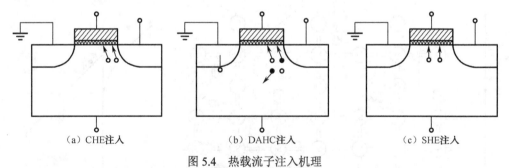

（a）CHE注入　　　　　　（b）DAHC注入　　　　　　（c）SHE注入

图 5.4　热载流子注入机理

① 沟道热电子（CHE，Channel Hot Electron）

部分电子在漏端附近的沟道区中被"加热"形成幸运电子。幸运电子是那些从沟道中获得的足以跨越 Si/SiO₂ 势垒的能量且又没有受到任何能量损失的碰撞电子，幸运电子注入到栅氧化层中会形成栅电流。这种热电子对氧化层的注入就是沟道热电子注入。

② 漏雪崩热载流子（DAHC，Drain Avalanche Hot Carrier）

由漏端强电场导致的雪崩倍增效应引起的电子从沟道获得足够高的能量，经碰撞电离后产生电子—空穴对，电子—空穴对又会产生更多的电子—空穴对，形成雪崩过程。

③ 衬底热电子（SHE，Substrate Hot Electron）

它是在位于表面附近的衬底区中由于热产生或注入电子到 SiO₂ 中形成的。当 $V_{DS}=0$ 且 $V_{GS}>0$ 并施加较大的背栅压 V_{BS} 时，自举电路中的上升过程就可以发生 SHE 注入现象。

耗尽层中产生的电子或从衬底中性区扩散过来的电子在向 Si/SiO₂ 界面漂移的过程中从表面耗尽区的高电场中获得能量，其中部分电子将获得足够高的能量并越过势垒。由于热产生的电子—空穴对较少，SHE 注入实际上并不重要。

④ 二次产生的热电子

二次产生的热电子是由衬底电流的二次碰撞离化产生的二次少子。漏端附近的雪崩过程形成了衬底空穴电流，该空穴电流通过碰撞离化形成二次电子—空穴对，这些二次电子如同 SHE 一样会被注入栅氧化层中。

在栅氧化层较薄（<10nm）和背栅偏压较大的情况下，二次电子注入效应特别严重。实际上界面处产生的热电子和热空穴会使 0.25μm PMOS 器件的跨导和漏极电流随着时间的增加而下降。

薄栅器件热载流子注入效应的研究结果表明，器件的退化由 3 种因素引起：

① 氧化层中电荷的注入与俘获；

② 电子和俘获空穴结合引起的界面态；

③ 高能电子打断 Si—H 键引起的界面态。

由于超深亚微米器件工作电压太低，不能产生明显的电荷俘获，并且由于栅氧化层太薄，俘获电荷易发生泄漏，因此电荷俘获可以忽略。与此类似，由于空穴注入可以忽略，由电子—空穴结合引起的界面态产生已变得不重要。由于高能电子所具有的能量不足以打断键能较高的 Si—O 键和 Si—Si 键，一般认为，高能电子打断 Si—H 键引起的界面态起主导作用。因此，有关界面态的机制有两种模型：氢释放模型（Hydrogen-Release Model）和碰撞电离模型（Impact Ionizatin Model），目前，应用较多的是氢释放模型。

氢释放模型认为，SiO₂ 界面附近的热电子把自身能量传递给 Si，引起晶格振动，在 Si 表面就会释放一些类氢粒子，这些粒子能够越过 SiO₂ 和 Si 的界面势垒，并产生陷阱、界面态和复合中心等类型的缺陷，此模型主要研究均匀应力下的器件退化。碰撞电离模型认为，能量大于 3.2eV 的高能电子打断 Si—H 键，产生了界面态。

2. HCI 效应的数理模型

研究表明，中等栅压应力下，氧化层陷阱电荷和界面态的产生是导致 NMOS 器件性能退化的主导因素。当器件尺寸进入深亚微米节点之后，界面态的产生对 NMOS 器件性能退化的影响更为显著。文献基于电荷泵技术对 0.18μm NMOSFETs 进行热载流子效应研究，结果表明在最大衬底电流应力条件下并没有发现氧化层陷阱电荷产生。这说明对于深亚微米 NMOS 器件来说，界面态的产生是导致 NMOS 器件退化的主要因素。

以 NMOSFET 为例，沟道处于强反型状态时，Si/SiO$_2$ 界面处的界面陷阱很容易俘获电子，带上负电，将导致阈值电压、跨导、饱和漏电流等参数退化。界面态能级分布于禁带中，假如它们是受主型的，那单位区间内的净电荷是负的。研究表明，界面陷阱形成的原因是半导体表面存在悬挂键。

对于 NMOSFET 来说，受主型界面陷阱的产生是引起器件退化的主要原因，界面陷阱主要位于漏端附近很窄的范围内，将导致局部沟道载流子的密度和迁移率退化。其电化学公式如下：

$$Si - H + e_{hot} \rightarrow Si^* + H \tag{5.1}$$

其中 Si* 为三价缺陷，这种键的断裂率为

$$P = k \frac{I_{DS}}{W} \exp\left(-\frac{\phi_{it}}{q\lambda E_m}\right) \tag{5.2}$$

式中，ϕ_{it} 为电子产生界面态时的临界能量，其值为 3.7eV；E_m 为沟道中最大的横向电场（MV/cm）；λ 为电子的平均自由程（μm）；k 正比于 Si−H 键密度，由于该键的密度很高，因此可近似为常数。

Si 和 H 复合的速率可以表示为 $\beta_p N_{it} n_H(0)$。其中，N_{it} 为界面态密度；$n_H(0)$ 为界面处 H 的浓度。则有

$$\frac{dN_{it}}{dt} = k \frac{I_{DS}}{W} \exp\left(-\frac{\phi_{it}}{q\lambda E_m}\right) - \beta_p N_{it} n_H(0) \tag{5.3}$$

界面态产生的速率也等于 Si−H 键断裂后产生的 H 从界面处逃离开的速率：

$$\frac{dN_{it}}{dt} = \frac{D_H n_H(0)}{L_H} \tag{5.4}$$

其中，D_H 和 L_H 分别是 H 扩散时的有效扩散系数和有效扩散长度。联合式（5.3）和（5.4）可得：

$$\frac{dN_{it}}{dt}\left(1 + \beta_p N_{it} \frac{L_H}{D_H}\right) = k \frac{I_{DS}}{W} \exp\left(-\frac{\phi_{it}}{q\lambda E_m}\right) \tag{5.5}$$

假设 $N_{it}(t=0) = 0$，则式（5.5）可转化成：

$$\frac{\beta_p L_H}{2D_H} N_{it}^2 + N_{it} = kt \frac{I_{DS}}{W} \exp\left(-\frac{\phi_{it}}{q\lambda E_m}\right) \tag{5.6}$$

这个方程描述了静态应力下 MOSFET 由于热载流子注入产生界面态的过程。界面态密度 N_{it} 的动态生成规律为，在 N_{it} 比较小的情况下，反应速率控制 N_{it} 生长速度，$N_{it} \propto t$；而在 N_{it} 比较大的情况下，扩散速率起控制作用，$N_{it} \propto t^{0.5}$。通常在热氧化的情况下，界面态产生的表达式为

$$N_{it} \approx C\left(kt\frac{I_{DS}}{W}\exp\left(-\frac{\phi_{it}}{q\lambda E_m}\right)\right)^n \tag{5.7}$$

式中，n 在 $0.5\sim1$ 的范围内；C 为工艺相关因子，对于确定的工艺线为常量。表达式（5.7）也可以表示成达到一指定的界面态密度 ΔN_{it} 所需的应力时间，即

$$\tau = C_1\frac{W}{I_{DS}}e\left(\frac{\phi_{it}}{q\lambda E_m}\right) \tag{5.8}$$

加速寿命试验建立在所有热载流子现象都遵循同样的 $I_{ds}\exp(-\varphi_i/q\lambda E_m)$ 关系的基础上，因此，衬底电流可以写成如下形式：

$$I_{sub} = C_2 I_{DS} e\left(-\frac{\varphi_i}{q\lambda E_m}\right) \tag{5.9}$$

式中，C_2 是常量；I_{ds} 是沟道电流（mA）；φ_i 是碰撞离化能（eV）；λ 是电子的平均自由程（μm）；E_m 是沟道电场强度（V/cm）。

式（5.8）变形为

$$\ln\left(\frac{\tau I_{DS}}{C_1 W}\right) = \frac{\phi_{it}}{q\lambda E_m} \tag{5.10}$$

式（5.9）变形为

$$\ln\left(\frac{I_{sub}}{C_2 I_{DS}}\right) = -\frac{\varphi_i}{q\lambda E_m} \tag{5.11}$$

联合式（5.8）和（5.9）可得：

$$\ln\left(\frac{\tau I_{DS}}{C_1 W}\right)\bigg/\ln\left(\frac{I_{sub}}{C_2 I_{DS}}\right) = -\frac{\phi_{it}}{\varphi_i} \tag{5.12}$$

由此可推导出 HCI 效应的漏极/衬底电流比率模型：

$$\frac{\tau I_{DS}}{C_1 W} = \left(\frac{I_{sub}}{C_2 I_{DS}}\right)^{-m} \tag{5.13}$$

即

$$(\tau I_{DS})/W = C_3(I_{sub}/I_{DS})^{-m} \tag{5.14}$$

式中，C_3 是常量；$m = \phi_{it}/\varphi_i$ 是比例系数。

3. 交流 HCI 效应

（1）交流（AC）HCI 效应与直流（DC）HCI 效应的关系。在 20 世纪 80 年代的 IC 产品中，当器件工作的应力电压为漏源电压（V_{DS}）等于电源电压（V_{CC}）的 110% 和最坏栅源电压（V_{GS}）条件下，基于 I_{DS} 退化 10% 的寿命约为 10 年。随着技术发展至 0.8μm 以下线宽，这种失效判据已不适用于高性能 MOSFET 的设计。由于数字集成电路的占空比通常小于 1，DC 寿命时间通常小于 1 年，因而必须考虑 AC 效应对此进行修正。

研究人员花费近 10 年时间发现 AC/DC 比寿命将大于 1。相比于最坏 DC 应力，在 AC 应力下电子和空穴交替注入氧化层将造成更大的损伤，因而 20 世纪 80 年代和 90 年代初许多研究者指出该比率将小于 1。但如今人们普遍认为这些研究并未考虑电压过冲、非理想电压波形等因素。碰巧，数字电路的实际波形将允许采用 AC/DC 寿命比（>1）来修正 DC 寿命数据。

对于 NMOSFET，交流与直流的寿命比为

$$\frac{\tau_{AC}}{\tau_{DC}} = \frac{4}{f_{tr}} \tag{5.15}$$

而对于 PMOSFET，交流与直流的寿命比为

$$\frac{\tau_{AC}}{\tau_{DC}} = \frac{10}{f_{tf}} \tag{5.16}$$

式中，f 为转换频率；tr 和 tf 为栅信号的上升和下降时间。该模型表明有效应力时间分别为 tr/4 和 tf/10，即有效应力仅发生在 V_{GS} 为 1/4 至 1/10 电源电压的范围内。

对于数字门电路，10% 线性区电流的变化 ΔI_{DS} 使得反相器延时为 2% 或更小，但 10% 漏极饱和电流的变化 $\Delta I_{DS(sat)}$ 约对应反相器延时的 3%，因而一般常用 $\Delta I_{DS(sat)}$ 作为器件 HCI 效应的失效判据。

（2）交流 HCI 效应的定量描述。直流应力条件下，预测 HCI 效应的模型是漏极/衬底电流比率模型，该模型认为寿命 τ 取决于衬底电流、漏极饱和电流、加速因子及前置系数。该方程简单实用，但需要进行模型参数的提取。

另外一个更加偏向数学而非物理的模型为

$$\tau^{-1} \propto \exp(-a/V_{DS} + bV_{GS} + cV_{GS}^2 + \cdots) \tag{5.17}$$

式中，寿命将通过一个 V_{GS} 的多项方程式进行描述，可通过试验获得拟合参数 a、b、c 等。随后将 DC HC 应力数据引入电路仿真器。若给出跨导退化数据，计算机将能预测电路中所有 NMOS 器件的跨导随时间的退化函数。若将其引入 Spice 参数表，则计算机将给出电路延时时间随应力作用时间的退化关系。

对以上进行评估是极其耗时和耗费资源的。试验的测量精度与应力电压相关数据有关。这部分取决于模型的准确性，也取决于静态器件参数波动，尤其在栅应力

接近阈值电压的情况下。

为此提出了一个新的加速模型，即

$$\tau^{-1} = B \cdot I_{\text{sub}}^{\text{m1}} / I_{\text{DS}}^{\text{m2}} \qquad (5.18)$$

新模型的关键点在于描述 DC HC 寿命与漏极饱和电流、衬底电流、加速因子 m1、m2 和前置系数 B 的相关性，该方程在本质上与漏极/衬底电流比率模型不同，其参数与应力栅压无关。

图 5.5 中显示了典型 DC HC 寿命试验数据与 $I_{\text{sub}}^{\text{m1}} / I_{\text{DS}}^{\text{m2}}$ 的变化关系。由图 5.5 可知，每个点表示一个器件，实验中包含 9 个不同 V_{GS} 与 V_{DS} 偏压作用下的器件。在施加应力电压条件下，可检测衬底电流和漏极饱和电流的变化过程。所测得试验数据通过计算机将其与 $I_{\text{sub}}^{\text{m1}} / I_{\text{DS}}^{\text{m2}}$ 的变化关系进行绘制。若给出 m1 和 m2 的假定值，则计算机将计算曲线填充的校正系数 r2。通过调整 m1 和 m2 直至 r2 最大。曲线斜率应为-1，这样即可采用线性外推法。该过程较笨拙但并不耗费太多时间。由图可观察到已获得良好的拟合。在常规方法中，V_{GS} 是一个明确的参数，但在以上分析中并未得到该结论，除非在特定筛选的器件中。

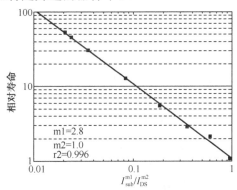

图 5.5　典型器件的寿命时间与漏极饱和电流、衬底电流的关系

为预测 AC HC 应力退化，可在应力试验过程中监测 $\sum I_{\text{DS}}$，该参数较跨导、线性区漏极电流更有效。参数 $\sum I_{\text{DS}} \left(\propto \int I_{\text{DS(sat)}} \right)$ 是 I_{DS} 在模型 AC 转换曲线中的 I_{DS} 之和，如图 5.6 所示。

需保持的相关性为

$$\sum I_{\text{DS}} \left(\propto \int I_{\text{DS(sat)}} \right) \qquad (5.19)$$

上式表明反相器电路的电流驱动能力。跨导与载流子迁移率呈线性关系（$g_{\text{m}} = \mu \times C \times W / L \times V_{\text{DS}}$），跨导较其他参数退化较快，也较容易监测，但监测跨导很难反映电路的性能。$I_{\text{DS}}(V_{\text{GS}} = V_{\text{DS}} = V_{\text{CC}} / 2)$ 反映的是反相器的静态工作状态，当电路处于高频工作状态时，转换曲线将不会穿过 $V_{\text{GS}} = V_{\text{DS}} = V_{\text{CC}} / 2$ 这个偏置点。因此监测

$\sum I_{DS}$ 的变化较监测 $I_{DS}(V_{GS} = V_{DS} = V_{CC}/2)$ 更好。

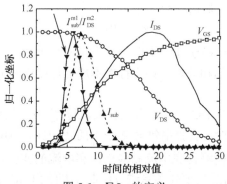

图 5.6 $\sum I_{DS}$ 的定义

基于 DC 寿命数据（$\sum I_{DS}$ 随 I_{sub}^{m1}/I_{DS}^{m2} 的变化）预测 AC HC 寿命，需将栅偏置应力下 $\sum I_{DS}$ 寿命对传输曲线进行积分。为达到上述目的，可在电源电压 V_{CC} 或 $V_{CC}+$ 10%条件下，基于传输曲线评估 $\sum I_{sub}^{m1}/I_{DS}^{m2}$，并取其平均值：

$$x1 = \frac{1}{30}\sum_{1}^{30} I_{sub}^{m1}/I_{DS}^{m2} \qquad (5.20)$$

在应力试验前估算 I_{sub} 与 I_{DS} 共 30 次。若加速参数 m1 和 m2 仅能在试验后得知，则需在以后估算 $x1$。因而，在 DC 寿命曲线中，可从图 5.6 中 $\log\sum I_{DS}$ 随 I_{sub}^{m1}/I_{DS}^{m2} 的变化关系中，读取（x,τ）：

$$x = (I_{sub}^{m1}/I_{DS}^{m2}), \quad t = \tau(DC) \qquad (5.21)$$

因此，可通过外推法预测 AC HC 寿命：

$$\tau(AC) = 2\tau(DC)(x/x1) \qquad (5.22)$$

因子 2 是基于周期时间为转换时间 2 倍。

对于 3 种类型器件，跨导（gm）、$I_{DS}(V_{GS} = V_{DS} = V_{CC}/2)$、$\sum I_{DS}$ 寿命与交流应力条件下的 $\sum I_{DS}$ 寿命相比较如表 5.1 所示。所有寿命数值均是基于第一个器件的 AC 寿命归一化后得到。

表 5.1　提取的直流和交流寿命时间的比较

器 件 类 型			1	2	3
寿命 1.1V_{CC} 下参数 10%的退化	DC （最大衬底电流下）	gm	0.33	0.012	0.19
		$I_{DS}(V_{GS} = V_{DS} = V_{CC}/2)$	7.6	0.39	1.3
		$\sum I_{DS}$	4.5	0.88	2.5
	AC （变化的栅偏压）	$\sum I_{DS}$	100	23	45

续表

器 件 类 型		1	2	3
参数	斜率 n ($=\mathrm{d}\log\left(\Delta\left[\sum I_{\mathrm{DS}}\right]\right)/\mathrm{d}\log(t)$)	0.29	0.34	0.59
	m1	3.1	2.8	3.1
	m2	1.6	1.0	1.8
	校正系数 r2	0.993	0.996	0.93

寿命被定义为器件参数退化 10%时的值。工业界根据最大衬底电流条件下的栅电压进行计算，并外推至 1.1 倍的电源电压。AC 寿命为 1.1 倍的电源电压条件下，对栅极应力电压进行积分后求得。

DC 寿命试验中，跨导退化的寿命时间较小，且容易监测，但该参数与 AC HC 寿命的相关性较差。$I_{\mathrm{DS}}(V_{\mathrm{GS}}=V_{\mathrm{DS}}=V_{\mathrm{CC}}/2)$ 和 $\sum I_{\mathrm{DS}}$ 寿命相似，但存在一个小于 2 的差值系数。在第 1 个器件中，$I_{\mathrm{DS}}(V_{\mathrm{GS}}=V_{\mathrm{DS}}=V_{\mathrm{CC}}/2)$ 寿命较 $\sum I_{\mathrm{DS}}$ 寿命大。

对于第 2 个与第 3 个器件，$I_{\mathrm{DS}}(V_{\mathrm{GS}}=V_{\mathrm{DS}}=V_{\mathrm{CC}}/2)$ 寿命较 $\sum I_{\mathrm{DS}}$ 寿命小。$\sum I_{\mathrm{DS}}$ 寿命与 AC 寿命的相关性较好。

在 3 种器件类型中，AC/DC 比值 $\sum(I_{\mathrm{DS}})_{\mathrm{AC}}\big/\sum(I_{\mathrm{DS}})_{\mathrm{DC}}$ 大约为 20，即

$$\frac{\sum(I_{\mathrm{DS}})_{\mathrm{AC}}}{\sum(I_{\mathrm{DS}})_{\mathrm{DC}}}\approx\frac{100}{4.5}\approx\frac{23}{0.88}\approx\frac{45}{2.5}\approx20 \tag{5.23}$$

3 种器件的试验结果均表明 AC/DC 的比值约等于 20，这说明其适用性较好。

随后将讨论另一个问题。如表 5.2 所示，该产品对最慢器件的设定条件分别为栅长、电源电压和最高温度。HC 寿命是基于栅长、电源电压和常温下最快器件进行评估的。

最快与最慢条件下电路速度比约为 2.5，即

$$\frac{t_{\mathrm{pd}}(\mathrm{slow})}{t_{\mathrm{pd}}(\mathrm{fsat})}=2.5 \tag{5.24}$$

表 5.2　器件的快慢条件

器 件	栅 长	电 源 电 压	温 度
慢	最长	最小	高
快	最短	最大	室温

这说明若 HC 测试数据是在最快器件条件下获得的，则实际的 AC/DC 比约为 50（=20×2.5）而不是 20。从另一个角度而言，若从最快器件条件下外推出直流应力下的 $\sum I_{\mathrm{DS}}$ 寿命为一年，则器件交流应力下的寿命为 20×1=20 年。在计算中均假

定器件周期时间为转换时间的 2 倍。小周期时间仅可在最快器件条件下的产品中获得。但这通常不会发生，因为产品通常在最慢器件条件下安全工作。因而周期时间通常是上述假定时间的 2.5 倍。因而，最快器件条件下的 AC 寿命将会比大多数计算出的 AC/DC 比 20 年更长。最终，最快器件条件下的交流寿命为 20×2.5×1=50 年。

4. 热载流子效应的影响因素

首先考虑温度因素，大多数可靠性试验证明，环境温度越高，器件退化越严重。而热载流子注入效应的情况则相反，温度越低，热载流子注入效应越明显。这是因为低温下，Si 原子的振动变弱，衬底中运动的电子与硅原子间的碰撞减少，电子的自由程增加，从电场中获得的能量增加，容易产生热电子，提高注入氧化层的概率。另外也容易发生碰撞产生二次电子，这些二次电子也可成为热电子，使注入到氧化层中的热电子进一步增多，这就导致低温下热电子注入效应的增强。

其次，为防止外界水分杂质等的侵入，芯片外有一层起保护作用的钝化膜。钝化膜原用磷硅玻璃，目前多采用等离子体氮化硅膜。这种膜中含有氢，氢的原子半径小，极易扩散进入栅下 Si/SiO$_2$ 界面处，取代氧与硅形成 Si−H、Si−OH 键。Si−H、Si−OH 键的键能小，容易被热载流子打断，形成氧化层陷阱电荷或界面态，产生热载流子注入效应。针对这一问题，可用化学气相沉积的氮化硅膜保护栅氧区以防止氢原子扩散进入。

5. 减弱热载流子注入效应的应对措施

（1）计算机工艺模拟技术和准恒定电压的工艺设计。为了使器件性能得到最佳，思路之一是考虑使用计算机辅助技术，开发适当的模拟技术，可以在确定的沟道长度、结深及电源电压的条件下，通过选择栅氧化层厚度、沟道注入浓度及衬底浓度，达到器件的开启电压、驱动电流的设计指标，并把短沟道效应限制在可接受的范围内。再由可靠性的要求修正电源电压，直到高性能及高可靠性的要求均能达到为止。

另一种思路是对 CV 理论进行修正，即准恒定电压理论，满足开启电压可控及高电场效应足够小两方面的要求，这实际上是一种根据实际工艺能力的最佳设计。具体做法是要求电源电压及其他电压量按 $\sqrt{\alpha}$ 变化，以实现上述对电压的要求。按照 $\sqrt{\alpha}$ 并没有明确的物理意义，但它与目前半导体工业中电源电压下降的速度比较接近。

（2）LDD 结构抑制热载流子效应。为了抑制短沟道效应和热载流子效应，通常采用轻掺杂（Lightly Doped Drain，LDD）结构，其主要特点是在沟道末端和原有漏区之间引入了轻掺杂漏区。

LDD 结构的引入，降低了沟道与源（与漏对称）区结合部位的浓度梯度。事实上，LDD 区域起着浓度缓冲的作用。重要的是，LDD 区域的存在，显著地降低了沟道与源、漏区结合部位的电场强度，并将场强的峰值位置移向沟道末端，从而抑制热载流子的横向迁移，抑制了热载流子效应对栅氧层的侵害。同时，因为 N⁻区为浅结，也起到降低短沟道效应的效果。

5.1.2 与时间有关的栅介质击穿（Time Dependant Dielectric Breakdown，TDDB）

1. 与时间有关的栅介质击穿的机理

氧化层的击穿机理（过程），目前认为可分为两个阶段，第一阶段是建立（磨损）阶段，在电应力作用下，氧化层内部及 Si/SiO₂ 界面处发生缺陷（陷阱、电荷）的积累，积累的缺陷（陷阱、电荷）达到一定程度以后，使局部区域的电场（或缺陷数）达到某一临界值，转入第二阶段，在热、电正反馈作用下，迅速使氧化层击穿。栅氧寿命由第一阶段中的建立时间所决定。

对电应力下氧化层中及界面处产生的缺陷，一般认为是电荷引起的，对电荷的性质，有如下的几种看法：

杂质离子模型。在氧化层两端的电场作用下，正离子（如钠离子）移动到阴极。这会增加该电极的局部电场，减少了 Si/SiO₂ 界面势垒。因此，杂质离子的增加导致了击穿。

正电荷积累模型。注入电子在 SiO₂ 中被俘获，或者发生碰撞电离，产生电子—空穴对，也可能产生新的陷阱；空穴在向阴极漂移过程中被氧化层陷阱俘获，产生带正电的空穴积累，另外电子注入界面处使 Si—O、Si—H 键断裂产生正电荷的 Q_{it}、Q_{ot}。因为正电荷的积累，增强了阴极某处的场强，它使隧穿的电子流增大，导致空穴进一步积累。这样正电荷的积累和隧穿电子流的增加形成一个正反馈，最终引起 SiO₂ 的击穿，这就是正电荷积累模型。

电子负电荷积累模型。SiO₂ 在一定电场作用下，产生 F—N 隧穿电流，电子从阴极注入氧化层中，注入电子在阴极附近可产生新的陷阱或被陷阱所俘获，局部电荷的积累使其与阳极间某些局部地区电场增强，由于 SiO₂ 中场强分布不是线性的，只要达到该处 SiO₂ 介质的击穿场强，就发生局部介质击穿，进而扩展到整个 SiO₂ 层，这是电子负电荷积累模型。

具体击穿过程一般认为是一个热、电过程。隧穿电流与阴极场强有关。这涉及 Si/SiO₂（或 Al—SiO₂）界面不可能绝对平整，微观上可能存在一些突起，使局部电场增强，也可能是氧化层中某处存在一些缺陷或杂质，使界面势垒高度降低，这都使该薄弱处首先产生隧道电子流。在外场作用下，电流呈丝状形式漂移穿过 SiO₂

膜，这种丝状电流直径仅数纳米，电流密度很大，而 SiO₂ 的导热率很低（300k 时约为 0.01W/cm℃），局部地区产生很大的焦耳热使温度升高，温升又促进 F－N 电流增加，这样互相促进的正反馈作用，最终形成局部高温。如果不能及时控制电流的增加，可使铝膜、SiO₂ 膜和硅熔融，发生烧毁性击穿。

当前，对栅氧击穿主要是由负电荷的电子或正电荷的空穴起主要作用的问题，文献报道中说明是正电荷空穴积累得多，但也不能否定电子的作用，所以可能两者都起作用，只是何种（可能是空穴）为主的问题。图 5.7 所示反映了 TDDB 效应的击穿机制。TDDB 效应产生的击穿有硬击穿和软击穿之分。

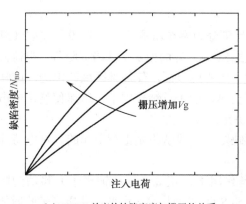

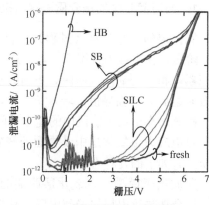

（a）TDDB 效应的缺陷密度与栅压的关系　　　（b）栅漏电流随应力时间变化

图 5.7　TDDB 效应的击穿机制

在图 5.7 中，SILC（Stress Induced Leakage Current）是应力引起的漏电流；SB（Soft Breakdown）是软击穿过程；HB（Hard Breakdown）是指硬击穿过程；而 fresh 是指没有受过应力作用的器件。

硬击穿是大电流释放的能量引起栅氧化层的破裂，器件失效；软击穿表现为电流、电压的突然增加，或者电流噪声的增加，器件一般还可以正常工作一段时间。对于深亚微米器件，击穿通道更可能出现在栅和源、漏交叠区域。图 5.8 所示是薄栅介质的击穿过程，图 5.9 是不同的击穿条件下，氧化层形成的击穿通道，图 5.10 是 TDDB 效应产生的能带图。

2. 缺陷产生的物理模型

（1）击穿的数学模型。根据氧化层的击穿是由于空穴被陷入并积聚在氧化层内的局部陷阱处造成的，陷入的空穴流可表示为

$$Q_P \propto J(E_{ox})\alpha(E_{ox})t \qquad (5.25)$$

式中，$J(E_{ox})$ 是 FN 电流密度，正比于 $e^{-B/E_{ox}}$；α 是电离碰撞空穴产生系数，与氧化层中的电场有关，正比于 $e^{-H/E_{ox}}$；B 为与电子有效质量和阴极界面势垒有关的常

数，约为 240mV/cm，*H* 是 80MV/cm；*t* 为经历的时间。

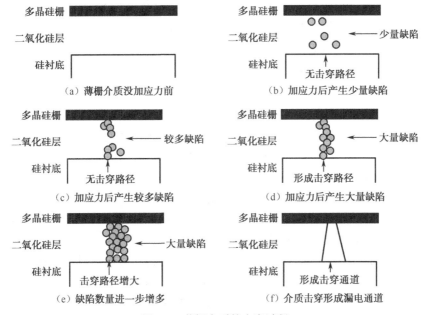

图 5.8 薄栅介质的击穿过程

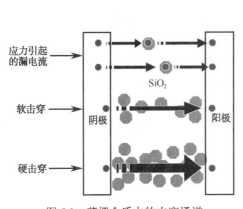

图 5.9 薄栅介质中的击穿通道

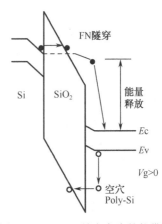

图 5.10 TDDB 效应产生的能带图

当 Q_P 达某一临界值时即产生击穿，时间为 t_{BD}：

$$t_{BD} \propto e^{(B+H)/E_{ox}} \propto e^{G/E_{ox}} \tag{5.26}$$

上式中的 $G = B + H$，实际氧化层中可能存在局部减薄区（如盲孔），局部电荷的积累，存在杂质或沾污，使局部电场增强或界面处势垒减弱，这都使 FN 电流增加，栅氧提前击穿。如果不考虑其击穿的物理机理，仅从击穿的后果来考虑，引入等效氧化层减薄这一概念，上述栅氧的各种缺陷用一等效减薄量来表示，则式

（5.26）成为

$$t_{BD} = \tau_0 e^{G/E_{OX}} = \tau_0 e^{G(X_{OX} - \Delta X_{OX})/V_{OX}} = \tau_0 e^{GX_{eff}/V_{OX}} \tag{5.27}$$

式中，X_{OX} 为栅氧名义厚度；ΔX_{OX} 是由于存在缺陷而使栅氧减薄的量；X_{eff} 是等效栅氧厚度；V_{OX} 是栅介质上的电压；τ_0 为一常数。这样栅氧击穿的统计分布就可并入 ΔX_{OX} 的统计分布中，而局部减薄处的面积并不重要。当某个局部发生短路，整个栅氧就发生失效。

（2）两种模型的对比分析。阳极空穴注入（AHI，Anode Hole Injection）模型，即 1/E 模型，该模型认为击穿时间与氧化层电场的倒数有关，应力条件下，栅电流通常是 FN 电流，FN 隧穿载流子导致介质膜的击穿。

该模型的原始概念出现于 1977～1988 年之间，在 1985～1998 年时期，采用表面等离子激发给出了阳极空穴注入的理论解释。1986 年，C.Hu 提出栅氧击穿时存在恒定的空穴流量与氧化层电场无关，且空穴流量 $Q_P=0.1C/cm^2$，修改过的 AHI 模型于 1998～2000 年之间开始出现。

不足之处在于 AHI 模型不能解释缺陷产生率的绝对数值，对于 PMOSFET，衬底空穴注入应力模式，氧化层保持在低场条件下，其击穿时的空穴流量 Q_P 比 AHI 模型计算值大 8 个数量级。另外，低压下测量的衬底（空穴）电流可能存在其他的来源，如衬底存在的电子/空穴对的产生——复合、光子激发、其他缺陷导致的泄漏电流等。

"热化学"模型，即 E 模型，该模型认为击穿时间与氧化层电场成正比例关系。实验上寿命时间与 E 模型符合得非常好，得到了工业界的广泛认同。

不足之处在于，衬底热电子注入实验发现击穿电荷（Q_{bd}）与电子的能量而不是氧化层电场相关。另外，传统的 FN 应力中，利用不同性质掺杂的阳极得到的数据也显示出该模型不准确。原因在于非晶 SiO_2 中存在氧空穴，会出现 Si－Si 弱键。于是，电场会降低断键所需的激活能，使得退化速率成指数增加。Si－Si 弱键断裂后出现 SP2 杂化，出现空穴陷阱。

1/E 模型一般应用于厚氧化层、高氧化层电场；而 E 模型一般应用于薄氧化层、低氧化层电场。两种模型的寿命预测见图 5.11 所示。

3. 分布特性

栅氧化层击穿的统计分布特性可用威布尔分布来描述，其特征寿命定义为 t_{63}，于是威布尔分布的累计失效率为

$$F(t) = 1 - \exp[-(t/t_{63})^\beta] \tag{5.28}$$

上式中，β 是威布尔分布的形状参数；t_{63} 对应着尺度参数；t 中的位置参数取值为 0。式（5.28）两边取对数可转成：

$$\ln(-\ln(1-F)) = \beta \ln t + \beta \ln t_{63} \tag{5.29}$$

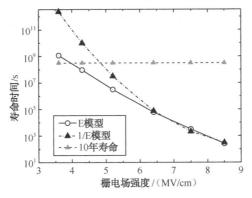

图 5.11　两种模型的寿命预测比较

4. 改进措施

当氧化层越来越薄时，除了一般观察到的硬击穿（HBD），还有应力导致的漏电流（SILC）、软击穿（SBD），对于超薄栅氧化层的 TDDB 特性，在统计分布中使用第一次击穿作为击穿时间。TDDB 效应的测量表明，TDDB 效应与氧化层的面积和厚度有关，也与环境温度有关，面积越大越容易出现击穿。

从栅氧的击穿机理也就清楚了改进措施。如应注意控制原材料硅中的 C、O_2 等微量杂质的含量，在加工工艺中应采取各种有效的洁净措施，防止 Na^+、灰尘等沾污。热氧化时采用两步或三步 HCl 氧化法：先用高温低速生长一层约 2nm 的 SiO_2，使 Si/SiO_2 界面平整，然后再正常生长 SiO_2 层。可以使用化学气相沉积（CVD）生长 SiO_2 或掺氮氧化以改进栅氧质量等。栅氧易受静电损伤，它的损伤是积累性的，使用中必须采取防护措施。

5.1.3　金属化电迁移（Electromigration，EM）

当器件工作时，金属互连线的铝条内有一定的电流通过，金属离子会沿导体产生质量的运输，其结果会使导体的某些部位出现空洞或晶须（小丘），即电迁移现象。块状金属中，其电流密度较低（$<10^4 A/cm^2$），电迁移现象只在接近材料熔点的高温时才发生。薄膜材料则不然，沉积在硅衬底上的铝条，由于截面积很小和具有良好的散热条件，电流密度可高达 $10^7 A/cm^2$，所以在较低温度下就会发生电迁移。

1. 电迁移产生的机理

在一定温度下，金属薄膜中存在一定的空位浓度，金属离子通过空位而运动，但自扩散只是随机引起原子的随机排列，只有受到外力时才可产生定向运动。通电导体中作用在金属离子上的力（F）有两种：一种是电场力（F_q），另一种是导电载流子与金属离子间相互碰撞发生动量交换而使离子产生运动的力，这种力叫做摩擦力（F_e）。对于铝、金等金属膜，载流子为电子，这时电场力 F_q 很小，摩擦力起主要作用，离子流与载流子运动方向相同，这一摩擦力又称"电子风"。电迁移产生的机理如图 5.12 所示。

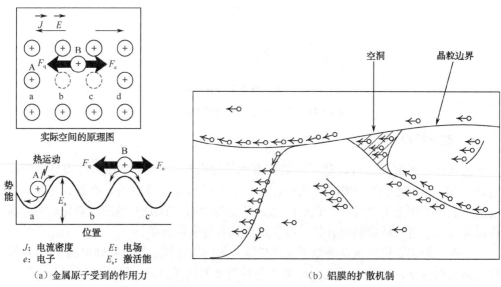

图 5.12　电迁移产生机理的示意图

当互连引线中通过大电流密度时，因为 F_e 和电子流动方向相同，而 F_q 和电子流动方向相反且 $F_e \gg F_q$，所以金属原子受到电子风力的驱动，产生了从阴极向阳极（沿着电子流动的方向）的受迫定向扩散，即发生了金属原子的电迁移，而空位（Vacancy）则沿着相反的方向移动。

由于空位的产生（和金属原子电迁移同步），电迁移就有了另一个快速移动的通道——离子和空位的交互（Ion-vacancy jump process）。在多晶金属薄膜中，由于晶界及金属薄膜与电介质层、扩散阻挡层的界面或者表面存在大量空位，因此其电迁移激活能远低于相应的块状材料。经理论计算，金属原子所受合力为

$$F = F_q + F_e = Z * qE \tag{5.30}$$

式中，$Z*$ 是等效电荷数；E 为电场强度；q 为电子电荷。

对于铂、钴、金、铝材料，其 $Z*$ 分别为 +0.3、+1.6、−8、−30；负的 $Z*$ 是电子风，使金属离子向正极移动，$Z*$ 为正值是"空穴"风，使金属离子向负极方向迁移。$Z*$ 的绝对值越小，则抗电迁移能力越强。表 5.3 列出了一些金属材料的 $Z*$ 值。

表 5.3　各种金属材料的等效电荷数

材料	Pt	Co	W	Li	Cd	Cu	Au	Ag	Al
Z^*	0.3	1.6	20	−1.4	−3.2～−0.15	−5	−8	−26	−30

表中 Al 和 Cu 的 $Z^*<0$，说明电子风产生的力驱动金属离子向正极移动，而 Cu 的有效电荷数只有 Al 的 1/6，则说明 Cu 的抗电迁移能力远大于 Al。

原子的扩散主要有 3 种形式：晶格扩散、界面扩散和表面扩散。电迁移是电流通过导体时引起的金属原子质量输运，其原子通量可写为

$$j = Nv_d \tag{5.31}$$

式中，N 是运动的金属原子浓度（/cm³）；v_d 是原子的漂移速度（cm/s）。根据 Nernst-Einstein 方程，v_d 与原子的移动性和驱动力有关，可以写成：

$$v_d = \left(\frac{D}{kT}\right)F \tag{5.32}$$

式中，D 是有效原子扩散系数（cm²·s⁻¹）；k 是为玻尔兹曼常数（8.617E-5eV/K）；T 是绝对温度（K）；F 是作用在原子上的力的总和（N）。

有效原子扩散系数 D 可以写成：

$$D = D_0 \exp\left(-\frac{E_a}{kT}\right) \tag{5.33}$$

式中，D_0 是有效原子扩散因子（cm²·s⁻¹）；E_a 是扩散激活能（eV）。

显然，电迁移导致的质量输运与温度 T 有关，即随着温度上升，电迁移现象会变得更严重。温度和电流密度一样，是引起电迁移的重要因素。

将式（5.32）和式（5.30）代入式（5.31），有

$$j = N\left(\frac{D}{kT}\right)Z^*qE \tag{5.34}$$

将 $E = \rho J$ 代入式（5.34）中，其中 ρ 是金属电阻率，J 是电流密度，则有

$$j = N\left(\frac{D}{kT}\right)Z^*q\rho J = \frac{Nq\rho}{kT}Z^*JD \tag{5.35}$$

将式（5.33）代入式（5.34），式（5.31）可改写成如下形式：

$$j = \frac{Nq\rho}{kT}Z^*JD = \frac{Nq\rho}{kT}Z^*JD_0 \exp\left(-\frac{E_a}{kT}\right) \tag{5.36}$$

产生电迁移失效的内因是薄膜导体内结构的非均匀性，外因是电流密度。因电迁移而失效的中位寿命 τ_{MTTF} 可用 Black 方程表示（直流情况下）：

$$\tau_{MTTF} = AW^p L^q J^{-m} \exp\left(\frac{E_a}{kT}\right) \tag{5.37}$$

式中，p、q 为经验常数；W、L 分别为互连线宽度和长度；A 为与线宽有关的一个常数；J 为流过的电流密度；m 为 1～3 的常数；E_a 为激活能；T 为金属条温度；k 是玻耳兹曼常数。

上式可进一步简化为

$$\tau_{\mathrm{MTTF}} = AJ^{-m} \exp\left(\frac{E_a}{kT}\right) \tag{5.38}$$

由上式可知，电迁移与电流密度关系密切。而 m 是一个很重要的参量，它与电流密度、膜的微观结构、膜上温度等有关。

电路实际工作在交流条件下，由于自愈效应（两个方向的空洞流可以抵消一些），交流下的 τ_{MTTF} 比直流下的 τ_{MTTF} 要大 3 个量级。交流电迁移的研究多采用双向电流，波形可以是正弦、脉冲及任意波形，频率在几 MHZ 至 200MHZ 之间。根据空位松弛模型，可推导出其中位寿命。令 δ 是互连线中的空洞（或其他缺陷、损伤，最终能导致失效的机制）体积，δ 的增加率成与空位流（F_V）成比例关系，F_V 等于空位浓度（n）与空位速度的乘积，空位速度与电流密度成比例关系，而与脉冲占空比及频率无关。

$$\frac{\mathrm{d}\delta}{\mathrm{d}t} \propto F_V = nv \propto nJ = R(\delta)n(t)J(t) \tag{5.39}$$

比例常数 R 是 δ 的函数，中位寿命 τ_{MTTF} 是 δ 达到某临界值 δ_C 所需时间。

$$\int_0^{\tau_{\mathrm{MTTF}}} n(t)J(t)\,\mathrm{d}t = \int_0^{\delta_c} \frac{\delta R}{R(\delta)}\,\mathrm{d}\delta \equiv K \tag{5.40}$$

假定空位松弛时间 t，空位产生率成与 $|J|^{m-1}$ 比例，比例常数为 α，则

$$\frac{\mathrm{d}n}{\mathrm{d}t} = -\frac{n}{\tau} + \alpha\,|J(t)|^{m-1} \tag{5.41}$$

使用 $|J|$ 是由于产生的空位数依赖于向晶格传递动量的有效电子数，而与电子电流方向无关。解上式得：$n = \tau\alpha J_{\mathrm{dc}}^{m-1}$，于是

$$\tau_{\mathrm{MTTFdc}} = \frac{K}{\tau\alpha J_{\mathrm{dc}}^m} = \frac{A_{\mathrm{dc}}(T)}{J_{\mathrm{dc}}^m} \tag{5.42}$$

同理可推得脉冲电流下的中位寿命表达式为

$$\tau_{\mathrm{MTTFp}} = \frac{K}{JJ^{m-1}} \tag{5.43}$$

纯交流电流下的中位寿命表达式为

$$\tau_{\mathrm{MTTFAC}} = \frac{A_{\mathrm{ac}}(T)}{JJ^{m-1}} \tag{5.44}$$

一般双向波形下的电迁移中位寿命值可表示为

$$\tau_{\mathrm{MTTFdc,AC}} = \frac{A_{\mathrm{dc}}(T)}{|J|^{m-1}\bar{J}\left[1 + \dfrac{A_{\mathrm{dc}}(T)}{A_{\mathrm{ac}}(T)}\dfrac{(\bar{J}-\overline{|J|})}{\bar{J}}\right]} \tag{5.45}$$

式中，$\bar{J}$ 为电流密度平均值；$\overline{|J|}$ 为绝对电流密度的平均值；m、$A_{\mathrm{dc}}(T)$、$A_{\mathrm{ac}}(T)$ 都是由实验确定的参数。

一般情况下 m 的值为 2，并且 $A_{\mathrm{dc}}(T)$ 与 $A_{\mathrm{ac}}(T)$ 都与温度 T 有指数关系。金属离子运动的结果是在阴极局部形成空洞，造成开路失效，在阳极局部形成小丘造成"短路失效"。图 5.13 所示是铝金属互连线的电迁移效应产生的局部空洞现象。图 5.14 所示是电迁移加速寿命试验的数据。电迁移失效的内因是薄膜导体内结构的非均匀性，外因是电流密度。

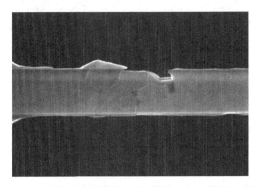

图 5.13　铝金属互连线的电迁移效应产生的局部空洞现象

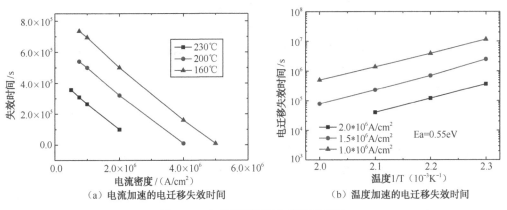

（a）电流加速的电迁移失效时间　　　　　（b）温度加速的电迁移失效时间

图 5.14　电迁移效应的加速寿命试验

一般而言，铝互连线表面覆盖着一层氧化层薄膜，因此电导率会降低，使它难以发生电迁移。通常认为电迁移往往发生在晶粒的边界上。但是，当铝线的宽度缩小，使互连线的横截面只有一个晶粒的尺寸（竹节结构，Bamboo structure），晶界的扩散（Grain boundary diffusion）路径减小，因此电迁移就会由原来的晶界扩散转变为晶格扩散。

2. 电迁移效应的影响因素

（1）布线几何形状的影响。从统计观点看，金属条是由许多含有结构缺陷的体积元串接而成的，则薄膜的寿命将由结构缺陷最严重的体积元决定。若单位长度的缺陷数目是常数，随着膜长的增加，总缺陷数也增加。所以膜条越长寿命越短，寿命随布线长度而呈指数函数缩短，在某值趋近恒定。

同样，当线宽比材料晶粒直径大时，线宽越大，引起横向断条的空洞形成时间越长，寿命越长。当线宽降到与金属晶粒直径相近或以下时，断面为一单个晶粒，金属粒子沿晶粒界面扩散减少，随着条宽变窄，寿命也会延长。

电流恒定时线宽增加，电流密度降低，本身电阻及发热量降低，电迁移效应就不显著。如果线条横截面积确定，在条件允许的情况下，增加线宽比增加厚度效果更好。

在台阶处，由于布线形成过程中台阶覆盖性不好，厚度降低，电流密度增加，易产生失效。

（2）热效应。金属膜的温度及温度梯度（两端的冷端效应）对电迁移寿命的影响极大。当 $J > 10^6 \text{A/cm}^2$ 时焦耳热不可忽略，膜温与环境温度不能视为相同，特别当金属条电阻率较大时影响更明显。条中载流子不仅受晶格散射，还受晶界和表面散射，其实际电阻率高于该材料体电阻率，使膜温随电流密度增加更快。

（3）晶粒大小。实际的铝布线是一多晶结构，铝离子可通过晶间、晶界及表面3 种方式扩散。在多晶膜中晶界多，晶界的缺陷也多，激活能小，所以主要通过晶界扩散而发生电迁移。在一些晶粒的交界处，由于金属离子的散度不为零，会出现净质量的堆积和亏损。进来的金属离子多于出去的，晶粒由小变大形成小丘，反之则出现空洞。特别在整个晶粒占据整个条宽时，更易出现断条，所以膜中晶粒尺寸宜均匀。

（4）介质膜。互连线上覆盖介质膜（钝化层）后，不仅可防止铝条的意外划伤、腐蚀及离子沾污，也可提高其抗电迁移及电浪涌能力。介质膜能提高抗电迁移的能力，是因表面覆有时降低了金属离子从体内向表面运动的概率，抑制了表面扩散，也降低了晶体内部肖特基空位浓度。另外，表面的介质膜可作为热沉使金属条自生的焦耳热能从布线的双面导出，降低金属条的温升及温度梯度。

（5）合金效应。铝中掺杂如 Cu、Si 等少量杂质时，硅在铝中溶解度降低，大部分硅原子在晶粒边界处沉积，并且硅原子半径比铝原子大，降低了铝原子沿晶界的扩散作用，能提高铝的抗电迁移能力。当布线进入亚微米量级，线条很细，杂质在晶界处集积使电阻率提高，产生电流拥挤效应。

（6）脉冲电流。电迁移讨论中多针对电流是稳定直流的情况，实际电路中的电流可为交流或脉冲工作，此时其 T_{MTTF} 的预计可根据电流密度的平均值 $\overline{J}$ 及电流密度绝对值 $\overline{|J|}$ 来计算。

3. 电迁移效应的失效模式

（1）短路。互连线因电迁移而产生小丘堆积，引起相邻两条互连线短路，在微波器件和 VLSI 中尤为多见。铝在发射极末端堆积，可引起 EB 结短路。多层布线的上下层铝条间也会因电迁移发生短路等。

（2）断路。在金属化层跨越台阶处或有伤痕处，应力集中，电流密度大，可因电迁移而发生断开。铝条也可因水汽作用产生电化学腐蚀而开路。

（3）参数退化。电迁移还可引起 EB 结击穿特性退化、电流放大系数 h_{fe} 变化等。

4. 抗电迁移措施

抗电迁移措施可从设计、工艺、材料芯片表面和覆盖介质膜方面进行考虑。

（1）设计。合理进行电路版图设计及热设计，尽可能增加条宽，降低电流密度，采用合适的金属化图形（如网络状图形比树状结构好），使有源器件分散。增大芯片面积，合理选择封装形式，必要时加装散热器防止热不均匀性和降低芯片温度，减小热阻，有利于散热。

（2）工艺。严格控制工艺，加强镜检，减少膜损伤，增大铝晶粒尺寸。大晶粒铝层的无规则性变弱，晶界扩散减少，激活能提高，中位寿命增加。蒸铝时提高芯片温度，减缓沉积速度及沉积后进行适当的热处理可获得大晶粒结构，但晶粒过大会防碍光刻和键合，所以晶粒尺寸应选择得当。工艺中也应使台阶处覆盖良好。

（3）材料。可用硅（铜）—铝合金或难溶金属硅化物代替纯铝。在 ULSI 电路进一步的发展中，目前已采用铜做互连材料。此时以铝基材料做互连线使用，其电导率不够高，抗电迁移性能差，已不适应要求。铜的导电性好，用直流偏置射频溅射方法生成薄膜，并经在氮气下 450℃退火 30min，可得到大晶粒结构的铜薄层，其电阻率仅为 $1.76\mu\Omega \cdot cm$。激活能 E_a 为 1.26eV，几乎比 Al—Si—Cu 的（0.62eV）大两倍。在同样电流密度下，寿命将比 Al—Si—Cu 长 1～2 个数量级。

（4）多层结构。采用以金为基材的多层金属化层，如 Pt_2Si_3—Ti—Pt—Au 层，其中 Pt_2Si_3 与硅能形成良好的欧姆接触。钛是黏附层，铂是过渡层，金做导电层。对于微波器件，常采用 Al—Cr—Au 及 Al—Ni—Au 层，多层金属化使工艺复杂，提高了成本。

（5）覆盖介质膜。由于如 PSG、Al_2O_3 或 Si_3N_4 等介质能抑制表面扩散，压强效应和热沉效应的综合影响，延长铝条的中位寿命。

5. 应力迁移

当铝条宽度缩减到 3μm 以下时，经过温度循环或高温处理，也会发生铝条开路断裂失效。这时空洞多发生在晶粒边界处，这种开路失效叫应力迁移，以与通电后铝条产生电迁移的失效区别。铝条越细，应力迁移失效越严重。

半导体集成电路中，钝化层是圆晶制造工艺的最后一步，用于保护芯片的表面。形成钝化层的温度高达数百摄氏度。这个过程中，铝互连线和钝化层或衬底氧化层之间的热膨胀系数不同，导致热应力产生。这种应力由空隙从晶粒内部扩散到晶界（一般称之为"爬行"现象），为缓和这种应力，铝原子可发生位错、滑动等移动，致使某些位置产生楔形的空隙或撕裂形的空隙。

楔形的空隙增加了导体的电阻，而撕裂形的空隙造成了开路失效。失效的特点如下：

（1）因撕裂型空隙形成的开路失效发生在铝被长时间（数千小时）放在高温下之后；

（2）失效率在 180℃之前呈上升趋势，然后在高温下呈下降趋势；

（3）125～180℃之间时激活能是 0.35～0.60eV，其数值几乎与电迁移一样。

应力寿命不像电迁移寿命那样呈现简单关联关系。这很可能是由于铝互连线的张力表现出关于外界环境的负温度特性。铝宽变得越来越窄，铝晶界超越互连宽度的可能性增大，并且晶界很可能会成为竹节状，这样会造成更多的开路失效。当铝宽度减少，应力迁移的寿命变得更短。

当铝条不覆盖钝化层或覆以性能柔软的涂层（如有机树脂）时，铝条未发现有这种应力失效，所以应力失效主要来源于铝条的上下两侧各介质的热失配。当老化温度增加，应力失效速度增加；温度超过 300℃，失效率又会下降。失效速度与铝条尺寸有密切关系，应力迁移的寿命正比于线宽的 2～3 次方。所以电路集成度提高时应力迁移将变得严重。硅—铝合金条中含有氮化硅的析出可促进空洞的形成。但难溶材料的电阻率较高，抗电迁移能力也较差。尺寸继续缩小时也会引起问题。根本问题在于如何降低铝条中应力至一个安全水平。这可通过改进钝化层的沉积过程或用单晶铝制做互连线来达成，这样既可解决应力迁移的问题又可保证高的导电性。

克服应力迁移的对策包括完善互连线材料和采取分层互连结构来避免完全相连不上。减少钝化层的应力也很重要，因为这种现象是由薄膜应力所造成的。

5.1.4 PMOSFET 负偏置温度不稳定性

1. PMOSFET 负偏置温度不稳定性的产生机理

NBTI 发生于高温环境下加负栅压的 PMOSFET 中，表现为绝对漏极饱和电流

（$I_{DS(sat)}$）和跨导（g_m）的减小，"关断"电流（I_{off}）和阈值电压（V_{th}）的增加。

典型的应力温度在 100～250℃ 范围内，氧化物电场通常低于 6mV/cm，即低于导致热载流子退化的电场。通常会在老化过程中遇到这样的电场和温度，但在高性能 IC 的日常操作中也会遇到。图 5.15 显示了 CMOS 电路中的电场的变化趋势。由图可见，氧化层中的电场容易产生 NBTI 效应。

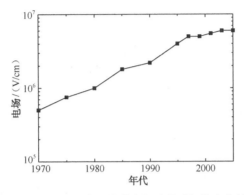

图 5.15　CMOS 电路氧化物电场随着时间的变化趋势

负栅极电压或高温环境都会产生 NBTI 效应，但是两者的联合会产生更强更快的影响。NBTI 效应主要发生在负偏置的 P 沟道 MOSFET 中。而在施加正栅极电压的 P 沟道 MOSFET 和在负栅极电压的 N 沟道 MOSFET 中，NBTI 似乎是可以忽略的。在 MOS 电路中，它最常出现在 P 沟道 MOSFET 反相器操作的"高"。这会导致时序的变化和潜在的电路故障，主要是因为它会使逻辑电路中的信号延时增加。时序路径的不对称退化可以导致敏感逻辑电路的功能失效，从而导致产品的现场失效。

2. 界面陷阱电荷和固定氧化物电荷

P 沟道 MOSFET 的阈值电压由下式给出：

$$V_{th} = V_{FB} - 2\phi_F - \frac{|Q_B|}{C_{ox}} \tag{5.46}$$

式中，$\phi_F = \dfrac{kT}{q}\ln\left(\dfrac{N_D}{n_i}\right)$，$|Q_B| = (4qK_S\varepsilon_0\phi_F N_D)^{1/2}$，$C_{ox}$ 是每单位面积的氧化层电容。

平带电压由下式给出：

$$V_{FB} = \phi_{MS} - \frac{Q_f}{C_{ox}} - \frac{Q_{it}(V_s)}{C_{ox}} \tag{5.47}$$

$$V_{FB} = \phi_{MS} - \frac{Q_f}{C_{ox}} - \frac{Q_{it}(V_s)}{C_{ox}} \tag{5.48}$$

其中，Q_f 是固定电荷密度；Q_{it} 是界面陷阱电荷。假设衬底掺杂浓度 N_D 和氧化物的厚度不随 NBTI 应力变化。如果硅中的氢致使一些衬底掺杂原子不活动，这可能就不符合实际情况。这种激活可以发生在多晶硅栅上，硼—氢对的形成通常发生在 90～130℃温度范围内。

MOSFET 的饱和漏电流和跨导的最简单形式由下式给出：

$$I_{DS} = \left(\frac{W}{2L}\right)\mu_{eff}C_{ox}(V_{GS} - V_{th})^2 \tag{5.49}$$

$$g_m = \left(\frac{W}{L}\right)\mu_{eff}C_{ox}(V_{GS} - V_{th}) \tag{5.50}$$

在晶片上，硅四面体的每个 Si 原子键合到 4 个 Si 原子上。当 Si 被氧化时，表面的键合结构如图 5.16 所示，表面上大多数硅原子与氧结合。一些 Si 原子与氢键合。界面陷阱电荷通常称为界面陷阱，是处于 Si/SiO₂ 界面的一个界面三价硅原子，具有一个不饱和（未配对）的价电子，它通常由下式表示：

$$Si_3 \equiv Si\cdot \tag{5.51}$$

其中，≡ 代表 3 个与其他 Si 原子（Si_3）完成键合的键，·代表第 4 个键，在一个悬空的轨道上有一个未配对的电子（悬挂键）。界面陷阱也称为 P_b 中心。界面陷阱表示为 $D_{it}(cm^{-2}eV^{-1})$，$Q_{it}(C/cm^2)$ 和 $N_{it}(cm^{-2})$。

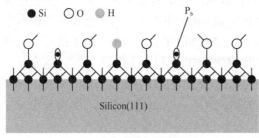 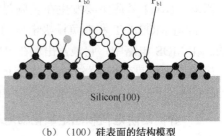

（a）（111）硅表面的结构模型　　　　　　（b）（100）硅表面的结构模型

图 5.16　硅表面的结构模型

在（111）指向的晶圆上，P_b 中心是一个 $Si_3 \equiv Si$ 中心，位于 Si/SiO₂ 界面，其未键合的中心—原子轨道垂直于界面并指向上面氧化物中的一个空穴，如图 5.16（a）所示。在（100）Si 面上，4 个四面体的 Si—Si 键方向以相同的角度与界面平面相交。两个缺陷名为 P_{b1} 和 P_{b0}，通过电子自旋共振（ESR）被检测到，显示在图 5.16（b）中。P_{b1} 中心最初被认为一个与两个衬底 Si 原子倒键合的 Si 原子，其第 3 个饱和键连接到一个氧原子，表示为 $Si_2O \equiv Si\cdot$。这种定义被认为不正确，因为计算出来的缺陷能级与实验得到的不相同。最近的一项计算表明 P_{b1} 中心是不对称氧化的二聚物，没有第一相邻的氧原子。至 1999 年，P_{b1} 和 P_{b0} 中心的化学性质与 P_b 中心相同被明确确立。然而，两个中心在电荷态上有所不同，P_{b0} 是电活性的，而一些作者

相信 P_{b1} 是电惰性的。这两种不同的效应是（100）硅应变消除的结果。该缺陷源于氧化物生长过程中在 Si/SiO$_2$ 层中自然发生的不匹配引起的应力。

整个硅带隙中界面陷阱的能量分布具有电活性的缺陷。它们作为产生/复合中心贡献漏电流、低频噪声以及降低迁移漏电流和跨导。由于电子或空穴占据界面陷阱，它们也有助于阈值电压的变化，由下式给出，其中 V_s 是表面电势。

$$\Delta V_T = -\frac{\Delta Q_{it}(V_s)}{C_{ox}} \tag{5.52}$$

在图 5.17 中阐述了表面电势占据界面陷阱的情况。在 Si/SiO$_2$ 界面的界面陷阱的带隙中，在上面的部分是类比受主，在下面的部分是类比施主。因此，如图 5.17（a）所示，平带是指电子占据态在费米能级以下，被占用的是施主状态，在带隙的下半部分是中性的（指定为"0"）。那些在中间带隙和费米能级之间的是带负电荷（指定为"–"），被占据的是受主。那些在 E_F 上面的是中性的（没有被占用的受主）。对于一个倒置的 P 沟道 MOSFET，如图 5.17（b）所示，在中间带隙和费米能级之间的界面陷阱的部分现在是未被占据的施主，导致了界面陷阱的正电荷（被指定为"+"）。因此在倒置的 P 沟道器件的界面陷阱是正电荷导致负的阈值电压的变化。

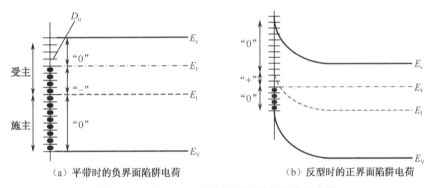

（a）平带时的负界面陷阱电荷　　　　　　（b）反型时的正界面陷阱电荷

图 5.17　P 沟 MOS 器件界面陷阱的能带分布图

界面陷阱在带隙的上半部分是受主，在带隙的下半部分是施主，会影响 N 沟道和 P 沟道 MOSFET 的阈值电压产生不同的变化。图 5.18（a）所示为 N 沟道的，图 5.18（b）所示为 P 沟道的。在平带，N 沟道有正的界面陷阱电荷，P 沟道有负的界面陷阱电荷。反型时，$V_s = |2\phi_F|$，N 沟道有负的界面陷阱电荷，P 沟道有正的界面陷阱电荷。由于固定电荷是正的，反型时 N 沟道的固定电荷是 $Q_f - Q_{it}$，P 沟道的固定电荷是 $Q_f + Q_{it}$，因此 P 沟道 MOSFET 的影响更为严重。Sinha 和 Smith 的工作清楚地显示出 MOS 电容器的阈值电压在（111）N 型硅上减少 1.5V，而在 P 型硅上的 V_{th} 只减少大约 0.2V。负偏压应力在带隙的下半部分产生施主状态。

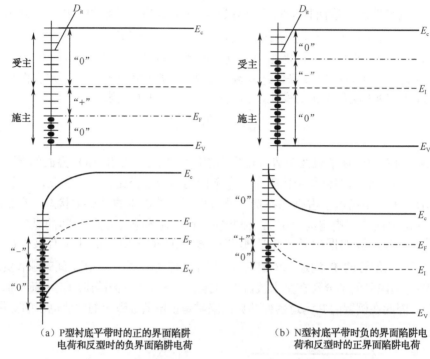

（a）P型衬底平带时的正的界面陷阱
电荷和反型时的负界面陷阱电荷

（b）N型衬底平带时负的界面陷阱电
荷和反型时的正界面陷阱电荷

图 5.18　界面陷阱电荷占据和不带电荷极性的能带图

假定器件的界面陷阱和固定电荷密度是 10^{10}cm^{-2}，对一个栅面积为 $0.1\mu\text{m}\times0.1\mu\text{m}$，$A=10^{-9}\text{cm}^2$，$N_f=N_{it}=10^{10}\text{cm}^2$ 的 MOSFET，在栅极下面的 Si/SiO$_2$ 界面只有 10 个界面陷阱电荷和 10 个固定电荷。20 个电荷导致阈值电压的变化为

$$\Delta V_{th}=-\frac{Q_{it}+Q_f}{C_{ox}}=-\frac{20q}{K_{ox}\varepsilon_0 A}t_{ox}=-\frac{1.6\times10^{-19}\times20}{3.45\times10^{-13}\times10^{-9}}t_{ox}=-9.2\times10^{3}t_{ox} \qquad (5.53)$$

若 $t_{ox}=5\text{nm}$，则 $\Delta V_{th}\approx-5\text{mV}$。当失效判据定义为阈值电压变化 50mV，即 $\Delta V_{th}=-50\text{mV}$ 时，对应的 $\Delta N_{it}=\Delta N_f=10^{11}\text{cm}^{-2}$，显示 N_{it} 和 N_f 适度增加会引起失效。由于 NBTI 效应产生的 N_{it} 和 N_f 是自然随机的，假设在一个匹配的模拟电路中，一个 MOSFET 的 $\Delta V_{th}\approx-10\text{mV}$，另一个为 $\Delta V_{th}\approx-25\text{mV}$。这 15mV 的失配对于 $V_{th}=-0.3\text{V}$ 的工艺技术而言是 5%的失配。

3. NBTI 陷阱产生模型

NBTI 效应产生界面陷阱的讨论：第 1 个模型讨论通过氢键相互作用动力学产生陷阱；第 2 个模型描述了通过化学物质的相互作用和扩散形成更普遍的陷阱。

（1）氢模型。氢界面陷阱如图 5.16 所示，可以表示为

$$Si_3\equiv Si\text{H} \qquad (5.54)$$

高电场能解离硅氢键，于是

$$Si_3 \equiv SiH \rightarrow Si_3 \equiv Si \cdot + H^0 \tag{5.55}$$

其中，H^0 是一个中性的间隙氢原子。第一性原理计算表明带正电荷的氢原子或质子 H^+ 在界面是唯一稳定的氢充电状态，H^+ 直接和 SiH 反应形成界面陷阱，根据反应

$$Si_3 \equiv SiH + H^+ \rightarrow Si_3 \equiv Si \cdot + H_2 \tag{5.56}$$

该模型采用的事实是合成的 SiH（钝化的悬挂的化学物质）被极化以致更多的正电荷在 Si 原子附近停留和更多的负电荷在氢原子附近停留。H^+ 移向 SiH 分子的负电荷偶极区。然后 H^+ 和 H^- 反应形成 H_2，留下一个正电荷的 Si 悬挂键（或者缺陷中心）。在这个模型中，H_2 最后可以作为催化剂再次分解来破坏另外的 SiH 键。这个过程理论上可以持续进行，直到氢被反应完。

有一个不同的模型有时被用来解释 NBTI 诱发陷阱的形成，认为在 SiH 的"热空穴"、附近的空穴或者 Si/SiO$_2$ 界面的相互作用。分裂涉及的空穴由下式给出

$$Si_3 \equiv SiH + h^+ \rightarrow Si_3 \equiv Si \cdot + H^+ \tag{5.57}$$

（2）NBTI 化学反应种类模型。假设 Y 种类扩散到界面并形成一个界面陷阱

$$Si_3 \equiv SiH + Y \rightarrow Si_3 \equiv Si \cdot + X \tag{5.58}$$

其中 Y 是未知的。Jeppson 和 Svensson 首次提出了 NBTI 模型。当施加 $-7 \times 10^6 \sim -4 \times 10^6$V/cm 的电场在 MOS 器件上，该 MOS 器件是 Al 栅器件，氧化层的厚度是 95nm。这些器件已经在含有形成气体的 500℃温度下退火 10min。结果发现在 NBTI 应力下 Q_{it} 和 Q_f 形成相等的密度。如果在应力温度下栅极接地，在 NBTI 应力下形成的 D_{it} 密度会慢慢减少，并且具有 $t^{0.25}$ 的依赖关系，由此提出了一个模型，如图 5.19 所示。

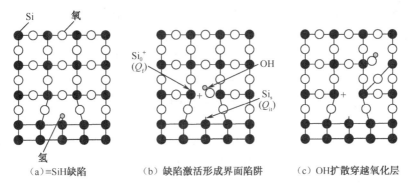

（a）≡SiH缺陷　　　　（b）缺陷激活形成界面陷阱　　　　（c）OH扩散穿越氧化层

图 5.19　Si/SiO$_2$ 界面的二维表示示意图

SiH 中的 H 与 SiO$_2$ 晶格反应形成了与氧原子键合的 OH 基团，在氧化物中留下了三价的 Si 原子（Si_0^+），在 Si 表面留下了一个三价的 Si_3。Si_0^+ 形成固定正电荷，

Si_3形成界面陷阱。他们的模型后来被别人修改，见下式：

$$Si_3 \equiv SiH + O_3 \equiv SiOSi \equiv O_3 \rightarrow Si_3 \equiv Si \cdot + O_3 \equiv Si^+ + O_3 \equiv SiOH + e^- \qquad (5.59)$$
$$\quad Y \qquad\qquad D_{it} \qquad\qquad Q_f \qquad\qquad X$$

对于间隙氢模型，X 是 H_2；Y 是 H_0。

（3）固定电荷。固定电荷被指定为 Q_f（C/cm^2）和 N_f（cm^{-2}）。固定电荷是一种在 Si/SiO_2 界面附近的电荷，主要贡献阈值电压的漂移。Q_f 也是一种三价副产品，在 Si 氧化物缺陷中记为 $O_3 \equiv Si^+$，和创建的界面陷阱模型相似。建模为

$$Si_3 \equiv SiH + h^+ \rightarrow Si_3 \equiv Si \cdot + H^+ \qquad (5.60)$$

Q_f 的产生可表示为

$$O_3 \equiv SiH + h^+ \rightarrow O_3 \equiv Si^+ + H^0 \qquad (5.61)$$

界面陷阱和固定电荷产生于 SiH 键的分裂。Q_f 可能发生在界面或靠近界面的氧化物中。Ogawa 等人从电容—电压测量和 MOS 电容器电导测量中确定 NBTI 效应界面陷阱密度。基于这些测量，他们制定了生成 N_{it} 和 N_f 的表达式：

$$\Delta N_{it}(E_{ox},T,t,t_{ox}) = 9 \times 10^{-4} E_{ox}^{1.5} t^{0.25} \exp\left(-\frac{0.2}{kT}\right)/t_{ox} \qquad (5.62)$$

$$\Delta N_f(E_{ox},T,t) = 490 E_{ox}^{1.5} t^{0.14} \exp\left(-\frac{0.15}{kT}\right) \qquad (5.63)$$

式中，t 是时间。他们发现 ΔN_f 与氧化层厚度无关，但是 ΔN_{it} 与 t_{ox} 成反比。这表明 NBTI 效应在较薄的氧化物中比较容易产生，该模型与 N_{it} 产生扩散模型相一致。

从式（5.62）和（5.63）中可以看出，NBTI 效应不会饱和。更多的研究表明，随着时间的变化，NBTI 的变化趋于饱和，于是 ΔV_{th} 由下式给出：

$$\Delta V_{th}(\Delta N_{it}, \Delta N_f) = B_1[1 - \exp(-t/\tau_1)] + B_2[1 - \exp(-t/\tau_2)] \qquad (5.64)$$

式中 B_1 和 B_2 与式（5.62）和（5.63）有关，τ_1 和 τ_2 是限制时间反应的常数，与之前陷阱的逆反应速率钝化和形成有关。方程（5.64）是根据电化学反应：

$$Si_3 \equiv SiH + A + h^+ \leftrightarrow Si_3 \equiv Si \cdot + H^+ \qquad (5.65)$$

$$O_3 \equiv SiH + A + h^+ \rightarrow O_3 \equiv Si^+ + H^+ \qquad (5.66)$$

其中，A 是在 Si/SiO_2 界面处与水相关的中性物质；h^+ 是在硅表面的空穴。在 NBTI 应力期间，正氢离子从三价硅氢键 Si—H 中释放出来。其中一些氢离子从界面扩散到体二氧化硅中，其中一些俘获引起了阈值电压的漂移。在早期的应力阶段，式（5.65）和（5.66）在界面处产生了界面态 D_{it} 和正的氢离子 H^+。这个过程受到三价硅氢键的分解速率限制。然而，在一段应力时间之后，H^+ 从界面到氧化层中的传输限制了该过程，反应速率被逐渐减少的 Si/SiO_2 界面处电场限制，这是由氧化层中的正电荷陷阱和不断增加的界面态造成的。因此，H^+ 的进一步扩散被减少，阈值电压漂移减少并且逐步达到饱和。

虽然移动的氧化层电荷包括钠离子或其他离子，如 Li^+、K^+、Ca^{++}、Mg^{++}，通常导致离子污染，有确切证据表明，H^+ 可以与可动电荷一样，很容易地在氧化层中长时间存在。虽然 NBTI 主要关心 V_{th} 和 $I_{DS(sat)}$ 的单向退化，移动 H^+ 的相互作用仍需注意，其在不可逆应力下会引起脱嵌。

NBTI 效应的氧化层电场指数 m（E_{ox}^m）在 1.5～3.0 之间。激活能（E_a）的范围在 0.15～0.325eV 之间，并且可以增加一些附加的指数或采用 $E_a \pm \sigma E_a$ 的分布，当然最终的形式取决于究竟是什么限制了反应动力学和其中参与的物质的不同，可能的反应物包括 H_2O、H^+、SiH、SiN、SiO、SiF 等。如果考虑到与应力时间 t 的关系，更多的数据表明界面态和固定电荷与应力作用时间有着相同的关系 $t^{0.25}$。尽管可能会观察到一些偏差，但这个时间的依赖关系一般在 0.2～0.3 之间。

由于 NBTI 激活能和控制 NBTI 退化机制的反应动力学的变化，有必要使用可靠性统计模型预测 IC 性能、成品率和可靠性。随着芯片制造中器件数量和复杂度的增加，这个重要性也不断增加。精确的确定快漂移动器件与慢漂移器件在统计分布偏移中意味着成功的产品。近年的研究还没有充分解决这些问题。

4. 各种工艺/器件参数对 NBTI 的影响

（1）氢是 MOS 集成电路氧化层最常见的杂质，在 IC 制造的不同阶段都有可能被引入到氧化层中，如氮化沉积和退火过程等。氢在干氧中的浓度大约为 $10^{19}cm^{-3}$，在湿氧中浓度大约为 $10^{20}cm^{-3}$。它在氧化层中的分布不均匀，在 Si/SiO_2 界面处会有大量堆积。根据工艺和退火条件的不同还会有更高浓度的氢气产生。氢可以以原子态 H^0 存在，也可以以氢分子 H_2 的形式存在，还有诸如正电性的氢或质子 H^+、氢氧基团 OH、水合氢离子 H_3O^+、氧化氢离子 OH^-。当硅氢键断裂后形成界面态 D_{it}，氮化栅氧层中的 H 与 N 之间的相互作用也值得关注。在 NBTI 的应力期间，因为具有较低的激活能，可动氢离子更可能与 Si－N 键中的 N 结合而不是 Si－O 键。因此，在氮化的氧化层中更易形成固定正电荷 Q_f，导致 NBTI 退化的增加。

氘已经被证明能降低 NBTI。氘（D）是比氢重的 H 的一种稳定的同位素，自然含量为 0.015%，在其核内包含一个质子和一个中子。由于具有更重的质量或具有同位素效应，Si－D 结合得更紧密，具有更强的抗 NBTI 和 HCI 效应的能力。研究表明采用 D 钝化后的 NBTI 退化与采用 H 钝化后的 NBTI 相比展示了平行的漂移，即都具有 $t^{2.5}$ 的关系。这可能是由于其较慢的扩散系数。氘可以在器件加工的早期或晚期引入，通过退火可以在 Si/SiO_2 界面处引入 D，其中主要涉及以下 3 个过程：

① 氘必须通过隔离层扩散；
② 它必须钝化未被钝化的界面态；
③ 它必须在 Si－H 键中替换已经存在的 H。

机制③被认为是速率限制过程。除了 H 和 D 的运动速率不同外，最近的研究结果表明 D 的分解过程不仅由同位素效应控制（SiH 与 SiD 振动激发的差异），而且由于 D 更慢的运动速度导致了 D 复合概率的增强，D 与 H 相比俘获截面增加了 10 倍。当然，如果 D 将 Si—H 键打破，可能会有些不利影响，因为 D 在 Si—H 键中可以保持得更长，一旦接近这个分子基团，则增强了界面态的形成。这个效应在分解过程中比吸附过程中更为明显。基于 D 更慢的扩散速率和一些最近研究工作的结果，甚至在更低的电场强度，D 都有助于减小 NBTI 效应。与加速 NBTI 研究中的高电场强度相比，这与正常工作的电路工作条件更为接近。即使不考虑最终的控制的 D 物理机制，可以看到 D 明显地减小了 NBTI 敏感度，但是仍然不清楚在低电场下这种改善是否会增强，因为这是实际电路的典型工作条件。

通过 D 退火前或采用含 D 的工艺将 Si—H 键断裂，采用 D 钝化可以明显改善 NBTI 效应，诸如在氮氢混合气体采用 D_2 而不是 H_2，采用含重氢的硅烷而不是 SiH_4，采用含重氢的氨而不是 NH_3。通过在含 D 约 10% 的氮氢混合气体中退火和在器件中使用氘化势垒氮化薄膜，如果后面的工艺采用含 H 的氮氢混合气体仍有可能保持 Si—D 键。氘化的氮化硅存储了 D 并对于后续 H 的进入扩散和 D 的外扩散起到了阻挡作用。美国 IBM 公司的 Clark 使用热载流子应力测量验证了这个工艺方法的有效性。

（2）氮和氮化物。栅氧中通常通过掺氮和氮化处理来减少在 PMOS 器件中的硼扩散，改善器件抗 HCI 效应能力和增加介电常数等。但是氮的存在通常会使 NBTI 退化增强，国际半导体的 Chaparala 等人使用栅长为 0.4μm、厚度为 6.8nm 的 MOS 器件，在 85℃ 和 150℃ 的温度下，测量热载流子的不稳定和 NBTI 效应，发现高浓度的氮使 NBTI 的退化增强，退化的激活能为 0.84eV。NEC 的 Kimizuka 等人使用栅氧厚度为 2~4nm、0.18μm 线宽的 MOSFET，他们测量 V_{th}、g_m 和 I_g 后发现，P 沟道 MOSFET 的 NBTI 比 N 沟道 MOSFET 的 NBTI 更严重。Ichinose 等人使用 Si_3N_4 沉积形成侧壁并且发现 NBTI 寿命取决于氮化物膜中 SiH 的浓度，较低的 SiH 浓度导致 NBTI 寿命较长。

Liu 等人发现采用 N_2O 氮化的二氧化硅，快速热退火含氮二氧化硅 RTNO，远程离子氮化的二氧化硅 RPNO，由于其栅氧暴露在高密度的远程氮的放电中，这些介质都比纯 SiO_2 有更低的 NBTI 退化。但高氮浓度的 RPNO 与低氮浓度相比具有更差的 NBTI 性能。Kimizuka 等人找到退化 NBTI 的氮，具有更高含量的氮导致更严重的退化。

（3）氧化层中的水增强了 NBTI 效应。来自 Sanyo 的 Sasada 等人在 $T=200℃$ 下对氧化层厚度为 11nm 的器件施加应力，采用电荷泵的方法来确定 D_{it}。通过在器件的不同区域覆盖氮化硅形成了阻挡水的扩散势垒，他们发现水蒸气是主要的退化机制，其激活能 $E_a=1.0eV$，该激活能与水通过氧化层的扩散相一致。Blat 等人进行了一系列的试验，在硅的（111）面上分别在"干"、"潮湿"、"湿"的环境中生长 56nm 厚的栅氧。干 SiO_2 在干氧环境中生长，潮湿氧是通过将干氧在 450℃下进行后金属退火来形成的。当圆片从氧化炉中取出时，促使薄的水层在氧化层表面上形成，产生氧化。在水蒸气存在下氧化形成湿氧。在湿氧和潮湿氧环境中 D_{it} 和 Q_f 增加，因此认为扩散物质是水。Kimizuka 等人发现湿的 H_2-O_2 生长的氧化物比干的 O_2 生长的氧化物展示了更差的 NBTI 性能。

Helm 和 Poindexter 认为 Si/SiO$_2$ 系统中水是引发 NBTI 效应的主要原因。根据 1994 年以前的文献，他们得出结论，H_2O 最有可能是退陷阱反应物。H 似乎是最不可能的轰击反应物。H_2O 模型如图 5.20 所示。在图 5.20（a）中，反应物 H_2O 靠近钝化的 Pb 中心；在图 5.20（b）中，电场将它引导至轰击位置；在图 5.20（c）中，质子已经从 $\equiv$SiH 脱落和 H_2O 分子结合产生 H_3O^+；在图 5.20（d）中，正电荷 H_3O^+ 被电场拉走，防止任何逆反应。

日立的 Ushio 等人做了一级分子计算来分析空穴陷阱反应，通过空穴陷阱之间总的分子能量减去在空穴陷阱后的空穴反应能量来确定空穴陷阱的反应能量。

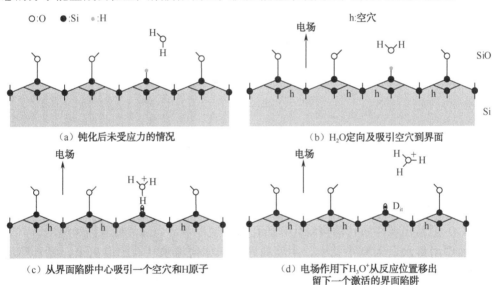

图 5.20 电场作用下 H_2O 中的界面陷阱的去钝化

键的配置如图 5.21 所示。图 5.21（a）显示在 SiO$_2$ 中通过 H 建立的界面陷阱的键配置。图 5.21（b）显示在 SiO$_2$ 中通过 H_2O 建立的界面陷阱的键配置。图 5.21（c）显示在 SiO$_x$N$_y$ 中通过 H_2O 建立的界面陷阱的键配置。

结果发现水比氢有较低的反应能。H_2O、O 和 N 空位通过反应将 OH 插入到空位中，并且产生一个氢原子使空穴陷阱态稳定。H 原子与附近的 Si－H 键中的 H 组合形成了界面态，最终的反应产物是 D_{it}、Q_f 和 H_2。因此得出结论：与 H_2O 有关的反应在 Si/SiO_xN_y 界面比在 Si/SiO_2 界面有着更低的能量，在氧化层中含 N 和含 H_2O 都增强了 NBTI 效应。

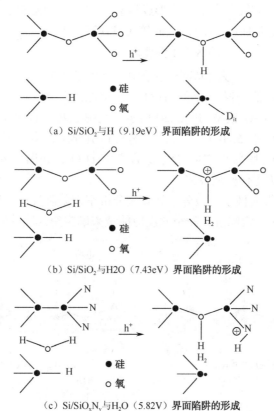

（a）Si/SiO_2 与 H（9.19eV）界面陷阱的形成

（b）Si/SiO_2 与 H2O（7.43eV）界面陷阱的形成

（c）Si/SiO_xN_y 与 H_2O（5.82V）界面陷阱的形成

图 5.21　键的配置过程

H_2O 通常出现在芯片的接触孔和通孔形成过程中，当圆片被刻蚀和清洗时，通过毛细作用将水送入到小孔中，主要问题在于如何将水从孔中取出来。氮气环境下，200℃烘烤、时间长于 24h，通常用来形成良好的接触孔和通孔电阻。水和湿气通常沿界面前进，使水成为光刻和版图有关的产生 NBTI 效应的关键因素。关键路径的失效可以引起老化期间成品率降低和器件工作特性变差，因此必须减小工艺中水的存在。

（4）氟和硼对 NBTI 效应的影响。氟对 MOS 器件有许多好处，如改善抗 HCI能力、提高介质可靠性等，而且氟也减弱了器件中的 NBTI 效应。IBM 的 Hook 的研究表明氟减小了 NBTI 效应，并且这个减小程度随着注入氟剂量的增加而增加。C.H.Liu 也观察到了 NBTI 效应的改善。但是这些有利因素需要和一些不利因素综合考虑，诸如在栅氧中硼扩散的增强和在器件中产生更高的结漏电流。

硼会导致 NBTI 效应的增强，因为来自栅掺杂和源漏注入的硼会扩散到栅氧中。将硼隔离在栅氧之外则观察到了明显的 NBTI 寿命改善，硼穿通导致了固定电荷的增加，但是抑制了界面态产生。界面态的减少是因为 BF2 注入中 Si—F 键的形成。增强的 Q_f 是由于硼在氧化层中增强了氧化层缺陷，如能抑制栅氧中的硼穿通，使用 BF2 注入与标准的 B 注入相比可以获得几乎高出一倍的器件寿命改善。

（5）硅原料。NBTI 效应与栅极材料无关，但与硅的材料方向有关，通常由于较少的 P_b 中心，（100）硅较（111）硅要好。一些研究表明，在（110）面上制作的 PMOSFET 器件有较好的性能。与（100）硅比较，在（110）硅中 PMOSFET 的 NBTI 灵敏度要较差。透射电子显微镜的横截面显示，表面粗糙度可能在 NBTI 灵敏度之间发挥了作用，据此推测使用更仔细的栅氧化方法可以克服这些问题。

除了起始材料的取向，一些工艺步骤也能引起暴露表面的方向变化，这可能会变得对 NBTI 更加敏感。鸟嘴边缘处过多的局部氧化（LOCOS）应力以改变（100）硅到（111）硅，浅沟槽隔离（STI）在沟槽边缘处均可以改变（100）硅到（110）硅。这两种效应影响栅氧化层厚度、应力和氧化层电荷，随着器件尺寸的不断缩小，这些曲面占晶体管有源区的比例更高。这些区域的局部应变可以改变 NBTI 诱导陷阱产生的激活能。预计这会导致电路 NBTI 灵敏度依赖模式的变化。

此外，栅极预清洗对栅极氧化层的质量也有影响，不正确的清洗可能留下污染物或损伤点，影响 NBTI 和 1/f 噪声。改善 NBTI 的一个方法是在栅极氧化物生长之前在硅的表面进行预处理。

（6）温度对 NBTI 效应的影响。NBTI 退化是被热激活的，对温度十分敏感。NBTI 退化在更高的温度下更严重。NBTI 过程的激活能对可能的反应物质和所使用的氧化方法十分敏感，这种敏感的激活能对温度变化非常敏感，将导致不同 NBTI 寿命。高性能的微处理器和 SOC 在电路设计中可能有热点，这导致了在芯片上更大的温度梯度。NBTI 过程和 NBTI 漂移的激活能和光刻有关。如果不理解这些问题，在老化和电路工作期间，与时间相关的退化路径可能加速电路失效。由于电路复杂度的提高，这些失效的检测变得非常困难，因此导致了错误的数据或输出条件。

工艺温度应该被限制小于 1100℃，尽管不同的高温工艺温度对氮化栅氧的影响仍然没有报道，但是很明显这些温度或超过这些温度可以在氧化层中导致明显的"非反应性"的可动氢陷阱。这些结果和 N₂O 生长的二氧化硅明显减少了高温下生长时的击穿电荷是一致的。和纯氧相比，随着氧化层生长温度达到近似 1050℃，击穿电荷量也增加。

另一个影响 NBTI 的问题是后金属退火温度和形成气体的退火温度。研究结果表明，金属后退火温度和组成气氛的退火温度应该低于 370℃，以改善在窄沟道器件中的 NBTI 效应和 TDDB 效应。最近的研究指出，其他的退火诸如硅化物后退火温度可以影响 NBTI 性能。因此，必须小心优化所有的关键退火温度和工艺中退火的气氛。

Roy 提出在 SiO_2 的粘弹温度（Viscoelastic temperature）以上生长 SiO_2 是有好处的，因在高温下 SiO_2 的粘性减小引入了生长应力，在随后的冷却过程中应力逐步增加。梯度结构有助于应力释放，预生长的 SiO_2 层为后续的高温氧化层提供梯度来生长预生长的 SiO_2 种层，该种层作为应力释放的缓冲，采用这种工艺设计，可以生长没有局部应力梯度的高质量 SiO_2 界面层。通常是在 940～1050℃稀释的氧化环境中（0.1%O）生长梯度氧化层，该梯度氧化层需要在 750～800℃下进行 SiO_2 层的预处理。这个预生长的氧化层在冷却阶段提供了梯度和应力释放，与传统的 SiO_2 相比，梯度氧化层可以把 NBTI 效应的影响减少 3 倍，这归功于 Si/SiO_2 界面子结构和氧化层中弱硅氧键数目的减少。Liu 等通过共振核反应分析测量了蒸汽生长氧化层中氢的再分布，分析了 850℃下和温度高于 1000℃下的氧化后退火（POA，Post Oxidation Annealing）对 25nm 厚氧化层 NBTI 效应的影响，测量表明 POA 样品有着明显降低的氢密度和低的界面态，在施加 NBTI 应力后，在 Si/SiO_2 界面处堆积的氢密度近似在 8nm 宽的范围内，这明显地高于 NBTI 产生的界面态。POA 明显地改善了 NBTI 效应，Bunyan 表明在 SOI MOS 器件中的自加热效应可以引起平带电压漂移和界面态密度的增加，从而加剧 NBTI 效应。

（7）互连和机械应力。在后端 BEOL 工艺中，金属化工艺对 NBTI 效应有着明显的影响。Sony 和 Fujitsu 公司的联合研究结果表明，Cu 互连中采用的大马士革工艺加剧了 NBTI 效应。Cu 互连对 NBTI 效应的损伤归因于 Cu 金属化中氢密度的增加，特别是金属阻挡层中氢密度的增加。与 TiN/Ti 相比，使用 TaN 作为阻挡层明显地改善了 NBTI 效应。与早先的研究结果相比，Cu 金属和 Al 金属的天线结构有相似的 NBTI 敏感度，结果的差异可能是由于两种制造设施的 BEOL 工艺中水或氢的含量不同造成的。

NBTI 和 BEOL 工艺相关的另外一个重要领域就是金属间介质层（IMD，Intermetal Dielectric）。低 k 材料可以在绝缘层中引进一定浓度的水和氢，涉及的材料包括玻璃和等离子增强的化学气相沉积介质等。如前面所讨论的，NBTI 对 H_2O 非常敏感，它可以穿透 PMOS 器件的有源区。如果氢和水存在，随着晶格退火释放或扩散进入至 PMOS 器件的有源区，这些低 k 介质材料可以引起明显的 NBTI 退化。氮化可以减小这些问题的影响，但是 H/H_2O 仍有可能通过通孔穿透有源区，必须小心地减小 IMD 中高浓度的 H/H_2O。

在 BEOL 工艺中最终影响器件 NBTI 性能的是器件天线比和可能的等离子体损伤。尽管形成气体退火可以用来减小未施加应力器件的损伤，当施加应力条件后，等离子体损伤器件对 NBTI 退化变得更加敏感。栅保护的结构和没有天线连接的器件相比，具有更大的加速漂移。

NBTI 效应对电场非常敏感，根据 Ogawa 等人的研究，界面陷阱和固定电荷的产生依赖 $E_{ox}^{1.5}$，要确定寿命时间与电场的关系，氧化层电压可表示如下：

$$V_G = V_{FB} + V_s + V_{ox} \Rightarrow V_{ox} = V_{GS} - V_{FB} - V_s \tag{5.67}$$

对于 P^+ 的多晶硅栅/N 型衬底器件，如取 $V_{FB} \approx 0.8V$，$V_s \approx 2\phi_F \approx -0.6V$。氧化电场变为

$$E_{ox} = \frac{V_{ox}}{t_{ox}} = \frac{V_{GS} - 0.2}{t_{ox}} \tag{5.68}$$

NBTI 不依赖横向电场，不像热载流子退化，因此不会表现出任何的栅极长度依赖。然而，有时 NBTI 效应的增强会降低栅极长度。这可能跟靠近源极和漏极的绝缘空间的有效通道有关。如图 5.22 所示，沟道附近的局部损坏使硼从源极和漏极扩散到栅氧化层里。此外，侧面水扩散到栅氧化层可以增强缩短的栅极长度。

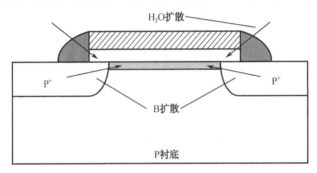

图 5.22　硅表面的结构模型

4．减小 NBTI 效应的措施

为了减小 NBTI 效应，必须降低 Si/SiO_2 界面处的初始电激活缺陷密度，并且使水远离氧化物。在多晶硅沉积过程中，芯片表面的水被赶走，生成较少水沾污的氧化层。使用氮化硅覆盖层可以将水从有源 CMOS 器件中隔离开，明显改善 NBTI 效应。为了保证氢钝化悬挂键，同时保持距有源区的距离足够大使水不能扩散到栅区域，氮化薄膜的图案和几何尺寸很关键。另外的研究表明，在这些氮覆盖的有源 PMOS 器件中，减小应力和 H 浓度非常重要。

氘是改善 HCI 和 NBTI 效应的有效方法。将氘注入 Si/SiO_2 界面来形成 Si—D 键不是一件小事，如果 MOS 器件侧墙包括了氮化硅，沉积中有氢的存在，大多数的悬挂键已随着氢饱和，氘难以取代它们，因此需要改变工艺来保证氘可以到达 Si/SiO_2 界面来中和悬挂键，或者在已经存在的 SiH 键中用氘取代氢。

掺氮会有一些矛盾的结果，一些研究者认为改善了 NBTI 退化，而另外一些人则认为导致了更严重的退化。但是通常都可以观察到退化的增强，氮浓度在 NBTI 敏感度中发挥着重要作用，特别是如果它位于 Si/SiO_2 界面处。优化在栅氧中氮的掺

杂浓度可以明显地改善 NBTI 灵敏度，另一个改善 NBTI 灵敏度的关键方法是通过使用 N$_2$O 生长氧化层的远程等离子氮化和 DPNO 氧化层。在氧化层和硅界面处的氮减少了激活能，更高的氮浓度则具有更低的激活能，并且固定电荷和界面态具有相同的激活能，氮的位置也十分重要，氮和 Si/SiO$_2$ 界面处的距离越近，NBTI 退化越严重。

氧化层生长的化学成分似乎对 NBTI 效应有着明显的影响，氧化气氛明显地影响了 NBTI 效应，湿氧比干氧有着更差的 NBTI 性能，但是氟改善了这种效应，F 注入或 F 在栅氧中的浓度明显地改善了 NBTI 性能和 1/f 噪声。但是，必须小心地使用 F 注入，因为可能会出现一些有害的影响，比如增强硼穿通或使 nMOS 性能退化。硼会促进 NBTI 退化的发生。

如前所述，氧化层介质电场对 NBTI 敏感度有明显的影响，埋沟器件减小了 NBTI 效应，但不适用于先进的 CMOS 工艺。希望通过采用中间的功函数栅材料来减小 NBTI 敏感度，因为由于功函数的差别和由于平带电压的差别（低沟道掺杂浓度），氧化层电场将被减小。基于这些观点，采用全耗尽 SOI 可以改善 NBTI 效应，因为它使用了低掺杂的沟道区，从而导致较低的栅氧化层的电场，进而改进了 NBTI 效应。

5.1.5 CMOS 电路的闩锁效应（Latch—up）

CMOS 反相器电路图及其工艺结构如图 5.23 所示。从图中可见，衬底与 P 阱中分别存在着寄生三极管 VT1/VT3 与 VT2/VT4。当 CMOS 电路处于正常工作状态时，如果没有外来噪声的干扰，所有寄生晶闸管处于截止状态，不会出现闩锁效应。只有当外来噪声使某个寄生晶体管被触发导通时，才可能诱发闩锁。这种外来噪声常常是随机的，如电源的浪涌脉冲、静电放电、辐射等。这些外来噪声可以通过各种不同的渠道，如输入端、输出端、电源端或地端等进入电路内部的寄生晶闸管结构。电流结构不同，易产生闩锁的通道也不同。

1. 闩锁效应形成的物理过程

VT1/VT3 与 VT2/VT4 结构一旦触发，电源到地之间便会流过较大的电流，并在 NPNP 寄生晶闸管结构中同时形成正反馈过程，此时寄生晶闸管结构处于导通状态。只要电源不切断，即使触发信号已经消失，业已形成的导通电流也不会随之消失。

外来噪声消失后，只有当电源提供的电流大于寄生晶闸管的维持电流或电路工作电压大于维持电压时，导通状态才能继续维持；否则，电路将退出导通状态。

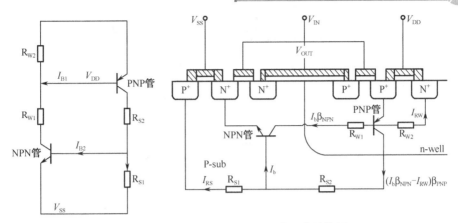

图 5.23　CMOS 反相器电路图及其工艺结构图

2．抑制闩锁效应的方法

主要方法是切断触发通路及降低其灵敏度，不使寄生晶体管工作及降低寄生晶体管电流放大系数。

（1）选材及设计改进。采用 SOI/CMOS 工艺，在绝缘层衬底上生长一层单晶硅外延层，然后再制作电路，这样从根本上清除了晶闸管结构，防止闩锁的发生。

（2）采用保护环。用保护环抑制闩锁效应是一种有效方法，其结构如图 5.24 所示，N^+ 和 P^+ 环都可有效降低横向电阻和横向电流密度。

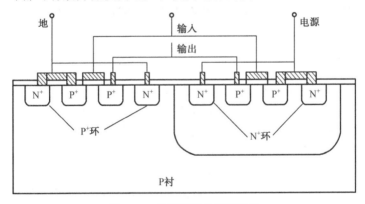

图 5.24　带保护环的剖面结构

（3）采用 P/P^+ 外延并在阱区设置埋层。如图 5.25 所示，在重掺杂硅衬底上外延 3～7μm 厚同型轻掺杂硅，减少寄生电阻 RW、RS 和 NPN 管的电流放大系数，可使闩锁效应降低到最低程度。

（4）改进版图设计。尽可能多开电源孔和接地孔，以增加周界，减小接触电阻。电源孔应放在 PMOS 和 P 阱间，减小 P 阱面积，以便减少辐照所引起的光电流。

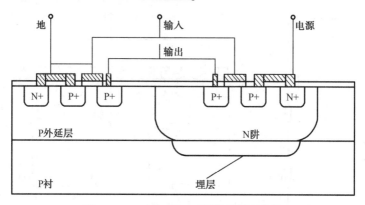

图 5.25　P/P$^+$外延和 N$^+$埋阱的剖面结构

（5）遵守使用规程，确保使用可靠性。发生闩锁不仅与电路抗闩锁能力有关，还与使用恰当与否有关，如加电次序、不应带电操作等。

 ## 5.2　与封装有关的失效机理

5.2.1　封装材料α射线引起的软误差

铀或钍等放射性元素是集成电路封装材料中天然存在的杂质，这些材料发射的α粒子可使集成电路发生软误差。

1. 产生机理

当α粒子进入硅中时，在粒子经过的路径上产生电子—空穴对，这些电子空穴对在电场的作用下，被电路结点收集，引起电路误动作，使动态存储器存储电荷丢失、静态随机存储器（RAM）存储单元翻转、动态逻辑电路信息丢失或其他逻辑单元电路漏极耗尽区中存储的信息丢失。

吸收一个 4MeV 的α粒子能产生 10^6 个电子—空穴对，电荷数量等于或大于动态存储单元中存储的电荷。在一个包含 1000 个 16KB 存储器件的存储系统中，典型的软错误率可能是每 1000 小时发生一次软误差的数量级，相当于器件失效率为 1000FIT。

用放射性沾污密度非常低的材料来包封或涂敷集成电路芯片，可使引入的软误差减少。例如，能量高至 8MeV 的α粒子能被 50μm 厚的硅酮橡胶完全吸收，而硅酮橡胶材料所发射的α粒子是微不足道的。

2. 改进措施

知道了产生软误差的物理过程，也就有了防止的措施。

（1）提高封装材料的纯度，减少α粒子的来源。

（2）片表面涂阻挡层，如聚酸胺系列有机高分子化合物，阻止α粒子射到芯片中。

（3）从器件设计入手，增加存储单元单位面积的电荷存储容量，如采用介电系数大的材料或沟槽结构电容，增大存储电容面积。也可在衬底中加隐埋层，提高杂质浓度，并使隐埋层杂质分布优化，使电荷收集效率小而又不致提高结电容，降低电路性能。

（4）优化电路设计，从电路设计入手，采用纠错码（Error Correcting Code，ECC）技术。

（5）改进时序控制电路。DRAM 中采取了复杂的时序控制电路，缩短了位线电压的浮动时间。

5.2.2　水汽引起的分层效应

塑封 IC 是指以塑料等树脂类聚合物材料封装的集成电路。除了塑封材料与金属框架和芯片间发生分层效应（俗称"爆米花"效应)外，由于树脂类材料具有吸附水汽的特性，由水汽吸附引起的分层效应也会使器件失效。

1. 失效机理

塑封料中的水分在高温下迅速膨胀使塑封料与其附着的其他材料间发生分离，严重时会使塑封体爆裂。

2. 危害

损伤芯片、使钝化层破裂、拉断键合引线。

3. 水汽进入途径

水汽经过塑料体本身的渗透进入，或者从塑料与框架（外引线）交界面进入。

4. 措施

（1）减少封装体内部气泡，避免塑封体裂纹的产生。在 IC 后道封装的塑封过程中，环氧模塑料在熔融状态下充填成型时，包入或卷进去的空气及饼料中原有的挥发性物质在压实阶段不能完全排出，残留在塑封体内部就形成内部气泡，导致塑封体裂纹的产生，使水汽容易进入，从而导致树脂的耐温性能下降，影响器件的电学性能。

通过树脂预热时温差工艺，即树脂放入料筒中时，温度高的树脂放在上面，温度低的树脂放在下面，则预热时上面温度高的树脂先熔化填充料筒与树脂饼料之间的间隙，空气就从流道的方向排出，而不会进入树脂的内部产生气泡。

（2）减小金属框架对封装的影响。金属框架是塑料封装 IC 用基本材料，从装片开始进入生产过程一直到结束，几乎贯穿整个封装过程，对装片、键合、塑封、电镀、切筋等工序质量均有影响。为提高塑封 IC 的可靠性，对塑封用金属框架要求选铜质引线框架，以达到良好的热匹配。增加工序去除塑封冲制成形时的毛刺，减小应力。

（3）电装要求。拆包后必须在 24h 内装配完器件，没有装配完的器件需要保存在干燥的气氛中，否则要进行高温烘烤，将器件表面吸附的水汽蒸发出来后才能进行电装。

5.2.3 金属化腐蚀

芯片上用于互连的金属铝是化学活泼金属，容易受到水汽的腐蚀。由于价格便宜和容易大量生产，许多集成电路是用树脂包封的，然而水汽可以穿过树脂到达铝互连线处，通过带入的外部杂质或溶解在树脂中的杂质与金属铝作用，使铝互连线产生腐蚀。对集成电路来说，金属铝的腐蚀有两种机制：化学和电化学腐蚀。

1. 失效机理

（1）化学腐蚀。当集成电路存放在高温高湿环境中时会产生铝的化学腐蚀。如果铝暴露在干燥空气中，会在表面形成一层 Al_2O_3 膜，从而避免化学腐蚀的产生。但是在有潮气存在时情况就不同了，这时候会产生 $Al(OH)_3$，而 $Al(OH)_3$ 既可溶于酸也可溶于碱。当有外部物质到达铝表面会产生化学反应。

与酸性物质的有关反应：

$$2Al+6HCl \rightarrow 2AlCl_3+3H_2 \uparrow$$
$$Al+3Cl^- \Leftrightarrow AlCl_3+3e^-$$
$$AlCl_3+3H_2O \rightarrow Al(OH)_3+3HCl$$

与碱性物质的有关反应：

$$Al+NaOH+H_2O \rightarrow NaAlO_2+3/2H_2 \uparrow$$
$$Al+3OH^- \rightarrow Al(OH)_3+3e^-$$
$$2Al(OH)_3 \rightarrow Al_2O_3+3H_2O$$
$$2AlO_2^-+2H^+ \rightarrow Al_2O_3+H_2O$$

通常，在芯片的表面有一层钝化膜保护芯片表面的铝，然而在引线键合处的

Pad 部分，金属铝是暴露于表面的，化学腐蚀经常暴露在这些部位。图 5.26 所示是芯片上的 Pad 部分被腐蚀的情形。

图 5.26　芯片上的 Pad 被腐蚀

（2）电化学腐蚀。当集成电路工作于高温高湿环境中时，会产生电化学腐蚀。按铝电极是正电势还是负电势区分，电化学腐蚀分为阳极腐蚀和阴极腐蚀。阳极腐蚀时，铝电极是正电位，负离子（如 Cl^-）被吸引过来，产生如下的化学反应：

$$Al(OH)_3 + Cl^- \rightarrow Al(OH)_2Cl + OH^-$$

$$Al + 4Cl^- \rightarrow AlCl_4^- + 3e^-$$

$$AlCl_4^- + 3H_2O \rightarrow Al(OH)_3 + 3H^+ + 4Cl^-$$

上述的反应使吸附到阳极的 Cl 减少，反应的结果使少量的 Cl 产生进一步的腐蚀。对于阴极腐蚀情况，由于铝电势是负电位，正离子（如 Na^+、K^+）被吸引过来，产生如下的化学反应：

$$Na^+ + e^- \rightarrow Na$$

$$Na + H_2O \rightarrow Na^+ + OH^- + 1/2H_2$$

反应后 OH^- 离子浓度增加，氢氧化铝形成而产生腐蚀。图 5.27 所示是集成电路的阴极电化学腐蚀图。金属在高湿度环境中会明显地被侵蚀，一种解决办法是利用可以防止侵蚀的陶瓷密封包装。如果结构不密封，则在等离子或反应离子溅射腐蚀后可能存在的残余物（如氯），就会同湿气反应而侵蚀铝，即使没有外加电场也会起反应：

$$2Al + 6HCl \rightarrow 2AlCl_3 + 3H_2$$

$$AlCl_3 + 3H_2O \rightarrow Al(OH)_3 + 3HCl$$

可以看到，在 $Al(OH)_3$ 形成后，氯已不被束缚，从而导致裸露出的铝进一步被侵蚀。在 VLSI 结构中，由于金属线相互靠得很近，而且在它们之间有电场存在，致使问题复杂化。在大多数铝的干腐蚀工艺中，普遍采用去除残余氯的钝化方法。这种残余的氯，可以在片子腐蚀后而暴露于大气之前立即用 CF_4-O 或 O_2 等离子体处理去掉。进一步的稳定性可用热氧化金属来提高。磷硅玻璃中过剩的磷会在介质表面形成 HPO_3，接着它就可能侵蚀铝合金结构。在介质中若保持 6%的最小磷含量，就可使侵蚀源减到最少。

图 5.27   阴极电化学腐蚀

从上述分析可见，为了防止铝的腐蚀，需要控制加工过程和装配工艺的清洁度，将封装树脂中的杂质浓度减至最小，最大限度地减少集成电路中的杂质含量。

2. 外引线的腐蚀

引脚材料多用柯伐，它是铁—镍—钴的合金，其线膨胀系数与钼相近，使用中常引起腐蚀。除了其在机械加工引入应力而产生应力腐蚀外，还存在电化学腐蚀反应，当存在 Cl⁻等杂质离子时，腐蚀速度加快。

当外引线周围有水汽凝结、引线间有电位差（如分立器件插在印制电路板上）时，引线间的漏电流不断通过，离子化趋向大（标准电极电位为负）的材料（如铁）就产生电化学腐蚀。这时应采用离子化趋向小的铜作引线。

如果外引线镀银，阳极银也会离子成 Ag^+，在电场作用下发生迁移，至阴极处析出，以树脂状向阳极生长，引起绝缘性能变坏，甚至短路。降低电极间电位，镀锡做保护层可防止银的迁移。

3. 电特性退化

塑封中水汽通过压焊点火钝化层上微裂纹进入芯片表面，其溶入的一些杂质和污染物，引起器件漏电、表面反型、耐压降低、增益下降、阈值电压漂移等性能退化。器件微细化后，水汽引起电特性退化将更加突出，可比铝线腐蚀早出现。当器件特性有裕量时，不易发现，没有裕量时，才出现特性劣化。

4. 改进措施

（1）改用低吸湿性树脂，提高树脂纯度，减少其中所含 Na^+、Cl⁻等有害杂质。

（2）降低树脂的热膨胀系数，添加耦合剂，改变引线框架形状，以改善材料间黏合强度，防止引线框和树脂界面间进入水分。

（3）芯片表面加钝化层保护，如氮化硅、二氧化硅、磷硅玻璃、有机涂料或聚酰亚胺等，其中以等离子体沉积的氮化硅薄膜效果明显，不过键合处仍不能保护。

（4）开发耐腐蚀布线材料和工艺，如利用等离子体放电的铝表面氧化，利用As、P 等的离子注入提高铝布线膜质，另外在纳米工艺技术中，用铜代替铝作互连线使用。

5. 键合引线失效

键合引线的作用是在芯片与金属引线框架之间建立电连接。键合引线的失效会使相应的引脚失去功能，从而使器件失效，是超大规模集成电路常见的失效形式。

1）**失效机理**

由于化学腐蚀、机械应力损伤及键合工艺不当，使键合引线没有起到应有的电连接的作用。

2）**失效模式**

键合引线的失效模式有键合金丝弯曲、金丝键合焊盘凹陷、键合线损伤、键合线断裂和脱落、键合引线和焊盘腐蚀、引线框架腐蚀、引线框架的低粘附性及脱层、包封料破裂、包封材料疲劳裂缝、焊接点疲劳。

3）**预防措施**

弯引线时，为防止将过大应力加在管座和引线之间，应将弯曲点和管座间的引线用工具加以固定，弯曲时应防止工具碰到管座，更不能用手拿着管座来弯折引线。如果引线成形采用夹具进行大批生产时，必须使用专门的固定引线的夹具，而且要防止固定引线的夹具将应力加到器件上。

不要对引线进行反复弯折，应避免对扁平形状的引线进行横向弯折，沿引线"轴向"施加过大应力（拉力）时，会导致器件密封性遭到损坏。因此，应避免在这种情况下施加超过规定的应力，应避免弯折夹具损伤引线镀层。

5.3 与应用有关的失效机理

5.3.1 辐射引起的失效

在地球及外层空间中，辐射来自自然界和人造环境两个方面。辐射对微电子器件的损伤，可分为永久、半永久及瞬时损伤等情况。永久损伤就是指辐射源去除后，器件仍不可能恢复其应有的性能的损伤；半永久损伤是指辐射源去除后，在较短时间内可逐渐自行恢复其性能的损伤；而瞬时损伤是指在去除辐射源后，器件性能可立即自行恢复的损伤。

辐照有瞬时辐照、单粒子辐照和总剂量 3 种形式，引起器件不同形式的破坏和损伤。在辐照过程中主要是γ粒子的作用，它通过连续碰撞原子的轨道电子，把部分能量传给电子使其成为自由电子，形成电子—空穴对。在半导体内产生的电子空穴对可以很快复合，但在半导体器件的绝缘层中产生的电子空穴对只有部分复合，在外电场的作用下，电子将离开绝缘层，留下空穴被陷阱俘获，成为正空间电荷。电离辐照也在硅和二氧化硅界面产生新的界面态，这种绝缘层中的正电荷和硅——二氧化硅界面态将严重影响半导体器件特性，特别是 MOS 器件。

中子通过晶格间的诱生原子移位而影响载流子寿命，因此双极器件抗中子能力很低。MOS 器件是多子器件，因此抗中子能力比双极器件要强很多，对γ粒子、单粒子和γ总剂量辐照的敏感性要远远超过中子。

因此，对于宇航级应用场合的电路，电路设计需要考虑到抗单粒子设计、抗γ总剂量效应设计、抗γ剂量率设计和抗辐照电路设计技术。

5.3.2　与铝有关的界面效应

1. 铝与二氧化硅

以硅基为材料的微电子器件中，SiO_2 层作为介质膜的应用广泛，而铝常用做互连线的材料，SiO_2 与铝在高温时将发生化学反应：

$$4Al+3SiO_2 \rightarrow 2Al_2O_3+3Si$$

使铝层变薄，若 SiO_2 层因反应消耗而耗尽，则造成铝硅直接接触。这是一种潜在的失效机制，尤其对功率器件，结温高，易产生热斑，热斑处 $Al-SiO_2$ 反应造成 PN 结短路。

克服措施是有版图设计时考虑热分布均匀、散热好、热阻低。采用如 $SiO_2-Al-SiO_2$ 或 $Si_3N_4-SiO_2$ 复合钝化层，用双层金属如 $Ti-Al$、$W-Al$ 等代替单一铝互连线。

2. 铝与硅

铝与硅产生的物理机制如下：

（1）形成固溶体。铝在硅中几乎不溶解，而硅在铝中有一定溶解度，在共晶点 577℃时达到 1.59%（原子比）最大。铝与硅反应是铝先与天然的 SiO_2 层反应，穿透 SiO_2 后让铝—硅接触，随后硅原子向铝中扩散并溶解，逐步形成渗透坑。

（2）硅在铝中的电迁移。固体溶解在铝膜中的硅原子，由于分布不均匀，存在浓度梯度，逐步向外扩散。如果有电流通过，电子的动能也可传递给硅原子，使其沿电子流方向移动，即产生电迁移。硅—铝界面不仅有质量传递还有动量传递，可引起 PN 结短路（如 NPN 晶体管的基区接触窗孔）。

（3）铝在硅中热迁移。在高温、高的温度梯度和高电流密度区，铝—硅界面可发生铝的电热迁移。这种迁移通常沿 PN 结在 Si/SiO$_2$ 界面处硅表面进行，其温度梯度最大、热阻最小，路径最短处呈丝状渗入，形成通道；也可纵向进行，硅不断向铝中扩散，远离界面向铝表面迁移，同时在硅中留下大量空位，加剧 Al－Si 接触处铝在硅中的电热迁移，使铝进入硅后的渗透坑变粗变深，形成合金钉，严重时可穿越 PN 结使之短路。顺便指出：对于金，由于其与硅的共晶点仅 377℃，当温度大于 325℃时，金的电热迁移率比铝快，器件更易失效。所以一般情况下，不能使金膜与硅直接接触，中间必须加阻挡层。

必须指出，铝—硅界面因局部电流集中出现热斑而发生的上述 3 个物理过程几乎同时发生，而且相互影响，加速器件失效。硅向铝中溶解，硅留下大量空位，加剧了硅在铝中的电热迁移；反过来，铝中空位浓度增加，又加剧了硅在铝中的扩散和电迁移。

（4）失效模式。双极性浅结器件 E－B 结退化，硅—铝反应形成的渗透坑多发生在接触孔四周，这是因为该处溶解的硅可向旁侧扩散，降低了界面处硅的含量，允许硅进一步溶解。另外边缘处 SiO$_2$ 与硅应力增大了该处的溶解能力，所以在接触窗口边缘，能发生较深的渗透坑。这在双极性小功率浅结器件（如微波器件、超高速 ECL 电路）中容易引起 E－B 结退化，反向漏电增加，击穿特性由原来的硬击穿变为软击穿，明显地表现为一个电阻跨接在 E－B 结上，严重时造成如图 5.28 所示的 PN 结短路。铝的合金化过程中，或者在器件受到强电流冲击的过电应力时，常发生这类失效。

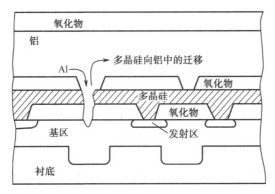

图 5.28　铝—多晶硅反应引起浅结器件中 E－B 结短路的情况

在浪涌电流作用下，电路某处会出现结间短路现象，也是硅在铝中溶解并在铝中电迁移造成的。

在 NMOS 集成电路中，为防止静电损伤和浪涌电流造成栅穿，一般在输入端加有保护电路。但输出是无法加这种保护网络的，所以输出端易受静电损伤，表现为铝在硅中的电热迁移，铝在 Si/SiO₂ 界面的硅层呈丝状渗入，形成通道，导致邻近两个 N⁺ 结短路，N⁺ 区到 P 衬底间形成约 2000Ω 的电阻，如图 5.29 所示。

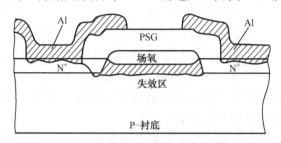

图 5.29　铝在多晶中电热迁移形成 IC 中 N⁺ 间短路的情况

（5）预防措施。采用硅含量为 0.1%～0.3% 的硅铝合金代替纯铝作互连线材料。采用硅铝合金的优点是，因膜内硅的含量已达饱和，可防止硅在铝中进一步溶解，避免了渗透坑的形成。此外它抗电迁移能力强，硬度比纯铝高，可减少机械划伤。

采用多层金属化系统或金属硅化物代替纯铝，如用 Al－Ti－Si、Al－（Ti10%，W90%）－PtSi－Si 多层系统等。

在铝—硅之间加 NiCr、Mo、Ti 等用以阻止因直接接触而发生反应的阻挡层，在微波及 ECL 电路中也有用多晶硅膜做阻挡层的。

3. 金与铝

金引出线与铝互连线或铝键合丝与管壳镀金引线的键合处，产生 Au－Al 界面接触。由于这两种金属的化学势不同，经长期使用或 200℃ 以上高温存储后将产生多种金属间化合物，如 Au₅Al₂、Au₂Al、Au₄Al、AuAl、AuAl₂ 等，其晶格常数和热膨胀系数均不同，在键合点内产生很大应力，电导率较低。Au－Al 反应造成 Al 层变薄，黏附力下降，造成半断线状态，接触电阻增加，最后导致开路失效。

AuAl₂ 呈紫色叫紫斑；而 Au₂Al 呈白色叫白斑，性脆，极易产生裂纹引起开路。Au－Al 接触在 300℃ 以上高温下容易发生空洞，叫科肯德尔（Kirkendall）效应，这是高温下金向铝中扩散并形成 Au₂Al 的结果，它在键合点四周出现环形空洞，使铝膜部分或全部脱落，形成高阻或开路。各种金铝化合物的构成如表 5.4 所示。

表 5.4　金铝化合物的构成

	Al	AuAl$_2$	AuAl	Au$_2$Al	Au$_5$Al$_2$	Au$_4$Al	Au
晶体结构	面心立方	面心立方	面心立方	—	—	立方体	面心立方
晶格常数（nm）	0.405	0.600	0.605	—	—	0.6913～0.6923	0.408
电阻率（nΩ·cm）	27	79	124	131	255	375	23
硬度（HV）	20-50	263	249	130	271	334	23
线性膨胀系数（×10/℃）	2.3	0.94	1.2	1.3	1.4	1.2	1.42
色调	Al 颜色	紫色	Al 颜色	白色	轻金色	轻金色	金色

　　金—铝键合处开路失效后，在电测试中又会恢复正常，表现出时通时断现象。此时可进行高温（200℃以上）存储，观察开路失效是否再次出现来确定。

　　金铝化合物的生长速度取决于金和铝的纯度、有无杂质和环境等因素。IC 铝焊盘的厚度大约是 1μm，因此，可以认为金球（Gold sphere）是金的无穷大来源，而铝焊盘则为铝的有限来源。因此，如此高的金原子比例导致主要的金铝化合物为 AuAl$_2$ 和 Au$_4$Al。

　　金溶于铝的速度比较快，所以化合物生长得更靠近铝的那边。然而，铝的数量有限并在不断减少，化合物的生长变得缓慢，金的扩散速度比化合物的生长速度要快，那么空隙就会在金和化合物之间出现，即"Kirkendall 空洞"。如果空洞的面积超过整个金球，开路失效就发生了。

　　另一个机理是化合物的生长压力。化合物的晶格常数（Lattice constant）比金和铝都大，它伴随着生长而扩散，结果是焊点受到了压力。如果在这种条件下施加热应力，如温度循环测试，焊接部分就会裂开，开路失效就发生了。

　　因为内部金属间化合物的生长强烈地依赖温度，所以在装配工艺中严格控制好温度，包括焊接的时间很有必要。

5.3.3　静电放电损伤（ElectroStatic Discharge，ESD）

　　ESD 对集成电路损伤的严重程度与静电电压高低和能量大小有关。如果能量较小，则只能将元件击穿，电压消失后，器件性能仍能恢复到原始状态。如果能量较大，在击穿后接着形成大电流对器件形成永久性损害。

　　集成电路在加工生产、组装、储存及运输过程中，可能与带静电的容器、测试设备及操作人员相接触，所带静电经过器件引线放电到地，使器件受到损伤或失效，它对各类器件都有损伤，而 MOS 器件特别敏感。静电放电失效机理可分为过电压场致失效和过电流热致失效。

过电压场致失效多发生于 MOS 类器件，包括 MESFET 器件，表现为栅—源或栅—漏之间短路。过电流热致失效则多发生于双极器件，包括输入用 PN 结二极管保护的 MOS 电路及肖特基二极管。由于静电放电形成的是短时大电流，使局部结温达到甚至超过材料的本征温度，使结区局部或多处熔化导致 PN 结短路，使器件彻底失效。

器件发生哪种失效取决于静电放电瞬间器件中放电回路的绝缘程度。如果有短路，则放电瞬间会产生强电流脉冲导致高温损伤，这就属于过流损伤。如果放电回路绝缘性很高，无直接的电流通路，在放电瞬间器件因接收了电荷产生高电压，导致强电场损伤，这时就发生了过压损伤。

1. 损伤机理与部位

（1）PN 结短路。ESD 引起 PN 结短路是常见的失效现象，它是放电电流流经 PN 结时产生的焦耳热使局部铝—硅熔融生成合金钉穿透 PN 结造成的。耐放电能量与接触孔大小、位置及结面积有关。反向放电时，电流集中在左边角处，功率密度较大，所以击穿耐量比正向时低。

（2）连线和多晶硅的损伤。互连线通过电流的能力是截面积的函数。当有过电流应力存在时，也会过热而开路，这在厚度较薄的台阶处更易发生。在输入保护结构中有多晶硅电阻时，静电放电也会使多晶硅电阻烧坏，失效部位多发生在多晶硅条的拐角处或晶硅与铝的接触孔处，因为该接触孔处电流比较集中。互连线与多晶硅电阻、键合引线扩散区等之间因介质隔离（一般是 SiO_2 层）击穿放电而造成短路。

（3）栅氧穿通。若静电使氧化层中的场强超过其临界击穿场强，将使氧化层产生穿通。这在氧化层中有针孔缺陷时更易发生。一般输入端都接有保护结构，但由于保护电路对 ESD 有延迟作用，使保护二极管的雪崩击穿响应变慢。当 ESD 脉冲迅速上升时，ESD 就直接施加到栅电极上引起栅穿，需要设计保护电阻，以控制二极管开关速度。

ESD 发生的部位多半是在器件的易受静电影响部分，如输入回路、输出回路、电场集中的边缘部分，以及结构上的薄弱处，如细丝、薄氧化层、浅结、热容量小的地方等。

2. 静电损伤模式

（1）突发性失效。使器件的一个或多个参数突然劣化，完全失去规定功能，通常表现为开路、短路或电参数严重漂移，如介质击穿、铝条熔断、PN 结反向漏电流增大甚至穿通。对于 CMOS 电路，可因静电放电而触发闩锁效应，器件会因过大电流而烧毁。

（2）潜在性失效。如带电体的静电势或储存的能量较小，或者 ESD 回路中有限流电阻存在，一次 ESD 不足以引起器件发生突然失效，但它会在器件内部造成一些损伤，这种损伤是积累性的。随着 ESD 数量的增加，器件的损伤阈值（电压或能量）在降低，其性能在逐渐劣化，这类损伤即潜在性损伤，它降低了器件的抗静电能力，因此器件不能进行抗静电筛选。

（3）静电损伤模型。抗静电能力用静电放电灵敏度（ElectroStatic Discharge Sensitivity，ESDS）表示，它采用人体模型进行测量。所谓人体模型（Human Body Model，HBM）是目前广泛采用的一种静电放电损伤模型。人体对地构成静电电容，容量约为 100pF，人体内部导电性较好，从手到脚大约有数百欧姆。皮肤表面导电性不好，表面电阻约为 $10^5\Omega/cm^2$，因此人体相当于人体对地电容（C_b）和人体电阻（R_b）相串联。当人体与器件接触时，人体所带能量经过器件的引脚，通过器件内部到地而放电，放电时间常数 $\tau = C_b \cdot R_b$。

美军标准 MIL－STD－883H 中方法 3015.2 规定了半导体器件进行 ESDS 测定的方法与步骤。如果放电波形没有得到严格控制，不同测试设备对同样的样品测出的 ESDS 存在很宽的分布范围，不能得出正确结论。这是因为测试电路中的寄生参数对高频（100MHz）、高压（kV）有强烈影响，容易出现波形过冲和高频振荡。此外，MOS 电路的输入保护电路响应有一个延迟，如果波形上升过快，保护电路不起作用。

根据国军标 GJB 597A－96，器件的 ESDS 分成 1、2、3 三个等级，其抗静电电压分别为 2000V 以下、2000V～3999V 及 4000V 以上。

3. 防护措施

ESD 防护是一个系统工程，在设计和制造阶段，可从 3 个方面着手：一是增加屏蔽和隔离措施，通过增大接地面积改善电荷泄漏通路等；二是要选择 ESD 特性好的芯片，不同厂家的同一种芯片性能也会有所不同，在芯片说明书中一般都会提及；三是增设 ESD 保护电路，抵御外来静电。器件抗静电能力与器件类型、输入端保护结构、版图设计、制造工艺及使用情况有关，应在各个环节采取相应措施。

（1）MOS 电路。最易引起 ESD 的是输入端。一般输入端都接有电阻—嵌位器件保护网络。限流电阻多为扩散电阻或多晶硅电阻，钳位管可分为一般二极管、栅控二极管和 MOS 管等，根据情况和使用要求选用。保护网络除了要有快的保护特性和小的动态电阻外，还应具有大的功率承受能力。此外，还要考虑保护网络的引入对电路、版图和工艺等的影响。

（2）双极器件。双极器件一般不设置保护网络，在小器件的基极也可加串联电阻或在 EB 结上反向并接一个二极管，以便形成充电回路。

（3）生产与使用环境。要消除一切可能的静电源或使静电尽快消失，生产车间、地板、制造设备、测试仪器、芯片周转箱、库房等均为防静电设计，人员带接地的肘带、腕带等。冬季天气干燥，器件的静电损伤严重，湿度增加，绝缘体表面电导增加，能加速静电的泄放。保持室内空气的一定湿度，防止静电在设备、家具和身体上大量积累，一般相对湿度在 50%～60% 为好。各种塑料和橡胶制品易产生静电，要避免使用。而用半导电的塑料或橡皮（添加炭黑等材料）制作各种容器，包括材料及地板，工作服用木棉或棉花制造，不能用尼龙等化纤制品，防止摩擦带电。MOS 器件及其印制板禁止带电插拔等。

（4）储存或运输。MOS IC 各引出线应短接保持同电位，安放在静电屏蔽袋或导电的容器中，器件要与容器紧密接触并固定住，防止运输时在容器内晃动摩擦，防止集成电路芯片被静电击穿。

4. 电浪涌损伤

电浪涌即电瞬变，是过电应力（Electrical Over Stress，EOS）的一种。虽然平均功率很小，但瞬时功率很大，并且电浪涌的出现是随机的，所以对半导体器件带来的危害特别大，轻则引起电路出现逻辑错误，重则使器件受到损伤或引起功能失效。

电浪涌是一种随机的短时间的电压或电流冲击，常见的电浪涌来源如下：

（1）交流 220V 电压突跳。市电电压不够稳定，电压出现瞬间升高，这种现象常常是由于附近线路上连接有大型耗电设备或大电流接触器等造成的。在这种大功率负载的接通或断开瞬间，交流电源的电压就会发生突跳。另一种特殊情况是，交流电系统的某处突然出现意外的短路现象，也会引起很大的电压突跳。并且这种交流电压瞬间跳动的电压浪涌，交流和直流稳压器都不能将其滤除，它会直接进入直流电源系统。

这种电源内的电浪涌，轻则引起电子线路发生故障或误动作（尤其是对数字电路比较敏感），重则导致集成电路或半导体器件的烧毁。

交流电源系统的电浪涌是随机的，因此应采取有效的防范措施。常用的措施是在直流电源的交流输入端串接"交流滤波器"。

（2）核爆炸瞬间。核爆炸瞬间在空间产生的核电磁脉冲是一次很强的电浪涌。当电子设备之间的连线或电缆屏蔽不良时，在导线或电缆线内会感应出很强的电浪涌。

（3）信号系统浪涌。信号系统浪涌电压的主要来源是感应雷击、电磁干扰、无线电干扰和静电干扰。金属物体（如传输线）受到这些干扰信号的影响，会使传输中的数据产生误码，影响传输的准确性和传输速率。

（4）电感负载的反电动势。如果集成电路的负载是电感性的，如继电器线包、偏转线圈、电机和长电缆等，在电流关断瞬间，由于电感线圈内出现的反电动势就会突然加在负载晶体管上，这种电压浪涌的冲击，对晶体管 BC 结造成的电损伤会引起 EC 间漏电增大，并且这种损伤是累积性的，当损伤达到一定程度后就会导致发生二次击穿烧毁。

反电动势的大小与线圈电感量、直流电压和电流大小有关。它引起电压的瞬间跳动值是电源电压的 2～5 倍，这种瞬变电压的大小应采用"记忆示波器"进行检测，测得的数值是电路设计，尤其是可靠性设计中的重要根据。

防范措施有在电感线圈两端并联钳位二极管、在长电缆两端对地分别连接钳位二极管，以抑制反电动势引起的电压浪涌。由于速度极快，瞬变时间很短，所以钳位二极管的开关速度必须很快，并且要求能够承受很大的瞬时电流，因此最好选择专用器件"电压瞬变抑制二极管"或能满足要求的开关二极管。

（5）大电容负载和白炽灯泡负载产生的电流浪涌。电容器充电时产生的电流浪涌，电容值越大，充电电压越高，浪涌电流就会越大。当瞬变电流值超过集成电路与电容相连的晶体管的安全值时就会带来电损伤。

白炽灯泡在开启瞬间，由于"冷电阻值"很小，因此有很大的突发电流，此电流为稳定后电流的 8～15 倍。

对上述电流浪涌，应根据使用电路的实际情况采取分流或限流措施，确保集成电路的安全应用。

参 考 文 献

[1] 贾新章，郝跃. 微电子技术概论. 北京：国防工业出版社，1995

[2] 高光勃，李学信. 半导体器件可靠性物理. 北京：科学出版社，1987

[3] 卢其庆，张安康. 半导体器件可靠性与失效分析. 南京：江苏科学技术出版社，1981

[4] 刘恩科，朱秉升. 半导体物理. 上海：上海科学技术出版社，1984

[5] JESD28-A. A Procedure for Measuring N-channel Mosfet Hot-Carrier-Induced Degradation at Maximum Substrate Current under DC Stress. 2001

[6] Chenming HU, Simon C, FU-Chien Hsu et al. Hot Electron-induced MOSFET Degradation Model Monitor and Improvement[J]. IEEE Transactions on Electron Devices, 1985，32（2）：375

[7] 章晓文，张晓明. 热载流子退化对 MOS 器件的影响. 电子产品可靠性与环境试验，2002，60（1）

[8] http://www.docin.com/p-646939664.html

[9] 史保华，贾新章，张德胜. 微电子器件可靠性. 西安：西安电子科技大学出

版社，1999

[10] Chenming Hu. AC Effects in IC Reliability. Microelectron. Reliab. 1996，36（11/12）:1611

[11] H. Katto. A New Approach Fur Predicting Ac Hot Carrier Lifetime. 1995 IRW Final Report:130

[12] Data Book for Quality/Reliability. Silicon Solution Company, Oki Electric Industry Co., Ltd. 2001

[13] JEP001A. Foundry Process Qualification Guidelines, February 2014

[14] 姚立真. 可靠性物理. 北京：电子工业出版社，2004

[15] Dieter K. Schroder, Jeff A. Babcock. Negative bias temperature instability: Road to cross in deep submicron silicon semiconductor manufacturing. JOURNAL OF APPLIED PHYSICS, 2003, 94(1):1

[16] Huard V, Denais M, Perrier F, et al. A thorough investigation of MOSFETs NBTI degradation. Microelectronics Reliability. 2005, 45(1):83

[17] 郝跃，刘红侠. 微纳米 MOS 器件可靠性与失效机理. 北京：科学出版社，2008

[18] 林晓玲，费庆宇. 闩锁效应对 CMOS 器件的影响分析. 重庆：中国电子学会可靠性分会第十二届学术年会论文选，2004

[19] Mil-Std-883H. 微电子器件试验方法与标准，2010

[20] http://www.docin.com/p-44809232.html

第6章

可靠性数据的统计分析基础

6.1 可靠性的定量表征

产品在规定的条件下和规定的时间内，完成规定功能的能力称为可靠性。这是 1957 年 AGREE 研究报告给出的可靠性定义。规定的时间：时间是可靠性的核心。通常而言，工作时间越长，可靠性越低，即产品的可靠性是时间的递减函数。规定的功能：它常用产品的诸项性能指标表示。若产品的性能指标都达到规范，则称该产品完成规定功能；否则，则称该产品丧失规定功能。规定的条件：它是指产品的使用条件，如环境条件、维护条件和操作技术等，同一产品在不同条件下工作表现出来的可靠性水平是不同的。能力：为了比较可靠性高低，对能力进行定量刻画。

产品丧失功能就称为失效。产品的寿命指产品从开始工作（$t=0$）到首次发生失效的工作时间，它是在 $(0,+\infty]$ 上取值的连续随机变量，常用 T 表示。它的分布称为失效分布或寿命分布，其分布函数 $F(t)=P(T<t)$ 称为累积失效分布函数，其概率密度函数 $p(t)=F'(t)$ 称为失效概率密度函数。由于寿命 T 的取值总是非负实数，故对 $t<0$ 时，$F(t)=0$ 和 $p(t)=0$。常用失效分布有指数分布、威布尔分布和对数正态分布。描述产品可靠性的常用指标有可靠度、失效率、平均寿命等。

产品在规定时间 t 内和规定的条件下，完成规定功能的概率称为产品的可靠度函数，简称可靠度，记为 $R(t)$，即

$$R(t)=P(T>t) \tag{6.1}$$

从上述表达式可知，可靠度函数的性质如下：

（1）产品的可靠度函数值随着使用时间增加而逐渐降低；

（2）当 $t=0$ 时，$R(0)=1$，即在零时刻产品总能正常工作；

（3）当 $t\to\infty$ 时，$R(t)\to 0$，即产品最终是要失效的；

（4）$R(t)+F(t)=1$。

可靠度函数 $R(t)$ 可以用频率去估计。设在 $t=0$ 时有 N 件产品开始工作，到 t 时刻有 $n(t)$ 件产品失效，仍有 $N-n(t)$ 件产品继续工作，则频率

$$\hat{R}(t) = \frac{N-n(t)}{N} = 1 - \frac{n(t)}{N} \tag{6.2}$$

可作为时刻 t 的可靠度函数 $R(t)$ 的估计值。

在时刻 t 内尚未失效的产品中，在时刻 t 后单位时间内失效的概率称为该产品在时刻 t 的失效率函数，简称为失效率，记为 $\lambda(t)$。

设在 $t=0$ 时有 N 个产品开始工作，到时刻 t 有 $n(t)$ 个产品失效，还有 $N-n(t)$ 个产品在继续工作。为了考虑时刻 t 后产品的失效情况，继续观察 Δt 时间。假如在时间 $(t,t+\Delta t)$ 内又出现了 Δn 个产品失效，那么在时刻 t 尚有 $N-n(t)$ 个产品继续工作的条件下，在时间 $(t,t+\Delta t)$ 内失效的频率为

$$\frac{\Delta n}{N-n(t)} = \frac{在时间(t,t+\Delta t)内失效的产品数}{在时刻t仍正常工作的产品数} \tag{6.3}$$

因此，产品工作到时刻 t 之后，每单位时间内发生的失效频率为

$$\hat{\lambda}(t) = \frac{\Delta n/(N-n(t))}{\Delta t} \tag{6.4}$$

当 N 越大，Δt 越小时，采用这个量作为时刻 t 的失效率估计就越准确。按照失效率定义，"产品在时刻 t 内尚未失效"可用事件"$T>t$"表示，"产品在时刻 t 后单位时间内失效"可用"$t<T\le t+\Delta t$"表示。于是产品工作到时刻 t 后，在 $(t,t+\Delta t]$ 内失效的概率可用条件概率 $P(t<T\le t+\Delta t|T>t)$ 表示。把此条件概率除以时间间隔 Δt 后，得到 Δt 的平均失效概率。令 $\Delta t \to 0$，就得到时刻 t 的失效率 $\lambda(t)$，即

$$\lambda(t) = \lim_{\Delta t \to 0} \frac{P(t<T\le t+\Delta t|T>t)}{\Delta t} \tag{6.5}$$

由条件概率性质，可知

$$P(t<T\le t+\Delta t|T>t) = \frac{P(t<T\le t+\Delta t,T>t)}{P(T>t)} = \frac{P(t<T\le t+\Delta t)}{P(T>t)} = \frac{F(t+\Delta t)-F(t)}{1-F(t)}$$

$$\tag{6.6}$$

所以，

$$\lambda(t) = \lim_{\Delta t \to 0} \frac{F(t+\Delta t)-F(t)}{\Delta t} \frac{1}{1-F(t)} = \frac{p(t)}{R(t)} = -\frac{R'(t)}{R(t)} \tag{6.7}$$

进一步可得

$$\ln R(t) = -\int_0^t \lambda(s)ds, R(t) = \exp\left\{-\int_0^t \lambda(s)ds\right\}$$

失效率的基本单位为菲特（Fit），它定义为 $1\text{Fit} = 10^{-9}h^{-1}$，可改写为

$$1\text{Fit} = \frac{1\text{个}}{1000\text{个} \times 10^6} h^{-1} = \frac{1\text{个}}{10000\text{个} \times 10^5} h^{-1}$$

则它表示每 1000 个产品工作 100 万个小时后只有 1 个失效，或者每 10000 个产品工作 10 万个小时后只有 1 个产品失效。

通常而言，产品的失效率 λ 是随时间变化的函数 $\lambda(t)$，如图 6.1 所示，

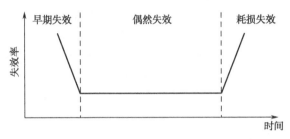

图 6.1　产品失效率浴盆曲线

该曲线称为浴盆曲线，它可以分为 3 段，对应着产品的 3 个时期。

（1）早期失效期。其特点是失效率较高，但随着工作时间的增加，失效率迅速降低。这一时期产品的失效原因大多是材料不均匀和制造工艺有缺陷等。如果生产过程中加强原材料检验、加强质量管理、提高操作人员技术水平，则可以大大减少早期失效的产品。同时，采用合理的筛选技术和加负荷试验，或者用其他方法将有缺陷的产品尽快暴露出来，使得剩下产品具有较低的失效率，产品就可以出厂交付使用。

（2）偶然失效期，又称随机失效期。该时期的失效率低且稳定，可以看作常数。

（3）耗损失效期。它是由于材料老化、疲劳、磨损而引起失效的，其特点是失效率急剧增加，大部分产品都会失效。

产品的平均寿命是产品可靠性的重要指标之一。若产品的失效概率密度函数为 $p(t)$，则其平均寿命就是其均值，即

$$E(T) = \int_0^{\infty} t p(t) dt \qquad (6.8)$$

 ## 6.2　寿命试验数据的统计分析

6.2.1　寿命试验概述

寿命试验指的是从一批产品中随机抽取 n 个产品组成一个样本，然后把此样本放在规定的试验条件下进行试验，观察和记录每个产品发生失效的时间，并对失效

数据进行统计分析。

从不同角度看，寿命试验有不同类型。例如，按场地进行划分，可分为现场寿命试验和模拟寿命试验。其中，现场寿命试验又称为外场试验，它是把产品放在实际使用条件下来获得失效数据的。现场寿命数据最真实反映了产品质量与可靠性，非常有价值，但是组织现场寿命试验工作繁重、耗时耗力。模拟寿命试验又称为实验室寿命试验，它是在实验室内模拟现场使用的主要工作环境和负载条件，如温度、湿度、洁净度、气压、振动电流和电压等。通常情况下，由于现场使用条件非常复杂，在实验室内不可能将所有现场工作条件都进行模拟，因此只能选择那些对产品寿命最有影响的一两项工作条件进行模拟。

按产品的失效样本数进行划分，可分为完全寿命试验和截尾寿命试验。完全寿命试验将 n 个投试样品试验到全部失效，所获得的 n 个失效数据称为完全样本。在完全样本基础上进行统计分析获得的可靠性指标也较为可靠，但是这种试验通常需要较长的试验时间。截尾寿命试验指的是将 n 个投试样品试验到部分失效就停止的试验。其中，截尾寿命试验又可进一步划分为定时截尾寿命试验和定数截尾寿命试验。

6.2.2　指数分布场合的统计分析

指数分布在可靠性试验及其统计分析中占有重要地位，主要是因为产品经过早期筛选后，其在偶然失效期的失效分布为指数分布；同时，指数分布是最简单的失效分布，其失效率为常数，与平均寿命互为倒数。指数分布的概率密度函数如下：

$$p(t) = \lambda e^{-\lambda t}, \quad t \geq 0 \tag{6.9}$$

其概率密度函数的曲线如图 6.2 所示（$\lambda = 0.2$）。其中，λ 为失效率，分布函数为 $F(t) = 1 - e^{-\lambda t}$，$t \geq 0$。均值为 $\theta = E(T) = 1/\lambda$，可靠度函数为 $R(t) = e^{-\lambda t}$，$t > 0$。

对于指数分布的统计分析，包含两个方面：参数估计和假设检验。对于参数估计，指的是在假定产品寿命服从指数分布的情况下，利用试验数据给出失效率的估计，它包括完全样本和定数截尾两种情形。而假设检验则包含参数检验、分布检验等内容，限于篇幅，这里只讨论分布检验。

对于完全样本情形，采用矩估计法求解指数分布的未知参数。假定产品寿命 T 服从指数分布。现随机抽取 n 个产品并在一定应力条件下进行寿命试验，其失效时间分别为 $t_1 \leq t_2 \leq \cdots \leq t_r$。该产品的寿命均值可以采用样本均值代替，即 $1/\hat{\lambda} = (t_1 + t_2 + \cdots + t_n)/n$。此时，其失效率估计为

$$\hat{\lambda} = n/(t_1 + t_2 + \cdots + t_n) \tag{6.10}$$

对于定数截尾情形，采用极大似然法求解指数分布的未知参数。假定产品寿命 T 服从指数分布。现随机抽取 n 个产品并在一定应力条件下进行定数截尾寿命试

验，约定当失效数目达到 r 个时则停止试验，所得定数截尾样本数为 $t_1 \leqslant t_2 \leqslant \cdots \leqslant t_r$，$r \leqslant n$。

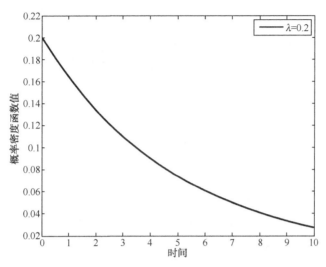

图 6.2　指数分布的概率密度函数

考虑样本的似然函数：

$$L(\lambda) = p(t_1, t_2, \cdots, t_r) = \frac{n!}{(n-r)!} \lambda^r e^{-\lambda T_r}, \quad t_1 \leqslant t_2 \leqslant \cdots \leqslant t_r \tag{6.11}$$

其中，$T_r = \sum_{i=1}^{r} t_i + (n-r)t_r$ 称为总试验时间。其对数似然函数为

$$\ln L(\lambda) = r \ln \lambda - \lambda T_r + k, k = n!/(n-r)! \tag{6.12}$$

对式（6.12）进行求导，可以得到失效率的估计表达式：

$$\hat{\lambda} = r/T_r \tag{6.13}$$

利用失效率 λ 的估计表达式，可以得到平均寿命 $\theta = 1/\lambda$ 的估计：

$$\hat{\theta} = \frac{T_r}{r} \tag{6.14}$$

当 $r = n$ 时，则上述参数估计问题退化为完全样本的参数估计问题。在完全样本情形下，失效率的极大似然估计与矩估计是一致的。此外，相关理论表明 $\hat{\theta} = T_r/r$ 是 θ 的无偏估计，$\hat{\lambda}$ 是 r/T_r 的有偏估计。

例 1：设某电子产品的寿命服从指数分布，随机抽取 20 只进行定数截尾试验，其中规定失效数为 10，试验结果为（单位：h）

980　1521　1908　2814　3545　3704　4561　5007　5809　6532

利用上述试验数据估计指数分布的未知参数。

解：由上述数据可知，$n=20$，$r=10$，试验停止时间为 $t_{10}=6532$，其总体试验时间为

$T_r =980+1521+1908+2814+3545+3704+4561+5007+5809+6532+10\times6532$，即 $T_r=$ 101701。于是，失效率的估计 $\hat{\lambda}=10/101701=9.8327\times10^{-5}\mathrm{h}^{-1}$。

对于指数分布的分布检验问题，采用格涅坚科检验方法进行分析。设产品寿命 T 服从指数分布。现随机抽取 n 个产品并在一定应力条件下进行定数截尾寿命试验，约定当失效数目达到 r 个时则停止试验，所得定数截尾样本数为 $t_1\leqslant t_2\leqslant\cdots\leqslant t_r$，$r\leqslant n$。记

$$s_i=(n-i+1)(t_i-t_{i-1})，\quad i=1,2,\cdots,r \tag{6.15}$$

其中，$t_0=0$。设产品寿命 T 的分布为 $F(t)$，要检验原假设，

$$\mathrm{H}_0:F(t)=1-\exp(-t/\theta)，\quad t>0 \tag{6.16}$$

其中，θ 是未知的产品平均寿命。在原假设 H_0 成立情形下，相关理论表明 $s_i/\theta\,(i=1,2,\cdots,r)$ 是相互独立的，且都服从标准指数分布，$2s_i/\theta$ 服从 $\chi^2(2)$ 分布。取 $r_1=[r/2]$，则考虑如下统计量：

$$F=\frac{\sum_{i=1}^{r_1}s_i/r_1}{\sum_{i=r_1+1}^{r}s_i/(r-r_1)} \tag{6.17}$$

在原假设 H_0 成立的情况下，F 服从自由度为 $2r_1$ 和 $2(r-r_1)$ 的 F 分布，它的取值不能太大，也不能太小。如果 F 的观测值太小，即分子取值比分母小，前面 r_1 个 $s_i\,(i=1,2,\cdots,r)$ 之和比后面 $r-r_1$ 个 $s_i(i=r_1+1,\cdots,r)$ 之和小，反映在寿命试验中失效时间有增长趋势，产品失效率可能是递减的，并不是常数；反之亦然。因此，对于给定的显著性水平 α，检验拒绝域为

$$W=\{F<F_{\alpha/2}(2r_1,2(r-r_1))\}\cup\{F>F_{1-\alpha/2}(2r_1,2(r-r_1))\} \tag{6.18}$$

例2：仍采用例 1 的数据，利用格涅坚科检验方法判定该电子产品的寿命是否服从指数分布。

解：由失效数据可得

$$s_1=19600,\quad s_2=10279,\quad s_3=6966,\quad s_4=15402,\quad s_5=11696$$
$$s_6=2385,\quad s_7=11998,\quad s_8=5798,\quad s_9=9624,\quad s_{10}=7953$$

此时，$r_1=\left[\dfrac{r}{2}\right]=5$，$F=\dfrac{\sum_{i=1}^{5}s_i/5}{\sum_{i=6}^{10}s_i/5}=1.6935$。

给定显著水平 $\alpha=0.10$，则由 F 分布表可知，

$$F_{0.95}(10,10) = 2.98 , \quad F_{0.05}(10,10) = 1/F_{0.95}(10,10) = 0.3356$$

由于 $F_{0.05}(10,10) < F < F_{0.95}(10,10)$，所以接受原假设，即认为该电子产品的寿命服从指数分布。

6.2.3 威布尔分布场合的统计分析

威布尔分布是可靠性分析领域的常用失效分布，许多电子和机械的元器件的失效分布都服从威布尔分布。威布尔分布的概率密度函数、分布函和失效率函数分别见式（6.19）。

其中，威布尔分布含有两个未知参数 η，m。η 称为特征寿命，m 称为形状参数。当 $m<1$ 时，早期失效较多；当 $m=1$ 时，威布尔分布即为指数分布，失效率为常数 $\lambda = 1/\eta$；当 $m>1$ 时，威布尔分布的概率密度函数呈单峰状态，失效率函数呈上升状态，m 越大，失效率上升速度愈快；当 $m>3$ 时，威布尔分布近似为对称状态，接近于正态分布。其概率分布曲线如图 6.3 所示

$$p(t) = \frac{m}{\eta}\left(\frac{t}{\eta}\right)^{m-1} \exp\left\{-\left(\frac{t}{\eta}\right)^{m}\right\}$$

$$F(t) = 1 - \exp\left\{-\left(\frac{t}{\eta}\right)^{m}\right\} \qquad t \geqslant 0 \qquad\qquad (6.19)$$

$$\lambda(t) = \frac{m}{\eta}\left(\frac{t}{\eta}\right)^{m-1}$$

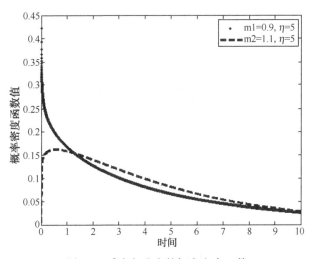

图 6.3 威布尔分布的概率密度函数

通过计算可以求得，

$$E(T) = \eta \Gamma \left(1 + \frac{1}{m} \right)$$

$$Var(T) = \eta^2 \left[\Gamma \left(1 + \frac{2}{m} \right) - \Gamma^2 \left(1 + \frac{1}{m} \right) \right]$$

(6.20)

其中，$\Gamma(s) = \int_0^{+\infty} x^{s-1} e^{-x} dx$。

对于威布尔分布的统计分析，其包含两个方面：参数估计和分布假设检验。对于参数估计，它指的是在假定产品寿命服从威布尔分布的情况下，利用试验数据给出失效率的估计，它包括完全样本和定数截尾两种情形。而分布假设检验则采用 Van Monfort 检验进行分析。

对于完全样本情形，采用矩估计方法估计威布尔分布的未知参数。即所有抽取的 n 个试验样本均已失效，其失效时间记为 $t_1, t_2, \cdots, t_n$。考虑采用矩估计方法求解威布尔分布的未知参数，由威布尔分布的数学期望和方差可得到威布尔分布的变异系数，

$$C_V = \frac{\sigma(T)}{E(T)} = \frac{\sqrt{\Gamma \left(1 + \frac{2}{m} \right) - \Gamma^2 \left(1 + \frac{1}{m} \right)}}{\Gamma \left(1 + \frac{1}{m} \right)}$$

(6.21)

其中，$\sigma(T)$、$E(T)$ 分别利用样本标准差 s 和均值 $\bar{t}$ 代替，从而可以得到变异系数的估计。进一步利用非线性方程方法（如二分法）得到 m 的估计值 $\hat{m}$。利用 $\eta = E(T) / \Gamma(1 + 1/m)$ 可以得到 η 的估计。

例3： 假定某种绝缘材料的寿命服从威布尔分布。现随机抽取 19 只样品，并在一定条件下进行寿命试验，其失效时间分别为

0.19　0.78　0.96　1.31　2.78　3.16　4.15　4.67　4.85　6.50

7.35　8.01　8.27　12.00　13.95　16.00　21.21　27.11　34.95

利用上述矩估计方法求解威布尔分布的参数（注：数据源于参考文献[1]第三章习题）。

解： 利用试验数据，分别计算样本的标准差、均值和变异系数

$$s = 9.5509，\quad \bar{t} = 9.3789，\quad C_V = 1.0183$$

于是，参数估计问题转化为下述非线性方程 $f(m) = 0$ 求根问题：

$$f(m) = \frac{\sqrt{\Gamma \left(1 + \frac{2}{m} \right) - \Gamma^2 \left(1 + \frac{1}{m} \right)}}{\Gamma \left(1 + \frac{1}{m} \right)} - 1.0183 = 0$$

(6.22)

利用二分法，可得到非线性方程的根为 $\hat{m} = 0.982$。所以，$\hat{\eta} = \bar{t} / \Gamma(1 + 1/\hat{m}) = 9.3055$。

对于定数截尾情形，采用极大似然法估计威布尔分布的未知参数。现随机抽取 n 个产品并在一定应力条件下进行定数截尾寿命试验，约定当失效数目达到 r 个时则停止试验，所得定数截尾样本数为 $t_1 \leqslant t_2 \leqslant \cdots \leqslant t_r$，$r \leqslant n$。

考虑采用威布尔分布的另一种形式，其概率密度函数与分布函数分别为

$$p(t) = \frac{m}{\beta} t^{m-1} \exp\left\{ -\frac{t^m}{\beta} \right\} \qquad t \geqslant 0$$

$$F(t) = 1 - \exp\left\{ -\frac{t^m}{\beta} \right\}$$

(6.23)

其中，m 为形状参数，$\beta = \eta^m$ 为尺度参数。考虑样本的似然函数

$$L(m, \beta) = \frac{m^r}{\beta^r} \prod_{i=1}^{r} t_i^{m-1} \exp\left\{ -\frac{1}{\beta} \left[\sum_{i=1}^{r} t_i^m + (n-r)t_r^m \right] \right\}$$

(6.24)

其对数似然函数为

$$\ln L(m, \beta) = r \ln m - r \ln \beta + (m-1) \sum_{i=1}^{r} \ln t_i - \frac{1}{\beta} \sum_{i=1}^{r} t_i^m + (n-r)t_r^m$$

(6.25)

分别对 m、β 进行求偏导数，可得到：

$$\frac{\partial \ln L(m, \beta)}{\partial m} = \frac{r}{m} + \sum_{i=1}^{r} \ln t_i - \frac{1}{\beta} \left(\sum_{i=1}^{r} t_i^m \ln(t_i) + (n-r)t_r^m \ln(t_r) \right)$$

$$\frac{\partial \ln L(m, \beta)}{\partial \beta} = -\frac{r}{\beta} + \frac{1}{\beta^2} \left(\sum_{i=1}^{r} t_i^m + (n-r)t_r^m \right)$$

(6.26)

令 $\partial \ln L(m, \beta)/\partial \beta = 0$，则可以得到 β 的估计

$$\hat{\beta} = \frac{1}{r} \left(\sum_{i=1}^{r} t_i^m + (n-r)t_r^m \right)$$

(6.27)

对于未知参数 m，可以利用数值方法（如牛顿法）求解下述非线性方程：

$$\frac{\sum\limits_{i=1}^{r} t_i^m \ln(t_i) + (n-r)t_r^m \ln(t_r)}{\sum\limits_{i=1}^{r} t_i^m + (n-r)t_r^m} - \frac{1}{m} = \frac{1}{r} \sum_{i=1}^{r} \ln t_i$$

(6.28)

例 4：假定某产品的寿命服从威布尔分布。现随机抽取 60 个样品进行试验，试验进行到 30 个产品失效停止。观察到 30 个失效时间为（单位：h）

1	9	18	21	24	29	34	43	48	48
50	60	62	63	67	67	84	100	102	111
114	116	116	117	118	133	135	139	163	171

利用极大似然方法求解威布尔分布的参数（注：数据源于参考文献[1]第三章习题）。

解：利用上述数据，对于 m 值的求解可以转化为如下非线性方程

$$f(m) = \frac{\sum_{i=1}^{r} t_i^m \ln(t_i) + (n-r)t_r^m \ln(t_r)}{\sum_{i=1}^{r} t_i^m + (n-r)t_r^m} - \frac{1}{m} - 4.0502 = 0 \tag{6.29}$$

采用二分法可得到上述方程的根 $m = 1.0851$，于是

$$\hat{\beta} = (\sum_{i=1}^{r} t_i^m + (n-r)t_r^m)/r = 381.1$$

除了上述极大似然方法之外，还有威布尔概率纸和同变估计等方法由于估计威布尔分布的未知参数，详见参考文献[1,2]。

对于威布尔分布检验问题，采用 Van Monfort 检验进行分析。现随机抽取 n 个产品并在一定应力条件下进行定数截尾寿命试验，约定当失效数目达到 r 个时则停止试验，所得定数截尾样本数为 $t_1 \leq t_2 \leq \cdots \leq t_r$，$r \leq n$。

设产品寿命 T 的分布为 $F(t)$，要检验原假设

$$H_0 : F_0(t) = 1 - \exp\left(-\left(\frac{t}{\eta}\right)^m\right), \quad t > 0 \tag{6.30}$$

其中，m、η 是未知参数。

设 $X_i = \ln t_i$，$Z_i = (X_i - \mu)/\sigma$，$\mu = \ln \eta$，$\sigma = 1/m$。则在原假设 H_0 成立下，$X_1 \leq X_2 \leq \cdots \leq X_r$ 是极值分布 $F_X(x) = 1 - \exp\left(-\exp\left(\frac{x-\mu}{\sigma}\right)\right)$ 的前 r 个次序统计量，即 $Z_1 \leq Z_2 \leq \cdots \leq Z_r$，且 $E(Z_i)$ $(i = 1, 2, \cdots, r)$（可查参数文献[6]）。考虑如下统计量：

$$Y_i = \frac{X_{i+1} - X_i}{E(Z_{i+1}) - E(Z_i)}, \quad i = 1, 2, \cdots, r-1 \tag{6.31}$$

相关理论表明 Y_i 渐近独立且服从标准指数分布，取 $r_1 = [r/2]$，则统计量

$$W = \frac{\sum_{i=r_1+1}^{r-1} Y_i/(r-r_1-1)}{\sum_{i=1}^{r_1} Y_i/r_1} \tag{6.32}$$

在原假设 H_0 成立下，W 近似服从自由度为 $2(r-r_1-1)$ 和 $2r_1$ 的 F 分布，它的取值不能太大，也不能太小。因而，对于给定的显著性水平 α，双侧假设检验的拒绝域为

$$W = \{F < F_{\alpha/2}(2(r-r_1-1), 2r_1)\} \cup \{F > F_{1-\alpha/2}(2(r-r_1-1), 2r_1)\} \tag{6.33}$$

例 5：随机选择某产品的 20 只样品进行试验，当失效个数为 10 时则停止试

验。其中，这 10 只样品的失效时间分别为（单位：h）：

| 10 | 17 | 23 | 31 | 44 | 49 | 54 | 58 | 63 | 72 |

利用 Van Monfort 检验方法说明该产品的寿命是否服从威布尔分布。

解：根据上述数据，可得

表 6.1 Van Monfort 检验方法

i	t_i		$X_i = \ln t_i$	$a_i = X_{i+1} - X_i$	$E(Z_i)$	$b_i = E(Z_{i+1})$ $-E(Z_i)$	$Y_i = a_i / b_i$
1	10	17	2.3026	0.5306	-3.5729	1.0258	0.5173
2	23	31	2.8332	0.3023	-2.5471	0.5271	0.5735
3	44	49	3.1355	0.2985	-2.0200	0.3616	0.8255
4	54	58	3.4340	0.3502	-1.6584	0.2798	1.2516
5	63	72	3.7842	0.1076	-1.3786	0.2315	0.4649
6	—		3.8918	0.0972	-1.1471	0.1999	0.4861
7	—		3.9890	0.0715	-0.9472	0.1781	0.4012
8	—		4.0604	0.0827	-0.7691	0.1627	0.5082
9	—		4.1431	0.1335	-0.6064	0.1516	0.8808
10	—		4.2767	—	-0.4548	—	—

其中，$E(Z_i)$（$i=1,2,\cdots,10$）可通过查表得到，参见参考文献[6]。取 $r_1 = [r/2] = 5$，于是

$$W = \frac{\sum_{i=6}^{9} Y_i / (r - r_1 - 1)}{\sum_{i=1}^{5} Y_i / r_1} = 0.7833$$

取显著性水平 $\alpha = 0.10$，利用 F 分布可得检验临界值：

$$F_{1-\alpha/2}(2(r-r_1-1), 2r_1) = F_{0.95}(8,10) = 3.35$$
$$F_{\alpha/2}(2(r-r_1-1), 2r_1) = F_{0.05}(8,10) = 1/F_{0.95}(8,10) = 0.2985$$

由于 $F_{0.05}(8,10) < W < F_{0.95}(8,10)$，因此不拒绝原假设，即认为该分布服从威布尔分布。

6.2.4 对数正态分布场合的统计分析

对数正态分布是可靠性统计常用的分布，它的概率密度函数与分布函数如下：

$$p(t) = \frac{1}{\sqrt{2\pi}\sigma t} t^{m-1} \exp\left\{ -\frac{(\ln t - \mu)^2}{2\sigma^2} \right\}$$

$$F(t) = \int_{-\infty}^{t} p(s)ds$$

（6.34）

记为 $LN(\mu,\sigma^2)$，其曲线如图 6.4 所示。

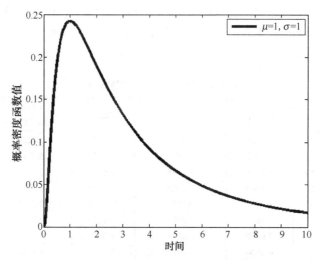

图 6.4 对数正态分布的概率密度函数

计算可得，其均值、方差和 p 分位数分别为

$$E(T) = \exp\{\mu + \sigma^2/2\}$$
$$Var(T) = \exp\{2\mu + \sigma^2\}(\exp(\sigma^2) - 1) \qquad (6.35)$$
$$t_p = \exp\{\mu + \sigma\mu_p\}$$

其中，μ_p 为标准正态分布的 p 分位数。对于对数正态分布的统计分析，其仍包含两个方面：参数估计和分布假设检验。对于参数估计，它指的是在假定产品寿命服从对数正态分布的情况下，利用试验数据给出失效率的估计，它包括完全样本和定数截尾两种情形。对于分布假设检验问题，先将对数正态分布转化为标准正态分布，然后分别考虑图检验、夏皮罗－威尔克（Shapiro－Wilk）检验（$8 \leqslant n \leqslant 50$）和爱泼斯－普利（Epps－Pully）检验进行分析。

对于完全样本情形，分别采用矩估计和极大似然估计方法。例如，矩估计方法可以表述为由变异系数 C_V 和中位数 $t_{0.5}$ 组成的表达式

$$C_V^2 = \exp(\sigma^2) - 1$$
$$t_{0.5} = \exp(\mu) \qquad (6.36)$$

利用样本均值 $\bar{t}$、样本方差 s^2 和样本中位数 $t_{0.5}$，计算得到：

$$\hat{\sigma}^2 = \ln(1 + C_V^2) = \ln\left(1 + \frac{s^2}{\bar{t}^2}\right) \qquad (6.37)$$

$$\hat{\mu} = \ln t_{0.5}$$

例 6：假定某产品的寿命服从对数正态分布 $LN(\mu,\sigma^2)$。随机选择某产品的 20

只样品进行试验，其失效时间分别为（单位：h）

22　　34　　122　　131　　132　　230　　234　　300　　379　　426

517　　804　　986　　2244　　2519　　2708　　3102　　7751　　22164　　66842

利用上述矩方法估计该产品的寿命分布的参数。

解：根据上述样本数据，可以得到 $s^2 = 2.3299 \times 10^8$，$\bar{t} = 5.5824 \times 10^3$，$\hat{t}_{0.5} = 471.5$。于是，$\hat{\sigma}^2 = 2.1373$，$\hat{\mu} = 6.1559$。因此，该产品的寿命平均值和方差分别为 1.3727×10^3、1.4088×10^7。

对于完全样本情形，其极大似然估计方法可表述为：设（$t_1, t_2, \cdots, t_n$）来自对数正态分布 $LN(\mu, \sigma^2)$，经过对数正态分布 $x_i = \ln t_i$ 后，（$x_1, x_2, \cdots, x_n$）服从正态分布 $N(\mu, \sigma^2)$。则 μ，σ^2 的极大似然估计为

$$\hat{\mu} = \frac{1}{n} \sum_{i=1}^{n} \ln t_i = \frac{1}{n} \sum_{i=1}^{n} x_i = \bar{x}$$

$$\hat{\sigma}^2 = \frac{1}{n} \sum_{i=1}^{n} (\ln t_i - \hat{\mu})^2 = \frac{1}{n} \sum_{i=1}^{n} (x_i - \bar{x})^2$$

（6.38）

例7：仍采用例6的数据，利用极大似然方法估计该产品的寿命分布的参数。

解：根据上述样本数据，可得 $\hat{\sigma}^2 = 3.9660$，$\hat{\mu} = 6.5582$。因此，该产品的寿命平均值和方差分别为 5.1215×10^3、1.358×10^9。

对于定数截尾情形，采用极大似然方法进行参数估计。设 $t_1 \leq t_2 \leq \cdots \leq t_r$（$r < n$）是来自对数正态分布 $LN(\mu, \sigma^2)$ 的定数截尾样本，经过对数正态变换 $x_i = \ln t_i$ 后，可得到来自正态分布 $N(\mu, \sigma^2)$ 的定数截尾样本 $x_1 \leq x_2 \leq \cdots \leq x_r$。记 $\varphi(\cdot)$，$\Phi(\cdot)$ 为标准正态分布的密度函数和分布函数，于是该定数截尾样本的似然函数为

$$L \propto \left[\prod_{i=1}^{r} \frac{1}{\sigma} \varphi\left(\frac{x_i - \mu}{\sigma} \right) \right] \left[1 - \Phi\left(\frac{x_r - \mu}{\sigma} \right) \right]^{n-r}$$

（6.39）

其对数似然函数为

$$\ln L = k - r \ln \sigma - \frac{1}{2\sigma^2} - \frac{1}{2\sigma^2} \sum_{i=1}^{r} (x_i - \mu)^2 + (n-r) \ln(1 - \Phi(\xi))$$

（6.40）

其中，k 是与参数 μ、σ 无关的常数；$\xi = (x_r - \mu)/\sigma$。对其求偏导数，可得：

$$\frac{\partial \ln L}{\partial \mu} = \frac{1}{\sigma^2} \sum_{i=1}^{r} (x_i - \mu) + \frac{(n-r)\varphi(\xi)/\sigma}{1 - \Phi(\xi)}$$

$$\frac{\partial \ln L}{\partial \sigma} = -\frac{r}{\sigma} + \frac{1}{\sigma^3} \sum_{i=1}^{r} (x_i - \mu)^2 + \frac{(n-r)\varphi(\xi)}{1 - \Phi(\xi)} \frac{x_r - \mu}{\sigma^2}$$

（6.41）

对于上述两个方程，无显式解，可采用数值计算方法求解。因求解过程比较烦琐，从略。

对于对数正态分布的检验问题，先将对数正态分布转化为标准正态分布，然后

分别考虑图检验、夏皮罗-威尔克（Shapiro-Wilk）检验（$8 \leqslant n \leqslant 50$）和爱泼斯-普利（Epps-Pully）检验进行分析。

正态性的图检验法是通过正态概率纸实现的。正态概率纸是一种具有特殊刻度的坐标纸，其横坐标是等间隔刻度，纵坐标是正态分布分位数 $t_p = F^{-1}(p)$ 的刻度，但标以累积概率 $F(t_p) = p$，其中 $F(t)$ 是正态分布函数。在这概率纸上，任一正态分布函数均呈上升直线趋势，这是因为任一正态分布函数 $\Phi((t - \mu)/\sigma)$ 的反函数可以表示为观测值 t 的线性函数，其斜率 σ^{-1} 为正，且

$$\Phi^{-1}(p) = \frac{t}{\sigma} - \frac{\mu}{\sigma} \tag{6.42}$$

其中，反函数 $\Phi^{-1}(p)$ 就是 p 分位数。

下面介绍采用正态概率纸作为正态性检验的方法，详细过程可以采用国家标准 GB/T 4882—2001。正态概率纸可用来检验一组样本数据（$t_1, t_2, \cdots, t_n$）是否来自正态分布，具体步骤如下：

（1）将样本失效时间进行排序：$t_{(1)} \leqslant t_{(2)} \leqslant \cdots \leqslant t_{(n)}$；

（2）点 $t_{(k)}$ 处的累积概率 $F(t_{(k)}) = P(T \leqslant t_{(k)})$ 用修正概率 $(k - 3/8)/(n + 1/4)$ 去估计；

（3）把如下 n 个点描在正态概率纸上

$$\left(t_{(1)}, \frac{1 - 3/8}{n + 1/4} \right), \quad \left(t_{(2)}, \frac{2 - 3/8}{n + 1/4} \right), \quad \cdots, \quad \left(t_{(n)}, \frac{n - 3/8}{n + 1/4} \right) \tag{6.43}$$

（4）采用目测方法判断。若 n 个点近似在一条直线附近，则认为该样本来自某正态总体；若 n 个点明显不在一直线附近，则认为该样本来自非正态总体。

正态性的图检验法的优点是简单、直观，还可以采用正态概率纸估计均值与标准差。但不足之处是其不是严格的定量方法，同时当样本量小于 8 时，偏离正态性的效果非常差。

由于正态分布的重要性，统计学家提出了多种更加严格的定量化正态性检验方法，其中夏皮罗-威尔克（Shapiro-Wilk）检验（$8 \leqslant n \leqslant 50$）和爱泼斯-普利（Epps-Pully）检验（$n \geqslant 8$）功效较大，成为国家标准 GB/T4882—2001。下面对这两种方法进行简述：

Shapiro－Wilk 检验又称为 W 检验，它在完全样本下使用样本量在 8～50 之间。对于样本量小于 8 的正态性检验功效较低，而对于样本量大于 50 时所用的数表难于编制。W 检验所检验假设为

$$H_0 : 总体为正态分布$$

其检验步骤如下：

（1）将样本失效时间进行排序：$t_{(1)} \leqslant t_{(2)} \leqslant \cdots \leqslant t_{(n)}$。

（2）计算检验统计量

$$W = \frac{s^2}{nm_2} \tag{6.44}$$

其中，$m_2 = \sum_{k=1}^{n}(t_{(k)} - \bar{t})^2 / n; s = \sum_{k=1}^{[n/2]} a_k (t_{(n+1-k)} - t_{(k)})$；$a_k$ 可根据 n 大小从参考文献 [6]的附表 6 查得。

（3）对于给定的显著性水平 α 和样本量 n，从表 6.2 查得统计量 W 的 α 分位数 W_α。

表 6.2　夏皮罗-威尔克检验统计量 W 的 p 分位数

n	p		n	p	
	0.01	0.05		0.01	0.05
1	—	—	26	0.891	0.920
2	—	—	27	0.894	0.923
3	—	—	28	0.896	0.924
4	—	—	29	0.898	0.926
5	—	—	30	0.900	0.927
6	—	—	31	0.902	0.929
7	—	—	32	0.904	0.930
8	0.749	0.818	33	0.906	0.931
9	0.746	0.829	34	0.908	0.933
10	0.781	0.842	35	0.910	0.934
11	0.792	0.850	36	0.912	0.935
12	0.805	0.859	37	0.914	0.936
13	0.814	0.866	38	0.916	0.938
14	0.825	0.874	39	0.917	0.939
15	0.835	0.881	40	0.919	0.940
16	0.844	0.887	41	0.920	0.941
17	0.851	0.892	42	0.922	0.942
18	0.858	0.901	43	0.923	0.943
19	0.863	0.905	44	0.924	0.944
20	0.868	0.908	45	0.926	0.945
21	0.873	0.911	46	0.927	0.945
22	0.878	0.914	47	0.928	0.946
23	0.881	0.914	48	0.929	0.947
24	0.884	0.916	49	0.929	0.947
25	0.888	0.918	50	0.930	0.947

（4）若 $W \leqslant W_\alpha$，则拒绝原假设 H_0，即总体不是正态分布；若 $W > W_\alpha$，则接受原假设 H_0。

例8： 随机选择某产品的 10 只样品进行试验，其失效时间分别为（单位：h）

38　107　112　146　163　167　179　213　219　263

利用 W 检验法验证该产品的寿命是否服从正态分布。

解： 根据上述试验数据，可以得到：

$$m_2 = \sum_{k=1}^{n}(t_{(k)} - \bar{t})^2 / n = 3.7506 \times 10^3$$

$$s = \sum_{k=1}^{[n/2]} a_k(t_{(n+1-k)} - t_{(k)}) = 191.8096$$

$$W = s^2 / (nm_2) = 0.9809$$

由夏皮罗-威尔克检验表可知 $W_{0.05} = 0.842$，即 $W_{0.05} < W$。因此，该产品的寿命服从正态分布。

爱泼斯-普利检验（EP 检验）是利用样本的特征函数与正态分布的特征函数之差的模的平方产生的一个加权积分进行检验的。该检验方法在 $n>8$ 时具有较高功效，在 $n<8$ 时不太有效。EP 检验所检验的原假设如下：

$$H_0 : 总体为正态分布$$

其检验步骤如下：

（1）由样本 $t_1, t_2, \cdots, t_n$ 计算样本均值 $\bar{x}$ 和样本的二阶中心矩 m_2；

$$\bar{t} = \sum_{j=1}^{n} t_j / n; \quad m_2 = \sum_{j=1}^{n}(t_j - \bar{t})^2 / n \tag{6.45}$$

（2）计算中间量 A 与 B，其中

$$A = \sum_{j=1}^{n} \exp\left\{-\frac{(t_j - \bar{t})^2}{4m_2}\right\}; \quad B = \sum_{k=2}^{n} \sum_{j=1}^{k-1} \exp\left\{-\frac{(t_j - t_k)^2}{2m_2}\right\} \tag{6.46}$$

（3）计算 EP 统计量

$$T_{EP} = 1 + \frac{n}{\sqrt{3}} + \frac{2}{n}B - \sqrt{2}A \tag{6.47}$$

（4）对于给定的显著性水平 α 和样本量，从表 6.3 上查得检验统计量 T_{EP} 的 $1-\alpha$ 分位数 $T_{EP,1-\alpha}$。

（5）判断：若 $T_{EP} \geqslant T_{EP,1-\alpha}$，则拒绝原假设 H_0，即总体不是正态分布；若 $T_{EP} < T_{EP,1-\alpha}$，则接受原假设 H_0。

表6.3　EP 检验统计量 T_{EP} 的 p 分位数

n	p			
	0.90	0.95	0.975	0.99
8	0.271	0.347	0.426	0.526
9	0.275	0.350	0.428	0.537
10	0.279	0.357	0.437	0.545
15	0.284	0.366	0.447	0.560
20	0.287	0.368	0.450	0.564
30	0.288	0.371	0.459	0.569
50	0.290	0.374	0.461	0.574
100	0.291	0.376	0.464	0.583
200	0.290	0.379	0.467	0.590

例 9：仍采用例 8 的数据，利用 EP 检验法验证该产品的寿命是否服从正态分布。

解：根据上述试验数据，可以得到：$\bar{t} = 160.7$，$m_2 = 3.7506 \times 10^3$，$A = 8.1345$，$B = 7.9499$。

于是，$T_{EP} = -3.1405$。由 EP 检验表可知 $T_{EP,0.05} = 0.357$，即 $T_{EP,0.05} > T_{EP}$。因此，该产品的寿命服从正态分布。

6.3 恒定加速寿命试验数据的统计分析

6.3.1　加速寿命试验概述

随着生产技术发展以及用户对产品质量的要求越来越高，高可靠长寿命的产品越来越多，受试样品在短时间内难以出现失效问题，因此完全的寿命试验和截尾寿命试验都不能适应这种趋势。为此，我们需要将试验条件变得更加严酷，以提高工作应力，这样产品失效个数就会增加。如果需进一步缩短试验时间，在加速寿命试验中还可以考虑截尾寿命试验。利用加速寿命试验的分析结果，并结合加速模型，可获得在正常工作应力条件下产品的可靠性指标，如平均寿命、中位寿命、特征寿命、可靠度等。

通常情况下，加速寿命试验大致分为 3 类：恒定应力、步进应力和序进应力的加速寿命试验。下面就这 3 种加速寿命试验作一个简要介绍。

恒定应力加速寿命试验简称恒加试验：选定一组加速应力水平 $S_1 < S_2 < \cdots < S_k$，它

们都高于正常应力水平 S_0。然后，将一定数量的样品分为 k 组，每组在一个加速应力水平下进行寿命试验，直到各组均有一定数量的样品发生失效为止，如图 6.5 所示。为了缩短寿命试验时间，每个寿命试验常采用截尾寿命试验。

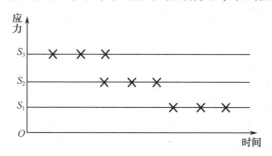

图 6.5　恒定应力加速寿命试验的示意图

步进应力加速寿命试验简称步加试验：选定一组加速应力水平 $S_1 < S_2 < \cdots < S_k$，它们都高于正常应力水平 S_0。试验开始时，把一定数量的样品都放置在应力水平 S_1 下进行寿命试验。经过一段时间 τ_1，把应力提高到 S_2，将尚未失效的样品放置在 S_2 下继续进行寿命试验，试验截止时间为 τ_2。如此不断继续，直到有一定数量的样品发生失效为止，如图 6.6 所示。

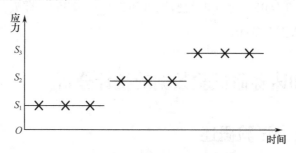

图 6.6　步进应力加速寿命试验的示意图

序进应力加速寿命试验简称序加试验。它与步进应力加速试验的思路相近，不同之处在于该类试验时间的加速应力水平随着时间连续上升。其中，最简单的应力上升曲线是直线，如图 6.7 所示。

由上述讨论可知：（1）恒定应力加速寿命试验操作简单，但试验时间较长；（2）步进应力加速寿命试验和序进应力加速寿命试验能够有效缩短寿命试验时间，但试验操作和数据分析比较复杂。在实际应用过程中，因恒定应力加速寿命试验应用最广泛，下面主要讨论其数据处理方法。

同时，我们对加速模型进行简要介绍。加速寿命试验的基本思想是利用高应力下的寿命特征去外推正常应力水平下的寿命特征，其关键在于建立寿命特征与应力水平之间的关系，这个关系称为加速模型或加速方程。其中，寿命特征指标主要有平均寿命、中位寿命、p 分位寿命等。这些寿命指标与应力水平通常以非线性函数进行描述。在加速试验中，常考虑采用温度应力和电应力进行加速。下面分别介绍这两种应力的加速模型。

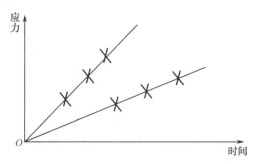

图 6.7　序进应力加速寿命试验的示意图

在加速寿命试验中，以温度作为加速应力，其加速模型常采用下述模型进行建模：

$$\xi = A \exp\left(\frac{E_a}{kT}\right) \tag{6.48}$$

上述模型称为阿伦纽斯模型，ξ 是某个寿命指标（如平均寿命）；A 是一个常数；E_a 是激活能（单位为 eV）；k 是玻耳兹曼常数（等于 8.6174E-5eV/K）；T 为绝对温度。

对于阿伦纽斯模型，两边取对数，可得到：

$$\ln \xi = a + b/T \tag{6.49}$$

其中，$a = \ln A$，$b = E_a/k$ 为模型待定参数。该模型表明，寿命特征的对数是温度倒数的线性函数。通常而言，利用多组温度（一般不少于 3 组）的试验数据，并采用最小二乘算法可以确定未知参数。

在加速寿命试验中，电应力（如电压、电流、功率等）也常被作为加速应力。例如，产品的某些寿命特征与电压应力条件满足如下关系：

$$\xi = AV^{-c} \tag{6.50}$$

上述模型称为逆幂律模型，它表示产品的某寿命特征是应力 V 的负幂函数。其中，ξ 是某寿命特征（如平均寿命、中位寿命、特征寿命等），A、c 是待定常数。

对于负幂律模型，两边取对数，可得到：

$$\ln \xi = a + b \ln V \tag{6.51}$$

其中，$a = \ln A$，$b = -c$ 为模型待定参数。该模型表明，寿命特征的对数是电应力对数的线性函数。通常而言，利用多组电应力（一般不少于 3 组）的试验数据，并采用最小二乘算法可以确定未知参数。

更一般地，将寿命特征 ξ 与应力 S 的函数关系表述为

$$\ln \xi = a + b\varphi(S) \qquad (6.52)$$

其中，ξ 是某寿命特征（如平均寿命、中位寿命、特征寿命等）；S 是应力水平；$\varphi(S)$ 为应力水平 S 的函数；a、b 为待定参数。当产品的寿命服从指数分布 $\exp(\lambda)$ 时，常将平均寿命 $1/\lambda$ 作为寿命特征；当产品的寿命服从威布尔分布 $Wei(m, \eta)$ 时，常将特征寿命 η 作为寿命特征；当产品的寿命服从对数正态分布 $LN(\mu, \sigma^2)$ 时，常用中位寿命 $t_{0.5}$ 作为寿命特征。

此外，加速系数是加速寿命试验的一个重要参数，它是正常应力水平下某种寿命特征与加速应力水平下相应寿命特征的比值，其严格定义如下：

设某产品在正常应力水平 S_0 下特征寿命为 ξ_0，在加速应力水平 S_i 下的特征寿命为 ξ_i，则两个特征寿命之比为

$$\zeta_{S_i \sim S_0} = \frac{\xi_0}{\xi_i} \qquad (6.53)$$

称为加速应力水平 S_i 对正常应力水平 S_0 的加速系数，简称 S_i 对 S_0 的加速系数，又称为加速因子。加速系数常用于产品的可靠性筛选、可靠性鉴定等场合，它反映了加速寿命试验中某一加速应力水平效果的量，这个量一般大于 1。当加速系数接近 1 时，则加速应力没有起到很大的加速作用。

特别地，当产品的失效分布服从指数分布 $\exp(\lambda)$ 时，采用平均寿命作为特征寿命，其 S_i 对 S_0 的加速系数为 $\zeta_{S_i \sim S_0} = \theta_0 / \theta_i = \lambda_i / \lambda_0$；当产品的失效分布服从威布尔分布 $Wei(m, \eta)$ 时，其特征寿命为 η，则 S_i 对 S_0 的加速系数为 $\zeta_{S_i \sim S_0} = \eta_0 / \eta_i$；当产品的失效分布服从对数正态分布 $LN(\mu, \sigma^2)$ 时，特征寿命为中位寿命，则 S_i 对 S_0 的加速系数为 $\zeta_{S_i \sim S_0} = t_{0.5,0} / t_{0.5,1}$。

6.3.2　指数分布场合的统计分析

对某失效分布为指数分布的产品进行恒定应力加速寿命试验，其试验安排如下：

（1）确定正常应力水平 S_0 和 k 个加速应力水平 $S_1, S_2, \cdots, S_k$，且 $S_1 < S_2 < \cdots < S_k$；

（2）从一批产品中抽取 n 个产品，并分为 k 组样本，其样本量分别为 $n_1, n_2, \cdots, n_k$，且 $n_1 + n_2 + \cdots + n_k = n$，其中第 i 个样本安排在应力 S_i 下进行寿命试验；

（3）在 k 个加速应力水平下分别进行定数截尾试验。设在应力 S_i 下 n_i 个样品中有 r_i 个产品失效，其失效时间分别为 $t_{i1} \leqslant t_{i2} \leqslant \cdots \leqslant t_{ir_i}$。

在定数截尾情形下，指数分布场合恒加试验数据的统计分析在如下两个基本假

设下进行：

① 在正常应力水平 S_0 和加速应力水平 $S_1 < S_2 < \cdots < S_k$ 下产品的寿命分布都是指数分布，其分布函数分别为

$$F_i(t) = 1 - \exp(-t/\theta_i)，\quad t \geq 0，i = 1,2,\cdots,k \tag{6.54}$$

其中，θ_i 为在应力 S_i 下产品的平均寿命。

② 产品的平均寿命 θ_i 与加速应力水平 S_i 满足加速模型：

$$\ln\theta_i = a + b\varphi(S_i)，\quad i = 1,2,\cdots,k \tag{6.55}$$

其中，a、b 为未知参数，$\varphi(S)$ 是 S 的已知函数。对于恒定应力加速寿命试验数据的统计分析步骤如下：

（1）利用几组高应力数据（至少 3 组）获得未知参数 a、b 的估计值；

（2）利用②外推正常应力水平 S_0 下的平均寿命 θ_0；

（3）根据①获得在应力水平 S_0 下的指数分布，从而获得 S_0 下各种可靠性指标。

例 10：随机选择某电子产品的 30 只样品，将其平均分为 3 组，分别在 1000℃、1050℃、1100℃进行加速试验，其失效时间分别为（单位：h）

第 1 组（1000℃）：38　107　112　146　163　167　179　213　219　263；

第 2 组（1050℃）：21　44　51　64　69　75　87　92　95　98；

第 3 组（1100℃）：12　18　27　30　38　43　46　55　57　66；

求：在正常工作温度下（900℃）该电子产品的平均寿命。

解：利用极大似然法，求得 3 组试验样本平均寿命分别为（单位：h）160.7、69.6、39.2。此时，在 1000、1050、1100℃下，该电子产品的失效率分别为 0.0062、0.0144、0.0255。再根据阿伦纽斯方程，可知：

$$\begin{bmatrix} \ln(160.7) \\ \ln(69.6) \\ \ln(39.2) \end{bmatrix} = \begin{bmatrix} 1 & 1/(1000+273) \\ 1 & 1/(1050+273) \\ 1 & 1/(1100+273) \end{bmatrix} \begin{bmatrix} a \\ b \end{bmatrix} \tag{6.56}$$

利用最小二乘算法，求得：$\hat{a} = -14$，$\hat{b} = 24706$。于是，在正常工作温度下（900℃），该电子产品的平均寿命为 $\exp(-14 + 24706/(900+273)) = 1167(\text{h})$。

6.3.3　威布尔分布场合的统计分析

对某失效分布为威布尔分布的产品进行恒定应力加速寿命试验，其试验安排同指数分布场合。设在应力水平下 S_i 下 n_i 个样品有 r_i 个失效，其失效数据为 $t_{i1} \leq t_{i2} \leq \cdots \leq t_{ir_i}$。在定数截尾情形下，威布尔分布场合恒定应力加速寿命试验数据的统计分析需要满足如下 3 个基本假定：

A1　在正常应力水平 S_0 和加速应力水平 $S_1 < S_2 < \cdots < S_k$ 下产品的寿命分布都服从

威布尔分布 $Wei(m_i, \eta_i)$ ，其分布函数为

$$F_i(t) = 1 - \exp\left(-\left(\frac{t}{\eta_i}\right)^{m_i}\right) ， \quad t > 0 ， \quad i = 1, 2, \cdots, k \tag{6.57}$$

其中， $m_i > 0$ ， $\eta_i > 0$ 。

A2 在正常应力水平 S_0 和加速应力水平 $S_1 < S_2 < \cdots < S_k$ 下产品的失效机理不变。由于威布尔分布的形状参数反映了失效机理，因此可以假定 $m_1 = m_2 = \cdots = m_k$ 。

A3 产品的特征寿命 η_i 与应力水平 S_i 满足：

$$\ln \eta_i = a + b\varphi(S_i) ， \quad i = 1, 2, \cdots, k \tag{6.58}$$

其中， a 、 b 为未知参数， $\varphi(S)$ 是 S 的已知函数。对于服从威布尔分布的恒定应力加速寿命试验数据，采用如下回归分析方法进行分析。

（1） m_i 、 η_i 的最小二乘估计

对于 $1 - F_i(t)$ 取两次对数可得

$$\ln[-\ln[(1 - F_i(t))]] = m_i(\ln t - \ln \eta_i) = m_i \ln t - B_i \tag{6.59}$$

其中， $B_i = m_i \ln \eta_i$ 。因此，可以得到如下数据点：

$$(\ln t_{ij}, \ln[-\ln[(1 - F_i(t_{ij}))]]), j = 1, 2, \cdots, r_i \tag{6.60}$$

若诸点落在一条直线上，则认为该组失效数据来自威布尔分布。在此基础上，可以得到 m_i 、 B_i 的最小二乘估计 $\hat{m}_i$ 、 $\hat{B}_i$ ，进一步得到 η_i 的估计 $\eta_i = \exp(\hat{B}_i / \hat{m}_i)$ 。由于 $F_i(t_{ij})$ 含有未知参数，可采用 $\hat{F}_i(t_{ij}) = j / (n_i + 1)$ ， $j = 1, 2, \cdots, r_i$ ， $i = 1, 2, \cdots, k$ 估计值替换它。

（2） m 的估计

A2 假定 k 个形状参数 $m_1, m_2, \cdots, m_k$ 是相等的，因此采用最小二乘估计值 $\hat{m}_1$ 、 $\hat{m}_2, \cdots, \hat{m}_k$ 的加权平均作为 m 的估计值，即 $\hat{m} = \sum_{j=1}^{k} n_j \hat{m}_j / \sum_{j=1}^{k} n_j$ 。

（3）加速系统的 a 与 b 的估计

A3 假定特征寿命与应力水平满足：

$$\ln \eta = a + b\varphi(S) \tag{6.61}$$

对于数据 $\{(\varphi(S_i), \ln \hat{\eta}_i)\}_{i=1}^{k}$ ，利用最小二乘算法可以得到估计值 $\hat{a}$ 、 $\hat{b}$ 。

（4）外推在正常应力水平 S_0 下威布尔分布的未知参数

$$\hat{m}_0 = \hat{m}, \hat{\eta}_0 = \exp\{\hat{a} + \hat{b}\varphi(S_0)\} \tag{6.62}$$

由上述表达式可以计算在正常应力水平 S_0 下相关可靠性指标及其加速系数。

例11：随机选择某电子产品的 30 只样品，将其平均分为 3 组，分别在 1.6V、1.4V、1.2V 进行加速试验，其失效时间分别为（单位：h）

第 1 组（1.6V）：24   38   44   54   58   64   70   82   86   90;

第 2 组（1.4V）：40　　49　　60　　74　　79　　89　　92　　95　　100　　104；

第 3 组（1.2V）：62　　68　　77　　85　　99　　107　　109　　112　　119　　131。

求：在正常工作电压下（1V）该电子产品的特征寿命。

解：利用回归分析方法，求得 3 组威布尔分布的形状参数和位置参数如下：

第 1 组：2.388，70.1348；第 2 组：3.023，88.1460；第 3 组：3.941，106.8476。

进一步得出 $m = (2.388 + 3.023 + 3.941)/3 = 3.1173$ 。

根据负幂律模型，可知：

$$\begin{bmatrix} \ln(70.1348) \\ \ln(88.1460) \\ \ln(106.8476) \end{bmatrix} = \begin{bmatrix} 1 & \ln(1.6) \\ 1 & \ln(1.4) \\ 1 & \ln(1.2) \end{bmatrix} \begin{bmatrix} a \\ b \end{bmatrix} \tag{6.63}$$

利用最小二乘算法，求得：$\hat{a} = 4.9475$ ，$\hat{b} = -1.4579$ 。于是，在正常工作电压下（1V），该电子产品的特征寿命为 $\eta_0 = 141\text{(h)}$ 。

6.3.4　对数正态分布场合的统计分析

对某失效分布为对数正态分布的产品进行恒定应力加速寿命试验，其试验安排同指数分布场合。设在应力水平下 S_i 下 n_i 个样品有 r_i 个失效，其失效数据为 $t_{i1} \leqslant t_{i2} \leqslant \cdots \leqslant t_{in_i}$ 。在定数截尾情形下，对数正态分布场合恒加寿命数据的统计分析需要满足如下三个基本假定。

① 在正常应力水平 S_0 和加速应力水平 $S_1 < S_2 < \cdots < S_k$ 下产品的寿命分布都服从对数正态分布 $LN(\mu_i, \sigma_i^2)$ ，其分布函数为

$$F_i(t) = \int_0^t \frac{1}{\sqrt{2\pi}\sigma_i x} \exp\left(-\frac{(\ln x - \mu_i)^2}{2\sigma_i^2}\right) \mathrm{d}x = \Phi\left(\frac{\ln t - \mu_i}{\sigma_i}\right), \quad t > 0 , \quad i=1,2,\cdots,k \tag{6.64}$$

② 在正常应力水平 S_0 和加速应力水平 $S_1, S_2, \cdots, S_k$ 下产品的失效机理不变。由于对数正态分布的形状参数反映了失效机理，因此假定 $\sigma_1 = \sigma_2 = \cdots = \sigma_k$ 。

③ 产品的对数均值 μ_i 与应力水平 S_i 满足：

$$\ln \eta_i = a + b\varphi(S_i), \quad i=1,2,\cdots,k \tag{6.65}$$

其中，a 、b 为未知参数；$\varphi(S)$ 是 S 的已知函数。

对于对数正态分布的恒定应力加速寿命试验数据，在工程上采用概率图进行估计，这种方法本质上是回归分析。下面进行简单介绍。

（1）μ_i 、σ_i 的最小二乘估计。由①得到

$$\Phi^{-1}(F_i(t)) = \frac{\ln t - \mu_i}{\sigma_i} = A_i \ln t - B_i \tag{6.66}$$

其中，$A_i = 1/\sigma_i, B_i = \mu_i/\sigma_i$ 。在应力水平 S_i 下的试验数据 $\{\ln t_{ij}, \Phi^{-1}(F_i(t_{ij}))\}$ ，采

用最小二乘算法 A_i、B_i 的估计 $\hat{A}_i$、$\hat{B}_i$，进一步得到 σ_i 的估计 $\hat{\sigma}_i = 1/\hat{A}_i$ 和 μ_i 的估计 $\hat{\mu}_i = \hat{B}_i/\hat{A}_i$。由于 $F_i(t_{ij})$ 含有未知参数，可采用如下估计值替换它：

$$\hat{F}_i(t_{ij}) = \frac{j - 3/8}{n_i + 1/4}, \quad j = 1, 2, \cdots, r_i, \quad i = 1, 2, \cdots, k \tag{6.67}$$

（2）m 的估计。②假定 k 个形状参数 $\sigma_1, \sigma_2, \cdots, \sigma_k$ 是相等的，因此采用最小二乘估计值 $\hat{\sigma}_1, \hat{\sigma}_2, \cdots, \hat{\sigma}_k$ 的加权平均作为 σ 的估计值，即

$$\hat{\sigma} = \sum_{j=1}^{k} n_j \hat{m}_j \Big/ \sum_{j=1}^{k} n_j \tag{6.68}$$

（3）加速系统的 a 与 b 的估计。A3 假定特征寿命与应力水平满足：

$$\ln \mu = a + b\varphi(S) \tag{6.69}$$

对于数据 $\{(\varphi(S_i), \ln \hat{\mu}_i)\}_{i=1}^{k}$，利用最小二乘算法可以得到估计值 $\hat{a}$、$\hat{b}$。

（4）外推在正常应力水平 S_0 下威布尔分布的未知参数

$$\hat{m}_0 = \hat{m}; \quad \hat{\mu}_0 = \hat{a} + \hat{b}\varphi(S_0) \tag{6.70}$$

由上述表达式可以计算在正常应力水平 S_0 下相关可靠性指标及其加速系数。

例 12：随机选择某电子产品的 30 只样品，将其平均分为 3 组，分别在 80℃、70℃、60℃进行加速试验，其失效时间分别为（单位：h）

第 1 组（80℃）：3　4　12　12　13　24　33　37　62　140；

第 2 组（70℃）：6　16　25　30　36　41　52　72　138　208；

第 3 组（60℃）：18　19　19　39　57　68　102　196　221　384。

求：在正常工作温度下（50℃）该电子产品的平均寿命。

解：利用回归分析方法，求得 3 组对数正态分布的形状参数和位置参数。

第 1 组：1.2724，1.8131；第 2 组：1.0993，3.0584；第 3 组：1.2099，4.1935。进一步得出 $\sigma = (1.2724 + 1.5868 + 1.2099)/3 = 1.1939$。

根据阿伦纽斯模型，可知：

$$\begin{bmatrix} 1.8131 \\ 3.0584 \\ 4.1935 \end{bmatrix} = \begin{bmatrix} 1 & 1/(80+273) \\ 1 & 1/(70+273) \\ 1 & 1/(60+273) \end{bmatrix} \begin{bmatrix} a \\ b \end{bmatrix} \tag{6.71}$$

利用最小二乘算法，求得：$\hat{a} = -38$，$\hat{b} = 13980$。于是，在正常工作温度下（50℃），$\mu_0 = 5.2817$。该电子产品的平均寿命为 401.2h。

参 考 文 献

[1] 茆诗松，汤银才，王玲玲. 可靠性统计. 北京：高等教育出版社，2008

[2] 茆诗松，等. 统计手册. 北京：科学出版社，2003

[3] 曹晋华，程侃. 可靠性数学引论. 北京：高等教育出版社，2010

[4] 顾瑛. 可靠性工程数学. 北京：电子工业出版社，2004

[5] 茆诗松，王玲玲. 加速寿命试验. 北京：科学出版社，1997

[6] 中国电子技术标准化研究所. 可靠性试验用表（增订本）. 北京：国防工业出版社，1987

第**7**章

半导体集成电路的可靠性评价

7.1 可靠性评价技术

微电子器件工艺质量和可靠性的评价与监测涉及 3 个主要的技术，分别是可靠性评价（Reliability Evaluation Monitor，REM）、工艺质量监测（Process Control Monitor，PCM）和统计过程控制（Statistic Process Control，SPC）。REM 技术是一个与时间有关的量，而 SPC 技术基于 PCM 技术，利用 PCM 提取的工艺参数，对工艺过程进行统计控制。

随着微电子技术向超深微米/纳米技术方向发展，微电子可靠性的作用和影响日益显现，需要运用可靠性评价技术对失效机理的可靠性进行评价。

可靠性评价技术需要一系列可靠性评价测试结构，这些可靠性评价测试结构与待评估的集成电路经历相同的工艺过程。通过连续或定期的可靠性试验，对试验数据进行统计分析和计算，得到工艺线和集成电路的质量及可靠性数据，定量评价工艺的可靠性。

可靠性评价试验通常采用加速试验的方式进行，以获得较大的加速系数，在较短的时间内获得可靠性数据，对失效机理的可靠性进行评价。通过对薄弱环节的加固减少生产时所承担的风险，提高器件的可靠性水平，可靠性评价试验可在圆片级、装配级和封装级水平上进行。

7.1.1 可靠性评价的技术特点

（1）简化模型。在一个电路中存在着多种失效机理，这些失效机理在电路的工作过程中同时起作用。但对可靠性评价技术来说，同时考虑多种失效机理的作用，将会使问题变得复杂且难以解决，不利于工程上的应用，因此需要针对单一失效机理来考虑，建立单一失效机理的可靠性评价模型。从理论上也可对此进行解释，因为在多种失效机理中，对一个特定的电路来说，总会有一种失效机理起主导作用，这种失效机理是电路失效的主要原因。尽管还有其他失效机理的存在，但这些失效机理对电路的失效起次要作用，仅仅对电路的失效时间有所影响。

（2）快速评价。评价试验是在高温、大电流密度或高电压条件下进行的，加速系数较大，相对于使用失效来说，可在较短的时间内获得一批可靠性数据。通过对数据的统计分析，就可对金属化电迁移、热载流子注入效应、与时间有关的栅介质击穿、接触退化、键合退化和表面态的可靠性进行评价。

7.1.2　可靠性评价的测试结构

在一个用户的最终产品中，半导体器件在给定的工作条件下，在产品的特定寿命期间内必须能够稳定地工作。要达到上述目的，必须对半导体器件的可靠性进行评价。

评价主要是通过对专门设计的测试结构进行封装级或晶片级可靠性测试，找出存在可靠性缺陷的地方，采取措施加以解决。目的是确保器件在整个产品寿命期间有良好的可靠性，测试结构可以进行物理参数、工艺参数、器件参数或电路参数测量。

（1）可靠性评价的测试结构。基本的可靠性测试结构有金属电迁移/应力迁移、连接孔的电迁移、接触退化、热载流子注入效应、与时间有关的栅介质击穿、键合退化、用于评价溅射工艺对可靠性影响的溅射损伤测试结构、界面态结构。

其中常用的可靠性评价是金属化电迁移/应力迁移可靠性、接触退化、热载流子注入效应、与时间有关的栅氧层击穿，但 MOS 工艺与双极工艺所用的可靠性评价测试结构在原理上有不同的地方。

① MOS 工艺可靠性评价测试结构。

电迁移可靠性评价测试结构，设计上采用各种结构的金属条结构；热载流子注入效应可靠性评价测试结构，由于热载流子效应对沟道长度敏感，设计上主要采用不同宽长比的单管；与时间有关的栅介质击穿可靠性评价测试结构，为了突出栅介质，设计上采用不同面积栅氧化层电容评价栅介质的击穿特性；接触退化可靠性评价测试结构，设计上采用接触孔及孔链结构等。

② 双极工艺可靠性评价测试结构。

电迁移可靠性评价测试结构，与 MOS 工艺一样，为了评价金属抗电迁移能力，设计上采用各种结构的金属条结构；热载流子注入效应可靠性评价测试结构，因热载流子注入效应对发射极边缘的氧化层退化敏感，导致放大倍数的下降，设计上主要采用各种 NPN 单管；接触退化可靠性评价测试结构，与 MOS 电路一样，为了突出接触电阻，设计上采用接触孔及孔链结构；参数漂移可靠性评价测试结构，主要采用栅控管、单管、氧化层电容结构，测量器件参数的变化情况。

（2）测试结构的作用。微电子工艺的可靠性评价的基本方法是在微电子测试结构上加上高的电压或电流进行加速试验或电测获取基本的可靠性参数和可靠性信息。目的是确认工艺线的可靠性水平，减少生产时所承担的风险。不同的测试结构解决不同的工艺参数或可靠性问题。

从用途上分，测试结构分为工艺用测试结构和可靠性评价用测试结构。

工艺测试结构用来对工艺参数进行检测，包括各种薄层电阻结构、互连线结构、各种氧化层电容结构等，主要是通过电测的方式获取相应的工艺参数，对工艺的控制情况进行检查。

薄层电阻结构用于测量各工序的薄层电阻；互连线结构检测互连线的完整性；氧化层电容结构用于检测工艺过程中介质的绝缘性能；结的完整性测试结构用于检测器件 PN 结的完整性，当结中有缺陷时会导致漏电的产生。

可靠性测试结构用来对失效机理进行评价，包括金属化电迁移、热载流子注入效应、与时间有关的栅氧化层击穿、可动离子沾污、键合完整性、闩锁和 ESD 测试结构等。主要是在测试结构上加高的电压或电流获取可靠性性能，评价产品参数、工艺过程的稳定和长期可靠性，以期改善器件的可靠性性能。

金属化电迁移测试结构主要用来检测互连线的电迁移可靠性，特别设计的互连测试结构用来监测金属间连接通孔和有源区接触孔的电迁移可靠性；热载流子注入效应测试结构用于测量热载流子注入 MOS 管和双极晶体管的绝缘层时的效果，这种注入会使阈值电压、漏电流和增益产生退化；与时间有关的栅介质击穿测试结构测量由细小漏电流和氧化层缺陷引起的绝缘氧化层的击穿，这种击穿会损坏氧化层的绝缘性能，产生漏电；可动离子测试结构用于检测可动离子粘污的程度，当存在离子粘污时会导致晶体管阈值电压的下降；键合完整性测试结构用于检测键合性能的好坏，当键合不良时会使接触电阻增加或使用过程中开路，产生可靠性问题；闩锁测试结构主要用来评价各种结构的抗闩锁能力；ESD 结构用于评价所设计的结构抗静电放电性能。

除了上述几种常用的测试结构以外，还有其他几种较为实用的可靠性测试结构：用于评价溅射工艺对可靠性影响的溅射损伤测试结构，溅射时圆片的表面会充电，通过互连的路径会传送到栅氧化层上，产生可靠性问题；表征工艺参数，如氧化层厚度、平带电压、阈值电压、衬底掺杂浓度和界面态密度的电容电压（C−V）结构，测量恒定电压或恒定电流前后影响器件性能的陷阱电荷和界面态密度的变化量，各种测试结构的作用列于表 7.1 中。

表 7.1 各种测试结构的作用

结　　构	目　　的
线宽和方块电阻	测量工艺参数
最小线宽的 EM	检测在最小金属线宽上，由于电迁移产生的小丘和空洞
晶粒边界 EM	检测在中等金属线宽上，由于晶粒边界扩散产生的电迁移
有多晶的 EM	检测由于焦耳热对电迁移的影响，可以提取电流密度因子
通孔的上表面 EM	只测试在通孔的上表面产生的电迁移
通孔的下表面 EM	只测试在通孔的下表面产生的电迁移
通孔的上下面 EM	同时测试通孔的上下表面的电迁移情况
过台阶的 EM	测量过多晶和氧化层台阶的金属线电迁移情况
有源区连接 EM	测量在有源区连接孔上的金属电迁移
氧化层完整性	测量氧化层和注入边的氧化物击穿

（3）影响测试结构的因素。工艺参数的监测中用的最多的微电子测试图是用于测量各种掺杂区域薄层电阻的范德堡图形，因其结构是一个正十字，所以又称为正十字图形。正十字的中心部分是测试薄层电阻的有效区域。

在设计范德堡图形时，要根据具体工艺流程，正确合理地安排图形中各层次的图形结构关系，以保证工艺完成后，从正十字的中心位置上测得的是要求的薄层电阻。设计的图形应高度对称，正十字区域的面积不应过大，引出臂长度的选择要合理，长宽比为 1～2 为好。

互连线是微电子集成电路中用于电连接的金属薄膜导体，互连线测试结构应足够长，才能较好地考察互连线的完整性。

金属化电迁移测试结构图形是一条直的金属线，设计在氧化层上。横截面积均匀性要好，以保证测试线在形成明显的空洞以前有近似均匀的温度。

在应力作用下被测的金属条性能要稳定，能够对金属化质量问题做出敏感的响应，各个结构的电阻或由于电迁移而产生的失效特性不会随时间发生明显的变化。测试结构的中位寿命应足够长，这样在电迁移时测试结构的电阻发生明显的变化前，能够测量测试结构的电阻。温度的选取会影响失效时间的精度，若所取的温度与金属条在应力作用下的温度平均值不同，则测量出的可靠性参数会不准确。当用中位失效时间对相同厚度的金属化比较时，涉及的测试线应有相同的设计宽度；否则，与线宽有关的失效时间会使这种比较没有太多意义。在测试结构上的电压降应进行限制，以减少电路在失效的瞬间可能因大的电阻所产生的热能。

结构之间所受应力与应力平均值的偏差会对各个测试结构的失效时间产生影响，这会导致测量点的分布特性变差。应力偏差需保持在一个比较小的范围内，使失效时间的变化不超过20%。应力偏差对失效时间的影响可以用电迁移模型进行计算。

当一块芯片上同时有几个测试结构在应力测试中产生明显的焦耳热时,在估算测试结构的温度时,必须考虑到相互之间的热效应。如果失效模式规定为电阻值的增加,而当测试结构失效时流过的电流值不会变化,则在以后的测试中在芯片上会产生明显的功耗。在这种情况下必须对各个测量值进行校正。如果失效判据是电阻值增加的百分比来表示,当测试结构的失效被检测到以后,流过该结构的电流减少到一个可以忽略不计的值,在这种情况下各个测试结构的测量值不必进行校正。

热载流子注入效应的测试结构是 MOS 管,沟道长度使用该工艺过程的最小长度,当然其他长度的沟道长度也可以使用。最小沟道宽度的取值应避免窄沟热载流子注入效应。

MOS 管的所有 4 个引线端都必须连接,不能浮地。为了减少在漏极应力电压和器件之间的寄生电压降落,从测量点到器件的源、栅、漏和衬底之间的电阻必须最小化。

电容测试结构包括不同尺寸的大面积电容,测量氧化层的可靠性、击穿电荷等;具有不同长度的条形电容,考察栅边缺陷率和场边缺陷率;具有不同面积和条形的天线结构,用以考察连接到氧化层电荷的电荷收集。

当用多晶作栅电极时,由于存在接触电势差和可能在栅电极内形成耗尽层,在测试时实际作用在氧化层的电压可能不同于施加在栅电极上的电压,实际的击穿电压可能与测出的击穿电压不一致。在多晶-氧化层边界的高掺杂可以抑制耗尽效应,特别是对薄栅介质层。

在设计和测试氧化层测试结构时,应当考虑到表面漏电流产生的误差。表面漏电可以表现为氧化层测试结构的测试点之间的低电阻值,实际漏电位置与设计有关,可能是测试点之间的直接漏电,或者连接到测试结构的金属线之间的漏电。当在一个湿度较低的环境中测试,或者由于钝化层的存在,有助于限制表面漏电流,表面漏电就不会产生明显的问题。

测试氧化层测试结构时,与电流源有关的问题包括:高场时产生的穿透电流、斜坡上升过程中产生的位移电流、绝缘层击穿时产生的峰值电流、相邻结构和连接线的漏电流。避免电流引起的问题采用的措施有:使用宽条金属和多晶连接线;使用多个并行的连接孔和通孔;避免绝缘层击穿产生的峰值电流期间的电路开路、穿透电流产生的电迁移现象和电容上产生明显的电压降。

7.1.3 可靠性评价技术的作用

1. 失效机理的可靠性评价

对金属化电迁移/应力迁移、连接孔的电迁移、接触退化、热载流子注入效应、与时间有关的栅介质击穿、键合退化、溅射损伤、界面效应的失效机理进行评价。

2. 可靠性模型参数提取

在 3 组以上的应力条件下，提取上述失效机理的模型参数，用于计算加速系数。加速系数用于计算使用条件下的寿命值，该寿命值等于加速系数乘以加速实验的寿命值。

3. 工艺可靠性监测

这是通过圆片级可靠性技术来实现的。圆片级可靠性评价技术是一种经济、实用、快速的可靠性评价与监测技术，与传统的封装级可靠性技术相比有许多优点。由于无须封装，热阻较低，可以采用较高的温度和较大的电流密度而不致引入新的失效机理，因此能够快速地进行工艺线失效机理的可靠性监测。圆片级可靠性技术有加速系数大的特点，不能完全替代封装级可靠性的作用。

7.1.4 可靠性评价技术的应用

1. TCV（Technology Characterization Vehicle，可靠性表征结构）程序

按照国军标 GJB7400—2011 "合格制造厂认证用半导体集成电路通用规范" 中的附录 B 中的 2.2.3.3TCV 程序：承制方应对考虑认证的技术或工艺执行 TCV 程序。该程序应至少包括必需的测试结构，用这些测试结构来表征工艺对固有可靠性失效机理的敏感度。这些失效机理有电迁移（Electromigration，EM）、与时间有关的介质击穿（Time Dependent Dielectric Breakdown，TDDB）、栅沉、欧姆接触退化、侧栅/背栅和热载流子效应（Hot Carrier Injection，HCI）。如果随着集成电路技术不断成熟而发现其他的失效机理，应将新的失效机理的测试结构增加到 TCV 程序中。

TCV 程序应用于技术认证、可靠性监测、辐射加固保证和监测（适用时）、更改控制，也用于快速测试，表征器件的固有可靠性。

首次认证时，应针对每一失效机理采用足量的 TCV 测试结构进行加速寿命试验。对于待认证的制造设施，TCV 测试结构应从 3 个相同工艺的晶圆批中随机抽取（该 3 个晶圆批应从待认证的工艺中制造），数量均匀分配，这些晶圆应已通过了晶圆或晶圆批验收。在最坏工作条件和电路版图符合设计规则的情况下，加速寿命试验将对每种失效机理给出平均失效时间（Mean Time To Failure，MTTF）的估计和失效时间的分布。从 MTTF 和失效时间的分布可以预测最坏情况失效率。测试结构应来自已钝化的晶圆。加速寿命数据和分析的摘要应供鉴定机构评审。首次认证的MTTF、失效分布和加速因子将用做后续工艺 TCV 结果的比对基准，包括评价激活

能，基于电压、温度、频率等的加速因子，长期可靠性，已知的失效机理和对策。

所有 TCV 测试结构应采用与工艺中标准电路相同的封装材料和组装工艺进行封装。在某些情况下，TCV 测试结构不能按上述要求进行封装时，可以将 TCV 封装在合适的外壳中来评价待认证的芯片工艺，而此外壳不能影响试验的结果。

TCV 结构不需使用鉴定过的外壳，因为已鉴定外壳的引线数将远超过研究固有可靠性所需外壳的引线数目。如果承制方能够提供晶圆级和封装级加速寿命试验结果等效的数据，鉴定机构可以对 TCV 的封装不做要求。

例如，封装 TCV 测试结构需要考虑陶瓷外壳中氢含量及其对热载流子退化的影响。众所周知，MOS 器件中存在的氢能加剧热载流子退化效应。如果器件钝化层不含有足够的氢以等效陶瓷封装中残留的氢，则对封装与非封装器件，用于热载流子效应的寿命试验结果会有明显差别。对特定机理的 TCV 结构至少应说明以下要求：

（1）热载流子退化（HCI）。TCV 应使用能监控 QML（Qualified Manufacturer Listing，合格制造厂目录）器件所用的工艺的热载流子退化的结构。用线性跨导下降和阈值电压的漂移来表征器件性能的退化，对于工艺的最小沟道长度和允许的宽度，抗热载流子退化是基于那个参数经历承制方所规定的退化极限。对于热载流子退化敏感的工艺，应确定晶圆级快速试验筛选方法。

① MOS，对于工艺中所用的每个标称阈值电压的 MOS 晶体管，TCV 应具有表征热载流子退化效应与沟道长度的函数关系的结构。

② 双级，应具有表征双极工艺中二极管的热载流子退化效应的结构。

（2）电迁移（EM）。TCV 应具有表征最坏情况金属电迁移的结构：

① 表面平整化；

② 最坏情况非接触性结构；

③ 导电层间的连通；

④ 衬底接触。

应根据工艺允许的最坏情况的电流、温度和版图几何结构确定电迁移的电流密度和温度加速度，以及中位失效时间（MTTF）和失效分布。通过 MTTF 和失效分布，可以计算出电迁移的失效率。

（3）与时间有关的栅介质击穿（TDDB）。TCV 应包含表征栅氧 TDDB 的结构。应具有表征栅氧面积和周长的测试结构。应使用不同周长的栅结构，以表征栅与源或漏交叠边界，以及栅与晶体管和晶体管之间隔离氧化层交接边界的介质特性。应根据工艺允许的最坏情况电压条件和最薄的栅氧化层厚度确定 TDDB 的试验电场强度和温度加速因子，获得 MTTF 和失效分布，从 MTTF 可以计算 TDDB 的失效率。

（4）TCV 快速测试结构要求。TCV 程序应包括用于评价热载流子退化的快速可靠性测试结构，以便得到快速测量与加速寿命试验结构之间的关系。

（5）欧姆接触退化。TCV 应具有在某一温度下评估欧姆接触随时间退化的结构，特别是对 GaAs 器件。

（6）侧栅/背栅。应包括评价 GaAs 工艺中 FET 侧栅/背栅效应的结构。

（7）栅下沉。栅下沉退化机理和其他沟道退化机理的 FET 结构。

快速试验可靠性结构包括热载流子退化、电迁移、TDDB、接触电阻和栅扩散。晶圆验收程序的外观检查应包括 GJB548 方法 2018 阐述的主要项目（如金属化、台阶覆盖）。

2. 标准评价电路（Standard Evaluation Circuit，SEC）

承制方应具有包含准备认证的技术或工艺的 SEC。承制方的 SEC 应用于证明技术制造工艺可靠性。SEC 设计文件应包含：设计方法、设计软件、所执行的功能，以及依据所用晶体管或门的数量得出的尺寸和其性能的模拟。SEC 和实际器件的文件化程序应是相同的，以便可以得出其相关性。SEC 可以是专门设计的质量与可靠性的监控样品，也可以是系统中使用的实际产品。SEC 应包含下述要求：

① 复杂度，数字器件 SEC 的复杂度应至少包括 QML 线上要制造的最大规模器件所含晶体管数目的一半。对于模拟器件，SEC 应体现工艺技术流程的功能，具有典型的复杂度，并且电路单元由电路的主要类型组成。

② 功能性，SEC 应包含全功能电路，其测试和筛选应采用与 QML 器件相同的方式。

③ 设计，SEC 的设计应重点突出设计能力，SEC 的结构应有助于失效的判别。

④ 制造，SEC 应在申请或已经获得 QML 认证的晶圆生产线上进行加工。

⑤ 封装，SEC 应封装在检验合格的外壳中。

7.2 PCM（Process Control Monitor，工艺控制监测）技术

微电子工艺参数是指各种薄层电阻、金属与半导体的接触电阻、连接通孔电阻、各种电容、各种单管结构和单元电路等。由于微电子工艺加工过程的复杂性，电路是在硅衬底上通过多次的工艺过程一步一步做出来的，要保证电路的正常功能，需要对多种工艺参数进行监测，确保电路生产的正常进行。

按微电子工艺参数采集的"即时性"，可将工艺参数监测分为 4 类，即原位测量、在线测量、芯片工艺结束后的测试和离线测试与分析。

原位测量指的是在某一工序的工艺过程中，通过特定的传感器等手段，实时连续监测加工过程中工艺参数的变化情况。在某些情况下可根据预先设置的某一工艺参数数值，自动控制工艺的终止。

在线测量指的是某工序加工结束后立即进行测量，以获得能表征该工序加工结果的工艺参数。

芯片工艺结束后的测量指的是完成工艺流片任务后，通过专门设计的微电子测试结构，测量芯片加工过程中各主要工序的工艺参数。

离线测试和分析指的是为了获得更充分的工艺参数数据，在工艺加工结束以后进行进一步的测试和分析。最典型的分析技术是微分析，即对器件中比最小尺寸还小一个数量级的微区的形貌、结构、组分和微量杂质进行分析和测试。在 VLSI 生产中应用较广的微分析技术有 SEM（扫描电子显微镜）、TEM（透射电子显微镜）、SIMS（二次离子质谱）、SAM（扫描俄歇微探针）、EB（电子束探针）。

PCM 测试结构的作用是检测芯片生产阶段各工序的工艺质量、参数分布及工艺中随机缺陷的情况。PCM 测试结构与电路经历相同的工艺过程，通过对这些图形进行简单的电学测量（一般为直流测量）或直接用显微镜观察，就可以提取到有关生产工艺质量、单元器件或电路的电参数。因此 PCM 测量是芯片工艺结束后的测量。

PCM 测试结构包括薄层电阻、金属和半导体接触、通孔、栅氧化层、场氧化层、金属互连线、各种结构单管等，代表和反映了各工艺过程的影响。

PCM 的设计要满足一定的原则：测试结构尺寸与集成电路中的尺寸对应；一定要包含影响工艺质量的关键工序工艺参数检测图形；为了满足检测特定的工艺参数，需要设计一些实际电路中并不采用的测试结构图形。

PCM 技术针对的主要是工艺质量，基本的技术途径为测试结构设计、工艺流片、电测、数据采集、数据分析。

7.2.1　PCM 技术特点

PCM 技术是利用微电子测试结构获取基本的工艺参数和工艺质量信息，从而进行工艺质量监测和控制的技术。PCM 基本的测试结构如下：

（1）薄层电阻测试结构，包括扩散层薄层电阻、金属层薄层电阻、多晶硅薄层电阻等测试结构。

（2）接触电阻测试结构，包括金属－Si 接触电阻（接触电阻链）、多晶－Si 接触电阻（接触电阻链）、金属通孔电阻、多晶硅通孔电阻等测试结构。

（3）介质质量监测测试结构，包括栅氧化层测试结构、场氧测试结构、绝缘介质测试结构等。

（4）管特性测试结构，包括多种宽长比的 NMOS 管和 PMOS 管。图 7.1 所示是可靠性测试结构图形。

PCM 基本的技术特点如下：

（1）简化突出单项工艺，测试结果准确。PCM 与产品同样经历整个工艺流程，测试结果反映了该批器件中工艺参数的实际情况。

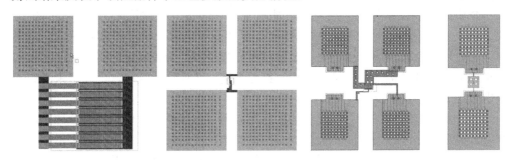

图 7.1 CMOS 工艺可靠性测试结构图形

（2）通过特殊的结构设计，可以测到一些陪片测不到的参数（如埋层电阻、通孔电阻、接触电阻、金属 Al 薄层电阻等），有利于掌握工艺参数及其影响。

（3）不但能准确地得到各参数的真实数值，而且能得到该参数在晶片上及不同晶片间的分布情况，可用于分析 IC 特性和成品率。

（4）单个测试结构一般所占用的面积不大，可放在划片槽中随电路一起走完整个工艺流程，也可将一次工艺流程中所需的测试结构专门做在圆片的局部区域上。

（5）测试方法简单，大多数情况下只需要进行一些直流测试，易于自动化测试，并可以由计算机以多种形式给出测试结果，自动进行数据处理，建立相应的数据库。

7.2.2 PCM 的作用

PCM 技术具有准确、方便的优点，该技术在工艺线上的应用，成为工艺质量保证的重要方法，从技术上来说它具有以下作用：工艺参数提取、进行工艺监测、为 SPC 控制提供数据，通过 PCM 测试发现和修改图形库中测试结构存在的问题。

通过 PCM 监测及时反映工艺中存在的质量问题，如埋层电阻的监测反映外延工艺前的腐蚀工艺和外延生长初始阶段工艺控制情况。当控制不当时，埋层电阻增大，那么同一批电路的埋层电阻过大，集电极串联电阻增大，饱和压降过高，电路功能发生变化。因此薄层电阻作为基本参数在工艺中是要严格监测和控制的。

由于 MOS 电路与双极电路工艺不同，采用的 PCM 测试结构也不一样，作用也就不同，以下分别进行描述。

（1）MOS 电路的 PCM 测试结构的作用。MOS 单管结构，包括相同沟道宽度不同沟道长度的 N 管和 P 管、不同沟道宽度的 N 管和 P 管、宽沟道的 N 管和 P 管，主要用来考察器件参数和进行器件模型参数提取；PN 结构，包括 P^+/N 结和 N^+/P 二极管等，主要用来考察结特性和完整性；电阻结构，包括 N^+、P^+ 电阻，N、P 阱电阻，多晶硅电阻等，主要用来考察各种扩散及注入薄层电阻。

介质结构，包括绝缘介质电容、栅氧化层电容等，主要用来考察介质的绝缘性、栅氧化层完整性；金属化测试结构，包括金属电阻、桥接和连续性、金属条等，主要用来考察金属薄层电阻、金属抗电迁移能力、金属间短断路、金属晶粒的大小；接触测试结构，包括接触电阻、接触孔链、金属通孔链等，主要用来考察接触电阻的大小，也就反映接触窗口工艺及半导体掺杂工艺的质量。

（2）双极电路的 PCM 测试结构的作用。薄层电阻结构，包括埋层、外延层、穿透、隔离、基区、发射区、金属 Al 的薄层电阻测试结构等，主要用来考察双极电路各工序方块电阻；接触电阻结构，包括金属与基区、金属与发射区、金属与集电区、金属与隔离区的接触电阻以及金属与基区和金属与发射区接触孔链等，主要考察各种接触电阻的大小；金属化结构，包括金属桥接和连续性、金属化电迁移结构及双桥结构等，主要用来考察金属的短断路及抗电迁移能力。

氧化层 MOS 电容结构，主要用来考察金属与半导体之间的漏电；单管结构，包括各种形状尺寸的 NPN 单管和 PNP 单管、各种二极管等，主要用来考察器件参数及结完整性；栅控管结构，包括栅控二极管、栅控 NPN 管、栅控横向 PNP 管等，主要用来考察 Si/SiO$_2$ 界面态及半导体表面漏电。

图 7.2 所示是 P$^+$扩散、N 管阈值电压测试结果。图中的实线分别是测试规范中的参数控制上下限，图中的点代表利用测试结构所得的测量数据。

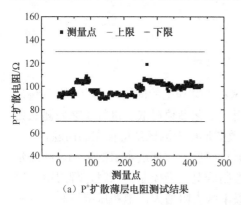

（a）P$^+$扩散薄层电阻测试结果

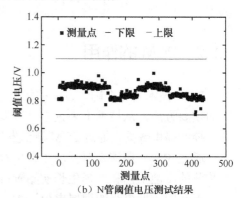

（b）N管阈值电压测试结果

图 7.2　CMOS 工艺可靠性测试结构图形

（3）工艺监测图形。按照国军标 GJB7400—2011 "合格制造厂认证用半导体集成电路通用规范" 附录 B 中的 2.2.3.5 条款的工艺监测图形，承制方应具有测量特定工艺的每一晶圆类型的电特性的工艺监测图形。工艺监测图形测试结构可以采用划片槽插入式、芯片内部测试条、芯片插入式或这几种形式的组合。

通用电参数包括方块电阻、结击穿、接触电阻、离子沾污和少数载流子寿命。MOS 晶体管参数应至少包括一组测试晶体管用于晶体管参数的测量。最小晶体管组应包括一个几何尺寸足够大，以使其短沟道效应和窄沟道效应可以忽略的晶体管。还应包括几个分别表示在几何设计规则下最大的短沟道效应和窄沟道效应的晶体管。CMOS 工艺应包含 N 型和 P 型晶体管。MOS 晶体管参数包括阈值电压、线性跨导、有效沟道长度、导通电流、关断电流、传输延迟等。双极参数测量参数包括方块电阻、肖特基二极管参数、双极晶体管参数和隔离漏电流。GaAs 参数包括方块电阻、金属绝缘体金属（MIM）电容、隔离、欧姆接触和 GaAs FET 参数。

7.3 交流波形的可靠性评价技术

7.3.1 交流波形的电迁移可靠性评价技术

电迁移导致的金属互连线失效是集成电路可靠性最关心的问题之一。直流应力下的电迁移失效已经研究了几十年，在集成电路工业界，已经建立了直流应力下的加速试验测试方法和设计规则。但交流应力条件下的电迁移失效方式有其自身的特点，不能完全等同于直流条件下的电迁移。在 CMOS 电路中，由于很多互连线上既有直流信号也有交流信号，更有必要评价金属互连线在交流电流作用下的电迁移可靠性。

（1）纯交流应力条件下的电迁移。过去的研究发现，交流应力下互连线电迁移寿命比其直流寿命大几个数量级。通常认为这个结果是由损伤恢复效应引起的，即发生在电流应力正半周的损伤在随后的负半周部分被恢复。通过引入损伤恢复因子而提出了有效电流密度模型，对纯交流应力，当电流频率足够高（>1kHz）时，损伤恢复因子 γ 的值约为 1，失效时间趋于无穷大，这意味着在高频率的交流应力下，纯交流电流应力不会引起金属条的电迁移。然而，很高的电流密度会产生严重的焦耳热，有可能产生金属铝膜的热迁移失效，这时失效部位发生在温度梯度最大的地方。

对已存在电迁移损伤空洞的金属线，用如下的试验方式验证了纯交流应力对金属条电迁移可靠性的影响。先用直流信号作用于金属线样品，从而有意识地引入一些空洞，然后监测金属线电阻的变化。在电阻值的变化达到一定程度后（例如有 5%的电阻增加值，这相当于在金属线中存在有效的空洞），将直流信号转换成交流信号，同时监测电阻随时间的变化。试验发现，在电流密度不是太大、不至于产生明显焦耳热的情况下，即使在金属线条上存在空洞，交流应力也不会损伤金属线，即纯交流应力没有明显影响金属线的电迁移可靠性。

（2）一般交流应力条件下的电迁移。在实际的电路中，电流信号通常不是纯交流波形，而是普通的交流波形，既有直流信号又有交流信号，金属化电迁移的失效时间由电流的直流分量决定。当该交流波形是脉冲形式时，金属化电迁移的失效时间与脉宽调制比有关，也与脉冲频率有关。设脉宽调制比是 D，则当脉冲频率较低时，交流应力条件下的失效时间约是直流应力条件下电迁移失效时间的 $1/D$；当脉冲频率较高时，交流电迁移失效时间是直流应力作用下电迁移失效时间的 $1/D^2$。

7.3.2 交流波形的热载流子注入效应可靠性评价技术

直流电压作用下，热载流子注入效应产生的退化发生在最大衬底电流（NMOS 管）或最大栅极电流（PMOS 管）附近。实际上在 CMOS 电路的瞬态期间，直流偏置的加速退化作用是在同时进行的，因此交流失效时间可以从直流失效时间转换过来。利用交流与直流的比例系数可以计算交流失效时间，该比例系数等于循环周期除以波形的上升时间和下降时间之和，交流失效时间等于该比例系数乘以直流失效时间。这种方法容易使用，计算的失效时间也有足够的精度，但往往过高估计了热载流子注入效应产生的退化。

交流与直流的实际比例系数可以从 MOSFET 的交流波形作用的测试中获得。交流波形可以用脉冲信号发生器产生，也可以在测试芯片上设计一个环形震荡器产生交流波形，以避免交流波形寄生效应的影响。另外，也可用可靠性软件来估计交流失效的时间。

 7.4 圆片级可靠性评价技术

半导体工业的发展使工艺过程越来越复杂，一方面可靠性要求不断提高，另一方面面临减少测试费用和时间的压力。圆片级可靠性技术则提供了一种解决问题的方法。由于无须封装，热阻较低，可以采用较高的温度和较大的电流密度而不致于引入新的失效机理，因此能够快速地进行工艺线失效机理的可靠性监测。

圆片级可靠性（Wafer Level Reliability，WLR）测试最早是为了实现内建可靠性（Build in Reliability，BIR）而提出的一种测试手段。圆片级可靠性测试的最本质的特征就是它的快速，因此多用于工艺开发阶段。工艺工程师在调节了工艺后，可以马上利用 WLR 测试的反馈结果，实时地了解工艺调节后对可靠性的影响，这样就把可靠性测试糅合于工艺开发的整个过程当中。如今，工艺更新换代的速度快，所以 WLR 就成为了一种非常快速有效的方法，使工艺开发的进程大大加快。同时，各个公司在工艺开发后都会发行一个针对 WLR 的技术报告，这也为业界广泛接受。

圆片级可靠性技术是在圆片上进行的可靠性试验，是一个即时进行的过程。通过在半导体器件上施加严酷应力，监测器件的本征可靠性，用于分析和改善产品的可靠性性能，确保器件在整个产品寿命期间有良好的设计可靠性。对评价产品参数、工艺过程的稳定性和长期可靠性来说，加速试验是一种重要的方法。

圆片级可靠性测试是一种统计工艺控制方法，这种测试需要在特别设计的结构上进行，通过测试一批数据反映出工艺线的受控状况，用于在圆片制造的早期阶段检测和消除可靠性问题。相对于传统的封装级可靠性技术，圆片级可靠性技术是一种在线实时监测技术，用于快速发现工艺中存在的可靠性问题。

圆片级可靠性技术由一组加速测试构成，测试器件在高应力条件下的参数退化，用于在圆片制造的早期阶段检测和消除可靠性问题。在一项新的圆片生产工艺或新技术的发展过程中，圆片级可靠性测试提供基本的可靠性数据，快速识别潜在的本征可靠性问题。圆片级可靠性测试和常规可靠性测试相结合可以进行可靠性的评价和预计。

圆片级可靠性技术的基本目的是评价工艺的健壮性，以减弱本征磨损机理，减少生产时所承担的风险，对需要校正的问题提供早期的反馈。这种方法提供的是实时反馈。按照所涉及的技术，圆片级可靠性主要涉及：互连线可靠性（电迁移）、氧化膜层可靠性、热载流子注入效应及 NBTI 效应、等离子损伤（天线效应）等。细分如下：

（1）金属化可靠性

（2）连接可靠性

（3）栅氧完整性

（4）热载流子注入

（5）层间介质层的完整性

（6）结的完整性

（7）可动离子沾污

（8）腐朽电阻和键合完整性

其中 4 种常用的圆片级可靠性测试如下：

（1）金属化完整性测试

（2）氧化层完整性测试

（3）连接完整性测试

（4）热载流子注入测试

不同的测试方法需要从失效的物理机理出发，设计不同的测试结构，在高应力条件下对失效机理的可靠性进行评价。

互连测试结构主要用来检测电迁移可靠性，特别设计的互连测试结构用来监测通孔和有源区连接孔的可靠性；热载流子器件测试结构测量热载流子注入 MOS 管和双极晶体管的绝缘层中时的效果，这种注入会使阈值电压、漏电流和增益产生退化；氧化层完整性测试结构测量由细小漏电流和氧化缺陷引起的绝缘氧化层的击穿，这种击穿会损坏氧化层的绝缘性能。

除了上述几种常用的测试结构以外，还有其他几种较为实用的圆片级可靠性测试结构。用于评价溅射工艺对可靠性影响的溅射损伤测试结构，溅射时圆片的表面会充电，通过互连的路径会传送到栅氧化层上，产生可靠性问题；检测离子沾污的可动离子测试结构，当存在离子沾污时会导致晶体管阈值电压的下降；表征工艺参数如氧化层厚度、平带电压、阈值电压、衬底掺杂浓度和界面态密度的电容电压（C−V）结构，测量恒定电压或恒定电流应力前后影响器件性能的陷阱电荷和界面态密度的变化量。

圆片级测试中，不同的失效机理需要设计不同的测试结构，施加的加速应力的方式也不一样，监测的物理量也不同，如表 7.2 所示。

表 7.2　WLR 测试结构图形及应力方式

WLR 结构图形	应 力 方 式	测 试 判 据
电迁移	恒温应力	金属线的电阻
氧化层完整性	斜坡电压	漏电流
热载流子	恒定电压	漏极电流
溅射损伤	恒定电压	阈值电压
可动离子浓度	温度偏置	可动离子面密度

7.4.1　圆片级电迁移可靠性评价技术

传统的评价电迁移的方法是封装法。对样品进行封装后，置于高温炉中，并在样品中通过一定电流，监控样品电阻的变化。当样品的电阻变化到一定比例后，就认为其发生电迁移而失效，这期间经过的时间即为在该加速条件下的电迁移寿命。但是封装法的缺点是显而易见的。首先封装就要花费很长的时间。同时，用这种方法时通过金属线的电流非常小，测试非常花费时间，一般要好几周。因为在用封装法时，炉子的温度被默认金属线温度，如果有很大的电流通过金属线，会使其产生很大的焦耳热，使金属线自身的温度高于炉子的温度，从而不能确定金属线温度。所以，后来发展了自加热法。该方法不用封装，可以真正在圆片级水平上测试。该方法利用了金属线自身的焦耳热使其温度升高，然后用电阻温度系数（Temperature Coefficient of Resistance，TCR）确定金属线的温度。在实际操作中，可以调节通过金属线的电流来调节它的温度。

实际应用表明，这种方法对于金属线的电迁移评价非常有效，但是对于通孔的电迁移评价，该方法就不适用了。因为过大的电流会导致通孔和金属线界面处的温度特别高，从而还是无法确定整个通孔电迁移测试结构的温度。针对这种情况，又有研究者提出了一种新的测试结构——多晶硅加热法。这种方法利用多晶硅作为电阻，通过一定电流后产生热量，利用该热量对电迁移测试结构进行加热。此时，多晶硅就相当于一个炉子。该方法需要注意的是在版图设计上的要求比较高，比如多晶硅的宽度、多晶硅上通孔的数目等都是会影响其加热性能的。

以上 3 种方法得到的都是加速应力条件下的电迁移寿命，要得到使用条件和设计规则电流下的电迁移寿命，还需要利用 Black 方程来推出电迁移效应的寿命，Black 方程的描述如下：

$$\tau = AJ^{-n} \exp\left(\frac{E_a}{kT}\right) \tag{7.1}$$

式中，τ 是寿命时间；E_a 是激活能；n 是电流密度因子；T 是温度；J 是电流密度；k 是玻尔兹曼常数。

对于圆片级的电迁移，大电流会产生焦耳热，于是：

$$T = T_0 + \Theta P = T_0 + \Theta I^2 R = T_0 + \Theta J^2 A^2 R \tag{7.2}$$

式中，T_0 是金属条的初始温度值；Θ 是热阻；P 是功耗；R 是金属条的电阻；A 是金属条的横截面积。

于是，式（7.1）可改写成如下形式：

$$\tau = AJ^{-n} \exp\left(\frac{E_a}{k(T_0 + \Theta J^2 A^2)}\right) \tag{7.3}$$

式（7.3）表明，温度是主要的加速度，电流是次要的加速度，电流密度因子 n 一般取值为 2，电迁移的激活能由复合扩散机制决定。

1. 自加热恒温电迁移试验步骤

在圆片级金属互连与接触可靠性的研究中，依据试验的目的不同，采用的方法分别有恒温、恒流和标准圆片级电迁移加速试验。这 3 种方法各有特点，恒温测试需要调节电流，以维持温度的恒定；恒定电流方式受氧化层厚度和金属线宽的波动的影响，会产生较大误差；标准圆片级电迁移加速试验，由于测试过程十分快捷，对缺陷的敏感度不高。

标准圆片级电迁移加速试验方法常用于生产监测，比较金属化的质量和金属的完整性。它的测试方法是在金属线上施加高的电流密度，加速金属电迁移，温度应力由产生的焦耳热提供。

JEDEC 61 "Isothermal Electromigration Test Procedure" 标准设计了恒温电迁移加速寿命测试方法，该方法以一维热流模型为基础，假设在一维方向进入的热流在测试线上均匀散发。测试由 4 个步骤组成，即初始测试、电流上升测试、温度收敛和维持恒定温度直至失效。

初始测试的目的是为了确定电阻的初始值，在这之前需要确定电阻的温度系数，用于在后续计算中根据温度确定电阻值。

初始测试结束以后，驱动电流以一定的速率上升，在每一个上升平台处进行电阻测量，然后根据电流大小和温度系数计算热阻和有效温度。当有效温度达到目标温度的 80%时，这一过程结束。

随后进入温度收敛阶段。加在金属条上的电流平缓上升，通过电流的级数收敛过程，使驱动电流的增长按设定系数下降，温度则逐步上升达到目标温度。标准 JESD61 中的建议是用差分热阻或类似的算法来控制温度的收敛，实际测试过程中发现，用差分热阻控制的电流增幅步进太大，温度无法在程序中顺利收敛，因此只得改变电流的控制算法。经过试验，采用收敛级数的方法使温度进行收敛较好。

当达到目标温度以后，程序进入下一轮恒定功率制阶段。计算初次进入时的输入功率和目标温度下的电阻值，然后由控制程序依据该输入功率调整电流的升与降，控制测试结构的输入功率保持恒定，在电阻值不变的条件下（也就是保持温度的恒定），温度可以在一个规定的小范围内波动，直至失效发生。

在电流斜坡上升和温度收敛阶段，失效判据设为初始电阻值的 5 倍；而在恒定功率阶段，失效判据定为在目标温度下，初次测量的电阻值在以后的过程中增加到了测量值的 120%。恒温电迁移加速测试过程如图 7.3 所示。测试过程中的初始设置周期的典型特性如下：

（1）初始电流斜坡期间（恒定斜坡率）：最大值应使斜坡循环过程的应力不会对主要的应力过程产生明显影响（相反地，如果斜坡过程中金属条就失效了，结果则是纯粹的斜坡测试）。

（2）收敛期间：小于或等于 MTTF 的 2%。

（3）实际失效时间：范围在 0s 至测试所允许的最大时间值之间。在初始斜坡期间或收敛周期内失效的样品应被归入应力过程内，当成 0 时间失效。最大时间范围内不发生失效的样品在做对数正态分布的数据填充时，需要进行检查。

表 7.3 是恒温电迁移测试时需要输入的参数值例子。

表 7.3　恒温电迁移测试的参数值例子

参　数	典 型 范 围
横截面积	$0.2 \sim 3.0 \mu m^2$
温度系数（Tref）	$3.3 \times 10^{-3}/℃ \sim 4.0 \times 10^{-3}/℃$
T_{ref}	0℃或室温（24～30℃）
T_{test}	225～425℃
开启电流密度	$1 \times 10^6 A/cm^2$（$10mA/\mu m^2$）
误差范围	<0.5℃
R_{fail} 倍增因子	1.05～1.50（5%到50%增量）

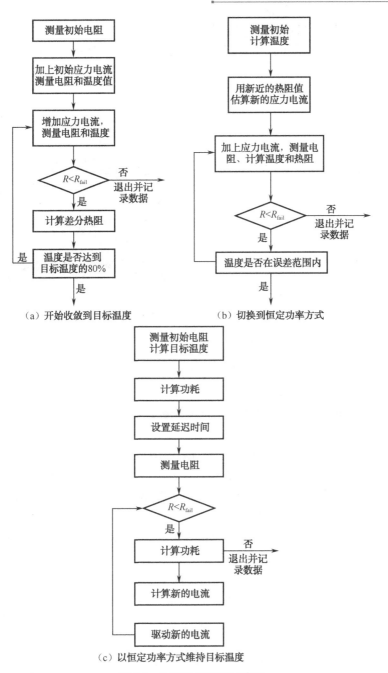

（a）开始收敛到目标温度　　　　　　　　（b）切换到恒定功率方式

（c）以恒定功率方式维持目标温度

图 7.3　恒温电迁移测试步骤

典型电流密度范围：$1 \times 10^6 \sim 3 \times 10^7 \mathrm{A/cm^2}$（$10 \sim 300 \mathrm{mA/\mu m^2}$）；最大反馈控制时间：500ms（以保证测试有合理的精确度和足够的控制）；最小反馈控制时间：

50ms，或者测试结构的热时间常数的几倍。

不同的恒定温度条件下，电迁移的失效时间不一样，如图 7.4（a）所示。用反应离子刻蚀仪（RIE）刻去圆片表面的钝化层后，用扫描电镜拍摄的失效的测试结构图形如图 7.4（b）所示。

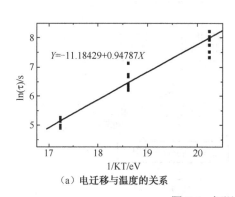

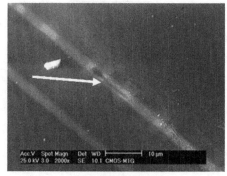

（a）电迁移与温度的关系　　　　　　　　（b）恒温电迁移失效图形

图 7.4　恒温电迁移测量结果图

2. 自加热恒温电迁移试验要求

恒温电迁移的反馈控制时间应不少于 50ms，设定这个最小时间可保证控制循环的运行，但又不会快于测试结构的热响应时间。当采集或取样时间小于 50ms 以表征测试结构的瞬态响应时间时，控制时间必须被控制在 50ms，此时不考虑数据的采集率。

许多实验室的环境温度在短时间内可相差 10℃，初始温度若具有这个变化量，将影响恒温测试结果的分布。通过加热平台、类似的设备或每种结构的初始温度确定，可避免由于温度变化引起的测试误差。加热平台应把环境温度控制在一定的范围内，以减小初始温度变化值的影响。

为了达到稳定性的要求，加热平台在等于或高于 30℃时，必须具有±0.5℃的精确度和±0.25℃的稳定度。

用于测试的金属结构，符合 ASTM 文件 F1259—96 中对电迁移实验结构的要求。它应有 Kelvin 连接并且超过 95%的线长需具有均匀的横截面积，这样的结构有利于如下假设成立：沿测试线有均匀的温度分布，当没有明显的虚焊出现时，该假设是成立的。

金属化是微电子集成电路中用于电连接的薄膜金属导体，在加速应力条件下金属化完整性的测试结构是一个四端结构，在形成明显的空洞以前应有近似均匀的温度，示意图如图 7.5 所示。图形结构是四端结构，条长 800μm，条宽 2μm。

图 7.5　金属化电迁移图形结构

测试线的环境温度。如果采用加热平台或类似的设备，则环境温度将与室温不同。测试过程中，在环境温度下测试线电阻值，此时在测试线上没有焦耳热产生。电阻的温度系数 TCR(T) 指测试线电阻随温度的变化量，或者指相同金属化的类似结构在某一特定温度条件下，每单位温度的电阻变化量，如 JEDEC、JESD33 中所描述的方程：

$$\text{TCR}(T_{\text{ref}}) = \frac{1}{R(T_{\text{ref}})}\frac{\Delta R}{\Delta T} \tag{7.4}$$

式中 $R(T_{\text{ref}})$ 是参考温度下的测试线电阻；参考温度（T_{ref}）的单位为℃，TCR(T_{ref}) 以它为定义依据。

参考温度通常有两种选择方式：0℃或环境温度（典型值为 24～27℃）。当采用有条理的方法定义时两种方式是等效的，0℃便于不同实验间或同一实验室不同时间实验的比较。

在线上加上不足以引起焦耳热的电流，则可测得初始电阻 $R_{\text{i}}|_{t=0}$。热阻 Θ 是指每输入单位功率引起的测试线平均温度，单位为℃/W，这是由测试结构电流输入端的电流引起的。

$$\Theta = \Delta T / \Delta P \tag{7.5}$$

当温度升高到目标应力温度后，在反馈算法中，平均热阻用于控制测试线的温度值。差分热阻 θ 是指测试线的差分热阻，单位为℃/W，这是流过测试结构电流端的电流增加引起的。

$$\theta = \text{d}T / \text{d}P|_T \tag{7.6}$$

目标应力温度 T_{test} 是指应力条件下要求达到的测试线温度，单位为℃。目标应力温度时的初始电阻 $R_{\text{i}}(T_{\text{test}})$ 是指应力电流下，测试线在目标温度下测得的电阻值，测量应在电迁移未引起任何变化时进行。初始电阻 $R_{\text{i}}(T_{\text{test}})$ 可由下式计算得到：

$$R_{\text{i}}(T_{\text{test}}) = R(T_{\text{ref}})[1 + \text{TCR}(T_{\text{ref}})(T_{\text{test}} - T_{\text{ref}})] \tag{7.7}$$

目标应力温度时的初始输入功率 $P_{\text{i}}(T_{\text{test}})$ 是指收敛时消耗于测试线上的功率，由下式计算：

$$P_{\text{i}}(T_{\text{test}}) = I_{\text{i}}^2(T_{\text{test}})R_{\text{i}}(T_{\text{test}}) \tag{7.8}$$

在恒定功率模式中，整个测试过程 $P_i(T_{test})$ 都保持不变。目标温度对应的初始应力电流 $I_i(T_{test})$ 是指收敛时测试线上的应力电流，该电流用来使测试线的电阻值升高到对应的 $R_i(T_{test})$ 值。失效电阻 R_{fail} 是指电阻值等于或高于该值时，认为测试结构已失效的电阻值。横截面是指测试线的横截面积，单位为μm^2。

实际失效时间（ATTF，Actual Time To Fail）是指恒温测试时，在应力作用下，使测试结构的电阻值达到或超过失效电阻时所需要的时间，单位为 s。收敛周期是指从退出恒定电流斜坡速率到收敛至目标测试温度所需要的时间周期。误差范围 $\varepsilon(T)$ 是收敛到目标测试温度的判据。收敛定义为：对一个阻尼或过阻尼的系统、欠阻尼但在几个特定循环内差值都保持小于误差范围的系统中，当计算所得的瞬时温度和目标测试温度的差值比误差范围的值要小时所对应的点。

由于所采用的是简单热模型，测试温度计算时的误差是难免的。另外，长测试线的末端、跨过薄氧化层的测试线、台阶覆盖处变化的横截面等地方都会有热梯度产生，这将影响电迁移的特性，也会对恒温测试结果产生相当大的影响。

比较两个来自不同布线层的相同测试结构时，也许需要考虑焦耳热效应的影响，因为从测试结构的电流端到压焊块的电阻会导致测试线上焦耳热的产生。

只要运用的算法清楚，就可以用做恒温测试的变量，不同的控制参数可能会产生不同的结果。可能的波动包括：减少初始恒定电流斜坡速率，达到要求的应力时采用不同参数来控制应力。除了要维持恒定功率输入，电流和电阻也需要保持恒定。

$TCR(T)$ 的值可能随批次的不同而不同，甚至同一圆片内的 $TCR(T)$ 也可能不同。虽然确定每个测试样品的 $TCR(T)$ 不是很实际，但 $TCR(T)$ 变化的存在会影响测试结构上的温度值。因此建议在某一工艺过程中对选定样品的 $TCR(T)$ 进行一定时间的观察，最好使用与试验中一样的结构。

应力电流的归一化。恒温测试需尽量保持有效的恒定应力温度，但在一段时间内会产生电流的波动，因此直接比较 ATTF 值时，如果没有考虑应力电流的影响，则可能导致偏差。这个问题可通过测试完成后的归一化来解决，即用下式：

$$\frac{ATTF_{norm}}{ATTF_{test}} = \left(\frac{I_{test}}{I_{norm}}\right)^n \tag{7.9}$$

式中，$ATTF_{norm}$ 是正常工作条件下的失效时间；$ATTF_{test}$ 是加速应力条件下的失效时间；I_{norm} 是正常工作条件下的电流值；I_{test} 加速应力条件下的电流值；n 是电流密度因子。

7.4.2　圆片级热载流子注入效应可靠性评价技术

当载流子的能量大于 Si/SiO_2 势垒高度时，就会注入栅氧化层中，产生热载流子注入现象。热载流注入影响 MOS 管的界面态密度和体内的氧化物电荷密度。在晶体管级，载流子迁移率、漏极电流、体电流和有效沟道长度都会随着热载流子的注入而产生退化。

薄栅器件热载流子效应引起器件退化的主要因素有 3 个：（1）氧化层中的电荷注入与俘获；（2）电子和俘获空穴复合引起的界面态；（3）高能粒子打断 Si－H 键引起的界面态。

在圆片级水平上，有两种方法可以测试热载流子注入效应对工艺的影响：（1）测量 MOS 管的参数，这些参数与工艺中产生热载流子的工艺过程有关；（2）在严酷应力条件下做加速测试。

由于 MOS 管的漏极场强最高，热载流子注入效应产生的退化主要发生在 MOS 管的漏极。当在严酷应力条件下做加速测试时，MOS 管在应力前后的一系列测量中，应选定需要测量的参数，需要测量的参数通常有界面态、阈值电压、最大跨导、驱动电流、输出电导、氧化陷阱电荷和沟道长度，也可以自定义参数进行测试。

圆片级热载流子注入效应试验需要确定以下 3 个步骤：（1）确定最坏偏置条件；（2）选择失效判据；（3）使用适当的加速模型来判断器件在正常使用条件下的寿命值。

圆片级热载流子注入效应的可靠性评价可采用漏极电压加速模型：

$$\tau = \tau_0 \exp(B / V_{DS}) \tag{7.10}$$

这是一个引起 MOS 器件退化的半经验模型，τ 是器件的寿命时间；τ_0 是与工艺有关的常数；B 是加速系数；V_{DS} 是漏源电压。该模型不仅可以用于 0.1μm 以下的沟道长度的器件，而且有高的加速度。

7.4.3 圆片级栅氧的可靠性评价技术

随着超大规模集成电路线宽的不断缩小，栅氧化层变得越来越薄，而电源电压却不能按比例下降。栅氧化层工作在较高的电场强度下，使栅氧化层的抗电性能成为一个突出的问题。栅极氧化层的抗电性能不好将引起 MOS 器件电参数的不稳定，进一步可引起栅氧化层的漏电和击穿。

评价栅氧化层可靠性的结构一般都是 MOS 电容。评价栅氧化层不同位置的特性，需要设计不同的结构，主要有 3 种结构：大面积 MOS 电容、多晶硅树状电容、有源区树状电容等。评价氧化膜的方法主要有斜坡电压法、斜坡电流法、恒定电压法及恒定电流法（用的相对较少）。本节内容仅介绍斜坡电压和斜坡电流的栅氧可靠性评价。

1. 基于斜坡电压的栅氧可靠性评价

在器件生产过程中，薄栅氧化层上的高电场是影响器件成品率和可靠性的主要因素。当有足够的电荷注入氧化层时，会发生氧化层介质的击穿，这种击穿可以在介质层上施加电流或施加一个高电场来获得。由于电荷的注入会产生结构变化（陷阱、界面态等），引起局部电流的增加，产生热损伤，导致氧化层有一条低的电阻通路，在介质层上产生不可恢复的漏电。

1）斜坡电压的测量

JEDEC 35 "Procedure for the Wafer-Level Testing of Thin Dielectrics" 标准设计了斜坡电压测试方法，用于评价氧化层的可靠性。氧化层上的斜坡电压测试是最经济最快速的测试技术，可以以很高的灵敏度评价氧化层的质量和可靠性，可以用于生产监控。影响氧化层退化的工艺过程能够被斜坡电压法检测出来。

测试由 3 个步骤组成，即初始测试、斜坡应力测试和应力后测试。初始测试是为了确认在使用应力下的漏电流小于 $1\mu A$，符合条件的进行下一步的斜坡应力测试。

斜坡应力测试是在氧化层上加上步进的电压应力，同时连续（或者隔某一段时间间隙）测量流过氧化层的电流值。

所加的斜坡电压具有如下特征：斜坡速率，$0.1\sim1.0MV/(cm\cdot s)$ 线性上升；斜坡步进高度，最大 $0.1MV/cm$；斜坡步进时间，小于或等于 $0.1s$；最大电场，$15MV/cm$；最小电流密度容限，$20A/cm^2$。

初始电压可以选择为使用条件下的电压值，或者稍低于使用条件下的电压值。当流过氧化层的电流超过预计电流的 10 倍，或者电压容限已达到时，斜坡电压过程将终止。

失效判据为电流增大为先前的 10 倍以上。程序根据击穿时电流的大幅增加，判断击穿位置，找出击穿电压，并计算出击穿电荷和击穿电荷密度。

在应力测试完成以后，再次在使用应力下进行测试，以确认在使用应力下的漏电流是否小于 $1\mu A$，或者达到了最大场强，以判断失效的类型。失效分为致命失效、非致命失效、屏蔽失效和其他类型的失效，判断的依据如表 7.4 所示，由程序自动检测完成。斜坡电压测量流程如图 7.6 所示。

表 7.4　失效类型与应力测试的关系

应力失效类型	初 始 测 试	斜坡应力测试	后应力测试
初始	失效	—	—
致命失效	通过	失效	失效
屏蔽失效	通过	通过	失效
非致命失效	通过	失效	通过
其他失效	通过	通过	通过

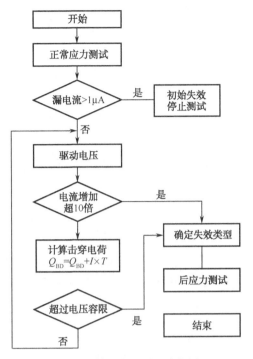

图 7.6　斜坡电压测量流程图

圆片级斜坡电压测试的主要目的是，从斜坡电压数据预测与时间有关的栅介质击穿失效时间，计算缺陷密度和对氧化层进行筛选。通过设计一套有效的算法进行生产监控，影响氧化层退化的工艺过程能够被斜坡电压法检测出来。

圆片级可靠性技术作为一种实时监测技术在集成电路工艺中得到了广泛的应用，对促进可靠性的提高和产品问题的快速解决有重要作用。设计合理的测试结构可以获得定量的数据，现有的研究表明所得数据和长期可靠性数据有着良好的内在联系。

为了进行完整的监测，也应定期进行长时间的常规封装电路的可靠性试验，结合圆片级可靠性测试，可以更好地控制工艺的可靠性水平。

用斜坡电压击穿进行了栅氧的可靠性评价。将击穿的栅氧电容用反应离子刻蚀仪（RIE）刻去表面的钝化层后，用扫描电镜拍摄栅氧击穿失效的图形，如图 7.7 所示。图中出现了强应力下 CMOS 工艺栅氧的击穿形貌，顶部的金属层也熔化了。

2）斜坡电压测量的寿命时间计算

假设恒定电压应力条件下和斜坡电压应力条件下产生击穿时的电荷量是相同的，于是恒定电压下的击穿时间与斜坡击穿电压之间通过的电荷量相等，可以表示如下：

$$t_{BD} \approx \frac{V_{gBD}^2}{R(B+H)t_{ox}} e^{\left(\frac{1}{V_{GS}} - \frac{1}{V_{gBD}}\right)(B+H)t_{ox}} \qquad (7.11)$$

式中，t_{BD} 是击穿时间（s）；V_{GS} 是恒定电压（V）；V_{gBD} 是斜坡击穿电压（V）；R 是斜坡上升速率（V/s）；B 是隧穿电流的指数因子（240×10^6 V/cm）；H 是空穴产生率的指数因子（80×10^6 V/cm）；t_{ox} 是栅氧化层的厚度（cm）。

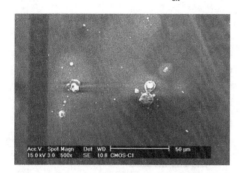 

图 7.7　CMOS 工艺栅电容的斜坡电压击穿图形

对于斜坡上升速率是 5MV/（cm·s）时的测量数据，击穿电流设置在 10A/cm²，即 12mA 时，斜坡步进时间是 0.0046s，斜坡步进电压是 0.05V，栅氧化层的厚度是 17.5nm，于是计算出 5V 恒定工作电压下的寿命时间如表 7.5 所示。

表 7.5　亚微米 CMOS 工艺斜坡电压击穿数据

序　号	击穿电压（V）	寿命时间（s）	序　　号	击穿电压（V）	寿命时间（s）
1	−36.1	2.47E+25	11	−39.75	1.24E+26
2	−36.8	3.45E+25	12	−39.8	1.27E+26
3	−37.6	1.98E+25	13	−40.1	1.43E+26
4	−37.9	5.69E+25	14	−40.25	1.52E+26
5	−38.3	6.78E+25	15	−40.25	1.52E+26
6	−38.75	8.22E+25	16	−40.35	1.58E+26
7	−38.75	8.22E+25	17	−40.35	1.58E+26
8	−39.05	9.34E+25	18	−40.35	1.58E+26
9	−39.5	1.12E+26	19	−40.35	1.58E+26
10	−39.75	1.24E+26	20	−40.4	1.61E+26

对于斜坡上升速率为 0.5MV/（cm·s）时的测量数据，击穿电流设置在 100mA/cm²，即 120μA 时，斜坡步进时间是 0.056s，斜坡步进电压是 0.05V，栅氧化层的厚度是 17.5nm，斜坡步进电场为 28600V/cm，于是计算出 5V 恒定工作电压

下的寿命时间如表 7.6 所示。

表 7.6　亚微米 CMOS 工艺斜坡击穿电压与寿命时间

序　号	击穿电压（V）	寿命时间	序　号	击穿电压（V）	寿命时间
1	36.1	2.47E+26	11	39.75	1.24E+27
2	36.8	3.45E+26	12	39.8	1.27E+27
3	37.6	4.98E+26	13	40.1	1.43E+27
4	37.9	5.69E+26	14	40.25	1.52E+27
5	38.3	6.78E+26	15	40.25	1.52E+27
6	38.75	8.22E+26	16	40.35	1.58E+27
7	38.75	8.22E+26	17	40.35	1.58E+27
8	39.05	9.33E+26	18	40.35	1.58E+27
9	39.5	1.12E+27	19	40.35	1.58E+27
10	39.75	1.24E+27	20	40.4	1.61E+27

斜坡电压测试时，使 MOS 电容处于积累状态，在栅极上的电压从使用电压开始扫描，一直到氧化层击穿为止，击穿点的电压即击穿电压（V_{BD}），同时还可以得到击穿电荷（Q_{BD}）。按照 JEDEC 标准，用斜坡电压法时，总的测试结构的氧化膜面积要达到一定的要求（比如大于 $10cm^2$ 等）。做完所有样品的测试后，对得到的击穿电压进行分类：

（1）击穿电压<使用电压：早期失效；

（2）使用电压<击穿电压<m×使用电压：可靠性失效（m 为一系数，一般为 2）；

（3）击穿电压>m×使用电压：本征失效。

缺陷密度 D 的计算方法如下：

D=（早期失效数＋可靠性失效数）/总的测试面积。如果 D 小于目标值，则通过；如果 D 大于目标值，则没有通过。目标值根据具体工艺确定。

此外，得到的击穿电量也可以作为判定失效类型的标准，一般当 Q_{BD}<0.1C/cm^{2}就认为一个失效点。但是当工艺在 0.18μm 以下时，Q_{BD} 一般只是作为一个参考，并不作为判定标准，因为 Q_{BD} 和很多测试因素有关。

2. 基于斜坡电流的栅氧可靠性评价

1）测量方法

在器件生产过程中薄栅氧化层上的高电场是影响器件成品率和可靠性的主要因素。当有足够的电荷注入氧化层时，会发生氧化层介质的击穿，这种击穿可以在介质层上施加电流或施加一个高电场来获得。由于电荷的注入会产生结构变化（陷阱、界面态等），引起局部电流的增加，产生热损伤，导致氧化层有一条低的电阻通路，在介质层上产生不可恢复的漏电。

斜坡电流测量是评价栅氧化层可靠性的一种方法。击穿电荷 Q_{BD} 是指栅氧化层击穿前在电容上积累的电荷值，击穿电荷密度 q_{BD} 是指击穿电荷除以电容面积的值。

栅氧化层斜坡电流测试应在以下设置下进行：栅偏压极性为累积型，扩散层和阱（如果有）与衬底相连，温度：25±5℃。

测试由 3 个步骤组成，即初始测试、斜坡应力测试和应力后测试。

判定初始样品是否有效可通过在其上施加一初始电流应力（典型电流值是 1mA）后再测量电容上的电压值。如果电容上的电压值不能达到使用条件下的电压值，那么就判定初始样品失效，不用再继续接下来的程序；如果电容通过初始测试，则斜坡电流试验可马上进行。初始电流应力的选择应该足够大，以缩短初始测试时间，但又要足够小，以探测到早期产生的电荷缺陷 q_{BD}。一般地，由于系统电容的原因，低于 $10^{-6}c/cm^2$ 的 q_{BD} 值难以得到。此外，初始电流应力值还随着测试结构面积、氧化层缺陷水平、氧化层厚度的不同而变化。

2）步进时间计算

斜坡电流应力测试是在氧化层上加上步进的电流应力，同时连续（或者隔某一短时间间隙）测量氧化层上的电压值，电流以对数间隔形式步进，两个连续步进的比率则为一常数因子 F。10 步进位的过程可以表示成如下形式：

$$10I_0 = I_0 F^N \tag{7.12}$$

求解上述方程可得到：

$$F = 10^{\frac{1}{N}} \tag{7.13}$$

N=10，也可以是 25 或 50。由（7.13）式、N（步进数）与 F（每步的增加系数）之间的关系：

$$10 = F^N \tag{7.14}$$

得出步进时间：

$$t = \frac{0.5}{N} = \frac{0.5}{\frac{1}{\log_{10} F}} = 0.5 \log_{10} F \tag{7.15}$$

斜坡上升的电流是时间的函数，累积至氧化层的电荷可以表示成

$$\int_0^n I(t)\mathrm{d}t = \int_0^n I_0 F^n T_s \mathrm{d}n \tag{7.16}$$

式中，$I(t)=I_0 F^n$；$t=nT_s$；n 是电流的步进数；T_s 是步进时间。当最大允许的电荷密度达到以后，电流的步进数求解过程如下：

$$\int_0^n I_0 F^n T_s \mathrm{d}n = Q_{max} S \tag{7.17}$$

$$I_0 T_s \frac{1}{\log_{10} F}[F^n]_0^n = Q_{max} S \tag{7.18}$$

$$n\log_{10} F = \log_{10}\left(\frac{Q_{max} S \log_{10} F}{I_0 T_s} + 1\right) \tag{7.19}$$

$$n = \frac{1}{\log_{10} F}\log_{10}\left(\frac{Q_{max} S \log_{10} F}{I_0 T_s} + 1\right) \tag{7.20}$$

停止电流 $I_s \mathrm{top} = I_0 F^M$ ，M 是大于 n 的最小整数。

在测试过程中施加的应力特性为，斜坡电流比率：进一位/500ms；电压测量的最大时间间隔：小于 50ms 或每电流步进一次；最大电荷密度：50c/cm^2；最小电压容量界限：15MV/cm；最大电流步增因子：10 的平方根，近似为 3.2，持续期间的步进必须一致。

图 7.8 所示为典型的斜坡电流测量流程图。测试只针对通过初始测试的样品（氧化膜）而言，并由施加 F 倍初始电流应力或一较低的电流开始。图 7.9 所示是斜坡电流测量失效过程流程图。当测量的电压小于前一步测量电压的 0.85 倍时，则认为样品结构已经失效。

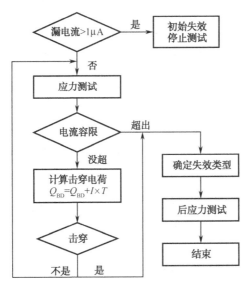

图 7.8　斜坡电流测量流程图

当氧化膜明显小于 200Å 时，评价的标准值 0.85 应加以调整。当电荷密度已累积到允许的最大值或电压容量达到界限时，斜坡电流测试必须停止，这些测试是典型的不合格测试。

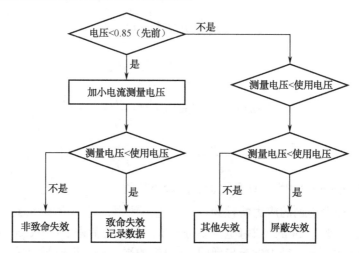

图 7.9　斜坡电流测量失效过程流程图

3）失效类型确定

完成测试后，调用初始电流测量程序，判断在初始电流应力条件下，电容上的电压值是否超出了使用条件下的电压值，以确定失效类型。表 7.7 列出了 CMOS 栅氧电容的击穿电压与击穿电荷测量值。

表 7.7　MOS 栅氧电容的击穿电压与击穿电荷测量

电 容 序 号	击穿电压/V	击穿电荷/μC
1	−39.7	−454
2	−31.6	−282
3	−39.2	−409
4	−39.9	−946
5	−37.8	−281
6	−40.5	−678
7	−39.9	−993
8	−36.6	−437
9	−39.3	−445
10	−38.6	−447

对于每一个被测器件，需要记录：失效种类、击穿电压、击穿电荷密度。测试器件击穿电压是击穿前可达到的最大电压，而击穿电荷密度则为击穿前所有测量之间间隔时间（但不包括击穿发生时的测量间隔）、加电流应力期间产生的电荷总数除以测试结构的面积得到的比值。每种失效都可以归类为以上 5 个种类中的一种。

（1）初始失效：在初始使用应力条件测试中失效的样品；

（2）致命失效：在斜坡电流测试过程中和后期应力测试中均失效的样品；

（3）屏蔽突变失效：在斜坡应力测试期间没有失效，但在后期应力测试中失效的样品；

（4）非致命失效：在斜坡应力期间失效，但可以通过后期应力测试的样品；

（5）其他失效：既不在斜坡应力期间也不在后期应力测试中失效的样品。

7.5 生产线的质量管理体系

随着超大规模集成电路工艺技术的发展，民用 Foundry 线（标准工艺线）的加工能力也得到了快速发展，种类众多的超大规模集成电路在民用 Foundry 线上加工生产，目前主流的加工能力是 12 英寸 300mm 的晶圆。与此同时，16 英寸 450mm 的晶圆生产线也在研究开发中，预计不远的将来将用于电路的加工生产。

在晶圆越来越大的同时，器件的线宽越来越小，掩膜版的价格越来越贵，电路的制作成本越来越高，Foundry 线的质量与可靠性体系对芯片设计单位十分重要，高端集成电路一次不合格的流片将会使设计单位蒙受灾难性后果。

企业存在于社会的必要条件是它的产品得到社会的承认，也就是有多个顾客群体能接受该企业的产品。ISO9000 体系中关于质量的定义用通俗的语言来讲就是企业的产品及与产品有关的一系列经营活动能满足顾客要求的程度。

为了持续改善服务、产品质量与可靠性，严格管理产品的生产过程，民用 Foundry 线的生产过程必须通过 ISO90001 认证。

ISO90001 质量管理体系的认证是指对质量管理体系要素的符合性和有效性进行评价。符合性是指该企业建立的质量管理体系是否符合 ISO9000 体系的各项要求，有效性是指质量管理体系在运行中是否全面满足顾客和相关方面的各种要求，所设定的目标是否可以达到。ISO90001 认证属于第三方审核，由外部独立的审核服务组织进行，通过第三方审核可以获得符合 ISO9000 的认证证书并予以注册。

企业获得 ISO90001 认证后仍需要对质量管理体系进行定期的系统的评价，评价的方向是质量方针和目标的适应性、充分性、有效性和效率。评价的依据是过去的一段时间内，企业或组织的质量管理体系运作情况，即通过各种工具和手段获得的信息和依据，包括顾客和相关方面的意见，以及征求各部门的意见后进行综合的结果。

评价的结果是审视该体系是否有效运作、目标达到的程度及方针贯彻的水平。评价的目的在于进一步改进质量管理体系，包括修改质量方针和目标，以及修订各个过程方法、重新调配各种资源、划分各部门的职责等。

组织自我评定参考质量管理体系或优秀模式，对本企业或组织的活动及其结果进行全面、系统和定期的评审，其核心就在于为组织或企业提供以事实为基础的指南，指导本单位应向何处投入改进资源。

超大规模集成电路的生产工序众多，质量与可靠性影响因素复杂，ISO9001 的认证除了常规的要求外，还需考虑到技术要素与管理要素两个方面。

7.5.1　影响 Foundry 线质量与可靠性的技术要素

超大规模集成电路的生产过程中存在着多种失效机理，这些失效机理分别是金属化电迁移、热载流子注入效应、与时间有关的栅介质击穿、PMOSFET 负偏置温度不稳定性、等离子刻蚀损伤、MOS 管的阈值电压稳定性等，这些失效机理影响着超大规模集成电路的质量与可靠性。工艺生产过程中必须对这些失效机理进行控制，以保障生产出的超大规模集成电路的可靠性水平。

按照美国电子工业联合会制定的标准 JP001.01 Foundry process qualification guidelines（Wafer Fabrication Manufacturing Sites）和 GJB7400 合格制造厂认证用半导体集成电路通用规范，各失效机理及相应的评价方法如表 7.8 所示。集成电路工艺的可靠性评价是针对失效机理，应用微电子可靠性测试结构，通过封装级或圆片级的加速试验，获取失效机理的可靠性参数和可靠性信息，确认生产线的可靠性水平。评估的目的在于找出存在可靠性缺陷的地方，通过工艺优化和设计改进，以生产出可靠性好的产品，提高产品的成品率，同时使生产厂家创立好的质量体系。

表 7.8　民用 Foundry 线可靠性评价实验项目

评　估　项	JEDEC 标准	其他标准
直流应力下热载流子注入效应（HCI）	JESD28A、JESD60	EIAJ－987
与时间相关的介质击穿（TDDB）	None	EIAJ－988
斜坡电压介质击穿（VRDB）	JESD35	None
电迁移（EM）	JESD61、JESD87、JESD33A JESD37、JESD63	ASTM:F1260－96 EIAJ－986
应力迁移（应力引起空洞）（SM）	JEP139、JESD87	None
负偏置温度不稳定性（NBTI）	JP-001、JESD90	None
等离子刻蚀工艺引起的介质损伤（P2D）	JP-001	None
静电损耗特性（ESD）	JESD22－A115B	ANSI/ESD:STM5.1、 GJB548、Mil－STD－883
闩锁特性（Latch-up）	JESD78	－

进行工艺线的可靠性评价首先要针对不同的工艺，制定可靠性试验项目、测量条件和接受目标。可靠性试验项目通常包括热载流子注入效应、与时间有关的栅介质击穿、金属化电迁移、负偏置温度不稳定性、斜坡击穿电压和阈值电压稳定性等，不同的工艺线和不同的工艺技术提供的测量项目和测量条件略有差异。

7.5.2　影响 Foundry 线质量与可靠性的管理要素

影响 Foundry 线质量与可靠性的管理要素有净化间的温湿度控制、设备校准与维护、人员引起的污染预防、扫描电镜检查及能谱分析、内部目检、生产工艺的 SPC 控制等。

净化间内的温、湿度应符合下列规定：满足生产工艺要求，生产工艺无温、湿度要求时，净化间的温度为 20～26℃，湿度小于 70%，人员净化间和生活间的温度为 16～28℃。净化间内应保证一定的新鲜空气量，其数值应取下列风量中的最大值：乱流净化间送风量的 10%～30%，层流净化间总送风量的 2%～4%，补偿室内排风和保持室内正压值所需的新鲜空气量，保证室内每人每小时的新鲜空气量不小于 40m^3。

仪器设备应定期进行计量。对所有计量合格的设备实行标志化管理，根据证书的结果分别贴上统一印制的表明设备所处校准状态的标志，包括设备编号、检测日期、有效日期、检测单位。

无论什么原因，若设备脱离了直接控制，设备管理员应确保该设备在使用前对其功能和校准状态进行核查并能显示合格结果。对使用频度较高和经常流动使用的仪器设备均应实施两次校准之间的期间核查。

净化间工作人员是最大的污染源之一。当一个人以每小时两英里的速度走动时，他每分钟会释放高达五百万个颗粒，这些颗粒来自坏死的头发和脱落的皮肤。其他的颗粒源还有喷发胶、化妆品、染发和暴露的衣服。

唯一使工作人员适于净化间工作的可行办法是把人员完全包裹起来，而且净化间工作人员的净化服材料因洁净度的要求不同而不同。服饰材料应不易产生脱落，并且含有导电的纤维以释放静电。还要权衡材料的过滤能力与操作员穿戴的舒适度。

净化间的设计和操作过程都必须防止外界污染的入侵。有 9 种控制外界污染的技术，分别是粘着地板垫、更衣区、空气压力、空气淋浴器、维修区、双层门进出通道、静电控制、净鞋器、手套清洗器。

扫描电镜是用聚焦得很细的电子束照射被检测的样品表面，用 X 射线能谱仪或波谱仪测量电子与样品相互作用所产生的特征 X 射线的波长与强度，从而对微小区域所含元素进行定性或定量分析，并可以用二次电子或背散射电子等进行形貌观察，是现代固体材料显微分析（微区成分、形貌和结构分析）的最有用仪器之一，可获得材料和器件芯片失效的物理和化学根源。

由于放大倍数大，常用于观察芯片表面金属互连线的短路、开路、电迁移、受腐蚀的情况，以及氧化层的针孔。还可用来观察硅片的层错、位错和抛光情况及对芯片微结构的尺寸进行测量等，是 Foundry 线生产过程中不可缺少的工具。

在微电路生产中，尽管原材料、工艺条件等"保持不变"，但是工艺结果也不会完全相同，而是存在"波动"。引起工艺"波动"的原因有两类，一类是不可避免的"随机原因"，另一类是"可识别原因"。若工艺中只存在随机起伏，不存在异常波动，则称工艺处于统计受控状态。集成电路流片过程中，工艺线是否处于统计受控状态，通过 SPC 数据分析来确定。

SPC 是利用数理统计分析理论，将连续采集的大量工艺参数转换成信息，以确认、改善或纠正工艺过程特性，保证产品质量、成品率和可靠性。

SPC 的作用是确保工艺过程的持续稳定，提高产品质量和生产能力，降低成本，为工艺分析提供依据。区分变差的特殊原因和普通原因，作为采取局部措施或对系统采取措施的指南。

为了检查电路的内部材料、结构和工艺过程是否正常，以及查出导致器件在正常使用时可能出现失效的内部缺陷，工艺生产过程中，经常需要进行内部目检。内部目检按照微电子器件试验方法标准 GJB548 中的方法 1004、1010 的目检判据进行，用于检查芯片表面是否有裂纹、金属化层缺陷、污点、氧化层缺陷和其他工艺相关的缺陷。Pad 上不能有异物附着。在 40 倍的目镜下，Pad 上的金属铝没有腐蚀现象。除 Pad 开窗外，芯片上的保护层不能有破损现象。

上述的管理要素体现在企业的质量体系中，通过检查评定企业的质量体系，可以对上述管理要素进行评定。

7.5.3　Foundry 线质量管理体系的评价

通过设计可靠性测试芯片，采用 MPW 投片方式，分别对 A 公司和 B 公司的 0.18μm CMOS 工艺线的 HCI 效应的可靠性进行了评估。失效判据分别是跨导、饱和漏极电流的退化和阈值电压的漂移。通过模型参数的提取，计算出了累计失效率为 0.1%时的寿命。

（1）相同厂家相同工艺不同批次的失效机理的可靠性。对 A 公司两个批次的 0.18μm CMOS 工艺 HCI 效应寿命进行了测量，栅氧厚度均是 3.2nm，器件的宽长比均是 50∶1，测量结果如表 7.9 所示。两次的测量结果表明，HCI 效应的寿命并无明显变化，工艺控制比较稳定，但测量结果达不到室温环境条件下寿命大于 0.2 年的要求。

表 7.9　A 公司 0.18μm CMOS 工艺 HCI 效应寿命

流片批次	1		2	
退化判据	模型参数	寿命/s	模型参数	寿命/s
阈值电压变化 50mV	2.71	6.92×10^5	2.08	4.23×10^5
最大跨导值退化 10%	2.23	5.13×10^4	2.21	3.01×10^5
正向饱和电流退化 10%	2.35	1.66×10^6	2.30	7.75×10^5

（2）不同厂家相同工艺的失效机理的可靠性。对 A 公司和 B 公司的 0.18μm CMOS 工艺 HCI 效应寿命进行了测量，流片情况同上，栅氧厚度均是 3.2nm，器件的宽长比均是 50∶1，测量结果如表 7.10 所示。从表 7.10 可以看出，B 公司 HCI 效应的寿命大于 A 公司的 HCI 效应的寿命，而且以正向饱和电流退化 10%为失效判据，室温环境条件下 HCI 效应的寿命大于 0.2 年，这表明 B 公司的质量管理体系更容易满足用户的使用要求。

表 7.10　A 公司和 B 公司 0.18μm CMOS 工艺 HCI 效应寿命对比

生产厂家	A 公司		B 公司	
退化判据	模型参数	寿命/s	模型参数	寿命/s
阈值电压变化 50mV	2.71	6.92×10^5	2.34	6.18×10^6
最大跨导值退化 10%	2.23	5.13×10^4	2.49	3.29×10^6
正向饱和电流退化 10%	2.35	1.66×10^6	3.28	3.02×10^7

影响集成电路 Foundry 线流片质量和可靠性的技术要素分别是温度特性、ESD、Latch-up、HCI、TDDB、EM、欧姆接触退化等失效机理，而管理要素分别是生产工艺的 SPC 控制、工艺监测图形、内部目检、扫描电镜检查及能谱分析、净化间的温湿度控制、人员引起的污染预防、设备校准与维护等。

通过 A 公司和 B 公司的 0.18μm CMOS 工艺 HCI 效应的可靠性试验，检查评定了不同 Foundry 线的质量体系，结果表明检查的两家 Foundry 线的质量体系的运作还算稳定，但不同厂家的质量管理体系仍有一定的差距。对于设计单位来说，选择可靠性高的工艺线进行投片生产，其产品的可靠性将会有更好的保障。

参 考 文 献

[1] 史保华，贾新章，张德胜. 微电子器件可靠性. 西安：西安电子科技大学出版社，1999

[2] 孙沩，桂力敏，许春芳，等. 微电子测试结构. 上海：华东师范大学出版

社，1984

[3] ASTM, F1260M-96. Standard Test Method for Estimating Electromigration Median Time-To-Failure and Sigma of Integrated Circuit Metallizations

[4] Foundry Process Qualification Guideline. JEDEC/FSA joint publication, JP-001, 2002

[5] A Procedure for Measuring N-channel Mosfet Hot-Carrier-Induced Degradation at Maximum Substrate Current under DC Stress. EIA/JEDEC Standard JESD-28, 1995

[6] Procedure for the Wafer-Level Testing of Thin Dielectrics. EIA/JEDEC Standard JESD35, 1992.

[7] 恩云飞. 微电子可靠性技术发展动态. 中国电子学会可靠性分会第十一届学术年会论文选. 银川，2002

[8] J.A.Maiz. Characterization of electromigaration under bidirectional(BC) and pulsed unidirectional(PDC) current. Proc.27th.Rel.Phys.Symp, 1989; 220

[9] B.K.Liew, N.W.Cheung, C.Hu. Projeting interconnect electromigration lifetime for arbitrary current waveforms. IEEE Trans. On Electron Devices, 1994, 41; 539

[10] K.Hatanaka, T.Noguchi and K.Maeguchi. A generalized lifetime model for eletrom-igration under pulsed DC/AC stress condition. Proc.28th.Rel.Phys.Symp, 1990; 19

[11] Jiang Tao, N.W.Cheung and C.Hu. Metal Electromigration Damage Healing Under Bidire-ctional Current Stress, IEEE Electron Devices Letters, 1993, 14; 554

[12] Jiang Tao, K.K.Young,Nathan W.Cheung etc. Comparison of Electromigration Reliability of Tungsten and Aluminum Vias Under DC and Time-Varying Current Stressing. Proc.30th.Rel.Phys. Symp, 1992; 338

[13] Jiang Tao, Boon-Khim Liew. Electromigration under Time-varying Current Stress. Microelectron. Reliab., 1998, 38(3);295

[14] Failure mechanism driven reliability test methods for LSIs. Standard of Electronic Industries Association of Japan,EIAJED-4704, 2000

[15] Chenming HU, Simon C, FU-Chien Hsu et al. Hot Electron-induced MOSFET Degradation Model, Monitor, and Improvement[J].IEEE Transactions on Electron Devices, 1985,32(2):375

[16] P.Heremans, R.Bellens, G.Groeseneken, et al. Consistent model for the Hot-Carrier Degradution in n-channel and p-channel MOSFET's [J]. IEEE Transactions on Devices, 1988, 35(12); 2194

[17] M.Pages, R.Milanowski, E.Snyder et al. Unified model for n-channel Hot-Carrier Degradation Under Different Degradation Mechanisms[A].Dallas IEEE/IRPS[c].

1996. 289

[18] JESD28-A. Procedure for Measuring N-Channel MOSFET Hot-Carrier-Induced Degradation Under DC Stress. JEDEC Solid State Technology Association, December 2001

[19] JESD28-1. N-Channel MOSFET Hot Carrier Data. Analysis. JEDEC Solid State Technology Association, September 2001

[20] 章晓文，张晓明. 热载流子退化对 MOS 器件的影响.电子产品可靠性与环境试验，2002，1：60

[21] 朱炜玲，黄美浅，章晓文. 热载流子效应对 n-MOSFETs 可靠性的影响. 华南理工大学学报，2003，31（7）：33

[22] 孔学东，恩云飞，章晓文. 微电子生产工艺可靠性评价与控制. 电子产品可靠性与环境试验，2004，3：1

[23] 章晓文，恩云飞，林晓玲. 电子信息技术的理论与应用. 广州，2008：61

第8章

可靠性测试结构的设计

可靠性测试结构是指用于可靠性评价试验的 NMOSFET 单管、PMOSFET 单管、大面积 MOS 电容和具有一定宽度及长度的金属互连线等。

可靠性测试结构设计的内容：（1）布局，安排各个晶体管、基本单元在芯片上的位置；（2）布线，设计走线，实现结构间的互连；（3）尺寸确定，确定晶体管尺寸（W、L）、互连尺寸（连线宽度），以及晶体管与互连之间的相对尺寸等；（4）版图编辑，规定各个工艺层上图形的形状、尺寸和位置；（5）布局布线，给出版图的整体规划；（6）规则检查，设计规则检查、电学规则检查、版图与电路图一致性检验。

设计规则规定了掩膜版各层的几何图形宽度、间隔、重叠及层与层之间的距离等的最小容许值。设计规则是设计和生产之间的一个桥梁，是一定的工艺水平下电路的性能和成品率的最好的折中。因此对于不同的工艺，就有不同的设计规则。

设计规则描述方法是微米设计规则、λ设计规则。λ设计规则中λ是一个归一化单位，使栅极宽度为 2λ，其他尺寸都是λ的整数倍。最小线宽 2λ，对于 $2\mu m$ 生产工艺，$\lambda=1\mu m$。通过对λ值的重新定义可以很方便地将一种工艺设计的版图改变为适合另一种工艺的版图，大大节省了集成电路的开发时间和费用。

根据复杂程度，不同工艺需要的一套掩膜版可能有几层到几十层，一层掩模对应于工艺制造中的一道或数道工序。掩膜上的图形决定着芯片上器件或连接物理层的尺寸，因此版图上的几何图形尺寸与芯片上物理层尺寸直接相关。

8.1 版图的几何设计规则

芯片在加工过程中会受到多种非理想因素的影响，如光刻分辨率问题、多层版之间的套准问题、芯片表面的平整度、工艺制作中的扩散和刻蚀问题，以及因载流子浓度不均匀分布所导致的问题等，这些非理想因素会降低芯片的性能和成品率。

为了保证器件的可靠性并提高芯片的成品率，要求设计者在版图设计时遵循一定的设计规则，这些设计规则直接由流片厂家提供。设计规则是版图设计和工艺之间的接口。设计规则主要包括各层的最小宽度、层与层之间的最小间距等。图 8.1 所示是设计好的版图与实际加工出的芯片。

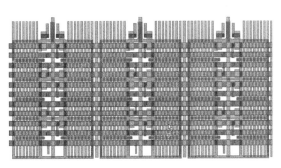

（a）设计好的版图

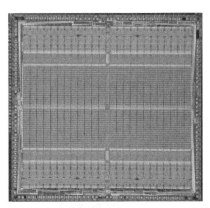

（b）工艺加工出的芯片

图 8.1　版图设计与电路实现

8.1.1　几何图形之间的距离定义

最小宽度：封闭几何图形的内边之间的距离，由工艺（光刻）极限尺寸确定，如图 8.2 所示。

最小长度：在同一个几何图形中的较长方向，从一边到另一边的距离，如图 8.3 所示。

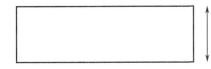

图 8.2　最小宽度的定义

图 8.3　最小长度的定义

最小间距：各几何图形外边界之间的距离，避免短路，如图 8.4 所示。

最小延伸：在一个方向上，B 层的图形交叠过 A 层的图形，在另外的方向则没有限制。最小距离是从 A 层外边到 B 层内边的距离，如图 8.5 所示。

最小包含：图层 A 被图层 B 包含是指图层 A 在图层 B 的形状里面。4 个方向上的最小距离均是指图层 A 的外边到图层 B 的内边的距离，如图 8.6 所示。

最小交叠：最小交叠是指一种几何图形的内边界到另一几何图形的内边界长度，如图 8.7 所示，用于防止实际工艺偏差造成的开路或短路。

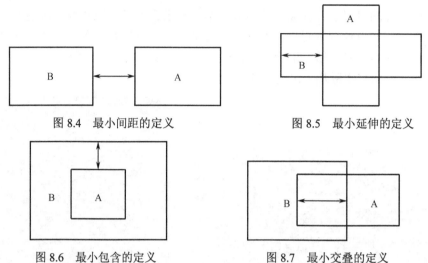

图 8.4　最小间距的定义　　　　　　　　图 8.5　最小延伸的定义

图 8.6　最小包含的定义　　　　　　　　图 8.7　最小交叠的定义

8.1.2　设计规则举例

利用设计规则检查软件，对版图的几何尺寸进行检查时，对于宽度低于规则中最小宽度的几何图形，将给出错误提示。表 8.1 列出了 0.18μm CMOS 工艺中各版图层的线条最小宽度。表 8.2 列出了 0.18μm CMOS 工艺 N 型注入掩膜最小距离。表 8.3 列出了 0.18μm CMOS 工艺电学设计规则。图 8.8 所示是 0.18μm CMOS 工艺 N 型注入掩膜的图形之间最小距离。

表 8.1　0.18μm CMOS 工艺中各版图层的线条最小宽度

图层（Layer）	最小宽度（λ=0.09μm）	说　　明
AA	2.5	有源层
NW	10	N 阱
GT	2	多晶栅
SP	5	P 型注入掩膜
SN	5	N 型注入掩膜
CT	2.5×2.5（固定尺寸）	接触孔
Via	3.0×3.0（固定尺寸）	连接孔
M1	2.5	第一层金属
M2	3	第二层金属
M3	3	第三层金属
M4	3	第四层金属

图层（Layer）	最小宽度（λ=0.09μm）	说　明
M5	3	第五层金属
M6	5	第六层金属
PA	1000	压焊区

表 8.2　0.18μM CMOS 工艺 N 型注入掩膜的最小距离

序　号	设计规则描述	最小距离/μm
SN.1	SN 区的最小宽度	0.44
SN.2	SN 区的最小距离，如果间距小于 0.44μm，则合并	0.44
SN.3	SN 区和 P+AA（P 型注入区）的最小间距	0.26
SN.4	SN 区和 P+AA 区的最小间距	0.10
SN.5	SN 区和非紧邻的 P 阱中的 P+AA 区的最小间距（P+AA 区和 N 阱的距离 <0.43μm）	0.18
SN.6	SN 边与 P 沟多晶栅的最小间距	0.32
SN.7	SN 边环绕 N 沟多晶栅的最小间距	0.32
SN.8	SN 边与有源区的最小交叠	0.23
SN.9	SN 边环绕跨过 SN 有源区的最小间距	0.18
SN.10	SN 区跨过 N+AA（N 型注入）区的最小间距（N+AA 区和 P 阱的距离≥0.43μm）	0.02
SN.11	SN 区跨过 N+AA 区的最小间距（N+AA 区和 P 阱的距离≤0.43μm） （a）遵守这条规则和 SN.3，同时，N+AA 区和 SP 有源区的最小间距增加到 0.4μm （b）遵守这条规则和 SN.5，同时，N+AA 区和 SP 有源区的最小间距增加到 0.36μm	0.18
SN.12	P 阱内，从 SN 区到紧邻的 SP 有源区的紧邻边的距离	0.00
SN.13	SN 区沿着紧邻的 N+AA/P+AA 扩散区边的最小延伸	0.00
SN.14	最小的 SN 面积	0.40μm^2
SN.15	SN 区跨过多晶的最小延伸（当多晶用作电阻时）	0.18
SN.16	SN 区沿着多晶栅方向到多晶的最小间距	0.35
SN.17	沿着多晶栅方向，SN 边环绕 N 沟多晶栅的最小间距	0.35

表 8.3　0.18μM CMOS 工艺电学设计规则

电学设计规则参数	参　数	参数说明
衬底电阻	电阻率	均匀的 P 型衬底的电阻率
掺杂区薄层电阻	N 阱薄层电阻	N 阱中每一方块的电阻

续表

电学设计规则参数	参　数	参　数　说　明
掺杂区薄层电阻	N⁺掺杂区薄层电阻	NMOS 源、漏区和 N 阱接触区每一方块的电阻值
	P⁺掺杂区薄层电阻	PMOS 源、漏区和衬底接触区每一方块的电阻值
多晶硅薄层电阻	NMOS 多晶硅薄层电阻	NMOS 区域多晶硅薄层方块电阻
	PMOS 多晶硅薄层电阻	PMOS 区域多晶硅薄层方块电阻
接触电阻	N⁺接触区电阻	N⁺掺杂区与金属的接触电阻
	P⁺接触区电阻	P⁺掺杂区与金属的接触电阻
	NMOS 多晶接触电阻	NMOS 的多晶栅及多晶硅连线与金属的接触电阻
	PMOS 多晶接触电阻	PMOS 的多晶栅及多晶硅连线与金属的接触电阻
电容 （单位面积电容值）	栅氧化层电容	NMOS 和 PMOS 的栅电容
	场区金属—衬底电容	在场区的金属和衬底间电容
	场区多晶硅—衬底电容	在场区的多晶硅和衬底间电容
	金属—多晶硅电容	金属—二氧化硅—多晶硅电容
	NMOS 的 PN 结电容	零偏置下，NMOS 源、漏区与 P 型衬底的 PN 结电容
	PMOS 的 PN 结电容	零偏置下，PMOS 源、漏区与 N 阱的 PN 结电容
其他综合参数	NMOS 阈值电压	V_{TN}
	PMOS 阈值电压	V_{TP}
	P 型场区阈值电压	场区阈值电压，衬底为 P 型半导体
	N 型场区阈值电压	场区阈值电压，场区位于 N 阱中
	NMOS 源、漏击穿电压	NMOS 管源、漏区 PN 结击穿电压
	PMOS 源、漏击穿电压	PMOS 管源、漏区 PN 结击穿电压
	NMOS 本征导电因子	K'_{N}
	PMOS 本征导电因子	K'_{P}

8.1.3　版图设计概述及软件工具介绍

在集成电路的设计过程中，版图设计是继性能指标确定、模型分析、逻辑综合、具体线路设计和电路整体仿真等步骤之后的最后一步，同时也是最关键的一步。它决定了前期阶段的既定设计功能能否最终实现和性能指标能否最终满足要求。版图设计过程包括单元库建立、布局、布线、设计规则检查（Design Rules Check，DRC）及版图对照原理图（Layout Versus Schematic，LVS）检查等。版图设计定义为制造集成电路时，所用的掩模版上的几何图形，这些几何图形包括：N 阱、有源区、多晶硅、N⁺注入、P⁺注入、接触孔以及金属层，其流程如图 8.8 所示。

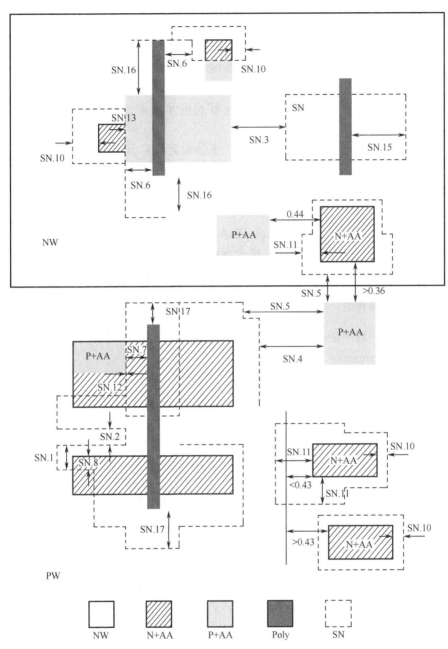

图 8.8　0.18μm CMOS 工艺 N 型注入掩膜的图形之间最小距离

　　Cadence 公司提供的基于 Virtuoso 平台的版图设计工具及其验证工具的强大功能，在模拟集成电路和数模混合集成电路设计中，是任何其他 EDA 工具所无法比拟的。Virtuoso Layout Editor 是 Virtuoso 设计环境中最基本的工具，主要用于版图的设计。

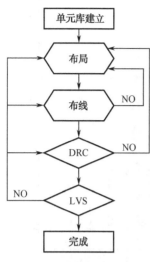

图 8.9　版图设计流程图

Virtuoso 主要的功能如下：

（1）绘制和编辑多边形、矩形、圆形、椭圆、引脚和触点等各种图形。

（2）将设计好的单元插入另一个单元中，形成层次式设计。

（3）创建一个带参数的单元（Cell），并可以很方便地修改单元的参数。用 Virtuoso Layout Editor 编辑生成的版图是否符合设计规则、电学规则，其功能是否正确必须通过版图验证系统来检验。

Tanner EDA 公司的 L-edit 是运行在个人电脑及 Windows 操作系统的版图设计软件，它简单易学，但国内晶圆厂在工艺库文件、设计规则文件等方面普遍不支持 Tanner。此外，在数字集成电路后端的自动布局布线版图设计中，Synopsys 公司的 Astro 和 IC Compiler 是业界最为广泛使用的数字后端版图设计软件。Cadence 公司也有数字后端自动布局布线的设计软件 Encounter。

8.1.4　多项目晶圆 MPW（Multi-Project Wafer）的流片方式

MPW 是将多种具有相同工艺的集成电路设计项目放在同一晶圆片上流片，而费用由所有参加 MPW 的项目按照芯片面积分摊。对处于设计开发阶段的试验、测试用芯片来讲，其成本仅为非 MPW 流片的 5%～10%，从而极大地提高了设计效率、降低了开发成本。借此，可培养大批集成电路设计人才，培育众多的中小集成电路设计企业，从而成为先进集成电路产业创新与发展的基石。

世界上在集成电路研究开发方面领先的国家与地区，先后于 20 世纪 80 年代至 90 年代建立并实施了大规模的 MPW 计划。我国集成电路设计业正处在加速发展的阶段，对于大多数设计公司、创业者、教育研发人员而言，通过多项目晶圆服务进行试验项目与研制产品的投片，是提高设计效率、降低开发成本的有效途径。

1. 国外 MPW 服务情况

世界上集成电路研发领先的国家与地区，均提供 MPW 多项目晶圆服务。目前国外实施的 MPW 计划主要有美国的 MOSIS（Metal-Oxide-Semiconductor-Implementation Service）计划、法国的 CMP（Circuit Multi-Projects）计划、加拿大的 CMC（Canadian Microelectronics Corporation）计划、欧盟的 Europractice 计划。

2. 国内 MPW 服务情况

1996 年复旦大学组织了国内第一次 MPW 流片。此后，众多科研院所、高校等设计单位加入到了 MPW 计划中。2001 年，无锡华晶上华 0.6μm 工艺线上就进行了 4 次 MPW 流片。

中国科学院 EDA 中心 MPW 服务，于 2003 年 6 月正式开始。目前已经与中芯国际公司（SMIC）签订了 MPW 代理服务协议，开展基于 SMIC 生产线的 0.18、0.25、0.35μm 规则的 MPW 流片服务，同时还在与其他 Foundry 厂以及国内其他的 MPW 服务单位洽谈战略性合作。

此外，还有我国台湾的 CIC（Chip Implementation Center）计划。

3. MPW 投片的目的

MPW 投片的目的在于提高设计效率、降低开发成本。现在主流 Foundry 厂的硅片直径为 12 英寸，每次工程批至少提供 6～12 片。如果在同一硅片上，只进行单一集成电路设计项目试验流片，制造出的芯片数量将远远多于研发阶段进行产品测试所需的数量，因此试验片的成本极高。而且如果采用高阶工艺，试验片成本更会呈几何倍数提高。MPW 多项目晶圆，正是提高设计效率、降低开发成本之道。

图 8.10 所示是其 MPW 服务的一个示例。图中右下角的圆形是一个完整的 8 寸晶圆，方框标出的矩形部分为 MPW 加工服务机构拼接后得到的中间数据，方框中的小矩形为不同设计公司设计出的芯片，图中左下角是封装后的集成电路芯片。实际加工时是将拼接后的矩形作为一个（虚拟）芯片，再进行流片制造。按照集成电路加工线的要求，通常一次加工必须制造一定数量的 Wafer（通常大于 5 片），因此一次 MPW 加工可以提供给设计公司足够多数量的样片。

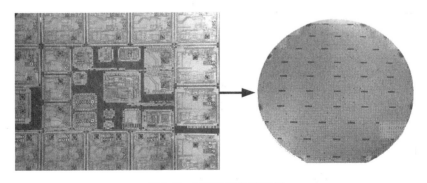

图 8.10　MPW 服务的示例

一般情况下，MPW 加工服务中心的职能如图 8.11 所示。不同的设计单位在自己的设计环境下，得到集成电路的最终描述（版图），通常是以 GDSII 格式或 CIF

格式描述。MPW 服务中心将多个集成电路设计合并成一个规则的面积较大的图形，并将这个合并后的图形送到集成电路代加工线，由代加工线制成掩模版后进行芯片制造。由专门的测试机构或 MPW 服务中心进行划片（切割）、测试，最后由 MPW 服务中心交还原来的集成电路设计单位，如图 8.12 所示。

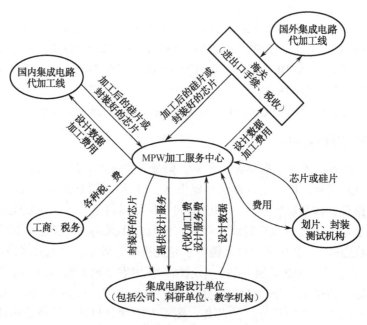

图 8.11　MPW 加工服务中心的职能

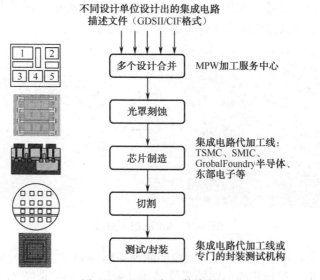

图 8.12　MPW 加工的流程

实际运作中，根据集成电路代加工线和集成电路设计单位的不同要求，MPW服务中心的职能可能与图中不完全相同。例如，采用韩国东部电子的 0.25μm/0.18μm CMOS 工艺，集成电路电路设计单位不需要将设计数据交到 MPW 加工服务中心，而是直接提交设计数据到韩国东部电子，由韩国东部电子自行完成图形的拼接。在这种情况下，MPW 服务中心的职能只是代替韩国东部电子进行技术服务。

图 8.13 所示为客户标准工艺代工流程图。

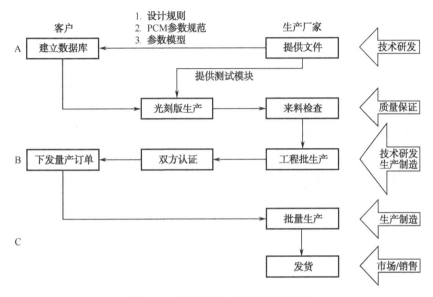

图 8.13　客户标准工艺代工流程图

（1）生产前期。工艺流程开始前，客户（IC 设计公司）从生产厂家获取指定工艺的设计规则、PCM 参数规范及参数模型。客户依据生产厂家提供的信息建立数据库。生产厂家建立一个测试模块并将其转交客户指定的光刻版制造商，该制造商依据客户的数据库及生产厂家的测试模块加工光刻版。光刻版制作完成后，生产厂家进行引入检查，此时工程批生产的准备完成。

（2）工程批。在工程批流程中，客户、生产厂家紧密合作。工程批经由客户和生产厂家双方的监测并通过 PCM 参数规范。此时可进行批量生产。

（3）批量生产。客户将产品定单发至生产厂家市场部。产品生产完成后由生产厂家市场部发货至客户。整个过程，生产厂家严格遵循公司质量方针。

MPW 流片方式对于研究工作和验证测试非常有利。目前国内多家生厂线提供特征尺寸为 0.18μm MPW 流片。对于 0.18μm CMOS 工艺，一些典型的工艺参数如表 8.4 所示。

表 8.4   0.18μM Logic 1.8/3.3V 1P6M 标准工艺

名　　称	参　　数
CMOS 工艺	0.18μm Logic 1.8/3.3V 1P6M
最小栅长	0.18μm
最小栅宽	0.24μm
金属层次	六层金属（6M）
多晶硅	一层多晶硅（1P）
电压	双电压（1.8/3.3V）
衬底	P 型衬底，双阱工艺

8.2 层次化版图设计

8.2.1 器件制造中的影响因素

　　MOS 场效应管的沟道长度 L 由多晶硅条的宽度确定，沟道宽度 W 则由晶体管有源区的边长所确定。版图上的 MOS 场效应管尺寸称为设计尺寸，这个尺寸决定了掩模版上的图形尺寸。器件在生产过程中要经历一系列的工艺过程，将掩模版上的图形转移到硅片上，最后在硅片上得到一个 MOS 场效应管。由于制造工艺的影响，实际硅片上 MOS 场效应管的尺寸与设计尺寸之间会有所不同。

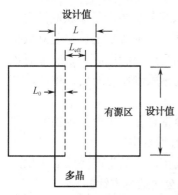

图 8.14　MOS 场效应管版图

　　图 8.14 所示是 MOS 场效应管版图。图中给出的多晶硅线宽为 L。但最终芯片上的 MOS 结构中，两个 N$^+$区域间的尺寸要小于 L，这是由于在离子注入、掺杂、退火等工序期间的横向扩散所致。当硅圆片被加热时，在源漏两边的掺杂物质各自朝着另一边运动，在沟道两端形成了长度为 L_0 的重叠区。

　　在对场效应管进行电气分析时，影响 MOS 场效应管性能的是两个 N$^+$区之间最终的实际长度，这个长度即场效应管的有效沟道长度，或称电学沟道长度。若将其记为 L_{eff}，显然有 $L_{eff}=L-2L_0$，一般将其写为 $L_{eff}=L-\Delta L$。

　　由于场氧生长会引起有源区域减小，实际沟道宽度也会小于设计值，这称为有源区的侵蚀，它使有效宽度变为 $W_{eff}=W-\Delta W$，ΔW 是工艺过程中引起的沟道宽度的减小。进行电气分析时，场效应管的宽长比总是用有效值之比。

1. 匹配设计

（1）匹配偏差。版图上两个完全相同的元器件，由于受到各种失配因素的影响，制作出来之后存在不匹配现象。如果电阻和电容的绝对精度较低，误差可达±20%～30%。由于芯片面积很小，其经历的加工条件几乎相同，匹配精度可以达到1%，甚至0.1%。模拟集成电路的精度和性能通常取决于元器件的匹配精度。

两个元器件之间的失配常用实测器件比值与设计的器件值之间的偏差来表示，归一化的失配定义为

$$\delta = \frac{(x_2/x_1) - (X_2/X_1)}{(X_2/X_1)} = \frac{X_1 x_2}{X_2 x_1} - 1 \qquad (8.1)$$

式中，X_1、X_2为元器件的设计值；x_1、x_2为实测值。

失配δ可视为高斯随机变量，若有N个测试样本δ_1，δ_2，$\cdots$，δ_N，则δ的均值为

$$m_\delta = \frac{1}{N} \sum_{i=1}^{N} \delta_i \qquad (8.2)$$

失配δ的方差为

$$s_\delta = \sqrt{\frac{1}{N-1} \sum_{i=1}^{N} (\delta_i - m_\delta)^2} \qquad (8.3)$$

方差s_δ反映了随机失配的大小，按照高斯分布的统计特性，3δ范围内的失配概率约为99.7%。

版图上两个完全相同的元器件之间存在失配的原因可以分为随机失配和系统失配两种。随机失配是指由于元器件的尺寸、掺杂浓度、氧化层厚度等影响元器件特性的参量发生微观波动所引起的失配，可通过选择合适的元器件值和尺寸来减小。系统失配是指由于工艺偏差、接触孔电阻、扩散区之间的相互影响、机械压力和温度梯度、工艺参数梯度等引起的元器件失配。系统失配可通过版图设计技术来降低。

（2）减小随机失配。一般来说，电容失配与面积的平方根成反比，即容量为原来的2倍，失配减小约30%。不同大小电容匹配时，匹配精度由小电容决定。

电阻失配与宽度成反比，即阻值为原来的2倍，失配为原来的一半。不同阻值的电阻，可通过调整宽度来达到相同的匹配精度。

很多模拟电路采用匹配的MOS晶体管。例如，差分对等电路依赖于栅—源极电压的匹配；而电流镜等电路则依赖于漏极电流的匹配。最佳电压匹配所需要的条件与最佳电流匹配所需要的条件不同。可以使MOS晶体管达到最佳电压匹配，或者最佳电流匹配，但不能使两者同时达到。

假定对电压匹配敏感的一对MOS差分对晶体管有同样的漏极工作点电流I_{DS}，由于不匹配造成它们的栅源电压之间存在电压差$\Delta V_{GS} = V_{GS1} - V_{GS2}$，假定MOS管工

作在饱和状态，失调电压：

$$\Delta V_{GS} \cong \Delta V_{th} - V_{GS1}\left(\frac{\Delta k}{2k_2}\right) \tag{8.4}$$

式中，ΔV_{th}、Δk 为器件间的阈值电压和跨导之差；V_{GS1} 为第 1 个器件的有效栅电压；k_1、k_2 为两个器件的跨导。

对电流匹配敏感的 MOS 电流镜电路则不同。两个漏极电流 I_{DS1} 和 I_{DS2} 的不匹配，可以通过 I_{DS1}/I_{DS2} 比值定义：

$$\frac{I_{DS2}}{I_{DS1}} \cong \frac{k_2}{k_1}\left(1 + \frac{2\Delta V_{th}}{V_{GS1}}\right) \tag{8.5}$$

对于电压匹配，希望 V_{GS1} 小一些（>0.1V）。但对于电流匹配，则希望 V_{GS1} 大一些（>0.3V）。阈值电压 V_{th} 与归一化跨导 S_k/k 的失配都与晶体管面积的平方根成反比，具体说来：

$$s_{V_{th}} = \frac{C_{V_{th}}}{\sqrt{W_{eff}L_{eff}}} \;;\; \frac{s_k}{k} = \frac{C_k}{\sqrt{W_{eff}L_{eff}}} \tag{8.6}$$

式中，$C_{V_{th}}$ 和 C_k 是工艺参数；L_{eff} 是有效沟道长度；W_{eff} 是有效沟道宽度。

（3）减小系统失配。系统失配的主要原因可以分为工艺偏差、接触孔的电阻、多晶硅刻蚀速率的变化、扩散区的相互影响和梯度效应。图 8.92 所示为两个宽度为 2:1、长度相同的多晶硅电阻条，这两个电阻的阻值之比设计为 2:1。

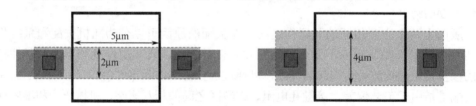

图 8.15　不同宽度多晶电阻条的版图

假设电阻条在制作过程中的宽度偏差为 0.1μm，则两个电阻的实际阻值之比为 (4-0.1)/(2-0.1)=2.05，电阻失配达到 2.4%［计算如下：（2.05-2）/2.05×100%=2.4%］。而且，接触孔和电阻端头处的多晶电阻也会带来失配。对于小电阻，失配会更大。

图 8.16 所示为两个面积不同的双层多晶电容。假设多晶的刻蚀工艺偏差为 0.16μm，则两个电容的有效面积分别为 10.1^2 和 20.1^2，系统失配为 1.1%。

IC 版图除了要体现电路的逻辑或功能确保 LVS 验证正确外，还要增加一些与 LVS 无关的图形，以减小中间过程中的偏差，通常称这些图形为 Dummy Layer。有些 Dummy Layer 是为了防止刻蚀时出现刻蚀不足或刻蚀过度而增加的，例如金属的密度不足就需要增加一些金属层以增加金属的密度。另外一些则是考虑到光的反射与衍射，使得关键图形四周情况大致相当，避免因曝光而影响到关键图形的尺寸。下面列举几个例子。

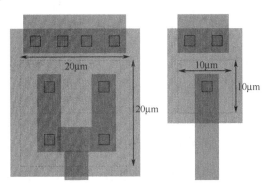

图 8.16　不同宽度多晶电容的版图

① MOS 管的 Dummy

在 MOS 管的两侧增加 Dummy Poly，避免栅的长度受到影响，如图 8.17 所示。当要加保护环时，对 NMOS 管先加 P 型保护环连接到地，接着加 N 型保护环连接到电源。对 PMOS 先加 N 型保护环连接到电源，接着加 P 型保护环连接到地。

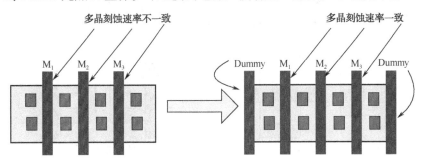

图 8.17　MOS 管 Dummy 图形的作用

② 电阻和电容的 Dummy

类似于 MOS 的 Dummy 方法，有时会在四周都增加 Dummy。在多晶或扩散区电阻的下面增加 N 阱可以减轻噪声对电阻的影响，N 阱连接高电位与衬底反偏，如图 8.18（a）所示。为了降低光照使电阻阻值下降的影响，应在 N 阱电阻上面覆盖金属并连接高电位。

电容增加 Dummy 方法与 MOS 管类似，N 阱用于阻挡来自衬底的噪声，N 阱接高电位，而衬底则反偏，如图 8.18（b）所示。

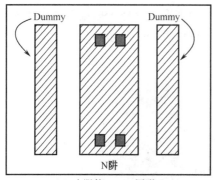

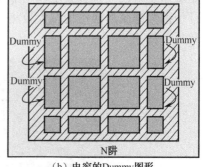

（a）电阻的Dummy图形　　　　　　　　　（b）电容的Dummy图形

图 8.18　电阻的 Dummy 图形

为了降低系统失配，可以采取如下的版图设计技术：第一类技术称为单元元器件复制技术，是指匹配的两个元器件都由某一个元器件单元的多个复制版本串联或并联构成，这样可以降低工艺偏差和欧姆接触电阻不匹配的影响；第二类技术是在元器件周围增加"冗余"（Dummy）单元，这样可以保证周围环境的一致性；第三类技术要求匹配元器件之间的距离尽量接近，摆放方向相同；第四类技术是公用重心设计法（Common-Centroid），是指使匹配元器件的"重心"重合，可以减小线性梯度的影响；第五类技术要求匹配元器件与其他元器件保持一定距离，这样可以减小扩散区之间的相互影响。图 8.19 给出了两个匹配 MOS 晶体管的版图。

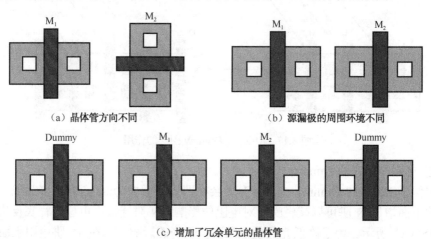

（a）晶体管方向不同　　　　　　　　　　（b）源漏极的周围环境不同

（c）增加了冗余单元的晶体管

图 8.19　匹配 MOS 晶体管版图

图 8.19（a）所示的 2 只晶体管的版图方向不同，匹配性能很差；图 8.19（b）所示的 2 只晶体管的版图方向一致，但是两晶体管源漏极的周围环境不同，这会引起源漏极的掺杂浓度、多晶硅刻蚀速率的不匹配，因此会增加两晶体管之间的不匹

配；图 8.19（c）通过增加"冗余"单元保证了每个晶体管周围的环境相同，因此减小了晶体管的不匹配。

图 8.20 所示是采用重心重合的 MOS 管设计。图 8.21 给出了 5 个电容值之比为 1∶1∶2∶4∶8 的匹配电容在采用了单元元器件复制技术、公用重心设计技术后的版图，综合采用这些技术，可以提高多个电容之间的匹配性能。

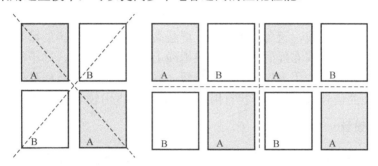

图 8.20　MOS 管的中心对称设计

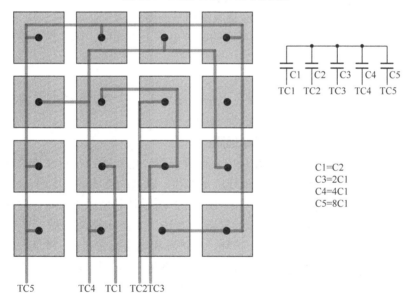

图 8.21　不同电容值的匹配设计版图

采用版图匹配设计技术后可以提高元器件的匹配性能，但是会增加芯片面积，布线也会比较困难，连线的寄生效应会限制匹配精度。

（4）匹配的原则。尽量将匹配的器件靠近放置，保持器件的方向一致，选择一个中间值作为根部件，还可用交叉法、共心法，采用虚拟器件法等。

Poly 尽量不做连线，因为 Poly 的电阻比较大，不能做长距离的信号线。另外由于多晶硅离衬底近，所以长距离的布线产生的寄生电容大。

布线最小化，可减少寄生电容。特别是高阻抗节点之间的连接，任何一点干扰，由于负载效应都会产生很大的界面噪声。

采用对称结构，减小管子的失配。注意匀称，比如等高、均匀摆放，特别注意有源器件工艺一致性的考虑。晶体管必须是直的，禁止拐弯晶体管。不能拐弯是基于迁移率的考虑，不同晶向迁移率不一样，会影响匹配。

分开输入、输出线，避免出现回路。屏蔽高频线以避免噪声的影响，使用规则的图形。采用多层金属布线的时候，如果地线上没有多层金属，则不能很好地起到屏蔽作用。屏蔽层通常用来保护某一信号线，好比闭路电视信号线外面的一层金属丝，屏蔽里面的信号，使其不干扰有用信号，通常会占用较多的面积。

2. 优化设计

噪声在集成电路中可以成为一个很大的问题，特别是当电路是一个要接收某一很微弱信号的非常敏感的电路，而它又位于一个进行着各种计算、控制逻辑和频繁切换的电路旁的时候，此时应特别注意版图和平面布局。

由于模拟电路和数字电路是在不同的噪声电平上工作的，因此混合信号电路的噪声问题最多。

减小噪声的方法如下：

（1）减小数字电路的电压幅度。电压幅度越小，开关状态转变时需要的能量越小。

（2）把数字部分与模拟部分尽量远隔。

（3）利用保护环，把噪声锁在环内。电压噪声、电流噪声在衬底中传播时被接地通孔吸收，通孔数量应比较多，地线应足够粗，以减小连线寄生电阻。

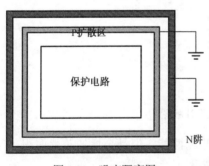

图 8.22 所示是利用保护环对电路的噪声进行屏蔽的方法。先在电路周围做一个接地的保护环，保护环和电路都做在 N 阱里。P 扩散区所接的地应该是干净的地，不引入电路外部的杂波。而 N 阱应该做得比较深，以屏蔽直流电势的影响，即可起到隔离作用。

图 8.22　噪声隔离图

（4）利用屏蔽层、屏蔽线。对关键信号和噪声严重的信号线屏蔽，接地的屏蔽线把噪声吸收到地上。M2 走信号，下方 M1 接地，屏蔽下方噪声。M2 走线，上方 M3 接地，屏蔽上方噪声。M2 走线，两旁两条 M2 接地，屏蔽两旁噪声。

信号屏蔽技术可以将敏感信号线屏蔽起来，消除其他信号对它们的干扰。但是，该类屏蔽方法会使布线很复杂，而且会导致信号线与地线之间的寄生电容增加。

（5）将电源线退耦。电源线和地之间添加大的退耦电容，高频噪声容易通过退耦电容被地吸收。电源线上和版图空余地方可添加 MOS 电容进行电源滤波，对模拟电路中的偏置电压和参考电压加多晶电容进行滤波。

（6）规划好信号线的走向。对于模拟电路，不要在模块上或任何元器件上走信号线。敏感信号和噪声比较大的信号线不要经过任何元器件上方，信号线不要经过电容上方。

（7）采用差分电路。

差分电路是一种用来检测两个同一来源的特殊走线的信号之差的设计技术。两条导线自始至终并排排列。每条线传递同样的信息，但信息的状态相反。

由于两条导线靠得很近，所以噪声尖峰很有可能会以同样的幅度同时发生在两条导线上，由于信号相反，相减产生了非常清晰的结果。

差分设计方法有很强的抗噪声能力。当电路中的噪声问题十分严重时，可采用差分系统来解决问题。

3. 一个非门的设计过程

新建一个名为 pmos 的 Cell，画出有源区，点击 Poly 层画出栅极，Poly 与有源区的位置关系如图 8.23 所示。

然后画整个 PMOS 管。为了表明画的是 PMOS 管，必须在刚才图形的基础上添加一个 P 型注入层，这一层将覆盖整个有源区。接着还要在整个管子外围画上 N 阱，它覆盖有源区 0.3μm，如图 8.24（a）所示。

衬底连接。PMOS 的衬底（N 阱）必须连接到电源。要连接到电源必须先打接触孔。为此，画一个 2.1μm×2.1μm 的有源区矩形，然后在这个矩形的边上

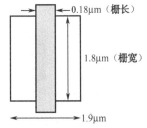

图 8.23　多晶与有源区的位置

包围一层 N 型注入层（覆盖有源区），最后将 N 阱的矩形拉长，完成后如图 8.24（b）所示。这样一个 PMOS 管的版图就大致完成了，接着要给这个管子布线。

PMOS 管必须连接到输入信号源和电源上，因此必须在原图基础上布金属线。首先要完成有源区（源区和漏区）的连接。在源区和漏区上用接触孔层分别画 3 个矩形，尺寸为 0.22μm×0.22μm，注意接触孔间的间距为 0.3μm。

为进行源区和漏区的连接，要用金属 1 画两个矩形，分别覆盖源区和漏区上的接触孔，覆盖长度为 0.2μm。为进行衬底连接，必须在衬底的有源区中间添加接触孔，这个接触孔每边都被有源区覆盖 0.2μm。然后还要进行 N 型注入，注入区覆盖有源区 0.3μm，使得金属和 N 阱形成良好的欧姆接触。画出用于电源连接的金属连线。

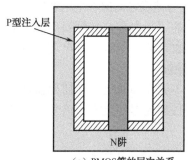

（a）PMOS管的层次关系

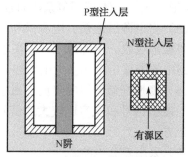

（b）完整PMOS管的层次关系

图 8.24　PMOS 管的层次关系

通过以上步骤完成了 PMOS 的版图绘制。接下来将绘制出 NMOS 的版图。绘制 NMOS 管的步骤与 PMOS 管基本相同（新建一个名为 NMOS 的 Cell）。不同的是 NMOS 是做在 P 型衬底上，要有一个 N 型注入层，这一层要覆盖整个有源区。

同样，为进行源区和漏区的连接，要用金属 1 画两个矩形，分别覆盖源区和漏区上的接触孔，覆盖长度为 0.1μm。为进行衬底连接，必须在衬底的有源区中间添加接触孔，这个接触孔每边都被有源区覆盖 0.2μm。然后还要进行 P 型注入，注入区覆盖有源区 0.3μm，使得金属 1 和 P 型衬底形成良好的欧姆接触。画出用于电源的金属连线，布线完毕后的版图如图 8.25 所示。

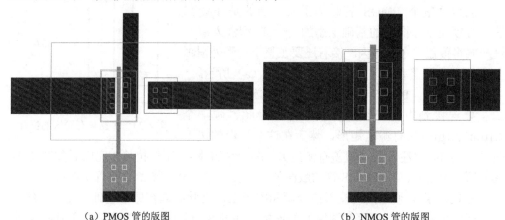

（a）PMOS 管的版图　　　　　　　　　（b）NMOS 管的版图

图 8.25　MOS 管的实际版图

继续进行后面的工作以完成整个非门的绘制及绘制输入、输出。新建一个 Cell。将上面完成的两个版图复制到其中，并以多晶硅为基准将两图对齐。然后，可以将任意一个版图的多晶硅延长和另外一个的多晶硅相交。

输入：为了与外部电路连接，需要用到金属 2。但 Poly 和金属 2 不能直接相连，因此必须得借助金属 1 完成连接。具体步骤如下：

在两个 MOS 管之间画一个 0.22μm×0.22μm 的接触孔，在这个接触孔上覆盖 Poly，过覆盖 0.1μm。在这个接触孔的左边画一个 0.26μm×0.26μm 的通孔（Via），然后在其上覆盖金属 2，过覆盖 0.1μm。用金属 1 连接通孔和接触孔，过覆盖为 0.1μm，从图 8.26 中可以看得更清楚。

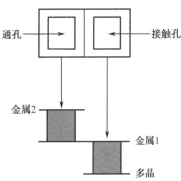

图 8.26　通孔和接触孔的示意图

输出：先将两版图右边的金属 1 连接起来（延长任意一个的金属 1，与另一个相交）。然后在其上放置一个通孔，接着在通孔上放置金属 2。

做标签。在 LSW 中选择文本层次，创建文本并将它放置在版图中相应的位置上，完成后整个的版图如图 8.27 所示。至此，完成了整个非门的版图的绘制。下一步将进行 DRC 检查，以检查版图在绘制时是否有同设计规则不符的地方。

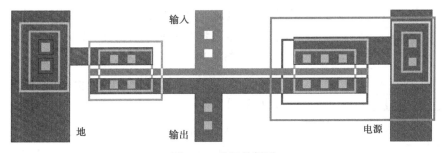

图 8.27　非门的版图

4. 实际版图设计

当选择好晶圆厂流片来实现所设计的 IC 时，可以获得一些设计资料：设计规则、工艺参数、工艺流程、设计指导、SPICE 参数、封装、面积及测试方法等。其中，设计规则是以晶圆厂实际制造过程为基准，经过实际验证过的一整套参数。它也是在进行版图设计的过程中必须遵守的规则，版图设计完成后是否符合设计规则是流片能否成功的一个关键。设计指导是告诉用户如何用库文件、如何加接触孔、如何避免闩锁效应等的指南。

测试芯片 PMOSFET 的设计从失效机理出发，按照全定制方式设计，包括格点设定、图层设定及 Pad 等。图 8.28 所示为一个测试芯片的版图。

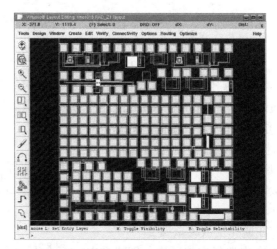

图 8.28　0.18μm 1P6M 的测试芯片版图

8.2.2　版图验证和后仿真

版图设计完成以后必须进行版图的验证，以保证设计的版图与设计电路一致，同时没有违背晶圆厂的设计规则。版图验证的流程如图 8.29 所示。

1. 设计规则检查（Design Rule Check，DRC）

设计规则检查用来检查版图中各掩模层上图形的各种尺寸，保证无一违反预定的设计规则。设计规则是版图设计过程中必须遵守的各种图形的尺寸规范，设计规则以特征尺寸（如 MOS 管的栅长）为基准，包括图形自身尺寸许可范围和图形间尺寸许可范围。在设计规则许可的范围内，可以取得最佳的成品率和可靠的电路特性，同时合理利用设计规则可以最大限度减小版图面积。

不要受最小尺寸限制，适当放大间距、宽度等。不要使用最小线宽布线，而更应关注寄生电阻是否较低。多打通孔，既保证连接，又减小寄生电阻。尽量让所有的管子保持在同一个方向。

图 8.29　版图验证流程图

（流程图内容）
版图 → GDS文件 → Calibre（DRC | ERC | LVS | LPE）→ LPE netlist 文件 → 成功/不成功 → 利用 HSPICE 后仿真 → 成功/不成功 → 流片

2. 电气规则检查（Electrical Rules Check，ERC）

电气规则检查用来检查版图是否存在违反电气规则的情况。例如，电源线和地线有无短路；电路有没有开路等。

3. 版图和电路图比较（Layout Versus Schematic，LVS）

将版图中根据器件和节点连接提取的 GDSII 文件和根据设计电路生成的网表（Netlist）文件进行对比，保证两者在结构上达到一致。电路图和版图相对应的节点必须采用相同的名字，对应的元器件必须保证名字和类型相同。

4. 版图参数提取（Layout Parameter Extraction，LPE）

当 DRC、ERC 和 LVS 没有任何错误了，就可以开始版图参数提取了。LPE 用来提取晶体管之间连线产生的分布电容和电阻。然后将提取出来的电容和电阻加到相应节点上去，生成带有寄生参数的网表文件。

5. 后仿真（Post-Layout Simulation）

完成了版图参数提取后，就等于考虑了实际芯片的具体物理参数，用这个网表仿真得到的结果是最接近实际情况的。

8.3 等比例缩小规则

8.3.1 等比例缩小的 3 个规则

缩小器件的尺寸，可以减小沟道长度和寄生电容，从而改善集成电路的性能和集成度。MOS 集成电路的缩小尺寸，包括组成集成电路的 MOS 器件的缩小尺寸，以及隔离和互连线的缩小尺寸 3 个方面。MOS 集成电路器件缩小尺寸的理论就是从器件物理角度出发，研究器件尺寸缩小之后，尽可能减少这些小尺寸效应的途径和方法。

1974 年，R. Dennard 等提出了 MOS 器件"按比例缩小"的理论。这个理论建立在器件中的电场强度和形状在器件尺寸缩小后保持不变的基础之上，称为恒定电场（Constant Electrical Field）理论，简称 CE 理论。这样，许多影响器件性能并与电场变化呈非线性关系的因素，将不会改变其大小，而器件的性能却得到明显的改善。随着实践的应用需要，又提出了恒定电源电压的按比例缩小 CV（Constant Voltage）理论和准恒定电源电压的 QCV（Quasi-Constant Voltage）理论。3 种模式下等比例缩小规则对 MOS 特性的影响如表 8.5 所示。

表 8.5　3 种模式下等比例缩小规则对 MOS 特性的影响

参　数	缩　小　前	CE 等比例缩小后	CV 等比例缩小后	QCV 等比例缩小后
沟道长度	L	L/α	L/α	L/α
沟道宽度	W	W/α	W/α	W/α
栅极氧化层厚度	t_{ox}	t_{ox}/α	t_{ox}/α	t_{ox}/α
衬底杂质浓度	N_A	αN_A	$\alpha^2 \cdot N_A$	$(\alpha^2 \cdot N_A)/K$
栅电容	$C_g=(\varepsilon L \cdot W)/t_{ox}$	C_g/α	C_g/α	C_g/α
外加电压	V	V/α	V/α	V/K
阈值电压	V_{th}	V_{th}/α	V_{th}	V_{th}/K
饱和电流	I	αI	I	I/K
电流密度	J	αJ	$\alpha^2 \cdot J$	$\alpha^2 \cdot J$
导通电阻	$R_{on}=V/I$	R_{on}	R_{on}	R_{on}
本征延时	$\tau_g=C_g \cdot R_{on}$	τ_g/α	τ_g/α	τ_g/α
功耗	$P=V \cdot I$	P/α^2	P	P/K^2
功率密度	P	p	$\alpha^2 \cdot p$	$(\alpha^2 \cdot p)/K^2$
器件面积	$A=L \cdot W$	A/α^2	A/α^2	A/α^2

1. 恒定电场等比例缩小规则

恒定电场等比例缩小规则的基本出发点是在器件横向和纵向尺寸缩小的同时，将其电压按同一比例因子α缩小，目的是保持在缩小的器件中电场形态与在原先的器件中一样。

由于电压和电流同时缩小，因此导通电阻保持不变，本征延时的减少主要得益于栅电容的缩小。由表 8.5 可知，在 CE 等比例缩小的情况下，器件的速度提高为原来的α倍，消耗的功率为原来的 $1/\alpha^2$，占用的芯片面积为原来的 $1/\alpha^2$。这一结果清楚地表明尺寸缩小带来的有利影响——电路的速度将以线性关系增加，芯片的集成度（单位面积的晶体管数）按二次方关系增加，而功率密度（单位面积上的功耗）仍然保持不变。

CE 理论的主要弱点是许多影响电路性能的参数，如硅的禁带宽度、等效热电压（kT/q）、等效氧化层电荷密度、功函数差、PN 结内建电势、载流子饱和速度、亚阈电流斜率、杂质扩散系数、周长面积比、介电常数、介质和硅的临界电场强度、载流子碰撞电离率及某些工艺参数的误差等，不能按比例变化。一些不希望或不应按比例变化的参数又不得不按比例变化，这些参数包括场氧化层厚度（希望尽可能厚，以减小寄生电容）、互连线厚度（希望尽可能厚，以减缓电阻的增加）、衬底浓度（希望尽可能低，以减少寄生的 PN 结电容）、接触孔的面积（希望尽可能大，以减少寄生串联电阻）等。

2. 恒定电压等比例缩小规则

在实际应用中，恒定电场等比例缩小规则常常受到限制。因为用集成电路构成系统时，考虑到与其他相关部件的兼容，电压并不能随意地缩放。事实上，直到 20 世纪 90 年代初期，5V 还一直是所有数字元件的电压标准。为此，人们研究了固定电压情况下等比例缩小器件尺寸的问题——恒定电压等比例缩小规则。此时，器件面积减少为原来的 $1/\alpha^2$，工作速度仍按线性关系增加，但器件的功耗将保持与缩小前的大小一致。功率密度（单位面积上的功耗）将按 α^2 的关系增大，这对于电路的大规模集成是十分不利的。此外，保持电压不变而缩小器件尺寸还会带来一些其他的问题，如热载流子注入效应和栅氧的经时击穿等。

高电场强度、高的电流密度、高的功耗密度及高的引线电压降，成为 CV 理论的主要问题。

3. 准恒定电压等比例缩小规则

无论 CE 理论还是 CV 理论，都能使集成电路性能得到改善，集成度得到显著提高，但各自都存在由于过低的电压量（CE 理论）或过高的电场强度（CV 理论）所带来的一系列性能限制。采用 CE 理论或 CV 理论缩小集成电路，器件性能并不能得到最佳化。

事实上，按比例缩小的理论中，并不是所有的几何尺寸或其他参数的改变都能带来好处。例如，如果场氧化层厚度和互连线的厚度能保持不变，则可使互连线的电阻保持不变，而其电容却缩小 α^2 倍。相应地，互连线的时间常数以 α^2 倍减小，与电路中器件的性能改善相匹配。

衬底浓度的过分提高会使载流子的有效迁移率减小，使漏和源 PN 结的寄生电容增大，还会带来体效应的增大，这是应该避免的。在按比例缩小的理论中，提高衬底浓度的目的，是要使耗尽层宽度按比例缩小。但是只有耗尽层的横向宽度才是防止穿通的主要参数，而这种耗尽层的横向扩展可以通过沟道离子注入改变沟道表面浓度而得到控制，并无必要改变体衬底浓度。假定注入剂量不变，而注入深度按比例缩小，则表面浓度按比例增大，衬底的掺杂浓度就可以不变。

在实践中，由于注入以后还有一系列的热处理过程，要按比例缩小注入的深度是困难的，但显然衬底浓度并不需要按 CE 及 CV 理论要求以很大的比例增大。

采用计算机辅助技术，开发适当的模拟程序，可以在确定的沟道长度、结深及电源电压的条件下，通过选择栅氧化层厚度、沟道注入浓度及衬底浓度，达到器件的阈值电压、驱动电流及速度的设计指标，并把短沟道效应（如阈值电压的下降及亚阈电流的升高）限制在可接受的范围内。再由可靠性的要求（如衬底电流的数值）修正电源电压，直到高性能及高可靠性的要求均能达到为止。这个方法比较准确，但也较复杂。更为简便的方法是研究类似 CE、CV 的简单明了的缩小理论，使电源电压的值满足阈值电压可控及高场效应足够小两方面的要求。这就是按比例缩小的准恒定电压（QCV）理论及其他的一些修正理论。

准恒定电压等比例缩小规则是对 CE 规则和 CV 规则的折中，它使工艺尺寸和电压分别按不同的比例因子进行缩小，以获得一个比较满意的结果。

准恒定电压等比例缩小规则为解决各类问题提供了一种可行的方案，因而在实际中得到了较好的应用。

8.3.2　VLSI 突出的可靠性问题

按等比例缩小原理，器件尺寸缩小 k 倍，电源电压减少 k 倍，掺杂浓度增加 k 倍。这一等比例缩小规则已令人满意地使器件沟道长度缩小到 90nm，但其中有两个致命的可靠性问题。首先是线电流密度增加 k 倍，使电迁移危险增加，其次是栅氧化层中的电场增强。如果器件为保持与现有逻辑兼容而以保持恒定电源电压的等比例缩小，则这些影响将更为严重。电流密度将以缩小因子的三次方增加，电场也将随缩小因子而增加，这使功率密度增加，结温更高。

表 8.6 列出了不同厂家器件的失效数据。其中，BT MOS 是美国电信部门有关 PMOS 电路的电话交换机的现场统计，铝金属化腐蚀是主要失效机理；第二、第三列来自美国 BELL 实验室的商用器件报告；第四列是 RCA 可靠性分析中心的数据；最后一列是 4000 系列失效分析结果，主要的原因是氧化层和金属化，正好和 VLSI 的可靠性问题吻合。

表 8.6　不同器件生产厂家的失效数据

失效部位	BT MOS	BELL CMOS	BELL NMOS	RCA LSI	Z MOS
衬底	—	—	—	1	1
氧化层	10	1	25	11	25
金属化	63	34	—	24	17
互连线	1	5	7	8	2
封装				3	1
过应力		60	17	11	43
不明	26		21	41	12

MOS 器件的栅氧化层对电场增强特别敏感，高的电场将引起薄氧化层的击穿和热电子的俘获。栅氧化层的击穿是 MOS 器件的基本失效机理。目前，MOS 器件的栅氧化层厚度可以小于 1.2nm。从电路设计的观点看，降低工作电压无疑是提高可靠性指标的一个重要因素。

加速试验表明，为了使器件能在 25℃、5V 环境下工作 10 年，最薄的栅氧化层厚度应不小于 7.2nm，随着温度的上升氧化层还得加厚（9.3nm，150℃）。

由于短沟道器件的横向电场增强，在高电场作用下，沟道中的电子获得足够的能量成为高能电子，其中一部分越过 Si/SiO$_2$ 势垒到达栅下的 SiO$_2$ 中。高能电子还可以通过碰撞产生电子空穴对，引起倍增效应，空穴流入衬底形成衬底电流，进入栅氧化层中的电子引起阈值电压上升和器件跨导降低，使器件退化。

器件尺寸的缩小，对金属—半导体接触提出了严格要求。对于 1μm 的工艺来说，结深约为 0.2μm，接触层厚度不超过 0.02μm。铝是集成电路金属化最常用的材料，由于 Al-Si 在工艺温度下产生很强的相互作用，使浅结器件中的管道和漏电增多，为此人们采用了具有阻挡层的较复杂的金属化系统。

电迁移是接触和互连的主要失效机理，是由电流引起的金属原子沿互连线的迁移。金属原子受静电和通常称为"电子风"力的作用而产生移动，引起金属线或接触部位开路或相邻金属线的短路。表 8.7 列出了连接孔的最大电流密度。

表 8.7　连接孔的最大电流密度

孔类型	接触孔		通孔	
材料	钨		铝	
厚度/nm	425		720	
孔尺寸/μm	1.20		1.40	
台阶/μm	0.75		0.2	
温度℃	85	125	85	125
最大电流密度/（A/cm^2）	—		3.8×10^5	2.0×10^5
美军标规定/（A/cm^2）	2.0×10^5	2.0×10^5	2.0×10^5	2.0×10^5

考虑在台阶处金属层的不均匀性及工艺上实际金属层厚度的变化，在设计上通常规定金属铝通过的最大电流密度是 1mA/1μm 铝线宽，其他金属也可以根据具体情况进行折合。

测试结构的设计

8.4.1 MOS 管的设计

当多晶硅穿过有源区时，就形成了一个 MOS 管。当多晶硅穿过 N 型有源区时，形成 NMOS 管；当多晶硅穿过 P 型有源区时，形成 PMOS 管。图 8.30 所示是 NMOS 管的版图及剖面图。为形成反型层沟道，MOS 管的 P 型衬底通常接电路的最低电位，而 N 阱通常接最高电位。

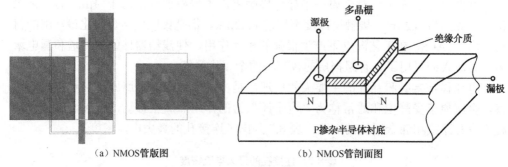

（a）NMOS管版图　　　　　　　（b）NMOS管剖面图

图 8.30　NMOS 管版图及剖面图

寄生电阻和电容会带来噪声、降低速度、增加功耗等效应。晶体管的寄生优化包括尽量减小多晶做导线的长度，通过两边接栅，可优化栅极串联寄生电阻。对于大尺寸晶体管的版图，一般将晶体管裂开，用多个指状（Finger）结构并联取代，如图 8.31 和图 8.32 所示。

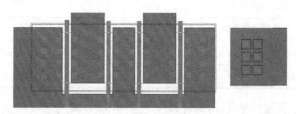

图 8.31　大尺寸的晶体管结构

寄生优化还涉及接触孔、通孔与其他层的连接。这种连接会引入接触电阻，而且会限制流过接触孔或通孔的电流密度。一般采用多个均匀分布的最小孔并联的方法来减小孔的寄生电阻和提高孔的可通过电流能力。

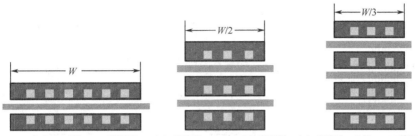

（a）宽度为W的NMOS管版图　　（b）宽度为$W/2$的NMOS管版图　　（c）宽度为$W/3$的NMOS管版图

图 8.32　大尺寸的晶体管结构

8.4.2　天线效应

等离子工艺已经成为现代集成电路制造中不可缺少的一部分。它具有很多优点，如方向性好、实现温度低、工艺步骤简单等。但同时它也带来很多对 MOS 器件的电荷损伤。随着栅极氧化膜厚度的减小，这种损伤就越来越不能被忽视。它可以劣化栅极氧化膜的各种电学性能，如氧化层中的固定电荷密度、界面态密度、平带电压、漏电流以及和击穿相关的一些参数等。导致等离子损伤的本质原因是等离子中正离子和电子分布不均匀。在局部区域，正离子和电子的分布可能是不平衡的，至少在刚开始的时候是如此。这些非平衡电荷会对非导体表面充电，电荷积累到一定程度后就会发生 FN 电流，造成对栅极氧化层的损伤。而正离子和电子分布不均匀主要发生在多晶硅、金属刻蚀及光刻胶剥离时。

已有的研究表明，天线比越大，等离子损伤越厉害。所以对于每种情况（金属、多晶体硅、通孔等）应当通过评价，最后给出结果来说明在多大的天线比以下是安全的，供电路设计工程师参考。这也是设计规则检查（Design Rule Check，DRC）的一部分。

设计 MOS 晶体管时，要考虑天线效应的影响。天线效应是指当大面积的金属 1 与栅极相连时，金属就会作为一个天线，在金属的刻蚀过程中收集周围游离的带电离子，增加金属上的电势，进而使栅电势增加。一旦电势增加到一定程度，就会导致栅氧化层击穿，如图 8.33 所示。图 8.34 所示是实际工艺中 MOS 器件天线效应产生的示意图，与栅极相连的大面积多晶硅也可能出现天线效应。

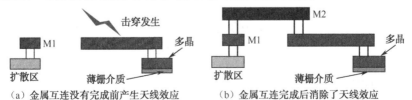

（a）金属互连没有完成前产生天线效应　　　　（b）金属互连完成后消除了天线效应

图 8.33　天线效应原理图

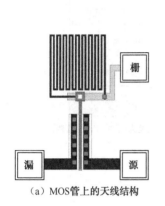

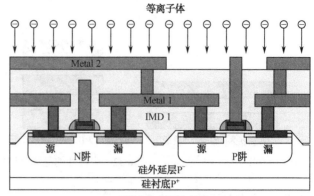

（a）MOS管上的天线结构 （b）天线收集电荷示意图

图 8.34 天线效应示意图

为了避免天线效应，应减小直接连接栅的多晶硅和金属 1 的面积，使它们的面积与晶体管的栅氧面积之比保持在一定的比例以下（该比例由芯片工厂给出）。这可以通过采用金属 2 过渡来实现。在金属 1 的刻蚀过程中，金属 2 没有加工，因此直接连接到晶体管栅极的金属 1 的面积大大减小，避免了金属 1 所引起的天线效应。但是仍不能避免金属 2 的天线效应，因为在金属 2 的刻蚀过程中，金属 1 和通孔 1 已经存在，金属 2 上积累的电势会通过这些连接通道传到晶体管栅极，有可能使栅氧化层击穿。因此，金属 2 与晶体管的栅氧面积之比仍要保持在一定的比例以下。以此类推，各层金属都会对 MOS 管上的栅氧化层产生天线效应。应注意的是，大面积的多晶硅也有可能出现天线效应。因此，必须在设计时考虑其消除的方式。

由于天线效应是在干法刻蚀时，暴露的导体收集电荷造成的，因此解决天线效应的方法有金属跳层（即采用第二层金属过渡）、用 PN 结将其电荷引入衬底，如图 8.35 所示。

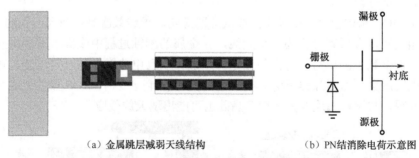

（a）金属跳层减弱天线结构 （b）PN结消除电荷示意图

图 8.35 天线效应的消除示意图

天线效应的设计规则是指允许的金属面积和栅介质的面积之比，该比例由每层金属各自确定。设计规则中定义的面积为所有连接到栅且没有连接到扩散区的总面积。

如果工艺支持不同的栅氧，如厚栅氧和薄栅氧，则每种栅氧都有各自不同的规则。

对于 0.18μm CMOS 工艺，当不采用二极管消除刻蚀工艺产生的电荷时，和多晶相连的金属面积应在所接栅面积的 400 倍以下。而当栅极与大块的多晶相连时，多晶的面积应在所接栅面积的 200 倍以下。

栅氧漏电，尽管对功耗不利，但对天线效应是有利的。栅氧漏电可以防止电荷积累达到击穿。和较厚的栅介质相比，薄的栅介质较不易发生损坏。因为当栅氧变薄，漏电是呈指数上升的，而击穿电压是线性下降的。

8.4.3 MOS 电容的设计

氧化层的完整性是半导体工业中最复杂的可靠性问题，因为许多与工艺有关的过程都会影响到氧化层的完整性。这些因素包括针孔、固定电荷、可动离子、电子/空穴陷阱、界面态、杂质、溅射工艺在氧化层界面引入的正电荷、Si─O 悬挂键等。

当用多晶作栅电极时，由于受到在栅电极内可能形成耗尽层和栅电极功函数差的影响，在测试时实际作用在氧化层的电压可能不同于施加在栅电极上的电压，实际的击穿电压可能与测出的击穿电压不一致。

1. MOS 电容参数和寄生因素

栅电极和硅衬底之间的功函数差与栅电极和衬底的掺杂有关。对衬底掺杂浓度为 $10^{16}cm^{-3}$ 的 N 型硅，若电极是铝电极，典型的功函数差是-0.25V。工艺上常用重掺杂的多晶硅代替铝作栅电极，典型的不同电极材料的功函数差和在硅衬底上简并掺杂的多晶硅的功函数差可在相关文献上查找到。如果多晶不是简并掺杂的，功函数差是多晶中掺杂激活能的函数。

在多晶栅电极上的耗尽也能影响实际的栅电压。耗尽量依赖于衬底的掺杂浓度、多晶中的掺杂激活能、氧化层厚度和在栅极施加的电压。在多晶—氧化层边界的高掺杂可以抑制耗尽效应，特别是对薄栅介质层。

与设计斜坡测试的 MOS 电容有关的一个潜在问题是由于电压降和焦耳热产生的误差电压或电流，串联电阻可能来自测试设备和测试结构本身。在设计一个特别的结构时，有两个关键的问题需要注意：第一个是与串联电阻有关的最大电压容差是多少；第二个是怎么计算一个给定结构的串联电阻。

多晶的特性也一样，厚度和电导分别是 t_p、σ_p 时，方块电阻可写成 $R_p = 1/(\sigma_p t_p)$。如果栅和衬底的金属化与测试结构是理想相接，加到电容上的栅电压是 V_c，流过氧化层的电流假定全部在 Z 轴方向，垂直于氧化层平面，且是均匀的，则可以得到氧化层上的电压在测试结构中心的电压降，即

$$\Delta V = J_z w^2 (R_s + R_p)/8 \qquad\qquad (8.7)$$

式中，ΔV 为氧化层中心部位电压与结构的边沿电压之差，单位为 V；J_z 为流过氧化层的平均隧穿电流，单位为 A/cm²；w 为电容的宽度，单位为μm；R_s 为衬底的方块电阻，单位为Ω/□；R_p 为多晶的方块电阻，单位为Ω/□。

式（8.7）表明，当给出了 R_s 和 R_p 的值，在给定的电流密度条件下，设计的电容宽度值有一个最大的误差值。对于给定的 R_s 和 R_p 的典型值，结果很大程度上与设计的大电容值有关而不是与小的划片线结构有关。如果电容的 R_s 和 R_p 值是 2Ω/□，当 J_z =20A/cm²，ΔV 的值是 0.1V 时，则电容的宽度值是 w =1000μm；如果电容是在一个 1000Ω/□ 的阱中，那么计算出的电容宽度 w =280μm，表明这种效应对中间尺寸的电容可能有影响。

如果电容在所有的四条边上都有金属相连，w 值取较小的尺寸，电压差值可能比公式计算出的结果要小。当电容的形状像个正方形时，中心处的电压差值将比公式计算出来的值小一半。

在设计和测试氧化层测试结构时，应当考虑到如下 3 种寄生误差：表面漏电流、隔离漏电和平行电容。表面漏电是圆片级斜坡击穿测试最关心的问题，可以表现为氧化层测试结构的测试点之间的低电阻值。实际漏电位置与设计有关，可能是测试点之间的直接漏电，或者连接到测试结构的金属线之间的漏电。当在一个湿度较低的环境中测试，FN 电流比表面漏电流大时，或者由于钝化层的存在，有助于限制表面漏电流时，表面漏电就不会产生明显的问题。上述条件并不是总能满足，当测试条件较差时，在测试结构的设计中应考虑加上屏蔽环。屏蔽环与被屏蔽的线处于同一电势，通常做法是通过一个运算放大器的高阻输入端测量被测线以驱动一条单独的线。如果采用这种系统，探针本身并没有被屏蔽，探针可以用来连接运算放大器的输出端到屏蔽环处。

从上述分析可知，薄氧化层结构可以用电容、电阻和电压源组成的网络来代表。图 8.36 所示是一个薄栅氧化层的网络示意图。图中，U_{pad} 为加在测试点处的电平，单位为 V；C_{pad} 为通过测试点处和连线到地的电容，单位为 pF；R_{lk} 为到地的漏电阻，单位为Ω；R_{int} 为连接线的电阻，单位为Ω；R_{si} 为硅电阻，单位为Ω；V_{FB} 为由于硅栅功函数差和氧化层中的电荷产生的电压降，单位为 V；R_p 为多晶栅耗尽区的电阻，单位为Ω；C_p 为多晶栅耗尽区的电容，单位为 pF；G_{ox} 为薄栅氧化层的电导，单位为 1/Ω；C_{ox} 为薄栅氧化层的电容，单位为 pF；R_s 为硅耗尽区的电阻，单位为Ω；C_s 为硅耗尽区的电容，单位为 pF。

当考虑到栅电阻 R_g 和阱/衬底的电阻 R_{well} 在结构中的空间波动时，可以重复画出通过 R_s 和 C_s 的电路单元 U_{FB}。

如果连接线和测试点的寄生电阻电容、栅多晶的耗尽区、硅耗尽区、栅和阱/衬底的电阻可以忽略不计的话，电路模型可以简化成一般的 $G_{ox}-C_{ox}$ 并行电路。

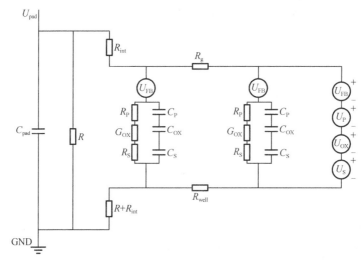

图 8.36　表示各种 MOS 参数和寄生因素的薄栅结构模型

与电流源有关的问题包括高场时产生的高 FN 电流、斜坡上升过程中产生的位移电流、绝缘层击穿时产生的峰值电流、相邻结构和连接线的漏电流。为了避免电流引起的问题采用的措施有：使用宽条金属和多晶连接线，避免在峰值击穿电流期间金属或多晶条熔化、FN 电流产生的电迁移、高电流下多晶电阻值的增加和测试电容上的串联电阻产生的明显电压降；使用多个并行的连接孔和通孔，避免绝缘层击穿产生峰值电流期间的电路开路、FN 电流产生的电迁移和电容上产生明显的电压降；估计在氧化层电容中场氧的横向均匀性，计算由于栅电极和衬底电极的方块电阻产生的电压降和与连接位置有关的电流密度；由多个小电容组成电容，当绝缘层被击穿时电流可能流过小电容，小电容的连线在绝缘层被击穿时不应熔断。

设计出的电容是否合适需要进行验证，可把 FN 预测值与电容的 $I-V$ 特性相比较，检查边沿轮廓，查看击穿结果，按照 JESD35 的要求考察屏蔽损伤与非屏蔽损伤，是致命失效还是非致命失效。

2. MOS 电容的设计

MOS 电容的结构与 MOS 晶体管一样，是一个感应的沟道电容。当栅上加电压形成导电沟道时电容形成，一极是栅，另一极是沟道，沟道这一极由衬底或源（漏）端引出，如图 8.37 所示。电容的大小取决于面积、氧化层的厚度及氧化层的介电常数，计算公式为

$$C_{ox} = \frac{\varepsilon_{ox} WL}{t_{ox}} \tag{8.8}$$

由于 N 阱存在电阻，因此 N 阱电容器的下极板明显存在着串联电阻。可通过在上极板的两边或四边都放置接触孔的方法来降低串联电阻。

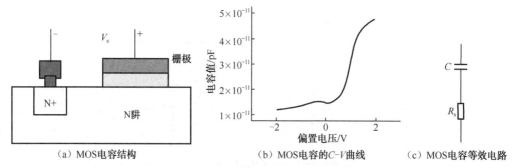

（a）MOS 电容结构　　　　　（b）MOS电容的 C-V 曲线　　　　（c）MOS电容等效电路

图 8.37　MOS 电容的结构及曲线示意图

通常的 MOS 电容面积不大，为了构造大面积的 MOS 电容，可通过将多个小的 MOS 电容相并联的形式来实现，如图 8.38 所示。

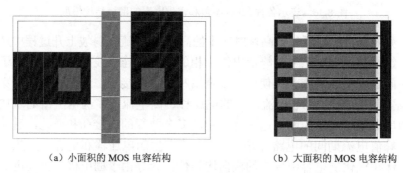

（a）小面积的 MOS 电容结构　　　　　　（b）大面积的 MOS 电容结构

图 8.38　MOS 电容面积的大小对比

8.4.4　金属化电迁移测试结构设计

1. 金属化电迁移的影响因素

铝膜的电迁移是影响集成电路薄膜互连可靠性的主要失效机理，由于设计规则的限制和电流密度的增大，要获得高可靠性的金属化就必须考虑电迁移引起的失效。电迁移现象是运动中的电子与金属原子相互交换动量的结果，因此铝原子在与电子流运动方向相同的方向迁移，当温度小于 0.5 倍的熔化温度时，由于晶粒边界扩散较高，晶粒边界扩散将起主要作用；当温度超过 0.5 倍的熔化温度时，晶格扩散在原子迁移中将起主要作用。

集成电路中的铝基金属化，当硅熔进覆盖的铝膜，在连接孔退火时铝会穿过连接窗，形成最主要的可靠性问题，这种现象在文献中常被称为铝膜尖峰或连接坑。熔进铝膜的硅在硅片的温度下降后会析出，或者在氧化条上形成小岛，或者作为连接窗的外延硅，从而导致有效接触面积减少，接触电阻增大，甚至阻塞整个连接处。

影响电迁移电阻的主要因素有金属薄膜的结构（包括晶粒大小及分布、晶粒的质量）、合金效应、难熔工艺过程、形貌的好坏、钝化层、薄膜尺寸。为了保证金属化有好的抗电迁移性能，必须优化相关的工艺参数，遵守设计规则。

2. 金属化可靠性测试结构设计

金属化是微电子集成电路中用于进行电连接的薄膜金属导体。在加速应力条件下，金属化完整性的测试结构是一个四端结构，该四端结构是一条宽度均匀的直金属线，其长度方向横截面积均匀性超过 95%，以保证测试线在形成明显的空洞以前有近似均匀的温度，如图 8.39 所示。

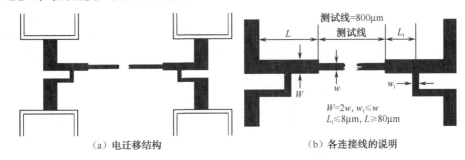

（a）电迁移结构　　　　　　　　（b）各连接线的说明

图 8.39　互连线的金属化电迁移结构

结构之间所受应力与应力平均值的偏差会对各个测试结构的失效时间产生影响，这会导致测量点的分布特性变差，在置信度区间内中位寿命时间变长。应力偏差需保持在一个比较小的范围内，使失效时间的变化不超过 20%，应力偏差对失效时间的影响可以用电迁移模型进行计算。

对于有难熔金属层的多层金属化，需要选择一个电阻变化百分比的失效判据，所选择的失效判据可能显著影响被测的激活能、电流密度和中位寿命值，使用大的电阻增加百分值（≥30%）作为失效判据可能会使测试结果产生不理想的波动。

一些不能用目检找出的测试线缺陷可以通过不正常的电阻值查出来，在测试结构上的电压限制值是为了减少电路在失效的瞬间可能产生的热能。在应力作用下被测的金属条性能要稳定，各个结构的电阻或由于电迁移而产生的失效特性不会随时间发生明显的变化。该测试适用于中位寿命足够长的情况，从而在电迁移使测试结构的电阻发生明显的变化前，能够测量测试结构的电阻。温度的选取会影响失效时间的精度，若所取的温度与金属条在应力作用下的温度平均值不同，则测量出的激活能也会不准确。当用中位失效时间对相同厚度的金属化进行比较时，涉及的测试线应有相同的设计宽度；否则与线宽有关的失效时间会使这种比较没有多大意义。

当一块芯片上同时有几个测试结构在做应力测试而产生明显的焦耳热时，在估算测试结构的温度时，必须考虑相互之间的热效应。如果失效模式规定为电阻值的增加，而当测试结构失效时流过的电流值不会变化，则在以后的测试中在芯片上会产生明显的功耗，在这种情况下必须对各个测量值进行校正。如果失效判据用电阻值增加的百分比来表示，当测试结构的失效被检测到以后，流过该结构的电流被减少到一个可以忽略不计的值，在这种情况下各个测试结构的测量值不必进行校正。

另一种测试结构是"十字型"开尔文电阻结构，如图 8.40 所示。当对不同金属间连接通孔的电迁移进行评价时，设计的开尔文电阻包括两个"L"型电阻。这两个电阻均由金属层构成，位于所要测量的连接通孔处，使注入电流通过连接通孔从另一层金属端流出，通过另外两个引出端测量电压，以测量连接通孔的电阻值。测试时改变电流方向并取平均电压可以减少热失调现象。

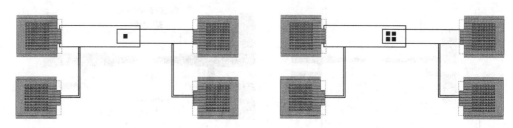

（a）连接通孔的单孔结构　　　　　　　　　（b）连接通孔的多孔结构

图 8.40　连接通孔的开尔文结构

当对接触电阻的电迁移进行评价时，设计的开尔文电阻包括两个"L"型电阻。其中一个由扩散层构成，另一个由金属层构成，位于所要测量的接触区交叉处，使注入电流通过扩散区并从相对金属端流出，通过这两个引出端测量电压，以测量接触电阻。测试时改变电流方向并取平均电压可以减少热失调现象。接触电阻分别有 N^+ 区的接触电阻、P^+ 区的接触电和金属与多晶的接触电阻，如图 8.41 所示。这种结构用于测量接触电阻与温度的关系。

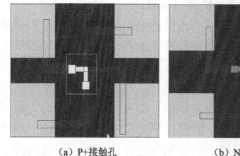

（a）P+接触孔　　　　　　（b）N+接触孔　　　　　（c）多晶与金属 1 的接触孔

图 8.41　接触孔的开尔文结构

对于接触电迁移的测试，另一种方法是采用单个接触链的形式。在这种结构中，为了减少结构中的串联电阻，两接触区的间距必须足够小，金属引出线部分的尺寸应足够大，以避免金属本身的电迁移。该结构具有开尔文结构电压引出线，此外还有一个衬底的接触区以检测结的漏电流，如图 8.42 所示。这种结构包含多个接触孔，各个接触孔之间通过金属相连串接而成。实际孔的数目需要根据接触电阻值的大小确定，接触孔的数量越多，产生的电压降越大。

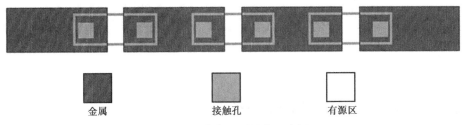

图 8.42　接触孔链结构示意图

参 考 文 献

[1] 王志功，陈莹梅. 集成电路设计（第 3 版）. 北京：电子工业出版社，2013

[2] 李伟华. VLSI 设计基础. 北京：电子工业出版社，2002

[3] ASTM-F1259M–96(Reapproved 2003). Standard Guide for Design of Flat, Straight-Line Test Structures for Detecting Metallization Open-Circuit or Resistance-Increase Failure Due to Electromigration [Metric]

[4] 常青，陶华敏，肖山竹，卢焕章. 微电子技术概论. 北京：国防工业出版社，2009

[5] http://wenku.baidu.com/view/7a90d9ceda38376baf1faef7.html?re=view

[6] http://wenku.baidu.com/view/40ce0df64693daef5ef73d6f.html?re=view

[7] http://wenku.baidu.com/view/7268dc7da26925c52cc5bfd2.html

第 *9* 章

MOS 场效应晶体管的特性

9.1 MOS 场效应晶体管的基本特性

NMOS 晶体管结构如图 9.1 所示,由两个 PN 结和一个 MOS 电容组成。栅极下面的区域是一个电容结构,MOS 管的 $I\text{-}V$ 特性由该电容结构决定。对于增强型 NMOS 晶体管,当栅极不加电压或加负电压时,栅极下面的区域保持 P 型导电类型,漏和源之间等效于一对背靠背的二极管。此时,在漏源电极之间加上电源,只有 PN 结的漏电流产生。

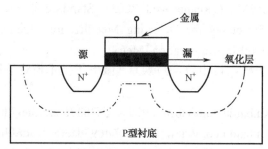

图 9.1　NMOS 晶体管的基本结构

当栅极上加上正电压时,正的栅电压将排斥栅下 P 型衬底中的可动电荷、空穴,吸引电子。当栅极上的电压超过阈值电压时,在栅极下方的 P 型区域内会形成电子的强反型层,把同为 N 型的源、漏扩散区连成一体,形成从漏极到源极的导电沟道,产生 NMOS 晶体管的 $I\text{-}V$ 特性,如图 9.2 所示。额定工作条件下,加在栅电极上的正电压越高,沟道区的电子浓度越高,导电能力就越好。

现代 CMOS 工艺中,往往采用离子注入技术改变沟道区的掺杂浓度,从而改变阈值电压。对 NMOS 晶体管而言,注入 P 型杂质,将使阈值电压增加;反之,注入 N 型杂质将使阈值电压降低,如果注入剂量足够大,可使器件沟道区反型变成 N

型。这时，要在栅极上加上负电压，才能减少沟道中电子浓度，使器件截止。在这种情况下，阈值电压变成负值，对应的沟道关断电压称为夹断电压。

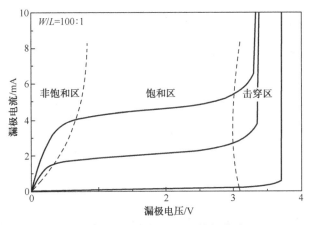

图 9.2　NMOSFET 的输出特性曲线

根据阈值电压的不同，MOS 晶体管分成增强型和耗尽型 2 种。对于 N 沟 MOS 晶体管，阈值电压大于 0 的器件称为增强型晶体管，阈值电压小于 0 的器件称为耗尽型晶体管。PMOS 晶体管和 NMOS 晶体管在结构上是一样的，只是源漏衬底的材料类型和 NMOS 晶体管相反，工作电压的极性也相反。

9.1.1　MOSFET 的伏安特性

1. MOSFET 的 I-V 特性

对于图 9.3 所示的增强型 NMOS 管，当栅极电压大于阈值电压（V_{th}）时，沟道导通，从漏极到源极将有电流流过。同时在沟道区下方出现耗尽层。

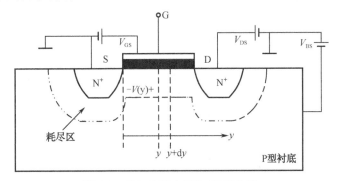

图 9.3　外加偏置电压的 NMOS 管

设 y 是沟道区中的任一点，该点相对于源的电压为 $V(y)$，栅电极和该点的电位

差是 $V_{GS} - V(y)$ 。如果 $V_{GS} - V(y) - V_{th} > 0$ ，沟道中 y 处单位面积上引起的沟道反型层电荷为 $Q_I(y)$ 。在 y 点附近，dy 沟道长度的电阻为 dR ，则有

$$dR = \frac{dy}{W \mu_n Q_I(y)} \tag{9.1}$$

式中，W 是器件沟道长度；μ_n 是沟道中电子的平均迁移率（cm²/V.s）。在 dy 上的电压降 dV 为

$$dV = -I_{DS}dR = -\frac{I_{DS}}{W \mu_n Q_I(y)}dy \tag{9.2}$$

设栅下硅衬底中 y 点单位面积电荷为 $Q(y)$ ，则有

$$Q(y) = Q_I(y) + Q_B(y) \tag{9.3}$$

$Q_B(y)$ 是耗尽层电荷：

$$Q_B(y) = -qN_A X_d = -\sqrt{2q\varepsilon_{si}N_A(V(y)+2\phi_F)} \tag{9.4}$$

式中，X_d 是耗尽层厚度；q 是电子电荷；ε_{si} 是硅的介电常数；N_A 是受主掺杂浓度；ϕ_F 是费米势。

$$\phi_F = \frac{kT}{q}\ln\frac{N_A}{n_i} \tag{9.5}$$

而

$$Q(y) = -C_{ox}(V_{GS} - V_{th} - V(y)) \tag{9.6}$$

将其代入式（9.3），则有

$$Q_I(y) = -C_{ox}(V_{GS} - V_{th} - V(y)) + \sqrt{2q\varepsilon_{si}N_A(V(y)+2\phi_F)} \tag{9.7}$$

式中，C_{ox} 是栅氧的单位面积电容；氧化层的介电常数 $\varepsilon_{ox} = 3.9 \times 8.854 \times 10^{-4} \text{F/cm}^2$ 。将式（9.7）代入式（9.2）中，则有

$$I_{DS} \cdot dy = W \mu_n \left[C_{ox}(V_{GS} - V_{th} - V(y)) - \sqrt{2q\varepsilon_{si}N_A(V(y)+2\phi_F)} \right]dV \tag{9.8}$$

对上式进行积分有

$$I_{DS}\int_0^L dy = W \mu_n \int_0^{V_{DS}} [C_{ox}(V_{GS} - V_{th} - V(y)) - \sqrt{2q\varepsilon_{si}N_A(V(y)+2\phi_F)}]dV \tag{9.9}$$

$$I_{DS} = C_{ox}\frac{W \mu_n}{L}\left\{ \left[(V_{GS} - V_{th})V_{DS} - \frac{V_{DS}^2}{2} \right] - \frac{2}{3}\frac{1}{C_{ox}}\sqrt{2q\varepsilon_{si}N_A}\left[(V_{DS} + 2\phi_F)^{3/2} - (2\phi_F)^{3/2} \right] \right\}$$

$$\tag{9.10}$$

上式中，如果忽略 V_{DS} 对 $Q_B(y)$ 的影响，$Q_B(y)$ 是常数，则有

$$I_{DS} = \frac{\mu_n W C_{ox}}{2L}\left[(V_{GS} - V_{th})V_{DS} - \frac{V_{DS}^2}{2} \right] \tag{9.11}$$

式（9.11）描述了器件在线性区工作的 I－V 特性，漏极电流随着 V_{DS} 线性增

加，并和器件的尺寸有关。

当 V_{DS} 继续增大，增加的电压将降落在漏极附近的耗尽区上，对沟道电流没有贡献，此时沟道电流几乎不变，器件进入到饱和状态。饱和状态下的电流用 $V_{DS} = (V_{GS} - V_{th})$ 代入式（9.11），得到

$$I_{DS} = \frac{\mu W C_{ox}}{2L} \left[V_{GS} - V_{th} \right]^2 \tag{9.12}$$

在饱和区，当 V_{DS} 增加时，I_{DS} 仍然会缓慢增加。这是因为随着 V_{DS} 的增加，增加的电压主要降落在沟道漏端的耗尽区，这会使耗尽区的宽度有所增加。同时反型区上的饱和电压基本不变，但因沟道的长度变短了，于是沟道中水平电场增强了，从而导致电流的增加，这一效应称为"沟道长度调制效应"。器件的有效沟道长度为 $L_{eff} = L - \Delta L$，ΔL 为漏极区的耗尽区的宽度，L 是版图上所画图形的长度：

$$\Delta L = \sqrt{\frac{2\varepsilon_{Si}}{q N_A} (V_{DS} - V'_{Dsat})} \tag{9.13}$$

式中，$V_{DS} - V'_{Dsat}$ 为耗尽区上的电压。当衬底的掺杂浓度高时，调制效应相应减小。于是饱和区的漏源电流改写为

$$I_{DS} = \frac{\mu W C_{ox}}{2L} \left[V_{GS} - V_{th} \right]^2 (1 + \lambda V_{DS}) \tag{9.14}$$

式中，λ 是沟道长度调制系数（$\lambda = 0.01 \sim 0.1 V^{-1}$）。上式表明，随着 V_{DS} 的增加，饱和区电流升高。

MOSFET 的跨导 g_m 的定义为

$$g_m = \left. \frac{\Delta I_{DS}}{\Delta V_{GS}} \right|_{V_{DS}=常数} \tag{9.15}$$

线性区

$$g_m = \frac{\mu W C_{ox}}{2L} V_{DS} \tag{9.16}$$

饱和区

$$g_m = \frac{\mu W C_{ox}}{2L} (V_{GS} - V_{th})(1 + \lambda V_{DS}) \tag{9.17}$$

MOSFET 的沟道电阻定义为

$$r_o = \left. \frac{\partial V_{DS}}{\partial I_{DS}} \right|_{V_{DS}=常数} \tag{9.18}$$

需要指出的是，多晶硅或铝线在场区穿过时不会产生寄生 MOS 管，这是因为 MOS 管的阈值电压由平带电压（V_{FB}）、反型层电压（$2\phi_F$）和氧化层上的电压降（Q/C_{ox}）构成。对于场区，场氧化层很厚，C_{ox} 很小，电容上的电压降很大，使得场区寄生 MOS 管的开启电压远大于电源电压，寄生的 MOS 管永远不会开启，不能形成 MOS 管。而对于有源区中的 MOS 管，因栅氧化层很薄，C_{ox} 较大，阈值电压

较小，才能形成有效的 MOS 管特性。

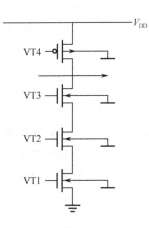

图 9.4　NMOS 管 VT2 和
VT3 源极不接地的情况

2. 体效应

电路工作过程中，源极与衬底有时并不连接在一起，如图 9.4 所示。通常情况下，衬底是接地的，但源极未必接地，它将影响阈值电压，称为体效应。衬底相对源极加上偏压 V_{BS} 以后，阈值的变化是由于耗尽层的厚度增大引起的。当有反向偏压时，阈值电压为

$$V_{th} = V_{FB} + 2\phi_F + \frac{1}{C_{ox}}\sqrt{2\varepsilon_{Si}qN_A(2\phi_F + V_{BS})} \qquad (9.19)$$

由上式可知，阈值电压的绝对值向增大的方向移动。由于衬底偏置效应在多数数字电路中是不可避免的，电路设计者要根据需要采用合适的方法对阈值电压的变化加以补偿。

阈值电压的作用：在栅极下面的 Si 区域中形成反型层，克服 SiO_2 介质上的压降。降低阈值电压的措施包括降低衬底中的杂质浓度；采用高电阻率的衬底、减小 SiO_2 介质的厚度 t_{ox}。

减小 L 的同时降低电源电压 V_{DS}，而降低电源电压的关键是降低开启电压 V_{th}。表 9.1 所示为开启电压 V_{th} 和电源电压 V_{DS} 的演变历史和趋势。

如果沟道太窄，W 太小，那么栅极的边缘电场也会引起 Si 衬底中的电离化，产生附加的耗尽区，从而引起阈值电压的增加。

表 9.1　阈值电压与工艺特征尺寸的变化关系

特征线宽/μm	5.0	2.0	1.0	0.35	0.18	0.13	0.065
阈值电压/V	7～9	4	1	0.6	0.5	0.3	0.3

3. 漏感应势垒降低（DIBL）效应

当 L 减小、V_{DS} 增加时，漏源耗尽区越来越接近，引起电场从漏到源的穿越，使源端势垒降低，从源区注入沟道的电子增加，导致漏源电流增加。通常称该过程为漏感应势垒降低，简写为 DIBL（Drain-Induced Barrier Lowering）。显然，对于给定的 V_{DS} 器件，L 越小，DIBL 越显著，漏极电流的增加越显著，以致器件不能关断。所以，DIBL 效应是对 MOS 器件尺寸缩小的一个基本限制。

9.1.2　MOSFET 的阈值电压

阈值电压是 MOS 晶体管的重要参数之一，阈值电压影响电路的输入/输出特

性。按 MOS 晶体管的沟道随栅压正向和负向增加而形成或消失的机理，有两种类型的 MOS 晶体管。

（1）耗尽型：沟道在 $V_{GS} = 0$ 时已经存在，当 V_{GS} "负"到一定程度时截止。

（2）增强型：在正常情况下它是截止的，只有当 V_{GS} 到一定程度时才会导通。

在半导体理论中，P 型半导体的费米能级是靠近价带的，而 N 型半导体的费米能级则是靠近导带的。要想把 P 型变为 N 型，外加电压必须补偿这两个费米能级之差。E_C、E_V、E_i 分别为导带、价带和本征费米能级，E_{FP} 和 E_{FN} 分别为 P 型和 N 型半导体的费米能级。

栅极偏置电压下的 NMOS 晶体管如图 9.5 所示，源、漏和衬底接地，栅上加电压 V_{GS}。栅和衬底之间是以 SiO_2 为介质的栅电容，当 V_{GS} 从 0 向正值变化时，正电荷积聚在栅电极，在栅电极下的衬底中将积累负电荷。当 V_{GS} 足够大时，在栅电极下形成耗尽区。设耗尽区的厚度为 X_d，在厚度为 dX_d，单位面积栅下的 P 型半导体材料中所含的不可动电荷 $dQ = q(-N_A dX_d)$。

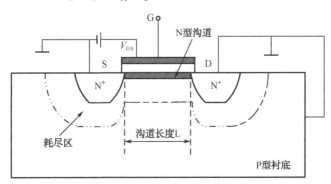

图 9.5　栅压偏置下的 NMOS 晶体管

移走了可动电荷 dQ 后，表面势 V_s 的变化为

$$dV_s = -X_d dE = \frac{X_d dQ}{\varepsilon_{Si}} = \frac{qN_A X_d dX_d}{\varepsilon_{Si}} \tag{9.20}$$

ε_{Si} 是硅的介电常数，在整个耗尽区范围内积分上式，得到

$$V_s - \phi_F = qN_A X_d^2 / 2\varepsilon_{Si} \tag{9.21}$$

得到耗尽层的厚度 X_d 为

$$X_d = \left(\frac{2\varepsilon_{Si} |V_s - \phi_F|}{qN_A} \right) \tag{9.22}$$

单位面积栅电极下，耗尽层中的不可动电荷为

$$Q = -qN_A X_d = -\sqrt{2qN_A \varepsilon_{Si} |V_s - \phi_F|} \tag{9.23}$$

P 型半导体中空穴的数目就等于受主杂质原子的个数：

$$N_A = p = n_i e^{(E_i - E_{Fp})/kT} \tag{9.24}$$

式中，N_A 为硅材料中的受主杂质浓度；n_i 为硅材料的本征载流子浓度。由上式可得：

$$E_{Fp} = -kT \ln\left(\frac{N_A}{n_i}\right) + E_i \tag{9.25}$$

可见，P 型 Si 的费米能级比本征硅的费米能级低 $kT \ln\left(\dfrac{N_A}{n_i}\right)$ eV。

如果希望在栅极下面的 Si 表面将 P 型变为 N 型，而且 N 型中的电子浓度与原来衬底中的空穴浓度一样，那么外加电压必须提供 $2kT \ln\left(\dfrac{N_A}{n_i}\right)$ eV 的势能。

随着栅极电压的上升，栅下面的表面势也增加，当增加到 $V_s = -\phi_F$ 时，表面沟道形成。栅电压进一步上升时，耗尽层厚度和表面势的变化不大，被正表面势吸引的电子从 N^+ 型的源区进入反型层，增加的栅电压主要降落在栅电容上，反型层中电子浓度大大增加。

当衬底的偏置是 0 时，将 $V_s = -\phi_F$ 代入式（9.23）中，耗尽区中的固定负电荷为

$$Q_{B0} = -\sqrt{2qN_A\varepsilon_{Si}\left|-2\phi_F\right|} \tag{9.26}$$

如果在衬底和源之间加上反向偏置电压 V_{BS}（对 N 沟器件 V_{BS} 通常是负的），则要求产生反型的表面势为 $\left|2\phi_F - V_{BS}\right|$，这种情况下耗尽区中的固定负电荷为

$$Q_B = -\sqrt{2qN_A\varepsilon_{Si}\left|-2\phi_F - V_{BS}\right|} \tag{9.27}$$

MOS 管的阈值电压主要由以下 3 部分组成。

（1）为了使表面电势变化 $2\phi_F$ 和抵消耗尽层的电荷 Q_B，需要加一定大小的栅电压。

（2）抵消栅极材料和体硅之间的功函数差 ϕ_{MS}。

（3）表面态电荷 Q_{SS}，包括 SiO_2 层中可移动的正离子的影响、氧化层中固定电荷的影响和界面势阱等的影响。

综合以上因素后的 MOS 器件阈值电压 V_{th} 为

$$
\begin{aligned}
V_{th} &= \phi_{MS} - 2\phi_F - \frac{Q_B}{C_{ox}} - \frac{Q_{SS}}{C_{ox}} \\
&= \phi_{MS} - 2\phi_F - \frac{Q_{B0}}{C_{ox}} - \frac{Q_{SS}}{C_{ox}} - \frac{Q_B - Q_{B0}}{C_{ox}} \\
&= V_{th0} + \gamma\left(\sqrt{\left|-2\phi_F - V_{BS}\right|} - \sqrt{2\left|\phi_F\right|}\right)
\end{aligned}
\tag{9.28}
$$

$$V_{th0} = \phi_{MS} - 2\phi_F - \frac{Q_{B0}}{C_{ox}} - \frac{Q_{SS}}{C_{ox}}, \quad \gamma = \frac{1}{C_{ox}}\sqrt{2q\varepsilon_{Si}N_A} \tag{9.29}$$

式中，V_{th0} 是 $V_{BS} = 0$ 时的阈值电压；γ 是体效应因子；$2\phi_F = 2\dfrac{kT}{q}\ln\left(\dfrac{N_A}{n_i}\right)$ 是能带弯曲而形成强反型层所必要的电压；ϕ_{MS} 是栅极材料与衬底材料之间的功函数之差；Q_B 是耗尽层电荷；Q_{SS} 是表面态电荷。SiO_2 中的可移动正离子的电荷量 $Q_m = \displaystyle\int_0^{t_{ox}} \rho_{ox}(x)dx$，根据可移动正离子所处的位置，其对阈值电压的影响可写成如下形式：

$$\frac{Q_m\gamma_m}{C_{ox}} = \frac{1}{\varepsilon_{ox}}\int_0^{t_{ox}} x\rho_{ox}(x)dx \tag{9.30}$$

于是可得出如下的表达式：

$$\gamma_m = \frac{\displaystyle\int_0^{t_{ox}} x\rho_{ox}(x)dx}{t_{ox}\displaystyle\int_0^{t_{ox}} \rho_{ox}(x)dx} \tag{9.31}$$

式（9.28）计算出的阈值电压并不是实际值。原因在于器件制造过程中有许多变化因素，栅氧化层厚度和介电常数的变化、表面态电荷不能严格控制等，都会造成计算值与实际值的偏离。

强反型时，表面耗尽层中的空间电荷面密度随衬底杂质浓度的增大而增大，阈值电压也随之而变化。虽然阈值电压表达式中的 ϕ_F、ϕ_{MS} 和 Q_B 都随衬底杂质浓度的改变而变化，但在一般器件的参杂范围内，影响最大的仍然是 Q_B。所以可以用改变衬底杂质浓度的办法，通过 Q_B 的变化来调整阈值电压。当忽略杂质浓度变化对 ϕ_F 和 ϕ_{MS} 的影响时，由于离子注入所引起的阈值电压增量为

$$\Delta V_{th} \approx \frac{\Delta Q_B}{C_{ox}} \propto \frac{qN_s}{C_{ox}} \tag{9.32}$$

可见，改变沟道掺杂注入剂量就能够控制和调整 MOS 器件的阈值电压。当衬底杂质浓度低于 10^{13}cm^{-3} 时，阈值电压基本不随杂质浓度变化，而由表面态电荷密度 Q_{SS} 决定；当衬底杂质浓度较高时，阈值电压随杂质浓度的变化而迅速改变。

当 MOS 结构加上衬底偏置电压时，表面耗尽层随着衬底偏置电压的增大而展宽，空间电荷面密度也随之增大，由此引起阈值电压的漂移。

不论是 N 型硅还是 P 型硅，其费米势都随着衬底杂质浓度的增大而上升。而在对数坐标上，随衬底浓度增大而上升的速度很慢。因此，当改变衬底浓度时，阈值电压表达式中的费米势的变化不大；但当环境温度变化时，费米势将会有显著的改变。

9.1.3　MOSFET 的电容结构

MOS 电容的结构如图 9.6 所示。MOS 管的栅极与漏极扩散区、栅极与源极扩

散区都存在着一定的交叠。引出线之间还有杂散电容，可以计入 C_{GS} 和 C_{GD}。C_G、C_D 的值还与所加的电压有关。MOS 管的关键电容值为 $C_G = C_{GS} + C_{GD} + C_{GB} + C_{ox}$。

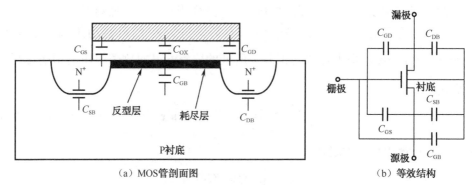

（a）MOS管剖面图　　　　（b）等效结构

图 9.6　MOS 管的电容结构

当 $V_{GS} < V_{th}$ 时，沟道未建立，MOS 管漏源沟道不通，MOS 电容 $C = C_{ox}$，栅极电容 $C_G = C_{GS} + C_{ox}$，漏极电容 $C_D = C_{DB}$。

当 $V_{GS} > V_{th}$ 时，沟道建立，MOS 管导通，MOS 电容的变化呈凹谷形，从 C_{ox} 下降到最低点，又回到 C_{ox}。这时，MOS 电容 C 对 C_G 和 C_D 都有贡献，它们的分配取决于 MOS 管的工作状态。

如果处于非饱和状态，则 $C_G = C_{GS} + 2/3C$，$C_D = C_{DB} + 1/3C$。这是因为在非饱和状态下，栅极电压 V_{GS} 对栅极电荷的影响力与漏极电压 V_{DS} 对栅极电荷的影响力为 2:1 的关系，故 V_{GS} 与 V_{DS} 的贡献分别是 2/3 与 1/3。如果处于饱和状态，沟道已夹断，沟道电荷已与 V_{DS} 无关，那么 $C_G = C_{GS} + 2/3C$，$C_D = C_{DB}$。

但实际上，在饱和状态下沟道长度受到 V_{DS} 的调制。当 V_{DS} 增加时，由于漏极耗尽层宽度有所增加，增大了结电容，故有 $C_G = C_{GS} + 2/3C$，$C_D = C_{DB} + 0 + \Delta C_{DB}$。

9.1.4　MOSFET 的界面态测量

电荷泵法（Charge-Pumping）是 MOSFET 的 Si/SiO$_2$ 界面态测量的基本技术，是通过在漏源结上加一个反偏压，在栅极上加一个脉冲，使沟道区从积累到反型间不断变换，从而使来自漏源区的少数载流子在 Si/SiO$_2$ 界面陷阱上与来自衬底的多数载流子反复复合，由此产生净的衬底电流（泵电流）。饱和泵电流的大小直接与 Si/SiO$_2$ 界面态密度、栅面积、脉冲频率成正比，从而获得 Si/SiO$_2$ 界面态密度的测量方法，其原理如图 9.7 所示。

栅极上所加脉冲的高度与基准有严格要求：

$$V_{th} - (V_{GBH} - V_{GBL}) < V_{GBL} < V_{FB} \tag{9.33}$$

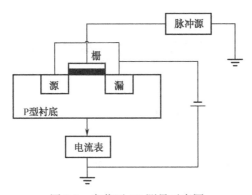

图 9.7 电荷泵 CP 测量示意图

其中，V_{th} 为阈值电压；V_{FB} 为平带电压；V_{GBH} 为脉冲的最高电压；V_{GBL} 为脉冲的最低电压。即选择脉冲时，脉冲高度要大于阈电压与平带电压的差值，并且脉冲基准电压 V_{GBL} 要小于 V_{FB}，最高电压 V_{GBH} 大于 V_{th}。脉冲频率一般选在 0.1～100kHz 范围内，因为此时的电荷泵电流 I_{CP} 与脉冲频率成正比，脉冲频率仅影响饱和泵电流的大小，而不影响界面态密度的值。

在一个脉冲周期中，当 MOSFET 被脉冲偏置到反型时，表面成为深耗尽，少子将从源和漏流进沟道，在这里它们中的一部分将被界面陷阱所俘获。当栅脉冲把表面驱动成积累状态时，可动电荷在漏源反偏压的作用下将反贯穿进漏和源区，这时被界面陷阱所俘获的电荷将与从衬底来的多子相结合，从而产生净的电荷流进衬底。当脉冲反复作用时，将形成泵电流。由此可知，漏源反偏压的作用：（1）在表面处于积累状态时，驱动可动电荷迁移回漏源区，为形成泵电流提供条件；（2）使漏源结处于截止状态。因此，漏源反偏压对形成泵电流是重要的。漏源反偏压越大，将可能引起越多非界面陷阱电荷成分的自由电荷加入到衬底泵电流形成之中，从而引起饱和泵电流轻微的增长。

在一个脉冲周期内被复合的电荷由以下公式得出：

$$Q_{SS} = A_G q \int D_{it}(E) dE = A_G q^2 \overline{D_{it}} \Delta\psi_s \tag{9.34}$$

则电流

$$I_{CP} = fQ_{SS} = fA_G q^2 \overline{D_{it}} \Delta\psi_s = fA_G q N_{it} \tag{9.35}$$

单位面积的平均界面态密度为

$$N_{it} = \frac{I_{CP}}{fA_G q} \tag{9.36}$$

式中，$\overline{D_{it}}$ 为平均界面态密度（费米能级扫过的能量范围内界面态的平均值）（$cm^{-2}eV^{-1}$）；I_{CP} 是饱和泵电流（pA）；f 是脉冲频率（Hz）；A_G 为沟道漏源区掺杂状态的函数（最好的近似是沟道面积）（cm^2）；q 是电子电荷（c）；$\Delta\psi_s$ 为表面势的总扫描范围（eV）。

由上式可以看出，电荷泵电流直接反映了沟道界面态的数量。另外又由于电荷泵电流与频率有关，适当提高脉冲频率可以提高 I_{CP} 电流，以克服寄生电流的影响。

 ## 9.2 MOS 电容的高频特性

9.2.1 MOS 电容的能带和电荷分布

MOS 电容由金属层（Metal）、氧化层（Oxide）和半导体（Semiconductor）衬底组成。由于所有半导体元器件的可靠性、稳定性与表面特性有密切的关系，在研究半导体表面特性时，MOS 电容是最常用的基本结构，其结构如图 9.8 所示。

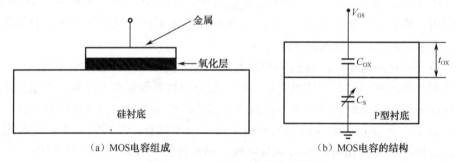

图 9.8　MOS 电容及等效电路图

MOS 结构实际就是一个电容，因此当金属与半导体之间加电压后，在金属与半导体相对的两个面上就要被充电。两者所带的电荷符号相反，电荷分布情况也很不同。在金属中自由电子密度很高，电荷基本分布在一个原子层的厚度范围内；而在半导体中，自由载流子的密度要低得多，电荷必须分布在一定厚度的表面层内，这个带电的表面层称为空间电荷区。在空间电荷区内电场逐渐减弱，到空间电荷区的另一端电场减小为零。另一方面空间电荷区内的电势也会随距离逐渐变化，因此半导体表面相对体内产生电势差，同时能带也发生弯曲。称空间电荷层两端的电势差为表面势。表面势及空间电荷区内电荷的分布情况随金属与半导体间所加的电压 V_{GS} 而变化，可以分为堆积、耗尽和反型 3 种状态。

以 P 型衬底为例进行说明，当栅极加负偏压 $V_{GS}<0$，表面势为负值。此时氧化层与半导体的界面的能带会向上弯曲，并且在界面附近会吸引聚集一些空穴，使空穴数目变得更多，并且堆积在界面附近，称此状态为积累态。如图 9.9 所示，分别给出了积累状态下的能带图、电荷分布示意图。此时价带边缘在氧化层/半导体界面处比衬底材料更接近 P 型。其中费米能级在半导体中是一个常数。积累状态下栅极

及氧化物/衬底界面产生等量的异种电荷。该状态等效为平板电容器，测量所得的电容等于氧化层的电容。

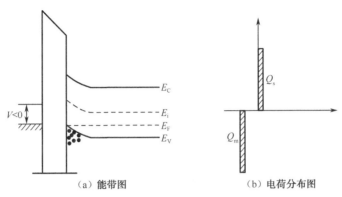

（a）能带图　　　　　　　　　（b）电荷分布图

图 9.9　积累状态下能带和电荷分布

当金属栅极加正的偏压，其能带图和电荷分布图如图 9.10 所示。导带与价带边缘发生向下弯曲现象。这时越接近表面，费米能级离价带顶越远，价带中空穴浓度随之降低。在靠近表面的一定区域内，价带顶的位置比费米能级要低得多。根据玻尔兹曼分布，表面处空穴浓度较体内空穴浓度要低得多，表面层的负电荷基本上等于电离受主杂质浓度。表面层的这种状态称为多数载流子耗尽，耗尽状态下空穴被排斥，仅留下固定电荷。

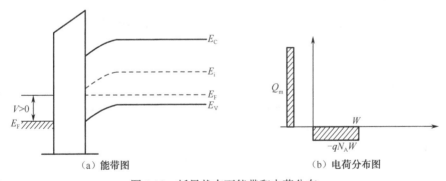

（a）能带图　　　　　　　　　（b）电荷分布图

图 9.10　耗尽状态下能带和电荷分布

当栅极和半导体间的正电压进一步增大时，表面处能带相对体内将进一步向下弯曲。如图 9.11（a）所示，表面处费米能级高于禁带中央能量 E_i，即费米能级导带离价带更近一些。这意味着界面电子浓度将超过空穴浓度，即形成与原来半导体衬底导电类型相反的一层，即反型层。反型层发生在近表面处，从反型层到半导体内部还夹着一层耗尽层。此时，半导体空间电荷层内的负电荷由两部分组成，一部分是耗尽层中已电离的受主负电荷，另一部分是反型层中的电子，后者主要堆积在近表面区，如图 9.11（b）所示。

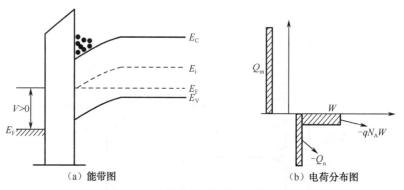

（a）能带图　　　　　　　　　　　（b）电荷分布图

图 9.11　反型状态下能带和电荷分布

对于 N 型半导体，当金属与半导体间加正电压时，表面层内形成多数载流子电子的堆积；当栅极与半导体间加不太高的负电压时，半导体表面内形成耗尽层；当负电压进一步增大时，表面层内形成有少数载流子空穴堆积的反型层。此时沟道处于导通状态，MOS 管工作时器件处于反型状态。当施加源漏电压后器件产生漏端电流。因此栅极控制着导电沟道的形成，控制器件工作的状态。

9.2.2　理想 MOS 电容的 C–V 特性

理想 MOS 结构的栅电容 C 为膜层电容 C_{ox} 和表面空间电荷层电容 C_s 的串联组合，栅电容可表示如下：

$$1/C = 1/C_{ox} + 1/C_s \tag{9.37}$$

不同偏压条件下，P 型 Si 衬底的 MOS 结构可处于积累、平带、耗尽、反型、深耗尽状态。多子积累时，表面电势 V_s 为负值。这时从半导体内部到表面可以看作导通的，电荷直接聚集在栅介质膜的两边，因此 MOS 结构的电容就等于栅介质膜的电容 C_{ox}。

$$C_{ox} = \frac{\varepsilon_{ox} A}{t_{ox}} = \frac{\varepsilon_{ox} WL}{t_{ox}} \tag{9.38}$$

将积累状态下表面空间电荷层的电容表达式代入式（9.38）得：

$$\frac{C}{C_{ox}} = \frac{1}{1 + \dfrac{C_{ox}}{C_s}} = \frac{1}{1 + \dfrac{\sqrt{2} C_{ox} L_D}{\varepsilon_{rs} \varepsilon_o} e^{qV_s/2kT}} \tag{9.39}$$

式中，C_s 是表面空间电荷层电容；V_s 是表面电势；L_D 是德拜长度；ε_{rs} 是硅的相对介电常数；ε_o 是真空电容率。

当 $V_s < 0$ 且 $q|V_s| \gg 2kT$ 时，式（9.39）中的分母第二项近似为零，此时 $C \approx C_{ox}$。当 V_{GS} 绝对值逐渐减小时，积累状态逐渐减弱，由式（9.39）知 C/C_{ox} 也减小，因此曲线在 $V_{GS} = 0$ 附近下降。当 V_{GS} 进一步下降以致于 $V_s = 0$ 时，半导体表面为平带状态，其平坦能带电容 C_{FB} 为膜层电容与表面空间电荷层电容的串联：

$$\frac{C_{FB}}{C_{ox}} = \frac{1}{1 + \dfrac{C_{ox}}{C_s}} = \frac{1}{1 + \dfrac{\varepsilon_{rs}}{\varepsilon_o}\left(\dfrac{\varepsilon_{rs}\varepsilon_o kT}{q^2 N_A t_{ox}}\right)^{1/2}} \tag{9.40}$$

式中，C_{FB} 是平坦能带电容；t_{ox} 是栅介质膜的厚度；N_A 是掺杂浓度。

当栅电压 $V_{GS} > 0$ 且使表面空间电荷层处于耗尽状态时，耗尽层电容 C_s 与膜层电容 C_{ox} 串联使 MOS 结构总电容进一步下降。且 V_s 越大，耗尽层宽度越大；表面空间电荷层电容 C_s 越小，串联电容 C 就越小，如图 9.12 所示。

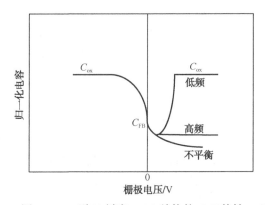

图 9.12　P 型 Si 衬底 MOS 结构的 C-V 特性

当 V_{GS} 足够大时，表面空间电荷层处于反型或强反型状态，表面同样集聚了大量载流子（与 $V_{GS} < 0$ 时的载流子类型不同），从而影响表面空间电荷层电容。对于准静态测试，由于信号频率低，反型层中的载流子（少子）复合和产生的速率能跟上频率的变化，从而体现出电容效应；而对于高频 C-V 测试，反型层中的载流子（少子）复合和产生的速率跟不上频率的变化，从而体现不出电容效应。因此，当表面空间电荷层处于强反型时，低频测试电容 $C = C_{ox}$，而高频测试电容为耗尽层厚度最大，电容最小时的电容 C_{min}。

另外，当扫描电压 V_{GS} 变化较快时，表面空间电荷层在由耗尽进入反型阶段时会形成深耗尽态，使高频电容随 V_{GS} 增加进一步下降，形成图 9.12 中的不平衡曲线。这种情况特别容易发生在低掺杂、高电阻率的衬底制成的 MOS 结构上，因为其载流子浓度较低，在由耗尽进入反型阶段时很容易形成深耗尽态，从而得不到平衡态的曲线。

9.2.3　影响 MOS 电容 *C*-*V* 特性的因素

1. MOS 结构中的电荷

典型的 MOS 结构为 $Al-SiO_2-Si$ 或 $Poly-Si-SiO_2-Si$ 结构。MOS 结构的电荷和缺陷包括制造工艺引入的和辐射引入的两种性质的电荷和缺陷。一般情况下，这些电荷聚积在 SiO_2 氧化层体内、Si/SiO_2 界面及金属表面和 Si 表面薄膜，尤其是 Si/SiO_2 界面附近的过渡层。大量的研究表明在 Si/SiO_2 系统中，存在着多种形式的电荷和能量状态，一般可归纳为以下 4 种基本类型：SiO_2 层中的可动离子、SiO_2 层中的固定电荷、Si/SiO_2 界面处的界面态、SiO_2 中的陷阱电荷。

（1）SiO_2 层中的可动离子。主要是带正电的钠离子，还有钾、氢等正离子，通过沾污进入氧化膜中形成可动离子电荷。

（2）SiO_2 层中的固定电荷。位于 Si/SiO_2 界面附近，不能在 SiO_2 中迁移，这种电荷受氧化层厚度或硅中杂质类型及温度的影响不明显。但这种电荷与氧化和退火条件，以及硅晶体的取向有很显著的关系。研究结果表明：在 Si/SiO_2 界面附近存在的过剩硅离子是固定表面正电荷产生的原因。其密度一般在 $10^{10} \sim 10^{12} cm^{-2}$ 范围内。

（3）Si/SiO_2 界面处的界面态。界面态是指存在于 Si/SiO_2 界面处而能级位于硅禁带中的一些分立的或连续的电子能态（能级）。界面态一般分为施主和受主两种。可以是带电的，也可以是中性的，依赖于它与费米能级的相对位置。一般由工艺过程引起的本征界面态，其密度在 $10^{10} \sim 10^{12} cm^{-2}$ 范围内。另外，辐射和热载流子注入也可改变界面态的密度。

（4）SiO_2 中的陷阱电荷。当 X 射线、γ射线、电子等能产生电离的射线通过氧化层时，可在 SiO_2 中产生电子—空穴对。如果氧化物中没有电场，电子和空穴将复合，不会产生净电荷。但如果氧化层中存在电场，将会有部分电子和空穴剩余被陷阱捕获而产生辐射感生陷阱电荷。

影响氧化层电荷的因素很多。栅氧化后的温度应低于 950℃左右，因为栅氧化后工艺温度太高、时间太长会使氧化物陷阱电荷密度增大，使 Si/SiO_2 界面附近 SiO_2 中氧化物空穴陷阱密度增大。栅氧化后退火气氛一般有两种，一种是惰性气体，常用的是 N_2 气；另一种是所谓的形成气氛，即含有一定比例 H_2 气的 N_2 气的气体。实验表明：纯 N_2 气氛退火有较多的氧化物陷阱电荷，而形成气氛退火时的氧化物陷阱电荷较少，主要原因是 H_2 的存在增加了电子陷阱，从而对空穴陷阱起了补偿作用。

X 射线、γ射线等产生的氧化层陷阱电荷会出现饱和现象，产生明显的空间电荷效应，对产生新的电荷起抑制作用。

辐射条件下，栅氧化层中产生的电子—空穴对近似与栅氧化层的体积成正比。

因此，对固定几何尺寸的晶体管来说，单位面积下的电子—空穴对数量与氧化层的厚度成正比。假设辐射在氧化层中均匀产生电子—空穴对，并以固定百分比被氧化物陷阱俘获形成正电荷，那么被陷阱俘获的空穴与栅氧化层厚度呈一种线性关系。沿厚度方向对空穴积分即可得到被俘获的空穴所产生的电场，该电场与氧化层厚度的 n 次方成正比，n 的取值范围一般为 1～3。

2. 绝缘层中的电荷对 MOS 电容 C-V 特性的影响

（1）钠、钾、氢等可动离子在一定温度下，受到电场作用可在膜层中移动，从而使在表面感应出的电荷发生变化，结果使表面电势和 MOS 结构 C-V 特性发生变化。可动离子电荷对 C-V 特性的影响表现在 C-V 曲线的漂移。

（2）固定氧化物电荷的存在加大了膜层中的电场，这就需要栅电极上有更多的负电荷才能恢复原有的表面电势，也就需要更负的电压来建立原来的表面势，所以 C-V 特性曲线将沿电压轴向负电压方向移动。若考虑金属和半导体的功函数差 ϕ_{MS}，则单位面积内的固定氧化物电荷的数目为

$$N_f = \frac{Q_f}{q} = \frac{\varepsilon_{ro}\varepsilon_o}{qt_{ox}}(V_{FB} + \phi_{MS}) \tag{9.41}$$

（3）界面陷阱电荷位于界面处，能量位于硅禁带中的分立或连续能级，它可以和硅表面快速地交换电荷。固定氧化物电荷使 C-V 曲线只发生平移，而界面陷阱除使 C-V 曲线移动外，还会引起曲线形状的畸变。由于界面陷阱中的电荷数量与表面电势 V_s 或 V_{GS} 相关联，因此界面陷阱电容 $C_{it}(V)$ 与表面电势有关。界面陷阱电容是一微分电容，它与表面空间电荷层电容相并联。因为它的充放电有一定的频率响应，所以在很高的频率下，界面陷阱上的电荷充放电跟不上信号的变化，则界面陷阱电容 $C_{it} = 0$。因此高频 C-V 特性不包括 C_{it} 成分。如果用 C_{lf} 和 C_{hf} 分别表示准静态和高频 C-V 测量的电容，则：

$$C_{lf} = \frac{1}{C_{ox}} + \frac{1}{C_s + C_{it}} \tag{9.42}$$

$$C_{hf} = \frac{1}{C_{ox}} + \frac{1}{C_s} \tag{9.43}$$

利用低频和高频曲线的差异，就能测得界面陷阱电容，从而得到界面陷阱的密度。

（4）氧化物陷阱是由于 X 射线、γ 射线等产生电离的辐射线在膜层中产生电子空穴对，空穴被陷入陷阱，在膜层中形成带正电的空间电荷而引起的。它也会使 C-V 特性曲线向负电压方向平移，平移量与陷阱电荷量及辐射时的偏压有关。

3. 金属与半导体功函数的不同产生接触电势

这种接触电势使平坦电容不是发生在 $V_{GS} = 0$ 时，需加一定的偏压才能使表面能

带变平。所加电压为

$$V_{FB} = \phi_M - \phi_S = \phi_{MS} \tag{9.44}$$

其中，ϕ_M、ϕ_S 分别为金属和半导体的功函数，它表示一个能量等于费米能级能量的电子，从金属半导体内部逸出到真空中所需的最小能量。功函数差随衬底掺杂浓度变化而变化。此外，功函数差也随栅电极材料的不同而改变，因而选择掺杂多晶作栅电极材料可以减小阈值电压。金属和半导体的功函数差 ϕ_{MS} 由下式计算：

$$P: \quad \phi_{MS} = \phi_M - (\phi_e + E_g / 2q + \phi_F) \tag{9.45}$$

$$N: \quad \phi_{MS} = \phi_M - (\phi_e + E_g / 2q - \phi_F) \tag{9.46}$$

式中，ϕ_e 是电子的亲和势；E_g 为半导体的禁带宽度；ϕ_F 为半导体内部电势，即费米势。

费米势 $\phi_F = (E_i - F_F)_{体内} / q$，对于 P 型半导体：$\phi_F = \dfrac{kT}{q} \ln\left(\dfrac{N_A}{n_i}\right)$；对于 n 型半导体：$\phi_F = \dfrac{kT}{q} \ln\left(\dfrac{N_D}{n_i}\right)$。可见不论是 N 型硅还是 P 型硅，其费米势都随着衬底杂质浓度的增大而上升，而在对数坐标上随衬底浓度增大而上升的速度很慢。因此，当改变衬底浓度时，阈值电压表达式中的 ϕ_F 的变化不大；但当环境温度变化时，费米势将会有显著的改变。因此 ϕ_F 将随温度和掺杂浓度变化。

4. 准静态 $C-V$ 特性和高频 $C-V$ 特性测量

（1）固定电荷密度测量。固定电荷密度的测量是利用 MOS 结构的高频特性，可采用下面公式：

$$N_f = \frac{Q_{fc}}{q} = \frac{\varepsilon_{rs}\varepsilon_o}{q t_{ox}} (V_{FB} + \phi_{MS}) \tag{9.47}$$

要计算出固定电荷密度 N_f，就要先得到膜层电容 C_{ox}、平带电压 V_{FB}、功函数差 ϕ_{MS}。膜层电容：$C_{ox} = \dfrac{C_{max}}{A}$，$C_{max}$ 为高频测量中得到的最大电容，A 为栅氧化层面积；$C_{ox} = \dfrac{\varepsilon_{ro}\varepsilon_o}{t_{ox}}$，$t_{ox}$ 为薄膜厚度，可由椭偏仪测量出，而 ε_{ro} 可由测出的折射率得到。

由于平带电压 V_{FB} 为 $C-V$ 曲线上平带电容 C_{FB} 对应的电压值，所以先得出 C_{FB}，再从特性曲线上得到 V_{FB}。C_{FB} 可由式（9.41）得出。

$$\frac{C_{FB}}{C_{ox}} = \frac{1}{1 + \dfrac{C_{ox}}{(C_s)_{FB}}} = \frac{1}{1 + \dfrac{\varepsilon_i}{\varepsilon_o}\left(\dfrac{\varepsilon_{rs}\varepsilon_o kT}{q^2 N_A t_{ox}}\right)^{1/2}} \tag{9.48}$$

其中 C_s 为衬底表面的微分电容；N_A 为衬底的掺杂浓度，它可由下列方程通过迭代法得到：

$$N_A = \frac{4kT}{q^2} \left(\frac{C_{ox} C_{min}}{C_{ox} - C_{min}} \right) \ln \left(\frac{N_A}{n_i} \right) \tag{9.49}$$

也可由已知衬底的电阻率估算：

$$\rho = \frac{1}{q N_A \mu} \tag{9.50}$$

（2）界面态密度的测量。准静态测量和高频 $C-V$ 的测量相结合，可得到界面态陷阱密度。如果能量范围限定在堆积与反型之间，则由式（9.49）和式（9.50）可得

$$C_{it} = \frac{C_{ox} C_{lf}}{C_{ox} - C_{lf}} - \frac{C_{ox} C_{hf}}{C_{ox} - C_{hf}} \tag{9.51}$$

$$D_{it(Vs)} = \frac{C_{it}}{q^2} = \frac{1}{q^2} \left(\frac{C_{ox} C_{lf}}{C_{ox} - C_{lf}} - \frac{C_{ox} C_{hf}}{C_{ox} - C_{hf}} \right) \tag{9.52}$$

在实际测量中得到的是 C_{lf} 与 V_{GS} 的关系，因此还需找出 V_{GS} 与 V_s 的关系，以求出 V_{GS} 所对应的表面电势 V_s。

由 $V_{GS} = V_s + V_{ox}$，知 $\dfrac{dV_{ox}}{dV_{GS}} = 1 - \dfrac{dV_s}{dV_{GS}}$，而

$$C(V_G) = \frac{dQ_M}{dV_{GS}} = \frac{dQ_M}{dV_{ox}} \frac{dV_{ox}}{dV_{GS}} = C_{ox} \frac{dV_{ox}}{dV_{GS}}$$

代入上式，则：

$$dV_s = \left(1 - \frac{C(V)}{C_{ox}} \right) dV_{GS} \tag{9.53}$$

对上式从表面积累所对应的栅压 V_{GS1} 到另一栅压 V_{GS2} 积分，得到栅压为 V_{GS2} 时的表面电势：

$$V_s = \int_{V_{GS1}}^{V_{GS2}} \left(1 - \frac{C(V)}{C_{ox}} \right) dV_{GS} + \Delta \tag{9.54}$$

Δ 为积分常数。由于 $V_{GS} = V_{FB}$ 时，$V_s = 0$，即

$$0 = \int_{V_D}^{V_{FB}} \left(1 - \frac{C(V)}{C_{ox}} \right) dV_{GS} + \Delta \tag{9.55}$$

故

$$\Delta = - \int_{V_D}^{V_{FB}} \left(1 - \frac{C(V)}{C_{ox}} \right) dV_G \tag{9.56}$$

通常界面态分布用禁带中的能级位置 E_{it} 表示，因此还需将 V_s 转换成 E_{it}。

受主型：
$$E_{it} = qV_s + kT \ln \left(\frac{N_A}{n_i} \right) + E_g / 2 \qquad (9.57)$$

施主型：
$$E_{it} = qV_s - kT \ln \left(\frac{N_A}{n_i} \right) + E_g / 2 \qquad (9.58)$$

就可以得出界面陷阱能级在禁带中的位置（能量是由价带顶 E_V 为标准计算的），从而得到禁带中界面陷阱密度的分布。

9.2.4 离子沾污的可靠性评价

在 SiO_2 层中存在一定量的可动正离子，多半是在清洗或操作过程中沾污的碱金属离子（钠离子），在外电场的作用下可产生漂移。钠离子初始多集中于 SiO_2 与金属的界面处，在一定温度下，加上外偏压可被激活，以填隙方式运动到 Si/SiO₂ 的界面处，引起器件参数的变化。采用在一定温度环境下外加偏置电压的方式，可测量可动离子的面密度。

实际的 MOS 系统中，膜层中的可动离子是致使半导体器件不稳定的一个重要原因。膜层中的正电荷包含固定正电荷、Si 界面态电荷和一部分靠近 Si 界面的可动电荷。因此，要确定 SiO_xN_y 中的可动离子电荷，就必须把它和固定电荷区分开来。把可动离子和固定电荷区分开来的办法是利用正、负偏压温度实验，如图 9.13 所示。如图 9.13 中的曲线 1 是初始曲线。在 MOS 电容上先加一负偏压（$V_{GS} < 0$）后把样品加温，由于 SiO_xN_y 中可动电荷在较高温度下具有较大的迁移率，因此它们将在高温负偏压下向金属——SiO_xN_y 界面移动。经过一定时间以后可以认为 SiO_xN_y 膜层中可动电荷基本上全部漂移至金属——SiO_xN_y 界面处，时间一般取 30min。

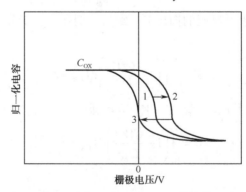

图 9.13　可动离子对 MOS $C-V$ 特性的影响

保持偏压不变，将样品冷却到室温，然后去掉偏压，测量高频 $C-V$ 特性。曲线所对应的平带电压值减小，$C-V$ 特性曲线向右移动，得到图 9.13 中的曲线 2。接着，改变偏压极性，作正偏压处理。加热时间和温度与负偏压相同。正偏压处理后，SiO_xN_y 中的可动正电荷又全部漂移到 $Si-SiO_xN_y$ 界面附近，测量高频 $C-V$ 特性。$C-V$ 曲线向左方移动，得到图 9.13 的曲线 3。这样，通过正负偏压温度实验测量出平带电压的移动，于是就可计算出可动离子的面密度：

$$N_m = \frac{Q_m}{q} = \frac{C_{ox}}{q}\Delta V_{FB} = \frac{\varepsilon_o \varepsilon_{rs}}{q}\frac{\Delta V_{FB}}{t_{ox}} \qquad (9.59)$$

可动离子的测量数据如表 9.2 所示。在外加偏压的作用下，可动离子可被激活，以填隙方式运动到 Si/SiO_2 的界面处，引起器件参数的变化，因此 CMOS 工艺生产中需要控制可动离子的数量。

表 9.2　可动离子测量数据

电容序号	可动离子面密度/cm^2
1	7.12E+10
2	7.19E+10
3	1.06E+10
4	7.12E+10
5	1.12E+10
6	6.70E+10
7	4.06E+10
8	5.75E+08
9	5.33E+08
10	6.23E+09

9.2.5　MOS 电容的高频特性分析

所用样品分别采用 H 和 S 公司的 0.18μm CMOS 工艺加工制作。图 9.14 给出了两家公司不同面积的 MOS 电容在强积累偏置条件下的电容值，每个测量点对应着一个 MOS 电容的电容值。从图中可以看出，对于相同面积的 MOS 电容，S 公司 MOS 电容样品的电容值均大于 H 公司 MOS 电容样品的电容值。

用 MINITAB 软件对两批样品的高频电容（C_{min}/C_{max}）数据进行正态检验。如图 9.15 所示，S 公司样品正态检验 P 值小于 0.005 表示其不满足正态分布。H 公司测试数据的正态检验如图 9.16 所示，H 公司样品正态性检验结果说明其分布满足正态性检验。

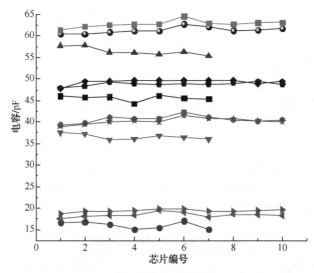

图 9.14　样品的氧化层电容测试值

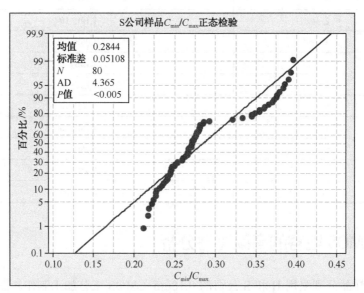

图 9.15　S 公司样品 C_{min}/C_{max} 数据正态检验图

图 9.15 说明 S 公司 MOS 电容样品测试的最小电容值的波动比 H 公司 MOS 电容样品测试的最小电容值的波动要大，其原因可能是 S 公司的 MOS 电容样品有较大的泄漏电流。由于泄漏电流较大，当 MOS 系统进入深耗尽状态时，耗尽区宽度随电压增加而不能达到理论计算的最大耗尽层宽度，而理论上 MOS 电容值随耗尽区宽度增加而减少，因此导致测量出的最小电容值出现偏差。

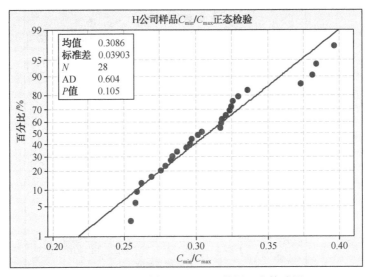

图 9.16　H 公司样品 C_{min}/C_{max} 数据正态检验图

　　用 VC++编程计算了 108 个电容样品的氧化层厚度、衬底浓度、平带电压和固定氧化层电荷密度，用 MINITAB 软件对 VC++的计算数据进行了正态拟合，并分别计算出两批样品的各个参数的均值和标准差。图 9.17 至图 9.20 分别是氧化层厚度分布图、衬底浓度分布图、平带电压分布图和固定电荷密度分布图。

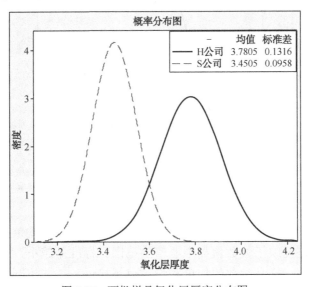

图 9.17　两批样品氧化层厚度分布图

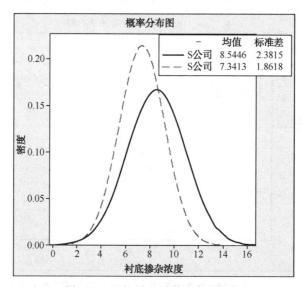

图 9.18　两批样品衬底浓度分布图

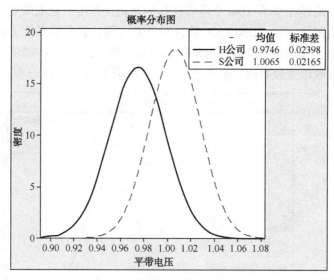

图 9.19　两批样品平带电压分布图

　　表 9.3 中列出了两批样品的参数分布值，样品参数的均值反映了参数的分布中心，而标准差反映了参数偏离中心值的范围。标准差越小，表明工艺制造过程中的波动就越小，样品参数的均值和设计值越接近，工艺控制能力就越好。从表9.3 中可以看到，S 公司样品栅氧化层厚度的均值比 H 公司样品更接近设计值3.2nm。

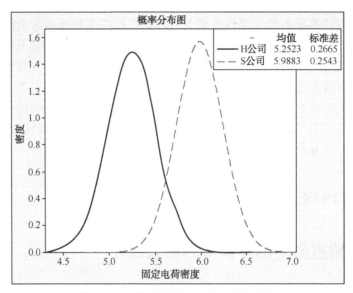

图 9.20 两批样品固定电荷密度分布图

表 9.3 两批样品的参数分布

样品	氧化层厚度 /nm		衬底掺杂浓度 /1E17/cm³		平带电压 /V		氧化层固定电荷密度 /1E12/cm³	
	均值	标准差	均值	标准差	均值	标准差	均值	标准差
H 公司	3.78053	0.130158	8.5446	2.38152	0.9746	0.023987	5.25225	0.266474
S 公司	3.45053	0.09577	7.34133	1.86182	1.0065	0.021653	5.98832	0.254299

制造工艺过程是将产品从设计图纸转变成实际产品的过程。它由对材料施行的一系列加工过程组成，使其从原材料或半成品状态逐步转变为最终所期望的状态，也即成为设计所要求的产品。随着工艺的进步，制造工艺的可重复性和精确性大为提高，操作人员的个人因素及其技术水平的高低对工艺过程的影响越来越少。然而从另一方面来讲，这一工艺过程是否具有连续稳定地加工出符合技术要求的产品的能力还必须经过进一步的检验。

对于正态分布的随机过程，其分布函数为

$$F(x) = \int_{-\infty}^{x} f(x)\,\mathrm{d}x = \frac{1}{\sqrt{2\pi}\sigma} \int_{-\infty}^{x} e^{-\frac{(x-\mu)^2}{2\sigma^2}}\,\mathrm{d}x \tag{9.60}$$

其中，μ 是正态均值，描述质量特性值分布的集中位置；σ 是正态方差，描述质量特性值分布的分散程度。在上述各参数的统计中，S 公司样品的各个工艺参数的标准差均小于 H 公司样品，说明 S 公司的工艺一致性较好，工艺偶然偏差较小。

由于受栅极多晶硅耗尽的影响，计算出的氧化层厚度是电性能等价的氧化层厚度，这个厚度比实际的物理层厚度要大一些，与相关文献报道的当栅介质厚度小于 6nm 条件下，电性能测试厚度比实际物理层厚度大约 0.5nm 的研究接近。两批样品的平带电压接近。H 公司电容样品的氧化层固定电荷密度比 S 公司电容样品的氧化层固定电荷密度要低。如图 9.20 所示，图中实线是 H 公司样品的氧化层固定电荷密度拟合的正态分布曲线，虚线则是 S 公司的氧化层固定电荷密度拟合的正态分布曲线。从中可见 H 公司样品的中心值较低，表明固定电荷密度较低。而 S 公司的曲线表明 S 公司样品的电荷密度的中心分布更集中一些。

MOSFET 的温度特性

9.3.1 环境温度对器件参数的影响综述

器件的可靠性是指在规定的条件下，器件完成规定功能的能力，通常用寿命表示。超大规模集成电路的可靠性除了机械与环境的因素外，影响最大的因素就是电应力和热应力。

电子产品最常用的温度加速模型是阿伦纽斯（Arrhenius Model）模型。此模型中假设参数的退化与温度的变化是线性的，平均故障间隔时间（Mean-Time Between Failure，MTBF）是温度应力的一个函数，于是得到阿伦纽斯模型与温度的关系式如下：

$$\frac{\mathrm{d}M}{\mathrm{d}t} = Ae^{-E_a/kT} \tag{9.61}$$

式中，$\frac{\mathrm{d}M}{\mathrm{d}t}$ 是化学反应速率；A 是比例常数；E_a 是激活能；k 是玻耳兹曼常数，为 8.617×10^{-5}eV/K；T 是绝对温度。

相同产品在不同温度下得到的寿命的比值，称为加速系数（Acceleration Factor，AF）。加速系数与温度由 T_1 改变到 T_2 时的寿命有关，不同温度条件下的寿命相除即可得出加速系数。当 E_a =0.7eV 时，125℃时的加速系数约是 85℃时的 10 倍，也即 125℃时的 MTBF 值为 85℃时的 1/10。因此，温度对产品的可靠性有相当大的影响，温度每上升 10℃，可靠性约降低 1/2。

1. 环境温度对器件可靠性的影响

超大规模集成电路的数据手册中一般会给出最高结温、最高的储存温度、焊接时框架所允许的焊接温度与时间、塑封材料的热阻值等。器件所能耐受的最高温度随包封材料的不同而会有所不同。塑封器件一般为 150℃，陶瓷（Ceramic）气密封装器件一般可大于 150℃，这种不同主要是由于产生的热应力（Thermal Strain）大小不同。塑封器件中，热应力明显增大的温度是在塑封材料达到玻璃转换温度（Glass Transition Temperature，Tg）之后，因为在玻璃转换温度之后的热膨胀系数约是之前的四倍。由于塑封材料在温度超过玻璃转换温度之后，与其他包封体内材料的热膨胀系数相差过大，以致产生较大的热应力，可能对芯片表面产生机械应力。该应力可能造成电性参数的偏移、芯片的破裂、金属互连线的断路或包封材料与框架之间产生裂缝等，造成电路的失效或产生可靠性的问题。

若热膨胀仅仅产生的是电特性不良问题，则可以采用筛选的方法进行剔除。但若造成材料间的剥离，使得包封材料无法裹紧内部的芯片，而让水气容易由此渗透，则将产生产品的可靠性问题。

由于一般塑封材料的玻璃转换温度在 160～170℃之间，因此芯片的结温最高所能耐受的温度一般规定为150℃。

一般塑料封装器件所允许的最高结温是 150℃，陶瓷气密封装器件所充许的结温在 150～200℃之间。考虑到焊接时的温度上升情况，如果器件在焊接时的温度为260℃，时间为 10s，那么在这样的条件下焊接时器件的结温不至于超过最高所充许的温度，就可避免产生可靠性问题。

2. 环境温度对器件参数的影响

超大规模集成电路主要的失效机理和 MOS 器件的参数值都与环境温度有关，环境温度的变化范围越宽，对器件可靠性的影响就越大。对于需要工作在恶劣环境条件下的超大规模集成电路，设计时参数变化的幅值必须考虑。对 CMOS 工艺测试芯片，进行了不同环境温度条件下器件参数的测量。图 9.21 是 $I-V$ 特性曲线与温度的关系。随着温度的上升，$I-V$ 曲线的幅值下降，即漏极电流随温度的上升而下降。图 9.22 所示是器件的不同参数随环境温度的变化关系，随着环境温度的上升均呈现下降的趋势。

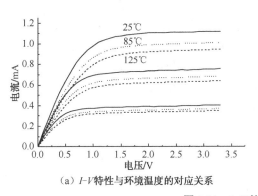

（a）$I-V$特性与环境温度的对应关系

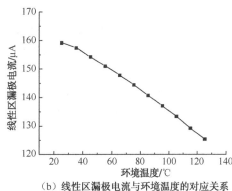

（b）线性区漏极电流与环境温度的对应关系

图 9.21　$I-V$特性与环境温度关系

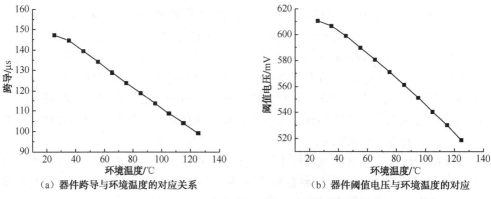

（a）器件跨导与环境温度的对应关系　　　　　　（b）器件阈值电压与环境温度的对应

图 9.22　器件参数与环境温度的变化关系

9.3.2　环境温度对器件参数的具体影响

1. 阈值电压

MOSFET 阈值电压 V_{th} 是在栅下面的半导体呈现强反型从而出现导电沟道时所需加的栅源电压。由于刚出现强反型时，表面沟道中的导电电子较少，反型层的导电能力较弱，因此漏电流也比较小。在实际应用中往往规定漏电流达到某一值（如 $50\mu A$）时的栅源电压为阈值电压。同时，从使用角度讲，希望阈值电压 V_{th} 小一些好。由于阈值电压是决定 MOSFET 能否导通的临界栅源电压，因此它是 MOSFET 非常重要的参数。

为了使器件获得适当的工作性能，阈值电压不能太大或太小。如果阈值电压太大，开启功率 MOSFET 所需要加的栅偏压就很大，这使得栅的驱动电路设计成为一个很麻烦的问题。而若阈值电压太小，则器件在处于关态时，可能由于栅端的噪声信号或在高速开关过程中引起的栅压升高等因素，使器件发生误操作。通过对不同电压等级的 MOSFET 在不同温度下表现出来的阈值电压进行测试，得出的结果是 MOSFET 的阈值电压随温度的升高而有所降低。这主要是因为本征载流子浓度下降了多个数量级，低的本征载流子浓度提高了基区的禁带变窄效应，这种效应的出现就需要更高的栅极电压来形成反型层。下面给出理想情况下阈值电压的基本表达式。

器件的阈值电压 V_{th} 的测量采用两种方法，即固定漏极电流法和最大跨导法。

（1）固定漏极电流法。固定漏极电流法的阈值电压定义为

$$V_{th(ci)} = V_{GS}(@ I_{DS} = -0.025\mu A\, W/L) \tag{9.62}$$

固定漏极电流法阈值电压测量的典型偏置为漏极电压 $V_{DS} = V_{DS(lin)} = -0.1V$，衬底电压 $V_{BS} = 0V$。因此，对于 $I_{DS}-V_{GS}$ 曲线，漏电流 $I_{DS} = -0.025\mu A\, W/L$ 对应的栅电压 V_{GS} 定义为器件的阈值电压 V_{th}。

（2）最大跨导法。最大跨导法的阈值电压定义为

$$V_{\text{th(ext)}} = V_{\text{GS}}(g_{\text{m(max)}}) - I_{\text{DS}}(g_{\text{m(max)}})/g_{\text{m(max)}} - V_{\text{DS}}/2 \qquad (9.63)$$

最大跨导法阈值电压测量的典型偏置为漏极电压 $V_{\text{DS}} = V_{\text{DS(lin)}} = 0.1\text{V}$ ，衬底电压 $V_{\text{BS}} = V_{\text{BB}}$ 。因此，对 $I_{\text{DS}} - V_{\text{GS}}$ 曲线取微分，以该微分曲线的最大值为参考点，经过该点作 $I_{\text{DS}} - V_{\text{GS}}$ 曲线的斜率曲线，该斜率曲线和 V_{GS} 电压轴的交点作为器件的阈值电压 V_{th} 。

固定电流法测阈值电压 V_{th} 比较简单，试验仪器也容易满足。其电路图如图 9.23 所示。电路由两个电源、一个皮安电流表和一个高精度电压表组成。测量时，设置 $V_{\text{DS}} = -0.1\text{V}$ ，连续调节 V_{GS} ，使得皮安电流表读数为 $I_{\text{DS}} = 0.025\mu\text{A}W/L$ 时，记录高精度电压表的读数。根据式（9.67），当 $I_{\text{DS}} = 0.025\mu\text{A}W/L$ 时，对应的栅极电压 V_{GS} 即阈值电压 V_{th} 。固定电流法测阈值电压 V_{th} 的精度由两个电源的精度决定。

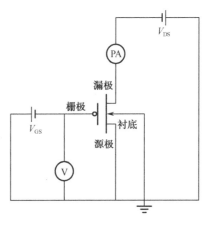

图 9.23　固定电流法测阈值电压

半导体特性分析仪 KEITHLEY 4200 中的恒定电流法和最大跨导法求阈值电压的公式分别为　VTCI=AT[GATEV，　FINDD(DRAINI，　-0.0000025，　2)]；VTEXTLIN=TANFITXINT[GATEV，DRAINI，MAXPOS(GM)]。

通过-55～125℃范围内阈值电压的测量表明，NMOS 晶体管的变化率约为 0.749mV/℃，PMOS 晶体管的变化率约为 0.79874mV/℃。由理论分析表明，MOSFET 阈值电压随温度的变化关系为

$$\frac{\text{d}V_{\text{th}}}{\text{d}T} = \left(\frac{0.6 \pm \phi_{\text{F}}}{T}\right)\left(1 + \frac{1}{C_{\text{ox}}}\frac{Q_{\text{Bmax}}}{(2\phi_{\text{F}} - V_{\text{BS}})}\right) \qquad (9.64)$$

对于 NMOS 晶体管其值为正，对于 PMOS 晶体管其值为负。其中，ϕ_{F} 为衬底费米势；Q_{Bmax} 为单位面积的表面耗尽层电荷。

随着沟道长度的不断缩小，阈值电压发生变化。当沟道长度减小至一定值后，漏极将作为"第二栅"出现，阈值电压受到漏电压的调制。这些短沟道效应，会使 MOS 器件的 $I—V$ 特性曲线呈现类穿通状的特性，电流不能达到饱和。这使电压增益下降，从而形成对器件性能的限制。

2. 最大跨导

器件最大线性区跨导 $g_{\text{m(max)}}$ 的测量方法采用微分法：首先测量线性区的 $I_{\text{DS}} - V_{\text{GS}}$ 特性，然后对该曲线取微分，得到 $g_{\text{m(max)}} - V_{\text{GS}}$ 曲线，从曲线中可以得到最

大值 $g_{m(max)}$。

MOSFET 的温度特性主要来源于沟道中载流子的迁移率 μ 和阈值电压 V_{th} 随温度的变化。载流子的迁移率随温度变化的基本特征是温度上升，迁移率下降。根据式（9.17），饱和区的跨导为 $g_m = \dfrac{\mu W C_{ox}}{2L_{eff}}(V_{GS} - V_{th})(1 + \lambda V_{DS})$，所以温度上升，跨导下降。

半导体特性分析仪 KEITHLEY 4200 中的最大线性区跨导 $g_{m(max)}$ 的公式为 GM=DIFF(DRAINI, GATEV)；GMMAX=MAX(GM)。

经测量，NMOS 晶体管的跨导变化率为 1.15057E-6S/℃，PMOS 晶体管的跨导变化率为 1.99754E-7S/℃，如图 9.24 和图 9.25 所示。因实验条件所取的 V_{DS} 为 0.1V，处于线性区，所以跨导 g_m 的温度特性完全取决于沟道迁移率 μ 的温度特性，二者是线性相关的，故有

$$\frac{1}{g_m}\frac{\mathrm{d}g_m}{\mathrm{d}T} = \frac{1}{\mu}\frac{\mathrm{d}\mu}{\mathrm{d}T} \tag{9.65}$$

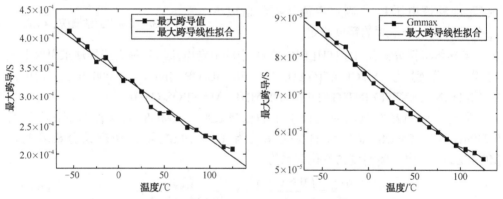

图 9.24　全温区内 NMOS 最大跨导随温度变化　　图 9.25　全温区内 PMOS 最大跨导随温度变化

最大跨导的变化显示出随着温度升高，器件的放大效应逐渐减弱。跨导的降低表明栅极电压对沟道的耦合能力变小，影响了器件的交流特性。

3. 饱和区漏源电流

沟道开启后，当漏极电压进一步增大时，会使栅电压被抑制。在漏端附近的反型层将最终消失，或者说靠近漏端的 Si/SiO$_2$ 界面的沟道载流子浓度开始等于衬底掺杂浓度时可以看成沟道的夹断。这时漏极上所对应的电压称为夹断电压 $V_{DS(sat)}$，当漏电压超过夹断电压时，沟道夹断部分会增宽，夹断部分从很小增大到 △L 的长度。夹断区载流子很少，电导较小，超过 $V_{DS(sat)}$ 的电压部分主要降落在这里。进入夹断状态后，增加漏极电压会使夹断点向源端移动。但漏电流不会显著增加或基本

不变，达到饱和，这时所对应的漏极电流称为 $I_{\mathrm{DS(sat)}}$。

在实验中为了避免引入二次误差，采用 $I\text{-}V$ 曲线对饱和区漏源电流进行提取。但由于存在沟道调制效应和短沟道效应，器件在夹断后 $I_{\mathrm{DS(sat)}}$ 不会一成不变，而是随着漏电流的增大而缓缓增大，如图 9.26 所示。理想的 $I_{\mathrm{DS(sat)}}$ 在夹断后随漏极电流的变化是比较小的，可以忽略。但在实际情况下，测量的 $I\text{-}V$ 曲线和理想值偏差较大，所以就要运用其他方法获得 $I_{\mathrm{DS(sat)}}$。在本处采取导数拟合的方法来处理。在漏端电压不是很大的情况下，发现 $I\text{-}V$ 曲线的一阶导数呈现初期增长明显、后期基本趋近于常数的特性，如图 9.27 所示。

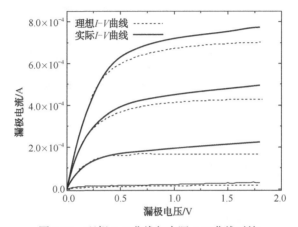

图 9.26　理想 $I\text{-}V$ 曲线与实际 $I\text{-}V$ 曲线对比

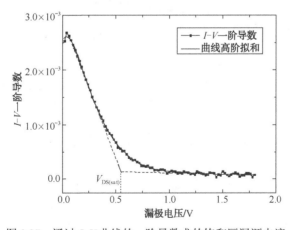

图 9.27　通过 $I\text{-}V$ 曲线的一阶导数求的饱和区漏源电流

假设相对于一阶导数只存在 2 个斜率为常数的变化，如图 9.27 中虚线所示。它们的交点所对应的漏极电压的值就是 $V_{\mathrm{DS(sat)}}$。通过整理，分别得出了在栅压为 0.9V 和 1.8V 下饱和区漏源电流随温度变化的规律，如图 9.28 和图 9.29 所示。

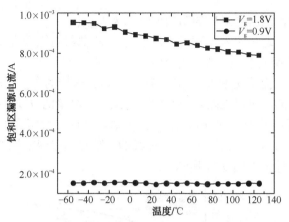

图 9.28　全温区内 NMOS 饱和区漏源电流随温度变化

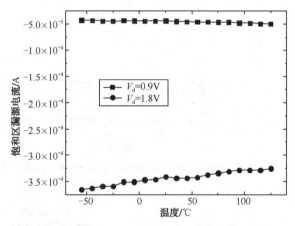

图 9.29　全温区内 PMOS 饱和区漏源电流随温度变化

从图中可以看出，$I_{DS(sat)}$ 在较低的漏极电压下随温度变化的趋势不是很明显。在漏极电压相对提高后，就能明显看出随着温度的升高，$I_{DS(sat)}$ 是线性变小的，同时变化幅度的大小和漏端所加的电压有很大关系。在饱和区影响漏极电流的主要机制为沟道长度调制效应（Channel Length Modulation，CLM）、漏致势垒降低（Drain-Induced Barrier Lowering，DIBL）、衬底电流感生体效（Substrate Current Induced Body Effect，SCBE）。随漏源电压增大 MOSFET 的输出电阻和漏电流变化情况如图 9.30 所示。

图中在饱和区将 3 个机制区域性地分开，在偏压比较小的情况下主要还是 CLM 在起作用。但是现实的情况会和理论情况出现一些很小的偏差，那就是 DIBL 虽然在较低的漏电压下不是主导机制，但可能会对 $I_{DS(sat)}$ 造成一定的影响。也就是说 3 个机制的影响效果并不是区域性划分非常明显的，存在着一些交叠和相互影响的情况。当温度升高后，$I_{DS(sat)}$ 出现线性减小的主要原因是载流子在输运电荷的过程中受到了更多的阻碍，主要表现在晶格振动和杂质散射方面。温度的提高对载流子迁移率的影响，间接导致了输出电阻的变化，即饱和区漏源电流的变化。饱和区漏源电流的大小直接关系到 MOSFET 功耗，较大的电流会导致器件局部温度迅速增加，带来相关的可靠性问题。

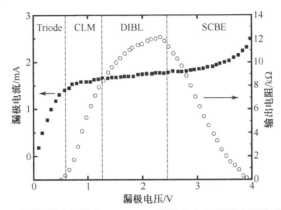

图 9.30　随漏源电压增大 MOSFET 的输出电阻和漏电流变化情况

4. 亚阈斜率

对于 MOSFET，其沟道区表面能带发生弯曲还未到强反型地步时，器件处于截止状态。但在栅氧化层中电荷的作用下，表面可能处于弱反型，因而沟道中仍有很小的漏电流流过。相应的漏电流称为亚阈值电流，通常将栅压小于阈值电压时半导体出现弱反型的状态称为亚阈值区。

当 MOSFET 应用于数字逻辑电路和存储电路时，器件的亚阈值行为就显得特别重要。这是由于亚阈值区描述了器件如何导通和截止，亚阈值斜率 S 是其中的关键参数。在 MOSFET 按比倒缩小的许多限制因素中，亚阈值斜率 S 便是其中之一。在 MOSFET 发生弱反型的亚阈值区，亚阈值斜率 S 被定义为

$$S = \frac{\mathrm{d}V_{GS}}{\mathrm{d}\left(\log I_{DS}\right)} = \ln(10) \cdot \frac{\mathrm{d}V_{GS}}{\mathrm{d}V_s} \frac{\mathrm{d}V_s}{\mathrm{d}I_{DS}} I_{DS} \tag{9.66}$$

式中，V_{GS} 是栅电压；$I_{DS(sat)}$ 是漏极电流；V_s 为表面势并忽略了界面陷阱的影响。在经典的 Charge-sheet 模型中，$I_{DS} \cdot \mathrm{d}V_s/\mathrm{d}I_{DS} = kT/q$，$\mathrm{d}V_{GS}/\mathrm{d}V_s = 1 + C_s/C_{ox}$，则 S 可以转换为

$$S = \frac{kT}{q} \cdot \ln(10)\left(1 + \frac{C_s}{C_{ox}}\right) \tag{9.67}$$

C_s 为反型层有效电容。通常情况下栅电容是一个常数。若反型层电容比较小，则从式（9.67）中可看出 S 和温度是线性关系，对亚阈值斜率的主要影响因素分别是温度、衬底偏置和漏极电压。

亚阈值斜率 S 的测量如图 9.31 所示，当 V_{GS} 比较小时由于弱反型层不明显，所以对应的电流值比较小（一般为 pA 级）。随着栅压的上升，漏极电流开始出现明显的变化。图中黑色实心点为拟合 S 值所采用的数据，对其拟合就可以得出该温度下的亚阈值斜率。

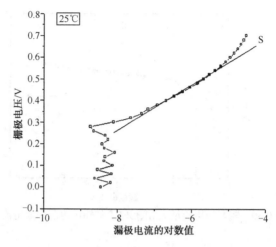

图 9.31　25℃时 MOSFET 的 $V_{GS} - \log I_{DS}$ 曲线和拟合得出的 S 值

为测量全温区范围内的亚阈值随温度的变化关系，利用 0.18μm CMOS 工艺的 MOSFET 在全温区（-55~125℃）范围内进行了亚阈值斜率的测量。

先在室温下测出器件的阈值电压，然后在小于该阈值电压的栅压下取 8 个测量点，进行亚阈值斜率的测量。利用这种方法，对全温区（-55~125℃）内每 10℃ 为间隔分别做出 NMOS 晶体管和 PMOS 晶体管的亚阈斜率 S 随温度变化的趋势，如图 9.32 所示。

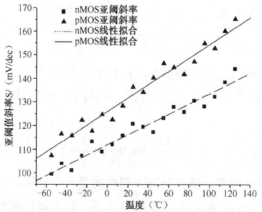

图 9.32　得出的全温区亚阈值斜率变化情况

结果表明，PMOS 晶体管的亚阈值斜率要比 NMOS 晶体管的大一些。这主要是受到弱反型层载流子的迁移率的影响。空穴的迁移率要略小于电子，这就使得增大到同样数量级的漏极电流 PMOS 晶体管需要更大一些的栅电压来增强反型层对载流子的输运作用。

从亚阈值斜率定义可以看出，S 表征的是栅电压对沟道电流的控制能力。温度的升高引起 S 的线性增加，即为了达到相同的漏极电流水平亚阈区栅压要相应地增加。这就表明了器件的亚阈性能出现了退化，使得其开关性能变差。同时，S 的增大也会导致器件漏极电流增加，静态功耗变大，这对大规模集成电路有着重要影响。

参 考 文 献

[1] 刘恩科，朱秉生，罗晋生，等. 半导体物理学. 北京：国防工业出版社，2003

[2] 王志功，陈莹梅. 集成电路设计（第 3 版）. 北京：电子工业出版社，2013

[3] 高保嘉. MOS VLSI 分析与设计. 北京：电子工业出版社，2002 年

[4] ASTM-F1259M–96(Reapproved 2003).Standard Guide for Design of Flat, Straight-Line Test Structures for Detecting Metallization Open-Circuit or Resistance-Increase Failure Due to Electromigration [Metric]

[5] A.J. van Roosmalen and G.Q. Zhang. Microelectronics and Reliability 2006, 46(9~11):1403

[6] Kole, T.M. Semiconductor reliability challenges from the fabless company perspective[C]. Reliability Physics Symposium Proceedings, 2003, 41st Annual, 2003 IEEE International :9

[7] BSIM3v3.2 MOSFET MODEL Users' Manual

[8] 庄奕琪主编. 微电子器件应用可靠性技术. 北京：电子工业出版社，1996

[9] 孟庆巨，刘海波，孟庆辉. 半导体器件物理. 北京：科学出版社，2005

[10] 冯耀兰，翟书兵. 宽温区 MOS 器件高温特性模拟. 电子器件，1995，04（12）：234

[11] 张敏，沈克强. 功率 VDMOS 器件的参数漂移与失效机理. 东南大学研究生学报，5（1）：154

第10章

集成电路的可靠性仿真

集成电路的可靠性与设计紧密相关，在设计阶段借助可靠性仿真技术，评价设计出的集成电路可靠性能力，就能够发现电路设计中的可靠性薄弱环节或单元电路。通过设计加固，提高产品的可靠性就能够降低产品成本，提高产品的竞争力。

自 1993 年以来，先后出现了几种集成电路可靠性模拟工具，部分已成为商业软件，如表 10.1 所示。该表中，HCIM=Hot Carrier injection MOS，HCIB=Hot Carrier injection Bipolar，ESD=ElectroStatic Discharge，EM=Electromigration，TDDB=Time Dependant Dielectric Break down，TDRE=Totale Dose Radiation Effects，SEU=Single Event Upset，MS=Mechanical Stress。

表 10.1 集成电路可靠性模拟工具列表

软 件 名 称	开 发 者	模 型	仿 真 工 具
BERT	UC Berkeley	HCIM、HCIB、TDDB、EM、ESD、SEU、TDRE	SPICE
HOTRON	Texas Instrument	HCIM、EM、MS	SPICE
UltraSim	Cadence	HCI	SPICE
ELDO	Mentor Graphics	HCI	SPICE
PRESS	Philips/MESA	HCIM、EM、ESD	PSTAR

集成电路可靠性仿真技术发展多年，已相继开发出许多模型和仿真方法，大多数先进的仿真工具主要采用模拟器件退化过程，并通过迭代计算得到器件退化后的输出特性的方法进行可靠性仿真，最有名的仿真工具是 BATBERT，常简写成 BERT。

BTABERT 是世界上第一个商业化的电路级可靠性仿真器。BTABERT 具有在实际电路工作条件下进行热载流子衰减（HCI）、电迁移和氧化层失效分析的独特能力。借助于 BERTLink，用户可以方便地将 BTABERT 嵌于他们现有的 EDA 设计环境中去，动态地验证设计可靠性，排除设计中的所有可靠性问题。

BTABERT 包括 4 种可靠性分析模块。MOS 热载流子模块、双极热载流子模块，预计由于热载流子效应导致的晶体管和电路的退化，并反标到原理图中；电迁移模块可对每个连线、过孔和接触孔预计电迁移失效率，标记电路中潜在的危险点，并反标注到版图中；氧化层击穿模块预计氧化层失效率，仿真氧化层老化效应，也可以反标注到版图中。

BTABERT 可以利用现有的 SPICE 结果，使得由于使用 BTABERT 而在设计过程中添加的额外操作最少。支持所有的 HSPICE、ELDO 和 SpectreMOS 模型。

热载流子退化的 DeltaMOS 模型从老化 IV 参数中提取时很方便，它能模拟 HCI 与栅长、氧化层厚度和氧化层质量等工艺条件的关系。

在 EM 仿真中可用用户自定义电流密度的输出方式，并可以计算电流随宽度的变化。EM 仿真中可支持 10 余种连线、过孔、接触孔类型。氧化层可靠性仿真可以支持不同栅氧厚度，拥有用户友好的界面，可用 HSPLOT、GSI、AWD、XP 显示结果。可接受 Relpro/Relpro+提取的参数，Relpro+是热载流子加速老化、参数化和参数提取的自动化系统。

10.1　BTABERT 的仿真过程及原理

BTABERT（简称 BERT）是电路可靠性仿真器，由前后两个处理器 PREBERT 和 POSTBERT 组成，通过 SPICE 仿真器链接起来。BERT 的输入文件是 SPICE 网表文件，其中包括 SPICE 网表、BERT 可靠性参数模型和 BERT 命令。SPICE 仿真器用来产生可靠性计算中所需的电压与电流，如图 10.1 所示。BERT 包含 4 个模拟单元：MOS 热载流子、双极热载流子、电迁移和氧化层模拟单元，如图 10.2 所示。

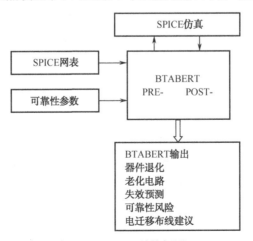

图 10.1　BERT 结构框图

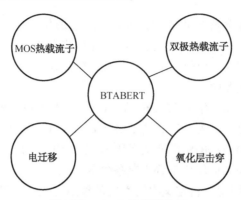

图 10.2　BERT 的模拟单元

这种方法以集成电路的物理失效机理为基础，包括了 IC 主要的退化模型（EM、HCI、NBTI 和 TDDB）。仿真的主要步骤：首先，确定电路中每一种失效机理的可靠性参数（主要通过对单一失效机理的可靠性加速寿命试验得到），之后利用 SPICE 等电路仿真器计算器件初始化电参数及器件退化后的电参数，并以此预测器件的退化和失效情况，从而评价电路的可靠性。

通过集成电路的可靠性仿真，发现电路设计中的可靠性薄弱环节，并在电路性能和可靠性之间进行合理的折中，均衡各失效机理的可靠性水平，从而保证整个电路产品的可靠性。

10.1.1　BERT 的结构及模型参数说明

BERT 的执行顺序是 PREBERT、SPICE、POSTBERT。顺序执行一次可得到的结果：晶体管热载流子退化和寿命、金属互连线的电迁移可靠性水平、薄栅氧化层的寿命。要进行电路老化模拟，需要再执行 PREBERT、SPICE、POSTBERT，可得到老化后的输出结果和老化后的氧化层失效率，如图 10.3 所示。

1. BATBERT 的模型参数说明

对于 NMOS 器件的热载流子注入效应：

$$I_{sub} = \frac{A_i}{B_i} E_m l_c I_{DS} \exp\left(-\frac{B_i}{E_m}\right) \tag{10.1}$$

式中，I_{sub} 是衬底电流；I_{DS} 是漏极电流；A_i 和 B_i 是物理常数；l_c 是饱和区的特征长度；E_m 是电场强度。

电场强度 E_m 可以通过下述两个方程联合求解：

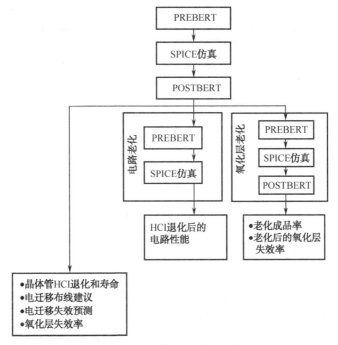

图 10.3　BERT 的模拟顺序和输出结果

$$E_{\text{m}} = \frac{(V_{\text{DS}} - V_{\text{DS(sat)}})}{l_c}, \quad V_{\text{DS(sat)}} = \frac{E_{\text{crit}} L_{\text{eff}} (V_{\text{GS}} - V_{\text{th}})}{E_{\text{crit}} L_{\text{eff}} + V_{\text{GS}} - V_{\text{th}}} \tag{10.2}$$

衬底电流由下式计算：

$$I_{\text{sub}} = \frac{A_{\text{i}}}{B_{\text{i}}} (V_{\text{DS}} - V_{\text{DS(sat)}}) I_{\text{DS}} \exp\left(-\frac{B_{\text{i}} l_c}{(V_{\text{DS}} - V_{\text{DS(sat)}})}\right) \tag{10.3}$$

E_{crit} 和 l_c 与偏置有关：

$$E_{\text{crit}} = E_{\text{crit0}} + E_{\text{critg}} V_{\text{GS}} + E_{\text{critb}} V_{\text{BS}} \tag{10.4}$$

温度对衬底电流的影响可写成如下形式：

$$\frac{I_{\text{sub}}}{I_{\text{DS}}(T)} = \frac{I_{\text{sub}}(T_{\text{nom}})}{I_{\text{DS}}(T_{\text{nom}})} \times \exp\left(\frac{E_{\text{a}}}{8.62e-5}\left(\frac{1}{T} - \frac{1}{T_{\text{nom}}}\right)\right) \tag{10.5}$$

表 10.2 列出了衬底电流参数。

表 10.2　衬底电流参数

参　　数	BTABERT 中使用的名称	单　　位	默　认　值
A_{i}	Ai	1/cm	2.0×10^6（NMOS）
B_{i}	Bi	1/cm	1.0×10^7（PMOS）

参　　数	BTABERT 中使用的名称	单　　位	默　认　值
E_{crit0}	Ecrit0	V/cm	1.0×10^4
E_{critg}	Ecritg	1/cm	0.0
E_{critb}	Ecritb	1/cm	0.0
l_{c0}	lc0	$\mu m^{1/2}$	1.0
l_{c1}	lc1	$\mu m^{1/2}/V$	0.0
E_a	Ea	eV	0.0

PMOS 器件的栅电流可表示如下：

$$I_g = I_{sub} \int_0^{\Delta L} 0.25 \frac{E_m \lambda}{\phi_b} \exp\left(-\frac{\phi_b}{E_m \lambda}\right) P(E_{ox}) \frac{dx}{\lambda_r} \tag{10.6}$$

式中，ΔL 是沟道中速度饱和部分的长度；ϕ_b 是势垒高度；E_{ox} 是氧化层电场；λ_r 是平均自由程。

上式表示，碰撞离化产生电子，电子从沟道到 Si/SiO$_2$ 的运动中没有损失能量的概率与 $P(E_{ox})dx/\lambda_r$ 成正比，可转化成如下的形式：

$$I_g = 0.5 I_{sub} t_{ox} \frac{P(E_{ox})}{\lambda_r} \left(\frac{E_m \lambda}{\phi_b}\right)^2 \exp\left(\frac{\phi_b}{E_m \lambda}\right) \tag{10.7}$$

代入 I_{sub} 和 E_m 的表达式，有

$$I_g = 0.5 I_{DS} t_{ox} \frac{A_i}{B_i} \frac{P(E_{ox})}{\lambda_r \phi_b^2} \frac{\lambda^2}{l_c^2} \left(|V_{DS}| - V_{DS(sat)}\right)^3 \exp\left(-\left(\frac{\phi_b}{\lambda} + B_i\right) - \frac{l_c}{(|V_{DS}| - V_{DS(sat)})}\right) \tag{10.8}$$

栅漏区的电场强度为

$$E_{ox} = \frac{(V_{gd} - V_{FB})}{t_{ox}} \tag{10.9}$$

式中，V_{FB} 是 SPICE 模型中的平带电压，通常 $V_{FB} = V_{th} + V_s + K_1 \sqrt{V_s}$；$V_{th}$ 是阈值电压；V_s 是表面势；K_1 是体效应因素。

势垒高度是电场强度的函数：

$$\phi_b = 3.2 - 2.6 \times 10^{-4} \sqrt{E_{ox}} - \nu E_{ox}^{2/3} \tag{10.10}$$

$P(E_{ox})$ 依赖电场 E_{ox} 的方向：

$$P(E_{ox}) = \left[\frac{5.66 \times 10^{-6} E_{ox}}{1 + 6.90 \times 10^{-6} E_{ox}} \cdot \frac{1}{1 + \dfrac{2 \times 10^{-3}}{L_{eff}} \exp(-E_{ox} t_{ox}/1.5)} + 2.5 \times 10^{-2}\right] \times \exp(-300/\sqrt{E_{ox}}) \tag{10.11}$$

当 $E_{ox} < 0$：

$$P(E_{ox}) = 2.5 \times 10^{-2} \exp\left(\frac{-t_{ox}}{\lambda_{ox}}\right) \tag{10.12}$$

式（10.6）至式（10.12）中常数的值列于表 10.3 中。

表 10.3　衬底电流参数

参　　数	单　　位	数　　值
λ	μm	0.0105
λ_r	μm	0.0616
λ_{ox}	μm	1.0×10^4
v	$V^{1/3}cm^{2/3}$	4×10^{-5}

式（10.8）可被简化为

$$I_g = I_{DS} \frac{A_i^g}{B_i} \frac{P(E_{ox})}{\phi_b^2} \left(|V_{DS}| - V_{DS(sat)}\right)^3 \exp\left(-\left(\frac{\phi_b}{\lambda} + B_i\right) - \frac{l_c^g}{(|V_{DS}| - V_{DS(sat)})}\right) \tag{10.13}$$

上式中，B_i 设为 3.7MV/cm，A_i^g 和 l_c^g 从测量数据提取，l_c^g 与偏压有关：

$$l_c^g = \left(l_{c0}^g + l_{c1}^g |V_{DS}|\right) \sqrt{t_{ox}} \tag{10.14}$$

计算 $V_{DS(sat)}$ 所用的参数 E_{crit0}、E_{critg}、E_{critb} 如表 10.2 所示，BTABERT 所用的栅电流参数值列于表 10.4 中。

表 10.4　衬底电流参数

参　数	BTABERT 中的名称	单　位	默　认　值
A_i^g	Agi	1/cm	3.2
B_i	Bi	V/cm	3.7×10^6
l_{c0}^g	lcg0	$μm^{1/2}$	1.00
l_{c1}^g	lcg1	$μm^{1/2}/V$	0.0

2. 热载流子寿命模型

对于 NMOS DC 寿命模型：

$$\Delta D = \left[\frac{I_{DS}}{HW}\left(\frac{I_{sub}}{I_{DS}}\right)^m t\right]^n \tag{10.15}$$

ΔD 代表晶体管的各种参数漂移，如 $\Delta g_{m(max)}/g_{m(max)}$、$\Delta I_{DS}/I_{DS}$ 等，对于 PMOS DC 寿命模型：

$$\Delta D = (Bt)^n \tag{10.16}$$

式中 B 的表示式如下:

$$B = W_g \frac{1}{H_g} \left(\frac{I_g}{W} \right)^{m_g} + (1 - W_g) \frac{I_{DS}}{HW} \left(\frac{I_{sub}}{I_{DS}} \right)^m \tag{10.17}$$

式中的 W_g 是权重系数,通常取为 1 或 0。假设退化服从栅电流模型,即 $W_g = 1$,则有

$$\Delta D = \left[\frac{1}{H_g} \left(\frac{I_g}{W} \right)^{-m_g} t \right]^n \tag{10.18}$$

可改写成如下形式:

$$\tau = \Delta D^{1/n} H_g \left(\frac{I_g}{W} \right)^{-m_g} \tag{10.19}$$

参数 Age 用于描述应力引起的退化,它根据直流应力下的退化,计算交流应力下的 HCI 效应产生的退化。

直流应力下,Age 可表示如下:

$$\text{Age}(t) \cong \frac{I_{DS}}{WH} \left(\frac{I_{sub}}{I_{DS}} \right)^m t \tag{10.20}$$

交流应力下,Age 修改为

$$\text{Age} \cong N \int_0^T \frac{I_{DS}}{WH} \left(\frac{I_{sub}}{I_{DS}} \right)^m \mathrm{d}t \tag{10.21}$$

对于 PMOS,交流应力下的 Age 定义是热电子和栅电流注入引起的退化之和:

$$\text{Age} \cong N \int_0^T \left[W_g \frac{1}{H_g} \left(\frac{I_g}{W} \right)^{m_g} + (1 - W_g) \frac{I_{DS}}{WH} \left(\frac{I_{sub}}{I_{DS}} \right)^m \right] \mathrm{d}t \tag{10.22}$$

对于双极器件的退化模型,基极电流的变化 ΔI_B 与反向电流 I_R 和应力作用时间的关系由下式给出:

$$\Delta I_B = D I_S^{1/n_E} \exp \left(\frac{V_{BE}}{n_E kT} \right) I_R^b t^n \tag{10.23}$$

式中,I_S 是饱和电流;n_E 是基极和发射极泄漏电流的理想系数;系数 D 和 b 与基极—发射极的偏置有关,雪崩击穿前,$b \approx 0.9 \sim 1.0$,在雪崩击穿的严重区域,此时 $V_R \geqslant BV_{EBO}$,系数 $b \approx n$。

阈值电流 I_1 用来划分这两个区域,当 $I_R < I_1$ 时,使用系数 D_0 和 b_0;当 $I_R > I_1$ 时,使用系数 D_1 和 b_1,这些参数和它们的默认值由表 10.5 给出。

对于应力变化的情况,准静态的表示式如下:

$$\Delta I_{\mathrm{B}} = DI_{S}^{1/n_{\mathrm{E}}} \exp\left(\frac{V_{\mathrm{BE}}}{n_{\mathrm{E}}kT}\right)\left[\int I_{\mathrm{R}}^{b/n}\mathrm{d}t\right]^{n} \tag{10.24}$$

表 10.5　衬底电流参数

参　数	BTABERT 中的名称	单　位	默　认　值
I_1	bjt_i1	A	1.0×10^{10}
D_0	bjt_d0	$A^{(1-1/n_{b}-b0)}s^{-n}$	0.002
b_0	bjt_b0	—	1.00
D_1	bjt_d1	$A^{(1-1/n_{b}-b1)}s^{-n}$	0.002
b_1	bjt_b1	—	0.5
n	nn0	—	0.5

3. 氧化层可靠性模型

氧化层的寿命由下式给出：

$$t_{\mathrm{BD}} = \tau\exp\left(\frac{Gt_{\mathrm{ox}}}{V_{\mathrm{ox}}}\right) \tag{10.25}$$

式中，G 和 τ 是常数；t_{ox} 是氧化层厚度；V_{ox} 是氧化层上的电压降。

上式可利用隧穿电流 $J \propto J_0\exp(-B X_{\mathrm{ox}}/V_{\mathrm{ox}})$ 和 $Q_{\mathrm{BD}} = Jt_{\mathrm{BD}}$，通过测量出的击穿电荷表示如下：

$$Q_{\mathrm{BD}} = J_0\tau\exp\left(\frac{HX_{\mathrm{ox}}}{V_{\mathrm{ox}}}\right) \tag{10.26}$$

上式中，室温下的理论值分别是 B=270MV/cm，H=80MV/cm，$G=B+H$=350MV/cm。

$$G(T) = G_0\tau\left[1+\frac{\delta}{k}\left(\frac{1}{T}-\frac{1}{300}\right)\right] \tag{10.27}$$

$$\tau(T) = \tau_0\exp\left[-\frac{E_{\mathrm{b}}}{k}\left(\frac{1}{T}-\frac{1}{300}\right)\right] \tag{10.28}$$

表 10.6 列出了本征氧化层寿命参数。

表 10.6　本征氧化层寿命参数

参　数	BTABERT 中使用的名称	单　位	默　认　值
G_0	G0	V/cm	0
τ_0	Tau0	sec	3.2×10^{8}

参　数	BTABERT 中使用的名称	单　位	默　认　值
δ	tdelta	eV	1.5×10^{10}
E_b	eb	eV	0.28

4. 电迁移模型

电迁移的 Black 方程为

$$\tau_{\mathrm{MTTF}} = AJ^{-m}\exp\left(\frac{E_a}{kT}\right) \tag{10.29}$$

式中，A 是常数（与几何结构、晶粒尺寸和工艺过程有关）；E_a 是激活能；J 是电流密度；m 是电流密度指数，典型值是 2。

对于任意波形：

$$\tau_{\mathrm{MTTF}} = \frac{A_{\mathrm{dc}}(T)}{\overline{|J|^{m-1}}\,\overline{J}\left[1+\frac{A_{\mathrm{dc}}(T)}{A_{\mathrm{ac}}(T)}\frac{\left(\overline{J}-\overline{|J|}\right)}{\overline{J}}\right]} \tag{10.30}$$

式中，$\overline{J}$ 为电流密度平均值；$\overline{|J|}$ 为绝对电流密度的平均值；m、$A_{\mathrm{dc}}(T)$、$A_{\mathrm{ac}}(T)$ 都是由实验确定的参数。

一般情况下 $m=2$，并且 $A_{\mathrm{dc}}(T)$ 与 $A_{\mathrm{ac}}(T)$ 都与温度 T 有指数关系，激活能 E_a 也与温度 T 有关，但两者之间无相互关系。该方程也可用于通孔和接触孔的失效时间计算。

对于直流电，$\overline{|J|}=\overline{J}$，则

$$\tau_{\mathrm{MTTF}} = \frac{A_{\mathrm{dc}}(T)}{\overline{J}^2} \tag{10.31}$$

对于纯交流应力，

$$\tau_{\mathrm{MTTF}} = \frac{A_{\mathrm{ac}}(T)}{\overline{|J|^2}} \tag{10.32}$$

对于对数正态分布，累计失效率由下式给出：

$$P(t) = \int_0^t \frac{1}{\sigma t\sqrt{2\pi}}\left(\frac{-\left(\ln t - \ln\tau_{\mathrm{MTTF}}\right)^2}{2\sigma^2}\right)\mathrm{d}t \tag{10.33}$$

上式的被积函数是电迁移的失效分布函数 $f(t)$：

$$f(t) = \frac{1}{\sigma t\sqrt{2\pi}}\left(\frac{-\left(\ln t - \ln\tau_{\mathrm{MTTF}}\right)^2}{2\sigma^2}\right) \tag{10.34}$$

表 10.7 列出了 BTABERT 中的默认电迁移加速系数和统计参数。

表 10.7　BTABERT 中的默认电迁移加速系数和统计参数

参数	BTABERT 中使用的名称	单位	默认值
A_{dc}	Adc	$hr \cdot \left(\dfrac{A}{cm^2}\right)^m$	1.0×10^{15}
A_{ac}	Aac	$hr \cdot \left(\dfrac{A}{cm^2}\right)^m$	$10^3 \times A_{dc}$
E_a	E_a	eV	0.5
m	m	—	2.0
T_{stress}	Tdata	℃	200.0
MTTF	Logmedian or t50	hour	100.0
σ	sigma	—	0.5
W	twidth	μm	1.0
t	tthick	μm	1.0
A	tarea	μm²	1.0

10.1.2　MOS 热载流子可靠性模拟

1. MOS 热载流子退化模型

在 MOS 热载流子可靠性模拟中，BERT 提供了 NMOS 和 PMOS 的衬底电流模型和栅电流模型，用于计算衬底电流和栅电流。

从式（10.1）和式（10.2）可得出 E_{crit}：

$$(E_{crit0} + E_{critg}V_{GS} + E_{critb}V_{BS})L_{eff} = \frac{(V_{GS} - V_{th})V_{DS(sat)}}{V_{GS} - V_{th} - V_{DS(sat)}} \qquad (10.35)$$

零体偏置条件下，通过一组 V_{GS} 的 $I-V$ 曲线和衬底电流 I_{sub}，就能提取出参数 E_{crit0}。在固定的体偏置条件下，同理可以得出 E_{critg} 和 E_{critb}，通常 E_{critb} 对体偏置的变化不敏感，可以将其值设为 0。

对于栅电流模型（见式（10.13）），A_c^g 和与偏置相关的 l_c^g、l_{c0}^g、l_{c1}^g 可以通过半对数坐标图上，画出 $I_g / [I_{DS}(V_{SD} - V_{DS(sat)})^3 P(E_{ox})/\phi_b^2]$ 与 $(V_{SD} - V_{DS(sat)})$ 的对应关系求出。

2. 寿命模型

寿命模型是在电路工作条件下，根据加速测试的试验结果计算出热载流子效应的寿命，见式（10.15）和式（10.19）。AC 寿命模型定义一个 Age 参数，表示热载流子应力，见式（10.21）和式（10.22）。因而退化量可表示为 Age 的函数：$\Delta D(t)=f(Age)$。

对于 NMOS 的热载流子效应的寿命模型，通过一组应力下的寿命，可以提取出 NMOS 的模型参数：

$$\tau I_{DS} = \Delta D^{1/n} HW \left(\frac{I_{sub}}{I_{DS}}\right)^{-m} \tag{10.36}$$

在对数坐标图上，根据 $\log(\tau I_{DS})$ 与 $\log(I_{sub}/I_{DS})$ 曲线，就可以从斜率得出参数 m，从截距得出参数 H 的值。

对于 PMOS 的热载流子效应的寿命模型，可以是衬底电流模型和栅电流模型，衬底电流模型参数的提取与 NMOS 类似，而栅电流模型需要进行曲线的斜率和截距的计算：

$$\tau = \Delta D^{1/n} H_g \left(\frac{I_g}{W}\right)^{-m_g} \tag{10.37}$$

在对数坐标图上，根据 $\log(I_g/W)$ 与 $\log\tau$ 的对应曲线，就可以从斜率得出参数 $-m_g$，从截距得出参数 H_g 的值。

3. 老化模型

老化模型即进行电路老化模拟时需要的模型，将晶体管特性退化描述为应力的函数，有两种方法：用退化模型文件和 ΔI_{DS} 模型。

1）退化模型文件

SPICE 模型文件参数是通过一个没有受过应力作用的器件在一系列应力作用下提取的，这些模型参数组成了一套退化模型文件，每一个文件代表晶体管在一定热载流子应力下的性能。而应力的表征是用 Age 参数，Age 参数有定义的计算表达式。在老化模拟过程中，BERT 计算出一个对每个独立器件都适用的 Age，以这个 Age 为基础，BERT 就可由退化模型文件构建出退化后的晶体管模型（对每个器件）。BERT 通过这些在线性－线性、线性－对数、对数－对数范围内的模型文件，运用插入法或回归法来实现退化后的晶体管模型建立，用退化模型文件方法来计算退化模型参数。

例如，Age1、Age2、Age3 是 3 种应力条件下的退化模型条件下的退化模型文件；P1、P2、P3 分别对应 Age1、Age2、Age3 文件中的一个退化模型参数，运用插入法或回归法就可得出对应于 Age 的退化模型参数。所有退化模型参数确定后，就可得出退化后的晶体管模型。

2）ΔI_{DS} 模型

$$\Delta I_{DS} = I_{DS} \frac{\Delta I_{DS1}}{I_{DS10}} f(V_{DS}, V_{GS}) \tag{10.38}$$

对于 NMOS，$\Delta I_{DS}/I_{DS}$ 是负数；对于 PMOS，$\Delta I_{DS}/I_{DS}$ 是正数。$\Delta I_{DS1}/I_{DS10}$ 是线性区电流的退化，测量条件是 $V_{DS} = 0.1V$，$V_{GS} = V_{CC}$。$f(V_{DS}, V_{GS})$ 是界面态填充的概率，对于 PMOS，$f(V_{DS}, V_{GS}) = 1$，这是因为热载流子产生的损伤被氧化层的电荷俘获；对于 NMOS 器件而言，$f(V_{DS}, V_{GS})$ 依赖于偏置条件，可以写成如下的形式：

$$f = f(V_{DS}, V_{GS}, a1, a2, b1, b2, c1, c2) \tag{10.39}$$

$\Delta I_{DS1}/I_{DS10}$ 是有效沟道长度和 Age 的函数，可写成如下形式：

$$\frac{\Delta I_{DS1}}{I_{DS10}} = f(L_{eff}, \text{Age}, n1, n2, s) \tag{10.40}$$

4. HCl 效应的模拟

1）调用文件

输入网表文件：根据具体电路用 SPICE 生成。BERT 自带的是 /example/spectre(hspice) 里的 bicmos1 和 cmos1。后面的模拟结果调用的输入文件是 cmos1。

模型文件：nmos.mod

　　　　　　nmos[1-5].mod

　　　　　　pmos0.mod

　　　　　　typ.cor

2）模拟过程

① 从晶体管电压偏置中计算衬底电流和栅电流。

② 从衬底电流和栅电流计算晶体管的 Age、寿命和预计退化。

③ 若要做老化模拟，计算出的 Age 可用来生成退化模型参数。将退化模型参数添加到 SPICE 网表中，就可以进行退化后的电路模拟。

④ 若选 ΔI_{DS} 模型做老化模拟，Age 可用在计算 ΔI_{DS} 的表达式中。添加到 SPICE 网表中，可进行退化后的电路模拟。

在模拟具体电路时，首先要建立好模型文件库/model 和输入文件库/examples，然后在工作目录下运行 BERT，调入输入文件，依次执行 PREBERT、SPICE、POSTBERT 和 AgING，进行 MOS 热载流子模拟。输入在 Output 菜单下的 MOS Hot Carrier 项的 NMOS.Deg 和 PMOS.Deg 中。

3）模拟结果

BERT 的 MOS 热载流子模拟结果分为 NOMS.Deg 和 PMOS.Deg，以表格的形式给出，每个结果参数都有解释，并且按晶体管的退化程度由上到下排列。

10.2 门电路的 HCI 效应测量

10.2.1 应力电压测量

用于测试的样品是与非门和或非门，与非门的宽长比是 10∶1，或非门的宽长比是 5∶1，原理图如图 10.4 所示。对于与非门，Vo 是输出端，Vm 的测量值是 2 个串联的 N 管中间的电压值；对于或非门，Vo 是输出端，Vm 的测量值是 2 个串联的 P 管中间的电压值。5 只样品的工作点测量与应力电压测量如表 10.8 和表 10.9 所示。

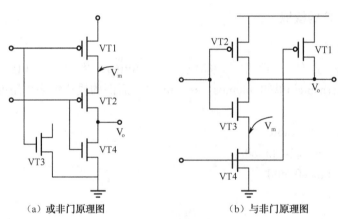

（a）或非门原理图　　　　　　　　（b）与非门原理图

图 10.4　门电路原理图

表 10.8　与非门各工作点测量数据

条件＼测量点	V1=V2=0 /V	V1=V2=5 /V	V1=5，V2=0 /V	V1=0，V2=5/V
Vo1	4.99	0.24m	4.99	4.99
Vo2	4.99	0.16m	4.99	4.99
Vo3	4.99	0.20m	4.99	4.99
Vo4	4.99	0.12m	4.99	4.99
Vo5	4.99	0.18m	4.99	4.99
Vm1	0.35	0.12m	4.19	0.06m
Vm2	0.40	0.18m	4.04	0.06m
Vm3	0.45	0.20m	4.00	0.18m

续表

条件＼测量点	V1=V2=0 /V	V1=V2=5 /V	V1=5，V2=0 /V	V1=0，V2=5/V
Vm4	0.23	0.12m	4.12	0.08m
Vm5	0.45	0.16m	4.05	0.20m

表 10.9　或非门各工作点测量数据

条件＼测量点	Vm1 /V	Vm2 /V	Vm3 /V	Vm4 /V	Vm5 /V	平均值
V1=0（V） V2=0（V）	4.99	4.99	4.99	4.99	4.99	4.99
V1=5（V） V2=5（V）	1.55	0.82	0.76	1.10	0.74	0.99
V1=0（V） V2=5（V）	1.15	0.83	0.78	0.95	0.76	0.89
V1=5（V） V2=0（V）	4.99	4.99	4.99	4.99	4.99	4.99

从测量数据可知，与非门中，NMOS 管 VT2 两端的电压差最大，而或非门中，2 只 NMOS 管具有相同的最大电压差值。根据前述内容，确定出的漏极应力电压和栅极应力电压列于表 10.10 中。

表 10.10　门电路漏极和栅极的应力电压值

电路	序号	漏极电压 /V	栅极电压 /V	衬底电流 /μA	漏极电流 /mA
与 非 门	1	8.3	3.10	177	1.97
	2	7.9	3.00	128	1.78
	3	7.4	2.85	83.4	1.55
或 非 门	1	8.1	3.2	0.97	0.97
	2	7.7	3.0	48.7	0.85
	3	7.2	2.8	38.6	0.75

测试中使用的工具包括半导体参数测试仪、程控微探针台、真空泵、热载流子注入效应测试软件 Relpro+^{TM}。机械程控台是对硅片进行精确测量所必需的设备，它包括一个用于放被测硅片的圆盘平台，一个物镜放大倍数分别为 5×、10×、20×、50× 的显微镜，均可以在 X-Y 方向上移动的。圆盘平台和显微镜。测量时，

通过安装在真空基座上的探针实现与器件压焊点的接触。整个装置被包围在一个金属屏蔽罩内，以消除光等外界因素在器件表面可能产生的过载流子，也可以为小电流和小电容测试提供有效的电磁屏蔽。金属罩实际上就是著名的法拉第盒，通常接地。为了避免探针台电极与地之间的泄漏电流，屏蔽罩内应保持干燥。同时为了防止探针的振动，还应使用气垫装置。

Relpro+^{TM} 软件主要用于对器件进行 $I-V$ 特性曲线的检测、加速应力寿命测试及对寿命参数进行提取。

10.2.2 数据测量及处理

1. 或非门寿命时间计算

Relpro+^{TM} 软件所用的热载流子注入效应模型方程是

$$\tau = H(\Delta D)^{1/n}(I_g/W)^{-m} \tag{10.41}$$

式中，τ 是计算出的寿命；H 是比例常数；W 是沟道宽度；n 是指数因子；m 是指数因子；ΔD 是退化量。

退化量是指阈值电压漂移、跨导、线性区漏极电流、饱和漏极电流的退化量。指数因子 n 和 m 由 Relpro+^{TM} 进行提取，I_{DS}、I_{sub}、I_g 分别是应力作用期间的漏极电流、衬底电流和栅极电流。

Relpro+^{TM} 提取的 3 个参数分别是 nn0、H0 和 m0，这对应着上述模型的 n、H 和 m。在提取过程完成之后，这些值将会被提取出来的值更新。

在应力作用下，不仅器件的漏极电流、衬底电流会退化，阈值电压、跨导、线性区漏极电流、饱和区漏极电流也会退化。表 10.11 中所列数据是或非门电路中的 NMOS 管在漏极应力电压为 7.2V 且栅极应力电压为 2.8V 时，器件参数随应力时间的退化数据。Relpro+^{TM} 软件在测量过程式中，将每一次的退化数据以文本格式进行保存。

表 10.11 应力作用下或非门 NMOS 器件参数的退化

时间 /min	衬底电流 /A	栅极电流 /A	漏极电流 /A	阈值电压 /V	跨导 /S	饱和漏极电流 /A
0.00E+00	3.86E-05	4.60E-10	7.17E-04	7.32E-01	2.43E-05	5.56E-04
5.00E+00	3.84E-05	4.84E-10	7.17E-04	7.30E-01	2.41E-05	5.54E-04
1.00E+01	3.39E-05	4.16E-10	7.11E-04	7.32E-01	2.40E-05	5.52E-04
1.50E+01	3.34E-05	5.91E-10	7.10E-04	7.31E-01	2.38E-05	5.51E-04
2.00E+01	3.31E-05	4.53E-10	7.09E-04	7.31E-01	2.39E-05	5.50E-04
2.50E+01	3.29E-05	4.08E-10	7.09E-04	7.27E-01	2.37E-05	5.49E-04

续表

时间 (min)	衬底电流 /A	栅极电流 /A	漏极电流 /A	阈值电压 /V	跨导 /S	饱和漏极电流 /A
3.00E+01	3.28E-05	3.79E-10	7.09E-04	7.29E-01	2.37E-05	5.48E-04
3.50E+01	3.26E-05	4.27E-10	7.09E-04	7.21E-01	2.37E-05	5.47E-04
4.00E+01	3.25E-05	6.77E-10	7.09E-04	7.23E-01	2.37E-05	5.45E-04
4.50E+01	3.24E-05	6.01E-10	7.09E-04	7.23E-01	2.36E-05	5.44E-04
5.00E+01	3.24E-05	5.36E-10	7.09E-04	7.25E-01	2.36E-05	5.43E-04
5.50E+01	3.23E-05	6.54E-10	7.09E-04	7.26E-01	2.36E-05	5.42E-04

以漏极饱和电流退化 10%作为器件退化的失效判据，提取出的模型参数如图 10.5 所示。3 个参数 nn0、H0 和 m0 的值分别是 0.515、1.978E+5 和 3.215，即模型参数 n、H 和 m 分别是 0.515、1.978E+5 和 3.215。

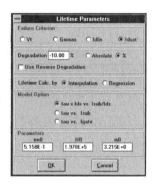

图 10.5　或非门模型参数提取界面

根据提取出的模型参数得出的失效时间列于表 10.12 中。在工作应力条件下，器件的栅极产生的电流由栅极电压决定。在漏极和栅极均加 5V 电压，对于或非门 NMOSFET（5∶1），漏极电流为 3.22mA，衬底电流为 -105μA，栅极电流为 80pA。于是根据模型方程（10.41）计算出的加速系数列于表 10.13 中，根据加速系数和器件的失效时间计算出的寿命也列于表 10.13 中。

表 10.12　或非门 MOS 管加速应力条件下的失效时间

序号	漏极电压 /V	栅极电压 /V	衬底电流 /A	漏极电流 /A	栅极电流 /A	失效时间 /min
1	8.1	3.2	8.08E-05	9.66E-04	5.21E-10	571.6
2	8.1	3.2	7.96E-05	9.39E-04	9.88E-10	565.1
3	8.1	3.2	8.08E-05	9.52E-04	3.05E-10	554.3
4	7.7	3.0	5.98E-05	8.46E-04	8.74E-10	1694.7
5	7.7	3.0	4.87E-05	6.20E-04	2.46E-10	1123.7
6	7.7	3.0	4.86E-05	9.66E-04	6.14E-10	1560.2
7	7.2	2.8	3.86E-05	7.17E-04	4.60E-10	3176.7
8	7.2	2.8	3.69E-05	7.47E-04	5.05E-10	5125.8
9	7.2	2.8	3.72E-05	9.66E-04	5.74E-10	4010.1

表 10.13　或非门 MOS 管工作条件下的寿命时间

序号	漏极电压 /V	栅极应力电流 /A	栅极工作电流 /A	加速系数	失效时间 /min	寿命时间 /min
1	8.1	5.21E-10	8.0E-11	413	571.6	2.36×10^5
2	8.1	9.88E-10	8.0E-11	3234	565.1	1.83×10^6
3	8.1	6.05E-10	8.0E-11	668	554.3	3.70×10^5
4	7.7	8.74E-10	8.0E-11	2180	1694.7	3.70×10^6
5	7.7	5.46E-10	8.0E-11	480	1123.7	5.40×10^5
6	7.7	6.14E-10	8.0E-11	701	1560.2	1.09×10^6
7	7.2	4.60E-10	8.0E-11	278	3176.7	8.83×10^5
8	7.2	5.05E-10	8.0E-11	373	5125.8	1.91×10^6
9	7.2	5.74E-10	8.0E-11	564	4010.1	2.26×10^6

2. 与非门寿命时间计算

表 10.14 中所列数据是与非门电路中的 NMOS 管在漏极应力电压为 8.3V 且栅极应力电压为 3.1V 时，器件参数随应力时间变化的退化数据。

表 10.14　应力作用下 NMOS 管参数的退化

时间 /min	衬底电流 /A	栅极电流 /A	漏极电流 /A	阈值电压 /V	跨导 /S	饱和漏电流 /A
0.00E+00	1.942E-4	5.165E-10	1.990E-03	6.138E-01	3.892E-05	1.597E-03
5.00E+00	1.929E-4	5.408E-10	1.919E-03	6.008E-01	3.566E-05	1.582E-03
1.00E+01	1.645E-4	5.303E-10	1.843E-03	6.728E-01	5.080E-05	1.576E-03
1.50E+01	1.634E-4	4.907E-10	1.840E-03	6.938E-01	5.085E-05	1.571E-03
2.00E+01	1.627E-4	5.099E-10	1.839E-03	4.895E-01	1.799E-05	1.567E-03
2.50E+01	1.629E-4	5.344E-10	1.839E-03	6.859E-01	5.365E-05	1.564E-03
3.00E+01	1.628E-4	4.878E-10	1.839E-03	6.312E-01	4.310E-05	1.561E-03
3.50E+01	1.625E-4	5.174E-10	1.839E-03	6.574E-01	4.244E-05	1.557E-03
4.00E+01	1.625E-4	5.183E-10	1.839E-03	7.113E-01	5.323E-05	1.556E-03
4.50E+01	1.626E-4	5.184E-10	1.839E-03	7.002E-01	5.004E-05	1.553E-03
5.00E+01	1.627E-4	5.061E-10	1.839E-03	6.984E-01	4.331E-05	1.551E-03
5.50E+01	1.628E-4	5.342E-10	1.839E-03	6.577E-01	3.752E-05	1.549E-03
6.00E+01	1.630E-4	5.290E-10	1.840E-03	7.047E-01	4.521E-05	1.548E-03

图 10.6 是与非门 MOS 管饱和电流的退化过程中，以漏极饱和电流退化 10%作为器件退化的失效判据提取出的模型参数。3 个参数 nn0、H0 和 m0 的值分别是 0.441、2.827E+6 和 3.899，即模型参数 n、H 和 m 是 0.441、2.827E+6 和 3.899。

根据提取出的模型参数得出的失效时间列于表 10.15 中。在工作应力条件下，器件的栅极产生的电流由栅极电压决定，在漏极和栅极均加 5V 电压，对于与非门 NMOSFET（10：1），漏极电流为 4.8mA，衬底电流为-125μA，栅极电流为 80pA，于是根据模型方程（10.41）计算出的加速系数列于表 10.16 中，根据加速系数和器件的失效时间计算出的器件的寿命也列于表

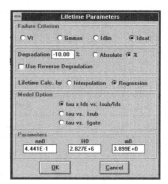

图 10.6　与非门模型参数提取界面

10.16 中。表 10.17 是门电路工作条件下的寿命。图 10.7 所示是与非门电路和或非门电路寿命的对数正态分布图。

表 10.15　与非门 MOS 管加速应力条件下的失效时间

序号	漏极电压 /V	栅极电压 /V	衬底电流 /μA	漏极电流 /A	栅极电流 /A	失效时间 /min
1	8.3	3.10	1.94E-4	2.08E-3	5.78E-10	1210
2	8.3	3.10	1.95E-4	1.93E-3	7.80E-10	963
3	8.3	3.10	1.93E-4	1.99E-3	5.41E-10	1058
4	7.9	3.00	1.43E-4	1.81E-3	6.10E-10	2696
5	7.9	3.00	1.59E-4	1.85E-3	5.49E-10	1852
6	7.9	3.00	1.43E-4	1.84E-3	5.20E-10	2788
7	7.4	2.85	9.19E-5	1.51E-3	4.74E-10	8870
8	7.4	2.85	1.00E-4	1.52E-3	4.95E-10	6390
9	7.4	2.85	9.74E-5	1.57E-3	5.05E-10	7842

表 10.16　与非门 MOS 管工作条件下的寿命

序号	漏极电压 /V	栅极应力电流 /A	栅极工作电流 /A	加速系数	失效时间 /min	寿命时间 /min
1	8.3	6.78E-10	8.0E-11	4157	1210	5.03×10^6
2	8.3	7.80E-10	8.0E-11	7180	963	6.92×10^6
3	8.3	6.41E-10	8.0E-11	3340	1058	3.53×10^6
4	7.9	6.10E-10	8.0E-11	2753	2696	7.42×10^6
5	7.9	5.49E-10	8.0E-11	1794	1852	3.32×10^6

续表

序号	漏极电压 /V	栅极应力电流 /A	栅极工作电流 /A	加速系数	失效时间 /min	寿命时间 /min
6	7.9	5.20E-10	8.0E-11	1478	2788	4.12×10^6
7	7.4	4.74E-10	8.0E-11	1013	8870	8.98×10^6
8	7.4	4.95E-10	8.0E-11	1200	6390	7.67×10^6
9	7.4	5.05E-10	8.0E-11	1296	7842	1.02×10^7

表 10.17　门电路工作条件下的寿命

电　　路	置信度/%	寿命/min
与非门	95	5.91E+6
或非门	95	1.03E+6

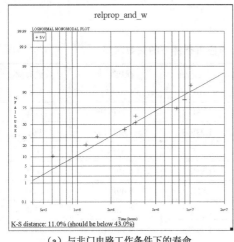
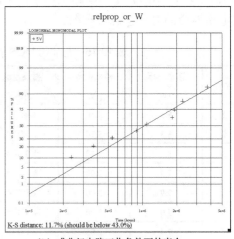

（a）与非门电路工作条件下的寿命　　　　（b）或非门电路工作条件下的寿命
　　　时间对数正态分布图　　　　　　　　　　　时间对数正态分布图

图 10.7　门电路工作条件下的寿命时间对数正态分布图

10.3　门电路的模拟仿真

10.3.1　门电路的模拟和测试

　　CMOS 电路有 P 管网络和 N 管网络，两者都存在热载流子注入效应引起的退化。由于空穴的碰撞离化率比电子小得多，所以相同应力条件下 P 管比 N 管的热载流子退化也要小很多。电路设计上可以忽略 PMOS 管的热载流子注入效应引起的退化，仅考虑 NMOS 管的热载流子注入效应引起的退化。

在或非门电路中，多个 NMOS 管的并联使每个 NMOS 管上的漏源电压都一样大；而 CMOS 与非门中，所有 NMOS 管串联接在输出节点与地之间，当输出负载电容放电时，最靠近输出节点的 NMOS 晶体管，即顶端 NMOS 管承受高漏源电压的时间最长，承受的应力最大，因而最易发生退化。

可靠性模拟使用 BTABERT 软件，MOS 热载流子模拟时调用衬底电流模型：

$$I_{\text{sub}} = \frac{A_{\text{i}}}{B_{\text{i}}} E_{\text{m}} l_{\text{c}} I_{\text{DS}} \exp\left(\frac{B_{\text{i}}}{E_{\text{m}}}\right) \tag{10.42}$$

式中，A_{i} 是常数；B_{i} 是常数；E_{m} 是最大沟道电场；l_{c} 是饱和区的特征长度。

$$E_{\text{m}} = \frac{(V_{\text{DS}} - V_{\text{DS(sat)}})}{l_{\text{c}}} \tag{10.43}$$

式中，V_{DS} 是漏极电压；$V_{\text{DS(sat)}}$ 是沟道夹断电压。

将式（10.43）代入（10.42）可得

$$I_{\text{sub}} = \frac{A_{\text{i}}}{B_{\text{i}}} (V_{\text{DS}} - V_{\text{DS(sat)}}) I_{\text{DS}} \exp\left(\frac{B_{\text{i}} l_{\text{c}}}{(V_{\text{DS}} - V_{\text{DS(sat)}})}\right) \tag{10.44}$$

可靠性模拟时调用衬底电流模型，用衬底电流来表征热载流子退化。可以看出，热载流子退化对器件非常敏感，并且由此效应形成的衬底电流与过饱和漏源电压成指数关系。为抑制热载流子效应，必须尽可能减少 MOS 管上的漏源电压值。

CMOS 数字电路中，热载流子引起的 MOS 管退化总是发生在开关的瞬间，也就是输入和输出电压波形经历由低到高或由高到低变化的过程中。因此，器件在给定时间内经历的开关次数决定了实际的退化水平。所以减小器件在给定时间内的开关工作次数有利于抑制热载流子效应。

输入上升沿经历的时间越长，NMOS 管在饱和区停留的时间越长，热载流子引起的性能退化越严重。故缩短输入上升沿时间对于抑制器件热载流子退化是有效的。BTABERT 模拟仿真软件中所用的 NMOS DC 寿命模型表达式如下：

$$\Delta D = \frac{I_{\text{DS}}}{HW} \left[\left(\frac{I_{\text{sub}}}{I_{\text{DS}}}\right)^m t\right]^n \tag{10.45}$$

将该式展开可写成如下形式：

$$\tau = H\left(\frac{I_{\text{DS}}}{I_{\text{sub}}}\right)^m \frac{1}{I_{\text{DS}}} \Delta D^{1/n} W \tag{10.46}$$

与非门电路中，提取到的模型参数：$n=0.444$，$m=3.899$，$H=1.98\text{E}+5$；或非门电路中，提取到的模型参数：$n=0.516$，$m=3.215$，$H=2.03\text{E}+6$。

10.3.2　门电路的失效时间计算

在 $V_{GS}=0\sim5.0V$ 扫描，间隔 50mV，$V_{DS}=5.0V$，$V_{BB}=0$ 条件下（正向测量），测量结果如表 10.18 和表 10.19 所示。图 10.8 所示是与非门电路的栅电压与衬底电流的对应关系，最大衬底电流发生在栅压为 2.0V 处，此时的衬底电流是 3.26μA，对应的漏极电流是 0.671mA。

表 10.18　与非门 MOS 管加速应力条件下的失效时间

序号	应力漏极电压 /V	应力衬底电流 /A	应力漏极电流 /A	工作衬底电流 /A	工作漏极电流 /A	失效时间 /min	寿命 /min
1	8.3	1.94e-4	2.08E-3	3.26E-6	6.71E-4	1210	3.78E+8
2	8.3	1.95e-4	1.93E-3	3.26E-6	6.71E-4	963	3.81E+8
3	8.3	1.93e-4	2.03E-3	3.26E-6	6.71E-4	1058	3.47E+8
4	7.9	1.43e-4	1.81E-3	3.26E-6	6.71E-4	2696	3.84E+8
5	7.9	1.59e-4	1.85E-3	3.26E-6	6.71E-4	1852	3.74E+8
6	7.9	1.43e-4	1.84E-3	3.26E-6	6.71E-4	2788	3.78E+8
7	7.4	9.19e-5	1.51E-3	3.26E-6	6.71E-4	8870	8.08E+7
8	7.4	1.00e-4	1.52E-3	3.26E-6	6.71E-4	6390	3.74E+8
9	7.4	9.74e-5	1.57E-3	3.26E-6	6.71E-4	7842	3.77E+8

表 10.19　或非门 MOS 管加速应力条件下的失效时间

序号	漏极应力电压 /V	应力衬底电流 /A	应力漏极电流 /A	工作衬底电流 /A	工作漏极电流 /A	失效时间 /min	寿命 /min
1	8.1	8.08e-05	9.66e-04	1.53E-6	4.24E-4	571.6	3.19E+7
2	8.1	7.96e-05	9.39e-04	1.53E-6	4.24E-4	565.1	3.20E+7
3	8.1	8.08e-05	9.52e-04	1.53E-6	4.24E-4	554.3	3.19E+7
4	7.7	5.98e-05	8.46e-04	1.53E-6	4.24E-4	1694.7	4.82E+7
5	7.7	4.87e-05	6.20e-04	1.53E-6	4.24E-4	1123.7	3.29E+7
6	7.7	4.86e-05	9.66e-04	1.53E-6	4.24E-4	1560.2	1.70E+7
7	7.2	3.86e-05	7.17e-04	1.53E-6	4.24E-4	3176.7	3.19E+7
8	7.2	3.69e-05	7.47e-04	1.53E-6	4.24E-4	5125.8	4.07E+7
9	7.2	3.72e-05	9.66e-04	1.53E-6	4.24E-4	4010.1	1.85E+7

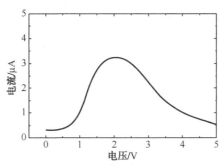

图 10.8　与非门电路的栅电压与衬底电流的对应关系

图 10.9 所示是或非门电路的栅电压与衬底电流的对应关系，最大衬底电流发生在栅压为 2.05V 处，此时的衬底电流是 1.53μA，对应的漏极电流是 0.424mA。

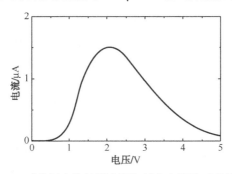

图 10.9　或非门电路的栅电压与衬底电流的对应关系

表 10.20 列出了门电路工作条件下的寿命。其中的实际寿命是利用 relpro+TM 软件提取与非门和或非门电路的热载流子注入效应的模型参数，计算出的门电路工作条件下的寿命，模拟寿命是采用 BTABERT 可靠性模拟仿真软件计算出的电路的寿命。与非门和或非门电路均是在正常流片的 0.8μm CMOS 工艺下加工制作的，以对 CMOS 工艺的热载流子注入效应进行评价。

表 10.20　门电路工作条件下的寿命

电　　路	置　信　度	实际寿命 （min）	模拟寿命 （min）
与非门	95%	5.91E+6	3.17E+8
或非门	95%	1.03E+6	3.02E+7

从该表中可看出，与非门的模拟寿命约是实际寿命的 54 倍，而或非门模拟寿命约是实际寿命的 30 倍。

减小 MOS 管热载流子效应就可从电路拓扑结构和器件参数两方面来考虑。首先，从器件参数方面来分析，对有后级驱动的反相器来说，后级输入信号上升沿变化的斜率主要由前级上拉器件的电流驱动能力决定。前级上拉器件的电流驱动能力越强，信号变化越快，对抑制后级电路的热载流子退化越有效。增加前级上拉器件（PMOS 管）的沟道宽度是提高电流驱动能力的主要途径。所以若反相器带有后级驱动，采用长沟道宽度 PMOS 管可抑制热载流子退化；而且因器件热载流子退化对漏源电压和开关频率敏感，尽可能减小漏源电压和开关频率也有利于抑制热载流子效应。

其次，从电路拓扑结构来分析，对抑制热载流子退化而言，与非门要比或非门有效。因此逻辑中若有或非关系，首先考虑将或非逻辑改成与非逻辑。单就或非门的抗热载流子设计来看，可在输出节点与 NMOS 管网络之间串联一个常开 NMOS 管，利用常开 NMOS 管的分压来减小所有并联 NMOS 管上的漏源电压，达到抑制热载流子退化的目的。

与非门中顶端 NMOS 管最易发生热载流子退化，逻辑设计中如果能让到达顶部 NMOS 管的输入上升信号早于其他 NMOS 管的输入上升信号，热载流子对顶部 NMOS 管的损坏程度将会减小。因此可以考虑重排输入信号线，利用信号线的延迟使最顶端的管子具有最小的开关频率。还可以将开关频率小的信号安排在与非门的 A 输入端，这样门电路顶部 NMOS 管的开关动作就不会使门的输出发生转换。

10.4 基于 MEDICI 的热载流子效应仿真

10.4.1 MEDICI 软件简介

随着 CMOS 器件工艺尺寸的不断缩小，热载流子注入效应始终存在，导致器件性能产生退化，甚至最终使器件失效。热载流子注入将诱导氧化层陷阱电荷和界面态的产生，这些缺陷是导致器件性能退化的主要原因。尽管 MEDICI 不具备直接模拟热载流子效应的能力，但它能精确模拟出漏端附近横向电场、碰撞电离率和电子注入电流的分布，因此可以得到热载流子产生界面态区域和分布情况，进而可以获得器件退化的区域及退化的状态。

1. MEDICI 的物理模型

MEDICI 是先驱（AVANT！）公司的一个用来进行二维器件模拟的软件，通过模拟器件中电势和载流子的二维分布，预测任意偏置条件下的 MOS 型、双极型及其他类型的半导体器件的二维特性。其通过解泊松（Poisson）方程和电子、空穴电流连续性方程，分析二极管、三极管及涉及两种载流子电流的效应。MEDICI 也能分析单载流子起主要作用的器件，如 MOSFET、JFET、MESFET。此外，MEDICI

还可以用来研究器件的瞬态特性。MEDICI 通过联解电子和空穴的能量平衡和其他的器件方程，可以对亚微米器件进行模拟。像流子和速度过冲等效应在 MEDICI 中都已经考虑了，并能够对他们的影响进行分析。

MEDICI 用非均匀三角形拟合网络，能对任意几何形貌的器件进行模拟仿真。划分网络时比较自由，用户可以按照自己的方案进行划分，也可以由 MEDICI 自动划分。当用于指定电势或杂质浓度后，MEDICI 可以根据它们的分布对网络进行细分。这些灵活性使得 MEDICI 能用于复杂器件模拟。

MEDICI 的模拟过程如图 10.10 所示。在模拟过程中，首先完成器件结构和掺杂分布设计，然后通过算法对器件性能进行定量的计算，这包括器件端特性和器件内部物理量分布。

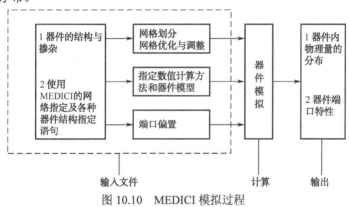

图 10.10　MEDICI 模拟过程

为了精确模拟器件特性，MEDICI 中用了较精确的物理模型，包括复合和寿命模型、迁移率模型、BTBT（带与带隧穿模型）、BGN（禁带变窄模型）及一些其他物理模型。

MEDICI 中的产生复合模型主要有 SRH、AUGER、CONSRH、IMPACT.I、II.TEMP 等。根据深亚微米 NMOSFET 热载流子效应特点，这里选择 CONSRH、AUGER 和 IMPACT.I 模型。

MEDICI 提供多种迁移率模型，用户可以根据实际情况灵活选择模型。载流子迁移率 μ_n 和 μ_p 反映载流子输运过程中的散射机制。MEDICI 提供了 3 大类型的迁移率模型，如表 10.21 所示。

对于深亚微米 MOSFET 来说，随着器件特征尺寸缩小，沟道中横向电场显著增大，载流子在漏端附近可能获得足够能量成为热载流子，热载流子注入栅氧化层中，会导致 Si/SiO$_2$ 界面产生界面态和产生氧化层陷阱电荷。根据这一特点，这里模拟时选择 CONMOB（低场、300K 时载流子迁移率随杂质浓度变化模型）、FLDMOB（计入平行电场分量的迁移率模型）、SRFMOB2（本模型用在半导体—绝缘体界面，计入声子散射、表面粗糙散射和带电杂质散射）和 TFLDMOB（一种任意集合结构的 MOSFET 反型层迁移率模型）模型。

表 10.21　迁移率模型分类

低电场（Low Field）	横向电场（Transverse Field）	平行电场（Parallel Field）
LUCMOB		
IALMOB		
CCSMOB	HPMOB	
LSMMOB		FLDMOB
GMCMOB		TMPMOB
SHIRAMOB		—
ANALYTIC	PRPMOB	—
ARORA	SRFMOB	—
CONMOB	SRFMOB2	—
PHUMOB	TFLDMOB	—

2. 深亚微米 NMOSFET 器件结构

模拟的器件结构为 P 型掺杂衬底，掺杂浓度为 $7E17cm^{-3}$，源漏为 N 型掺杂，掺杂浓度为 $6E20cm^{-3}$，源漏结深都为 $0.20\mu m$，有效沟道长度为 $0.18\mu m$，栅氧化层厚度为 3.2nm。

界面态密度 N_{it} 的动态生成规律：在 N_{it} 比较小的情况下，反应速率控制 N_{it} 生长速度，$N_{it} \propto t$；而在 N_{it} 比较大的情况下，扩散速率起控制作用，$N_{it} \propto t^{0.5}$。通常在热氧化的情况下，界面态产生的表达式为

$$N_{it} \approx C\left(kt\frac{I_{DS}}{W}e^{\frac{\phi_{it}}{q\lambda E_m}} \right)^n \tag{10.47}$$

式中，n 在 $0.5\sim 1$ 的范围内；C 为工艺相关因子，对于确定的工艺线为常量。

10.4.2　数据处理及结果分析

1. 栅氧化层厚度对热载流子效应的影响

利用 MEDICI 对相同工艺参数和栅氧厚度为 3.2～7nm 的 MOS 器件进行研究，在 I_{submax} 应力条件（V_{GS}=1.75V，V_{DS}=2.8V）下，最大碰撞离化率和最大的电子注入电流随栅氧化层厚度变化如图 10.11 所示。

从图 10.11 中可见，当栅氧化层厚度 T_{ox} 缩小时，碰撞电离产生率增大，而最大电子注入电流先平缓变化，当栅氧化层厚度进入 4nm 之后，电子注入电流迅速增大。氧化层厚度缩小 50.8%，最大碰撞电离产生率从 3.7×10^{29}pairs/$cm^3 \cdot$s 增加到

6.8×10^{29}pairs/cm$^3 \cdot$ s，大约增大了 83.8%，注入电流的峰值从 4.98×10^{-11}A $\cdot$ μm^{-1} 增大到 2.3×10^{-10}A $\cdot$ μm^{-1}，大约增大了 361.8%。由此可见，随着栅氧化层厚度缩小，器件的热载流子效应增强，器件退化也越趋严重。

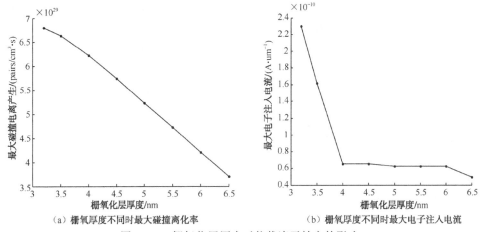

（a）栅氧厚度不同时最大碰撞离化率　（b）栅氧厚度不同时最大电子注入电流

图 10.11　栅氧化层厚度对热载流子效应的影响

栅氧厚度在 3.2～7nm 范围内，横向电场的分布变化不大，最大的横向电场的位置保持不变，处在漏端（$x=0.54$μm）附近。但氧化层厚度减薄，使得氧化层中的纵向电场增大，这有利于电子注入氧化层中，从图 10.12 中可以得到证实。因此随着氧化层厚度缩小，在漏端附近被加速的反型层电子与晶格原子碰撞更加激烈，产生碰撞离化更多，也就有更多载流子从沟道电场中获得足够的能量越过 Si/SiO$_2$ 界面势垒被陷阱俘获或产生界面态，最终导致 NMOS 器件电参数漂移恶化。

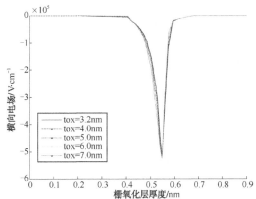

图 10.12　栅氧化层厚度不同时沟道横向电场的分布

2. 沟道长度对热载流子效应的影响

从图 10.13 中可见，沟道长度从 0.5μm 缩小到 0.18μm（缩小了 64%），最大碰

撞电离产生率从 $5.87×10^{28}$pairs/cm^3·s）增大到 $6.8×10^{29}$pairs/cm^3·s，大约增大了 10.6 倍。同时，最大的注入电流从 $9.2×10^{-12}$A·μm^{-1} 增大到 $2.3×10^{-10}$A·μm^{-1}（增大了 24 倍）。可见随着沟道长度缩小，最大碰撞离化率与最大电子注入电流显著地增大，这意味着有更多热载流子注入到氧化层中被陷阱俘获或与 Si－O、Si－H 键作用产生界面态，即随着沟道缩小，热载流子效应引起的器件退化将会越来越严重。

从图 10.14 可见，随着沟道长度缩小，漏端附近的最大横向电场持续增大，沟道中由于碰撞电离产生大量电子空穴对，这些载流子在漏极电场的作用下加速获得足以越过 Si/SiO$_2$ 势垒的能量，注入到氧化层中，导致氧化层陷阱电荷和界面态产生，最终导致器件退化。

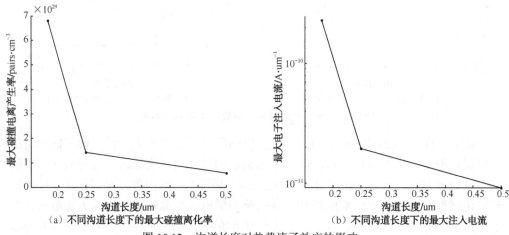

（a）不同沟道长度下的最大碰撞离化率　　　（b）不同沟道长度下的最大注入电流

图 10.13　沟道长度对热载流子效应的影响

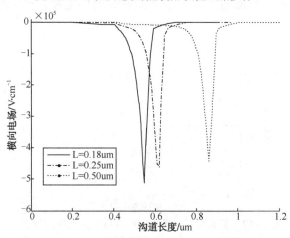

图 10.14　不同沟道长度下横向电场分布

从图 10.12 和图 10.14 可见，不管是氧化层厚度缩小还是沟道长度缩小，横向电场的峰值都发生在漏端附近。也就是说，在中栅热载流子应力下，热载流子注入导致器件的损伤主要是位于漏端附近的栅氧化层中。

这里用模拟的方法验证了在中栅热载流子应力条件下深亚微米 NMOS 器件性能退化主要是由于界面态产生导致的，指出了电子迁移率衰退和阈值电压增大是导致深亚微米 NMOSFETs 电学性能退化的根本原因。

参 考 文 献

[1] E.R.Minami,K.N.Quoder,P.K.Ko,etc. Prediction of Hot-Carrier Degradation in digital CMOS VLSI by timing Simulation, IEDM Technical digest,1992: 539

[2] Hirokazu Yonezuqa,Jingkun Fang,Yoshiyuki Kawakami,etc.Ratio based Hot-Carrier Degrada-tion Modeling for Aged Timeing Simulation of Millions of Transistors Digital Circuits. IEDM T-echnical digest, 1998:93

[3] BTA Technology,INC., Relpro+TM for Windows^{TM} Users Manual,1997

[4] BTA Technology,INC.,BTABERT Users Manual,1997

[5] Chenming HU, Simon C et al. Hot Electron-induced MOSFET Degradation Model,Monitor and improvement. IEEE Transactions on Electron Devices, 1985, 32(2): 375

[6] Y Leblebici, S M Kang er al. Simulation of Hot-Carrier Induced MOS Circuit Degradation for VLSI Reliability Analysis IEEE Transactions on Releability, 1994 43(2): 197

[7] 罗俊，郝跃，秦国林，等. 微纳米 CMOS VLSI 电路可靠性仿真与设计.微电子学，142（2）：255

[8] 杜春艳，庄奕琪，罗宏伟.CMOS 数字电路抗热载流子研究.中国电子产品可靠性与环境试验，142（2）：255

[9] 阮刚. 集成电路工艺和器件的计算机模拟：IC TCAD 技术概论. 上海：复旦大学出版社，2007

[10] HU C, TAM S, HSU F C, KO P K, et al. Hot-electron- induced MOSFET degradation-model, monitor and improvement. IEEE Transactions on Electron Devices, 1985, 33

[11] WOLTJER R, Paulzen G M, POMP H G,et al. Three hot carrier degradation mechanisms in deep-submicron PMOSFET's. IEEE Trans on Electron Devices，1995，42 （1）：109

[12] 朱炜玲，黄美浅，章晓文等. 热载流子效应对 n-MOSFETs 可靠性的影响. 华南理工大学学报（自然科学版），2003，31（7）：32

[13] 郭红霞，陈雨生，周辉等. MEDICI 程序简介及其在电离辐照效应研究中的应用. 计算物理，2003，20（4）：372

第11章

集成电路工艺失效机理的可靠性评价

按照 GB/T 9178，集成电路的定义是具有高等效电路元件密度的一种小型化电路，它可视作由一个或多个基片上的互连元件组成且能执行某种电子线路功能的独立器件。随着超大规模集成电路工艺技术的发展，热载流子注入（Hot Carrier Injection，HCI）效应、与时间有关的介质击穿（Time-Dependent Dielectric Breakdown，TDDB）、金属化的电迁移（Electromigration，EM）效应、负偏置温度不稳定性（Negative Bias Temperature Instability，NBTI）效应等失效机理限制着超大规模集成电路的可靠性。

针对上述失效机理，可靠性试验项目包括热载流子注入效应（HCI）、与时间有关的栅介质击穿（TDDB）、金属化电迁移（EM）、负偏置温度不稳定性（NBTI）等。

11.1 可靠性评价试验要求和接收目标

11.1.1 可靠性试验要求

集成电路工艺的可靠性试验是针对失效机理，应用可靠性测试结构，通过封装级或圆片级的加速试验，获取失效机理的可靠性参数和可靠性信息，确认生产线的可靠性水平。

HCI 效应可靠性试验所用的可靠性测试结构是 MOSFET 单管，沟道长度取 CMOS 工艺的特征值，源、栅、漏和衬底单独引出，可采用多指形式拼成大宽长比的 MOS 管。

TDDB 效应可靠性试验所用的可靠性测试结构是大面积的 MOS 电容，可采用多个小面积的 MOS 电容结构相并联的形式，构造大面积的 MOS 电容。

金属互连线 EM 效应可靠性试验所用的可靠性测试结构是由 CMOS 工艺制作的

具有特定条宽和长度的金属条，采用开尔文方式的四端结构进行电连接。连接通孔 EM 效应可靠性评价的测试结构是单个或多个通孔，采用开尔文方式的四端结构进行电连接。

NBTI 效应可靠性试验所用的可靠性测试结构是 PMOSFET 单管，沟道长度取 CMOS 工艺的特征值，源、栅、漏和衬底单独引出，可采用多指形式拼成大宽长比的 PMOSFET 管。NBTI 效应与 PMOSFET 的几何尺寸有关，可靠性测试应考虑多种宽长比的 PMOSFET 单管。

可靠性测试结构需要采用自动或人工检查的方式，进行设计、电气和可靠性规则检查，以单独或组合的方式找出所有已知缺陷。

（1）设计规则检查（Design Rule Check，DRC）：几何及物理特性；

（2）电气规则检查（Electrical Rule Check，ERC）：短路、开路和连接性；

（3）辐射加固保证（Radiation Hardness Assurance，RHA）规则检查：有辐照指标要求时进行。

按照半导体集成电路通用规范 GJB597B 中的 3.5.6.1 要求，在正常工艺情况下，半导体芯片或衬底上内部导电薄膜（金属化、接触区、键合区等）的设计应满足如下原则：在正常工作条件下，薄膜导体经受的温度不超过工作温度范围（在规定的最坏情况工作条件下），导体的设计电流密度不超过下述最大允许值。

对于铝（99.99%的纯铝或掺杂铝），无玻璃钝化或未进行玻璃钝化层完整性试验，最大允许的电流密度是 $2\times10^5 \text{A/cm}^2$；对于铝（99.99%的纯铝或掺杂铝），有玻璃钝化，最大允许的电流密度是 $5\times10^5 \text{A/cm}^2$。

难熔金属（Mo、W、Ti-W、Ti-N）有玻璃钝化，最大允许的电流密度是 $5\times10^5 \text{A/cm}^2$；金导体中最大允许的电流密度是 $6\times10^5 \text{A/cm}^2$；铜导体中最大允许的电流密度是 $1\times10^6 \text{A/cm}^2$；其他金属导体中最大允许的电流密度是 $2\times10^5 \text{A/cm}^2$。

电流密度应根据器件结构，在最大电流密度点计算。这一电流值应在推荐的最高电源电压，并且假定电流均匀通过导体横截面的情况下确定。根据生产规范和控制要求，考虑包括金属化台阶处适用的允许误差，采用最小允许金属厚度。如果最大电流密度不在台阶处，可不考虑金属化台阶处的减薄效应。阻挡层金属和非导电材料面积不应包括在导体横截面的计算中。

可靠性试验的目的在于找出存在可靠性缺陷的地方和进行工艺的一致性检测。通过工艺优化和设计改进，以生产出可靠性好的产品，提高产品的成品率，同时使生产厂家创立好的质量体系。图 11.1 所示是可靠性试验

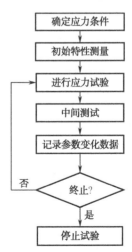

图 11.1　可靠性试验流程

的流程。

可靠性试验芯片应按照微电子器件试验方法标准 GJB548B－2005 中的方法 2010.11 内目检（单片电路）进行镜检，并且芯片上不可有水珠、液滴或水渍残留。Pad 上不能有异物附着，在 40 倍的目镜下，Pad 上的金属互连线没有腐蚀现象。除 Pad 开窗外，芯片上的保护层不能有破损现象。

可靠性试验芯片应按照合格制造厂认证用半导体集成电路通用规范 GJB7400—2011 中的 5.1 包装要求进行包装。包装应能保证在运输和操作过程中保护芯片免受机械损伤和静电放电损伤，而且包装材料和结构不能对芯片有害。

11.1.2　接收目标

表 11.1 至表 11.5 列出了生产厂要求的失效机理的可靠性试验项目和接收目标，当所有这些失效机理的可靠性数据符合要求时才能进行电路产品的加工生产。

表 11.1　CMOS 工艺 HCI 效应的可靠性测量要求

测 试 项 目	接 收 目 标	器 件 数 量
2.0μm CMOS 工艺		
1.0μm CMOS 工艺		
0.8μm CMOS 工艺	失效判据：$\Delta I_{dsat}/I_{dsat}$=10%	每个应力条件下不少
0.5μm CMOS 工艺	T0.1%(DC)>0.2 年@25℃，$1.1V_{CC}$	于 10 只
0.35μm CMOS 工艺		
0.25μm CMOS 工艺		

表 11.2　CMOS 工艺 HCI 效应的可靠性测量要求（续）

0.18μm CMOS 工艺		
0.13μm CMOS 工艺	失效判据：$\Delta I_{dsat}/I_{dsat}$=10%	每个应力条件下不少于 10 只
90nm CMOS 工艺	T0.1%（DC）>0.2 年@25℃，$1.1V_{CC}$	
65nm CMOS 工艺		

表 11.3　CMOS 工艺 TDDB 效应的可靠性测量要求

测 试 项 目	接 收 目 标	器 件 数 量
2.0μm CMOS 工艺		
1.0μm CMOS 工艺	失效判据：硬击穿	每个应力条件不少于
0.8μm CMOS 工艺	T0.1%>10 年@125℃，$1.1V_{CC}$	10 只
0.5μm CMOS 工艺		

续表

测 试 项 目	接 收 目 标	器 件 数 量
0.35μm CMOS 工艺	失效判据：硬击穿 T0.1%>10 年@125℃，1.1V_{CC}	每个应力条件不少于 10 只
0.25μm CMOS 工艺		
0.18μm CMOS 工艺		
0.13μm CMOS 工艺	失效判据：软击穿 T0.1%>10 年@125℃，1.1V_{CC}	每个应力条件不少于 10 只
90nm CMOS 工艺		
65nm CMOS 工艺		

表 11.4　CMOS 工艺 EM 效应的可靠性测量要求

测 试 项 目	接 收 目 标	器 件 数 量
2.0μm CMOS 工艺	失效判据：$\Delta R/R\text{initial}$=20% T0.1%>10 年@125℃，工作电流	每个应力条件不少于 15 只
1.0μm CMOS 工艺		
0.8μm CMOS 工艺		
0.5μm CMOS 工艺		
0.25μm CMOS 工艺		
0.35μm CMOS 工艺		
0.18μm CMOS 工艺		
0.13μm CMOS 工艺		
90nm CMOS 工艺		
65nm CMOS 工艺		

表 11.5　CMOS 工艺 NBTI 效应的可靠性测量要求

测 试 项 目	接 收 目 标	器 件 数 量
0.13μm CMOS 工艺	失效判据：$\Delta I_{dsat}/I_{dsat}$=10% T0.1%>5 年@125℃，1.1V_{CC}	每个应力条件不少于 10 只
90nm CMOS 工艺		
65nm CMOS 工艺		

11.2 热载流子注入效应

　　热载流子是指其能量比费米能级大几个 kT 以上的载流子，这些载流子与晶格不处于热平衡状态。热载流子通过声子发射把能量传递给晶格，这会造成在 Si/SiO$_2$界面处能键的断裂，热载流子也会注入 SiO$_2$ 中而被俘获。键的断裂和被俘获的载流子会产生氧化层电荷和界面态，使氧化层电荷增加或波动不稳，这会影响沟道载流子的迁移率和有效沟道势能。这就是热载流子注入效应。

热载流子注入效应模型 NMOSFET 的衬底/漏极电流比率模型：

$$\tau = H\left(\frac{I_{DS}}{I_{sub}}\right)^{n}\frac{1}{I_{DS}}W \qquad (11.1)$$

PMOSFET 的栅电流模型方程如下：

$$\tau = C\left(I_g/W\right)^{-B} \qquad (11.2)$$

式中，τ 是热载流子退化寿命时间；C 是比例常数；H 是比例常数；n 是模型参数；B 是模型参数；I_{DS} 是漏极电流；I_{sub} 是衬底电流；I_g 是栅电流；W 是沟道宽度。

11.2.1 测试要求

选择最小几何尺寸的器件，宽度可根据需要进行选择，在最坏的偏置应力条件下进行热载流子注入效应的测量，需要考虑如下的几个因素：确定最坏的偏置应力条件；选择适当的器件参数来测量器件的退化程度；选用适当的加速模型来推算器件在正常工作条件下的寿命。主要的退化参数有阈值电压、跨导、线性区漏极电流和饱和区漏极电流。

工艺上虽然采用了 LDD 结构等方法提高了器件抗热载流子退化的能力，但热载流子效应仍然是影响亚微米和深亚微米集成电路可靠性的重要因素。热载流子效应的影响不是一开始就很严重，而是随着时间逐渐引起器件参数的退化。测试方法如表 11.6 所示。

表 11.6 热载流子注入效应的测量

测试参数	阈值电压、跨导、线性区漏极电流、饱和区漏极电流
测试结构	设计规则要求的特征长度的器件，宽度选择适合设计尺寸的宽度
方法	应力温度：使用温度（25～30℃），应力期间器件的结温应稳定在±2℃ 漏源应力电压：在 3～5 个不同的漏极应力电压下进行测量 栅源应力电压：最坏的栅源应力电压 读数：对数时间坐标，每个进位点内至少有 3 个读数点
评价模型	NMOSFET 的衬底/漏极电流比率模型： $$\tau = H\left(\frac{I_{DS}}{I_{sub}}\right)^{n}\frac{1}{I_{DS}}\Delta G_{max}^{1.5}\cdot W$$ PMOSFET 的栅电流模型： $$\tau = C(I_g/W)^{-B}$$ 式中：τ 是热载流子退化寿命；H 是比例常数；n 是模型参数；I_D 是漏极电流；I_{sub} 是衬底电流；I_g 是栅电流；ΔG 是参数退化量；W 是沟道宽度

续表

样品量和应力 条件	每个应力条件下，使用 10 只测试结构进行测试。 通常情况下，热载流注入效应的寿命值符合对数正态分布，并且与栅长有密切关系。 当使用的器件来自工艺过程中的非中心区域的圆片，可能会导致较低的热载流子注入效应寿命值
数值计算	典型温度下的寿命时间，$1.1V_{DD}$ 的工作电压，特征沟道长度
报告要求	（1）工厂名、所在地、所用工作、日期，简单说明测试结构； （2）每个试验的样品数； （3）所用的模型和测试的参数； （4）推算每个器件的寿命

11.2.2 实验方法

为了在器件上产生最大的热载流子退化效应，需要预先确定栅极和漏极的应力电压。要决定漏极应力电压，必须测试在不同栅极电压条件下器件的 $I_{DS}-V_{GS}$ 输出特性曲线。不管晶体管的击穿原因如何，晶体管的击穿电压决定最大漏极应力电压。最大漏极应力电压应不大于实际击穿电压的 90%，这能保证沟道的热载流子注入而又不会在应力期间引起致命失效。最小应力时间受测试时间和外推到目标值的精度差所限。N 沟 MOSFET 的特性曲线如图 11.2 所示。在栅极施加不同电压的情况下，漏极电流是漏源电压的函数，图 11.2 中显示出了线性区、饱和区和击穿区。

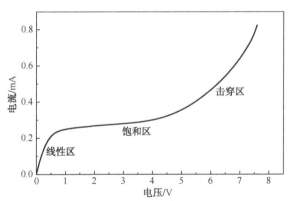

图 11.2 N 沟 MOSFET 管的漏极电压特性

1. 栅极应力电压选择

选定漏极应力电压，需确定最坏的栅极应力电压，该电压可能出现在最大衬底电流附近，或者是 $V_{GS}=V_{DS}$，$V_{GS}=V_{DS}/2$ 处。最坏栅极应力电压会导致器件最大静态退化，但这与工艺条件有关。图 11.3 所示是 N 沟 MOSFET 的衬底电流随栅极电压变化的特性曲线。

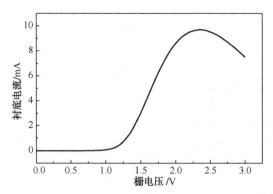

图 11.3　N 沟 MOS 衬底电流和栅压的关系

2. 初始测试

在进行应力周期测试前，必须选择合格的器件，使其栅极电流、漏极电流、源极电流在所需的极限范围内。对于合格的器件，则可以施加加速应力。偏置条件通过最初的初始测试确定。

应力电压施加顺序：（1）V_{BS}（衬源电压）；（2）V_{BB}（额定衬底电压）；（3）V_{GS}（栅源电压）；（4）V_{DS}（漏源电压）

3. 应力测量

在每个应力周期结束后，测试器件的特性参数。获得所选器件的所有参数的初始值，包括 $g_{m(max)}$（最大线性区跨导）、$I_{DS(sat)}$（饱和区漏极电流）、$V_{th(ext)}$（外推阈值电压）或 $V_{th(ci)}$（恒定电流阈值电压）。这些数据需要用来确定器件参数在受应力作用后的变化值。

恒定电流阈值电压 $V_{th(ci)}$ 的定义为

$$V_{th(ci)} = V_{GS}(@I_{DS} = 0.1\mu A\, W/L) \tag{11.3}$$

式中，$V_{th(ci)}$ 是漏极电流等于 0.1μA 乘以栅极宽度（W）和栅极长度（L）之比。栅极宽度（W）和栅极长度（L）是芯片上栅极的版图尺寸。ASTM F617—86 技术文件规定外推阈值电压 $V_{th(ext)}$ 的测试基于 $I_{DS}-V_{GS}$ 曲线的最大斜率值 $g_{m(max)}$ 测试，$V_{th(ext)}$ 可以通过下式计算：

$$V_{th(ext)} = V_{GS}(g_{m(max)} - I_{DS}(g_{m(max)})/g_{m(max)} - V_{DS}/2) \tag{11.4}$$

式中，$V_{GS}(g_{m(max)})$ 是在 $I_{DS}-V_{GS}$ 曲线的最大斜率值处的栅极电压；$I_{DS}(g_{m(max)})$ 是在 $I_{DS}-V_{GS}$ 曲线的最大斜率值处的漏极电流。测量 $V_{th(ext)}$ 的典型电压偏置是：

$V_{\mathrm{DS}} = V_{\mathrm{DS(lin)}}, \quad V_{\mathrm{BS}} = V_{\mathrm{BB}} \circ$

4. 目标时间

参数 $g_{\mathrm{m(max)}}$ 和 $I_{\mathrm{DS(sat)}}$ 的目标时间是在应力作用下的值与无应力作用下的值相比，变化 10% 时所需的应力时间；$V_{\mathrm{th(ext)}}$ 和 $V_{\mathrm{th(ci)}}$ 的目标时间是在应力作用下的值与无应力作用下的值相比，变化 20mV、50mV 或 100mV 时所需的应力时间。

$g_{\mathrm{m(max)}}$ 和 $I_{\mathrm{DS(sat)}}$ 的百分比变化的计算如下：

$$Y_{(t)} = \frac{P_{(t)} - P_{(0)}}{P_{(0)}} \times 100\% \qquad (11.5)$$

式中，$P_{(0)}$ 是初始参数值；$P_{(t)}$ 是时刻 t 的参数值。阈值电压 $V_{\mathrm{th(ci)}}$ 和 $V_{\mathrm{th(ext)}}$ 相对变化的计算如下：

$$Y_{(t)} = P_{(t)} - P_{(0)} \qquad (11.6)$$

参数值的绝对变化量应当用最小二乘法填充下列方程：

$$|Y_{(t)}| = Ct^n \qquad (11.7)$$

式中，$|Y_{(t)}|$ 是参数值的绝对变化值；t 是累积应力时间。

5. 热载流子注入效应的测量流程（如图 11.4 所示）

（1）根据上述步骤确定出器件的漏极应力电压、栅极应力电压。同时，测试并记录应力条件下的衬底电流 I_{sub} 和对应的漏极电流 I_{DS}。

（2）重新选择新管设置好应力电压和应力时间段后进行测试。

（3）在每个应力周期结束后，测量并记录 $g_{\mathrm{m(max)}}$、$I_{\mathrm{DS(sat)}}$、$V_{\mathrm{th(ext)}}$ 或 $V_{\mathrm{th(ci)}}$，然后和初始值进行比较。

（4）如果参数值的退化超过了设置的失效判据，或者测试时间段已完成，则测试结束；否则进入下一个循环。

（5）试验结束后，对于每个失效器件，根据失效判据，得出其失效时间。

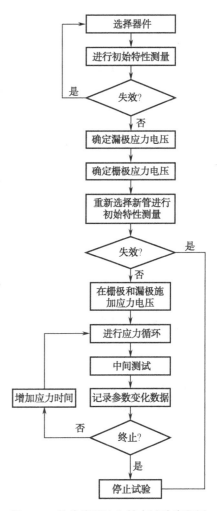

图 11.4　热载流子注入效应试验流程图

6．数据处理

以饱和漏极电流退化 10%、最大跨导值退化 10%或阈值电压漂移变化 50mV 时所加应力时间，定义为加速应力作用下器件的失效时间 τ。在对数正态分布图上，通过 3 组应力条件下中位失效时间的提取，从 $\tau \cdot I_{DS}$ 与 I_{sub}/I_{DS} 的对数曲线上，可得模型参数 n。

在参数 n 确定以后，利用加速应力下的中位失效时间及相应应力下的衬底电流和漏极电流，就能定出参数 H。参数提取以后，对于相同工艺的器件，在其他沟道长度和偏置条件下，只要监测工作条件下的衬底电流 I_{sub}、漏极电流 I_{DS} 就能预测器件在正常工作条件下的寿命值 τ。

7．外推热载流子寿命值的曲线

如果测试的总时间结束后而器件的阈值电压漂移并没有达到失效判据要求的值，那么器件的寿命值需要用外插值的方法加以推算，如图 11.5 所示。

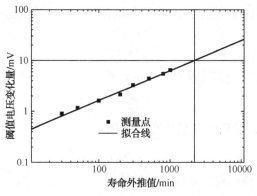

图 11.5　热载流子寿命外推示意图

11.2.3　注意事项

（1）测试器件。必须保证使用的器件是未受过应力的器件，测试器件使用的偏压不应超过技术规范。预先受力器件相比未受应力的器件，寿命时间有明显的漂移。最优栅压可从同样过程但不同于受热载流子应力测试的器件处得到。

（2）应力。由于退化与应力电压成指数关系，因此应对器件施加正确的应力偏压。由于探针接触不良引起的串联高电阻或由于器件短路导致的电源供电补偿极限都会引起偏差。必须确定 MOSFET 的栅极没有短路点，短路会使电流流过多晶硅栅，从而把电压显著拉低。

（3）中间测试。有些工艺过程在应力偏压撤销后空间参数会复原，在这种情况下，在每个应力周期完成后应尽快测量参数，然后立即进行后续过程。

当一个器件的参数退化达到指定应力结束的标准值时，也许需要越过失效时间 τ 继续施加应力，这能保证如果退化数据的噪声比较大，数据在 τ 附近有一个好的内插值数据。

（4）数据分析。热载流子退化的理论假设退化与时间成指数关系，即应力时间与部分参数的变化在对数－对数坐标上是一直线关系。事实上并不总是这样，特别是应力电压接近工艺技术的工作电压时，填充这些数据也许需要考虑这些因素：如果在应力期间越过了漂移标准，就应当在周围点之间用线性内插值方法定出失效时间 τ；如果没有越过漂移标准，就须采用指数插值方法进行计算。

如果应力电压较低，最初的几个退化测试的数据可能在测试设备上无法分辨，这些点不应包含在数据分析当中。

11.2.4　验证实例

经测量，0.18μm CMOS 工艺器件的击穿电压为 4.2V，按照加速应力电压小于90%的击穿电压的原则，确定出器件热载流子注入效应的漏极应力电压，列于表 11.7 中。根据漏极应力电压确定出的栅极应力电压、衬底电流和对应的漏极电流一并列于表 11.7 中。图 11.6 所示是饱和漏极电流退化的模型参数提取。失效判据是饱和漏极电流退化 10%。

表 11.7　0.18μM CMOS 工艺 HCI 效应的应力电压值

序　号	漏极电压	栅极电压	衬底电流	漏极电流
1	3.54V	1.96V	85.5μA	1.381mA
2	3.24V	1.80V	38.6μA	1.163mA
3	2.94V	1.68V	16.4μA	1.03mA
4	2.64V	1.60V	5.01μA	0.865mA
5	1.98V	1.34V	280nA	0.638mA
6	1.80V	1.18V	84.2nA	0.488mA

于是，根据饱和漏极电流退化的模型参数，衬底漏极电流模型可写成如下形式：

$$\tau = H \left(\frac{I_{DS}}{I_{sub}} \right)^{3.28} \frac{1}{I_{DS}} W \qquad (11.8)$$

相应地，通过模型参数的提取，最大跨导值退化的寿命可写成如下形式：

$$\tau = H \left(\frac{I_{DS}}{I_{sub}} \right)^{2.83} \frac{1}{I_{DS}} W \qquad (11.9)$$

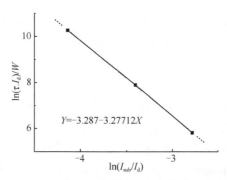

图 11.6　0.18μm CMOS 工艺 HCI 效应饱和漏极电流退化的模型参数提取

同样，通过模型参数的提取，阈值电压漂移的寿命可写成如下形式：

$$\tau = H\left(\frac{I_{DS}}{I_{sub}}\right)^{3.20}\frac{1}{I_{DS}}W \tag{11.10}$$

分别将加速应力和工作条件下的漏极电流、衬底电流代入上式，进行热载流子注入效应加速系数的计算，根据中位失效时间，计算出器件的寿命时间列于表 11.8 中。

表 11.8　0.18μm CMOS 工艺器件 HCI 效应的寿命计算

宽长比	10：1		
退化判据	模型参数	加速系数	寿命/s
阈值电压变化 50mV	3.20	1.58×10^5	5.28×10^7
最大跨导值退化 10%	2.83	4.19×10^4	5.82×10^6
正向饱和电流退化 10%	3.28	2.10×10^5	3.77×10^8

11.3　与时间有关的栅介质击穿

随着超大规模电路器件尺寸的等比例缩小，器件生产过程中薄栅氧化层上的高电场成为了影响器件成品率和可靠性的主要因素。当有足够的电荷注入氧化层时，会发生氧化层介质的击穿，这种击穿可以通过在介质层上施加电流或加一个高电场来获得。由于电荷的注入会产生结构变化（陷阱、界面态等），最终导致氧化层有一条低的电阻通路，在介质层上产生不可恢复的漏电。

与时间有关的介质击穿（TDDB）指的是施加的电场低于介质的本征击穿场强，并未引起介质的本征击穿，但经历一段时间后仍发生了击穿。这是由于施加电应力的过程中，介质膜内产生并积聚了缺陷（陷阱）的缘故。当缺陷（陷阱）在介质膜中形成导电通道，短接介质膜的正负极时，介质膜失效，这就是 TDDB 效应。

11.3.1　试验要求

恒定电压下的栅氧化层，电场与时间的关系有两种，即 1/E 模型或 E 模型，E 模型如下所示：

$$\tau = \tau_0 \exp(-\gamma \cdot E_{\text{ox}}) \tag{11.11}$$

1/E 模型描述如下：

$$\tau = \tau_0 \exp\left(\frac{G}{E_{\text{ox}}}\right) \tag{11.12}$$

整合温度与电场的加速模型可得到下面的 TDDB 加速模型：

$$\tau = C \exp(-\gamma E_{\text{ox}}) \exp\left(\frac{E_{\text{a}}}{kT}\right) \tag{11.13}$$

式中，C 是比例常数；τ 是 TDDB 效应的寿命；τ_0 是本征击穿时间；G 是模型参数；γ 是模型参数；E_{ox} 是氧化层电场；k 是玻尔兹曼常数，其值为 8.617E-5eV/K；T 是绝对温度。

栅氧化层 TDDB 试验中的决定因素是氧化层电场 E_{ox}，E 模型推算出的寿命比 1/E 模型推算出的要小，故工业界一般采用 E 模型。

当栅氧化层的厚度大于 2nm 但小于 5nm 时，TDDB 效应的可靠性评价采用栅电压模型：

$$\tau = C \exp(-\gamma_{\text{Vg}} V_{\text{g}}) \exp\left(\frac{E_{\text{a}}}{kT}\right) \tag{11.14}$$

式中，γ_{Vg} 是电压加速因子；V_{g} 是栅极上的电压。

当栅氧化层厚度≤2nm 时，TDDB 效应的可靠性评价采用幂指数模型：

$$\tau = C V_{\text{g}}^n \exp\left(\frac{E_{\text{a}}}{kT}\right) \tag{11.15}$$

式中，n 是电压加速系数。

为了考察氧化层缺陷、多晶与栅氧化层边缘以及场区与栅氧化层边缘对栅氧化层 TDDB 特性的影响，可以采用不同的测试结构，试验方法如表 11.9 所示。

表 11.9   与时间有关的栅介质击穿的测量

测试参数	（1）工作电压下的初始电流； （2）应力开始时的初始电流； （3）每个器件的失效时间
测试判据	将应力条件下电流的增加作为失效判据，对于栅氧厚度大于 4nm 的，2～10 倍的电流增加可作为失效判据，而对于更薄的栅氧，准击穿即软击穿可考虑为失效位置
测试结构	（1）需要制作大面积的 NMOS 电容； （2）薄栅氧的漏电流可能会将测试电容的面积限制在 0.1mm^2 的面积以内； （3）测试结构应能进行积累和反型两种方式的测量； （4）测试结构的布局应使电压降最小
方法	（1）不同电压和温度条件下的恒定电压应力； （2）最好能在积累和反型两种方式下进行测量，最少应进行积累方式下的 TDDB 测量； （3）使用 3 组电压应力，且使电压应力大于器件的最高工作电压； （4）温度范围选择为 25～200℃； （5）如果只在一个温度点进行测试，应使用器件的最高工作温度； （6）当测试样品中至少有 63% 的失效率时，实验结束
评价模型	（1）电压和温度的加速（氧化层厚度大于 4nm） ① E 模型：$\tau = \tau_0 \exp(-\gamma \cdot E_{ox})$ 式中，τ 是 TDDB 寿命；τ_0 是本征击穿时间；γ 是模型参数，单位是 cm/MV，是由氧化层结构所决定的固有参数；E_{ox} 是氧化层电场，是 TDDB 实验中决定栅氧失效的因素。 ② 1/E 模型：$\tau = \tau_0 \exp(G/E_{ox})$ 式中，τ 是 TDDB 寿命；τ_0 是本征击穿时间；G 是模型参数，单位是 MV/cm；Eox 是氧化层电场。 ③ 包含温度与电场的 TDDB 加速模型：$\tau = \tau_0 C \cdot 10^{-\gamma E_{ox}} \cdot \exp(E_a/kT)$ 式中 τ 是 TDDB 寿命；τ_0 是本征击穿时间；γ 是模型参数，单位是 cm/MV；E_{ox} 是氧化层电场；T 是测试温度；E_a 是激活能。 （2）电压和温度加速（～2nm<氧化层厚度<5nm） ④ 可以使用①中描述的指数依赖关系，对于一特定的氧化层厚度，可以将击穿时间表示为： $\tau = C \exp(-\gamma_{V_g} V_g) \times \exp(E_a/kT)$。也有一些其他的模型在使用，如果要使用这些模型，数据应可以进行寿命推算和获得模型参数。 ⑤ 外推栅氧上的电压小于 2V 的模型，该模型的击穿时间与栅压有关： $\tau = C V_g^n \exp(E_a/kT)$。要外推至 2V 以下时，仍然要假定指数时间依赖（对数坐标上的线性），幂指数需要由实验确定
退化参数	氧化层漏电流
样品量和应力条件	对于 3 voltages @ 1 temperature 的测试，每个电压应力测试条件下，使用 15 个测试结构进行测试，需要注意的是，由于威尔布尔斜率随着厚度的减小而增加，对于更薄氧化层的测试，需要更多的样品
数值计算	（1）计算累积失效率为 0.1% 时的寿命时； （2）在预定的工作电压和温度条件下，10 年工作寿命的预计失效率

11.3.2　试验方法

TDDB 效应的可靠性评价实验是在温度和电场作用下，得出氧化层的本征可靠性数据，失效时间与电场、温度和氧化层面积有关。栅介质的击穿有 3 种失效机制，即碰撞电离、高电场下的阳极空穴注入、工作电压条件下产生的陷阱。测量过程中电流的变化表明，缺陷密度的增加可能与电压和时间有关。栅氧化层击穿的统计分布特性可用威布尔分布来描述，其特征寿命定义为 t_{63}。

当氧化层越来越薄时，除了一般观察到的硬击穿（Hard Breakdown，HBD），还有应力导致的漏电流（Stress-Induced Leakage Current，SILC）、软击穿（Soft Breakdown，SBD）。对于超薄栅氧化层的TDDB 特性，在统计分布中应使用第一次击穿作为击穿时间。

硬击穿会使漏电流呈几个数量级的增长，而软击穿只会使漏电流增加几到十几倍。TDDB 的测量除了要考虑氧化层厚度和电场以外，还应注意隧穿效应、多晶耗尽、漏电流和串联电阻的影响。通过恒定电压和温度条件下的加速测试，提取模型参数，计算 TDDB 效应的寿命时间。试验流程如图 11.7 所示。

1.　初测

在工作电压下测量样品的泄漏电流，泄漏电流大于 1μA 的样品，不用于下一步的试验过程。

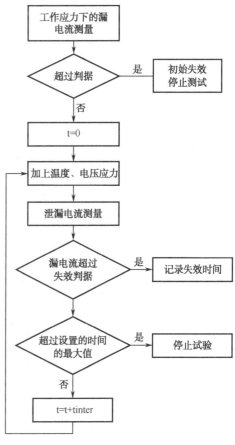

图 11.7　恒定电压 TDDB 效应的试验流程

2.　温度和恒定电压应力

试验的温度应力选择在 85～150℃之间，电压应力选择在 8～13MV/cm 之间。

3.　失效判据

存在下面任何一种情况时认为样品发生了失效：氧化层电流急剧增大至 1mA；

发生不可恢复的击穿失效；相邻两个测量点的电流变化>20%。

4. 加应力

在应力温度达到后施加电压应力，测氧化层电流。当发生氧化层失效，记录时间，停止试验，否则计算出累计该步的击穿电荷Q_{bd}。

$$Q_{bd} = Q_{bd} + It \qquad (11.16)$$

重复上述步骤，直到电流超过了限定的值。

5. 试验后测试

对于在试验中发生失效的样品，用工作电压进行测量，如果测量电流大于$1\mu A$，则认为发生致命失效，否则认为是非致命失效。

6. 中位寿命提取

将每只样品得到的击穿时间描绘在对数正态概率纸上，给出栅氧化层 TDDB 累积失效概率分布，如图 11.8 所示，从而得到不同电场应力下的中位寿命。

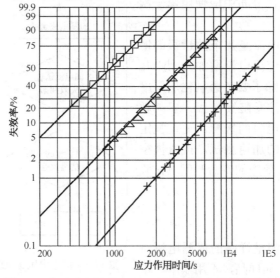

图 11.8　恒定电压应力 TDDB 试验累积失效概率分布

7. 模型参数提取

模型参数 γ、E_a 需要进行试验提取。在一恒定电场下，分别在 3 个不同的温度点测量一批栅氧化层的寿命，在对数正态坐标上提取中位失效时间 τ_{11}、τ_{21} 和 τ_{31}，在半对数坐标上画出中位寿命 τ_{11}、τ_{21} 和 τ_{31} 与温度的倒数 $1/T_1$、$1/T_2$ 和 $1/T_3$ 的对应关系，该对应关系拟合曲线的斜率就是激活能 E_a。

在一恒定的温度下，分别在 3 个不同的电场点测量一批栅氧化层的寿命，在对数正态坐标上提取中位寿命 τ_{12}、τ_{22} 和 τ_{32}，在半对数坐标上画出中位失效时间 τ_{12}、τ_{22} 和 τ_{32} 与电场 E_{ox1}、E_{ox2} 和 E_{ox3} 的对应关系，该对应关系拟合曲线的斜率就是电场加速因子 γ。对于深亚微米 CMOS 工艺，需要对提取出的电场加速因子 γ 进行修正，修正后得出的值在 1～2 之间。图 11.9 所示是栅氧化层 TDDB 击穿时间与 E_{ox} 的关系。

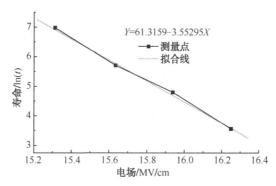

图 11.9　栅氧化层 TDDB 击穿时间与电场的关系

8. 数据处理

在对数正态坐标上描出累积失效率分布，得到加速应力下的寿命时间。计算温度应力和电场应力的加速度，即可推算出工作条件下的 TDDB 效应的寿命时间。工作条件下的寿命是加速应力条件下的寿命与加速系数的乘积，加速系数是温度加速度和电流加速度的乘积。

温度加速度：

$$A_T = \exp((E_a/k)(1/T_{use} - 1/T_{test})) \tag{11.17}$$

式中，A_T 是温度加速度；T_{use} 是使用条件下的温度值；T_{test} 是实验条件下的温度值。

电场加速度：

$$A_E = \exp(\gamma(E_{ox,test} - E_{ox,use})) \tag{11.18}$$

式中，A_E 是电场加速度；$E_{ox,test}$ 是应力条件下的电场强度；$E_{ox,use}$ 是使用条件下的电场强度。

于是工作条件下的寿命：

$$\tau_{op} = A_T A_E \tau_F \tag{11.19}$$

式中，τ_{op} 是工作条件下的寿命；τ_F 是加速应力条件下的寿命。

11.3.3　注意事项

静电对 TDDB 效应的寿命时间有显著影响，在整个试验过程中试验样品必须防静电；在高温试验时应力电压要逐步增加到设定值，防止瞬间击穿。

11.3.4 验证实例

TDDB 测试时使电场固定，选取 3 个以上不同的温度点，根据栅介质的击穿时间，作出 $\ln t_{50} \sim 1/T$ 关系图，对测量点进行线性拟合，拟合曲线的斜率即 E_a/k 的值。由于 k 值是个常量，根据 k 值即可计算出栅介质击穿的热激活能 E_a。

相应地，TDDB 测试时使温度固定，选取 3 个以上不同的电场，根据栅介质的击穿时间，作出 $\ln t_{50} \sim E$ 关系图，对测量点进行线性拟合，拟合曲线的斜率即电场加速因子。应力作用下的击穿过程如图 11.10 所示。0.13μm CMOS 工艺栅氧的恒定电压试验过程中出现了明显的软击穿现象。

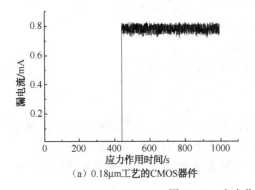
（a）0.18μm工艺的CMOS器件

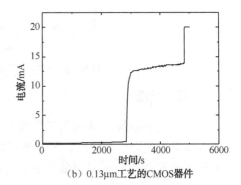
（b）0.13μm工艺的CMOS器件

图 11.10　应力作用下栅氧的击穿

TDDB 效应模型参数的提取如图 11.11 所示。经过计算，电场加速因子的值为 2.17，激活能的值为 0.56eV。于是，0.13μm CMOS 工艺器件栅氧的 TDDB 寿命评估可表示如下：

$$\tau_{bd} = A\exp(-2.17E)\exp(0.56/kT) \tag{11.20}$$

根据累计失效率 0.1% 的失效时间，计算出的 0.13μm CMOS 工艺 TDDB 效应的寿命列于表 11.10 中。从表中可看出，125℃的环境工作条件、1.1 倍额定工作电压下，栅氧 TDDB 效应的寿命大于工艺加工要求的 10 年寿命。

表 11.10　0.13μM CMOS 工艺寿命时间

机 理	失 效 判 据	电压应力/V	环 境 条 件	寿命/s
TDDB	漏电流变化 50%	1.32	125℃	2.80×10^{10}

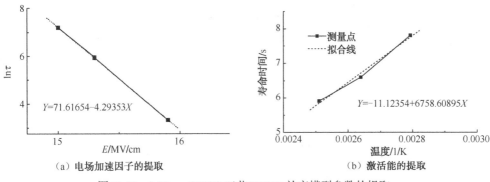

（a）电场加速因子的提取　　　　　　　（b）激活能的提取

图 11.11　0.13μm CMOS 工艺 TDDB 效应模型参数的提取

11.4 金属互连线的电迁移

置于电场中的导体通常只发生电子的漂移，即形成电流。如果电场（电流）足够大，使导体内的离子发生定向移动造成质量输运，这就叫电迁移（EM）效应。EM 效应是半导体集成电路中金属互连线开路或短路的可能失效机理。

电迁移是集成电路中金属互连线失效的重要原因。大多数正常工作条件下，金属导线中的电流密度并不大，由电流而导致的金属互连线的电迁移效应可以忽略不计，只有金属互连线中有超出正常电流密度 10～100 倍的大密度电流通过时，电迁移现象才会显著表现出来。双向交流电流条件下，金属互连线中的电迁移效应较弱，因为反复地在相反方向上发生的物质传输过程被相互抵消了。

直流电迁移试验的寿命计算一般采用 Black 方程来描述：

$$\tau = AJ^{-n} \exp\left(\frac{E_a}{kT}\right) \tag{11.21}$$

式中，E_a 是激活能；n 是电流密度因子；T 是温度；J 是电流密度；k 是玻尔兹曼常数。

11.4.1 试验要求

应当对设计规则和工艺参数有差别的连接孔和金属层进行电迁移测试，工艺参数包括金属化工艺或层间介质工艺。连接通孔的测试应使电流分别由上至下和由下至上进行，以在通孔与金属界面间施加应力，电迁移效应的测量如表 11.11 所示。选取几个不同的温度点进行测量，测试计划中应考虑提取激活能和电流密度因子，失效样品进行失效分析，以确认没有其他失效机理的存在。

表 11.11　电迁移效应的测量

模型	Black 方程
测试结构	金属互连线、通孔/接触孔
测试方式	圆片级或封装级
测试方法	(1) 恒定温度，在 200～420℃ 之间进行测试 (2) 金属线上的电流密度，或通孔和接触孔的电流密度 (3) 应能计算激活能 Ea 和电流密度因子 n
注意事项	(1) 试验中的测试时间间隔应远小于失效时间 (2) 试验样品必须失效 50% 以上、或者 (3) (3) 如果样品数<24，则需要失效样品≥12 (4) 如果不满足 (2)、(3) 项，只可能用于设定寿命的下限，不能计算寿命 (5) 分析失效样品的失效机理；否则，直接分析有可能得出错误的结论 (6) 在失效有多种模式或有早期失效时，必须做失效分析，以比较其不同的分布
样品量和应力条件	(1) 在某个相同的电流、温度下，至少测试 3 批 (2) 其中一批用于计算 Black 方程的 n、Ea。 J1T1、J2T1、J3T1-->计算 n（同一温度，不同电流密度） J1T1、J1T2、J1T3-->计算 Ea（同一电流密度，不同温度） 说明：在 3 个不同的电流条件下进行测量，提取电流密度因子时，保持温度不变；在 3 个不同的温度条件下进行测量，提取激活能，保持电流密度不变。 (3) 每个测试条件下，使用 15 个测试结构进行测试。当确定中位寿命和标准偏差时，应当至少有 12 个有效的失效时间数据点，如果一次试验中有效的失效时间数据点数不足 12 个，则必须重新进行试验
失效判据	电阻值比初始值增大 20%
数值计算	在允许的最高工作结温和设计规则允许的最大电流密度条件下，计算失效率为 0.1% 时的时间。T0.1@125℃>10 年
报告要求	(1) 工厂名、所在地、工艺名称、日期，简单说明测试结构。 (2) 工艺结构：厚度、每层的组成、介质、VIA 类型。 (3) 对试验计划里的每个试验：测试条件（温箱的温度、实际的电流密度和温度）、开始样品数、失效分布图、90% 置信度的 t_{50}、σ。 (4) 计算 Ea、n，计算 $t_{0.1}$@最大电流和最高温度（寿命大于 10 年），计算最高温度下 $t_{0.1}$ 等于 10 年时的最大电流密度

　　用于测试的金属测试线结构，应符合 ASTM 文件 F1259—96 中对电迁移实验结构的要求。它应有称文连接且超过 95% 的线长需具有均匀的横截面积，这样的结构有利于如下假设的成立：沿测试线有均匀的温度分布，当没有明显的虚焊出现时，该假设成立。

11.4.2 实验方法

电迁移效应的试验流程如图 11.12 所示。

1. 参数设置

表 11.12 中所列是恒温恒流电迁移测试时需要输入的参数值例子，典型电流密度范围：$1\times10^6\sim5\times10^6 A/cm^2$。

2. 失效判据选择

加速应力条件下失效判据的选择是根据测试结构的电阻率的变化来确定的，电阻变化率是应力测试后的电阻值与初始电阻值的比率。失效判据的选择是试验前后电阻值的变化率为 20%。

3. 激活能的计算

定好电流密度的值，分别在 3 个不同的温度点 $1/T_1$、$1/T_2$ 和 $1/T_3$，测量一批电迁移失效数据，在对数正态坐标上提取中位寿命 τ_1、τ_2 和 τ_3，在半对数坐标上画出中位寿命 τ_1、τ_2 和 τ_3 与温度的倒数 $1/T_1$、$1/T_2$ 和 $1/T_3$ 的对应关系。该对应关系的拟合曲线的斜率就是激活能 E_a，激活能的典型值在 $0.5\sim0.9eV$ 之间。

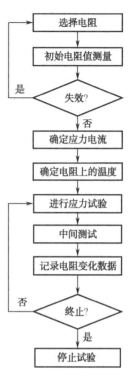

图 11.12 电迁移效应
的试验流程

表 11.12 参数值例子

参 数	典 型 范 围
横截面积	$0.2\sim3.0\mu m^2$
温度系数（T_{ref}）	$3.3\times10^{-3}/{}^\circ C\sim4.0\times10^{-3}/{}^\circ C$
T_{ref}	$0^\circ C$ 或室温（$24\sim30^\circ C$）
T_{test}	$225\sim425^\circ C$
电流密度	$1\times10^6 A/cm^2$（$10mA/\mu m^2$）
温度的误差范围	$<0.5^\circ C$
失效电阻倍增因子	$1.05\sim1.50$（5%到50%增量）

4. 数据处理

工作条件下的电迁移寿命是加速应力条件下的寿命与加速系数之比，加速系数是温度加速度和电流加速度的乘积：

温度加速度：

$$A_T = \exp((E_a/k)(1/T_{use} - 1/T_{test}))$$ （11.22）

式中，A_T 是温度加速度；T_{use} 是使用条件下的温度值；T_{test} 是实验条件下的温度值。

电流加速度：

$$A_J = (J_{test}/J_{use})^n$$ （11.23）

式中，A_J 是电流加速度；J_{use} 是使用条件下的电流密度，J_{test} 是实验条件下的电流密度。于是工作条件下的寿命：

$$\tau_{op} = A_T A_J \tau_F$$ （11.24）

式中，τ_{op} 是工作条件下的寿命；τ_F 是加速应力条件下的寿命。

测试样品的报告需包括如下参数：

（1）测试环境温度；

（2）温度系数；

（3）目标测试温度；

（4）失效判据；

（5）初始电阻；

（6）收敛时的电阻和应力电流；

（7）失效时间；

（8）应力期间的平均电阻；

（9）应力期间的平均应力电流。

11.4.3　注意事项

电阻的温度系数 $TCR(T)$：测试线电阻随温度的变化量，或相同金属化的类似结构在某一特定温度条件下，每单位温度的电阻变化量，如 JESD33 中所描述的方程：

$$TCR(T_{ref}) = \frac{1}{R(T_{ref})}\frac{\Delta R}{\Delta T}$$ （11.25）

式中，$R(T_{ref})$ 是参考温度下的测试线电阻；T_{ref} 是参考温度。

$TCR(T)$ 以参考温度为定义依据。值得注意的是，在参考温度下不一定需要测量测试结构的电阻值。参考温度通常有两种选择方式，即 0℃或环境温度（典型值为 24~27℃），两种方式是等效的，0℃便于不同实验室间或同一实验室不同时间试验的比较。

$TCR(T)$ 的值可能随批次的不同而不同，甚至同一圆片内的 $TCR(T)$ 也可能不同。虽然确定每个测试样品的 $TCR(T)$ 不是很实际，但变化的存在却可构成混淆因素。因此建议在某一工艺过程中对选定样品进行最小周期的观察，最好使用与试验中一样的结构。

11.4.4 验证实例

进行电迁移效应试验时，金属铝的温度范围为 150～300℃，金属铜的温度范围为 250～400℃。进行电迁移效应激活能参数的提取时，需要定好电流密度的值，分别在 3 个不同的温度点 $1/T_1$、$1/T_2$ 和 $1/T_3$，测量一批电迁移失效数据，在对数正态坐标上提取中位失效时间 τ_1、τ_2 和 τ_3，在半对数坐标上画出中位失效时间 τ_1、τ_2 和 τ_3 与温度的倒数 $1/T_1$、$1/T_2$ 和 $1/T_3$ 的对应关系。该对应关系拟合曲线的斜率就是激活能 E_a，激活能的典型值一般在 0.5～0.9eV 之间。

恒定温度和恒定电流密度条件下，提取电流密度因子时，在 3 个不同的电流条件下，即 J_1、J_2、J_3 进行测量，保持温度 T_1 不变。

加速应力下 CMOS 工艺金属化电迁移效应的失效时间如表 11.13 所示。根据中位失效时间进行电迁移效应模型参数的提取，如图 11.13 所示。典型失效图形如图 11.14 所示。

表 11.13 加速应力下 CMOS 工艺金属化电迁移效应的失效时间

环境温度 （K）	电流密度 /A/cm^2	中位失效时间 /s	失效率 0.1%的失效时间 /s
573	1.60×10^7	1450	147
623	1.60×10^7	490	109
673	1.60×10^7	139	48.1

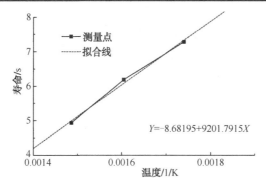

图 11.13 CMOS 工艺电迁移效应激活能参数的提取

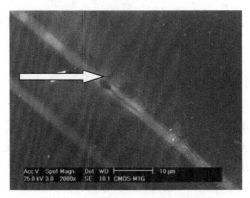

图 11.14　CMOS 工艺电迁移失效图形

经计算，电迁移失效的激活能是 0.793eV，电流密度因子取典型值 2。于是，CMOS 工艺电迁移效应的寿命评估可表示如下：

$$\tau = AJ^{-2} \exp\left(\frac{0.793}{kT}\right) \tag{11.26}$$

铝金属互连线中的工作电流密度设定为 $5 \times 10^5 \text{A/cm}^2$，根据累计失效率 0.1% 的失效时间，计算出的 CMOS 工艺电迁移效应的寿命列于表 11.14 中。从表中可看出，125℃的环境温度条件下，金属化电迁移效应的寿命大于工艺加工要求的 10 年寿命要求。

表 11.14　CMOS 工艺金属化电迁移效应的寿命

失效机理	失效判据	环境温度	电流加速度	温度加速度	寿命
EM	电阻值变化 20%	125℃	1.024×10^3	5713	$6.38 \times 10^8 \text{s}$

 11.5　PMOSFET 负偏置温度不稳定性

负偏置温度不稳定性（NBTI）是 PMOSFET 沟道反型时的磨损机理。在高温和负偏置条件下，PMOSFET 的沟道反型，在 Si/SiO_2 界面处的 Si 的化合物（Si-H、Si-O 等）的电化学反应产生施主型界面态和正的固定电荷，导致器件参数的退化。该电化学反应依赖于栅氧的电场和器件的沟道温度。NBTI 效应对 PMOSFET 的退化作用主要体现在驱动电流和跨导的下降、亚阈斜率的不断增大、阈值电压的漂移。NBTI 是超深亚微米半导体集成电路中 PMOSFET 管参数退化的可能失效机理。NBTI 效应与栅氧工艺密切相关，该效应主要出现在 0.25μm 以下工艺制造出的 PMOSFET 中。

阈值电压的变化与应力作用时间呈幂指数依赖关系。同时，阈值电压的变化与偏置电场、环境温度有关，可以写成如下形式，其中激活能的变化量一般在 0.2～0.6eV 之间。

$$\Delta V_\text{T} = A(1/W)^n(1/L)^m \exp(-C/V_\text{GS})\exp(-E_\text{a}/kT)t^p \qquad (11.27)$$

式中，ΔV_T 是阈值电压的变化量；A 是比例常数；W 是器件的宽度；n 是与器件宽度有关的模型参数；L 是器件的长度；m 是与器件长度有关的模型参数；C 是电场加速系数；V_GS 是栅极电压；E_a 是激活能；k 是玻尔兹曼常数；T 是绝对温度；t 是应力作用时间；p 是应力作用时间的幂指数。

11.5.1　试验要求

栅极加上负偏置应力电压，电压值的大小由斜坡电压确定，该负栅偏置应力电压一般应大于最高工作电压 V_DSmax，小于 1.5 倍的 V_DSmax，即 $|V_\text{DSmax}|<|V_\text{GS}|<|1.5V_\text{DSmax}|$。其他各极接地，避免过量的隧穿应力，如图 11.15 所示。

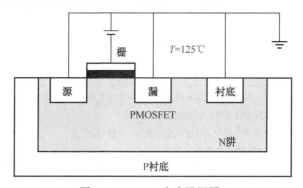

图 11.15　NBTI 应力设置图

在最高工作温度下进行测试（如 125℃），应力测试期间，温度的稳定度要达到±2℃，当需要测量激活能时，可以采用更高一些的温度。多次应力循环测量时，时间的准确度要达到±1%。应力循环测量期间，中间测量的时间必须最少。

高温下，只在栅极施加应力，源极、漏极和衬底均接地。以阈值电压的漂移量作为器件退化的失效判据。

负偏置温度不稳定性（NBTI）测试。用于测量高温和负栅偏置条件下阈值电压的退化，这种退化特别容易发生在具有 2 层多晶工艺的 PMOS 器件中，随着温度的上升而增加。在具有特征尺寸的器件上进行测试时，需要注意的是，这种退化方式一定程度上会受到沟道长度的影响。NBTI 效应的测量方法如表 11.15 所示。

表 11.15　NBTI 效应的测量

测试参数	在最大负偏置应力条件下，测量阈值电压的变化量，该阈值电压的变化量应等于器件寿命期间内阈值电压的变化量（如 10 年的工作寿命）
测试结构	具有特征长度的 PMOSFET，有独立的衬底 Pad
失效判据	失效判据由用户定义，可选择阈值电压漂移 50mV 或 100mV
方法	（1）由斜坡电压击穿确定负栅偏置应力，$\|V_{DSmax}\| < \|V_{GS}\| < \|1.5 \times V_{DSmax}\|$，其他的 Pad 接地，避免过量的 FN 应力。 （2）在最高工作温度下进行测试（如 125℃），应力测试期间，温度的稳定度要达到±2℃。 （3）当需要测量激活能时，可以采用更高一些的温度（85～200℃）。 （4）应力期间的读数点：多次应力循环测量时，时间的准确度要达到±1%，应力循环测量期间，中间测量的时间必须最少。 （5）电场加速因子的提取：3 组不同的电压应力、125℃环境温度条件下进行实验
模型评价	$\Delta V_{T} = A(1/W)^{n} \times (1/L)^{m} \exp(-C/V_{GS}) \times \exp(-E_{a}/kT) \times t^{p}$ 参数的变化与应力作用时间呈幂指数依赖关系； 参数的变化与偏置电场有关； 参数的变化与温度的依赖关系，激活能 ΔH 的变化量从-0.01～0.15eV 之间，但是需要经过测量
样品量	每个测试条件下，使用 10 个测试结构进行测试
数值计算	在 $1.1V_{DD}$ 的工作条件下，寿命终了时的阈值电压漂移
报告要求	（1）工厂名、所在地、工艺名称、日期，简单说明测试结构； （2）每个试验的样品数，试验中的测试数据； （3）简单说明测试条件（温度、应力电压、失效判据）； （4）计算模型参数，计算 t_{63}

11.5.2　试验方法

NBTI 效应是指对器件施加负的栅压和温度应力条件下所发生的一系列现象，它主要发生在 PMOSFET 中，其典型的应力条件是栅氧电场 $\|V_{DSmax}\| < \|V_{GS}\| < \|1.5\,V_{DSmax}\|$，源、漏极和衬底均接地。NBTI 效应对阈值电压的影响最为严重，并且随着应力电压和温度的升高而不断增加。

在栅极上加上应力电压，并且在源、漏极和衬底均接地的情况下进行 NBTI 效应的测量，以阈值电压或跨导的变化作为器件退化的失效判据，试验流程如图 11.16 所示。

1. 应力设置

将封装后的测试结构放入环境温度为 80～150℃的高温箱中，待测试结构上的温度达到热平衡后，再在栅极上加上负偏置电压。

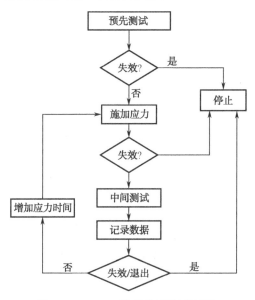

图 11.16　NBTI 效应的试验流程图

2.　测量时间设置

设置一些相应的时间测量位置，如 100s、200s、500s、1000s，在这些时间点去除负栅应力，并将器件冷却至室温，测量阈值电压的变化值，并记录下相应的阈值电压值。

3.　失效判据

当阈值电压漂移 50mV 或跨导值的退化达到 10%时器件失效，累计试验时间即器件的失效时间。

4.　定时截止

当器件的退化过程很慢，失效时间很长时，为了保证项目的进度，需设置一个时间节点，如 20000s，当试验进行到该时间节点而仍未失效时，应中断试验过程。通过记录的阈值电压的变化过程，采用数学处理的方法，依据设置的失效判据，外推出器件的失效时间。

5.　模型参数提取

（1）激活能的提取。恒定电场条件下，分别在 3 个不同的温度点（如 125℃、155℃、175℃）各测量一批薄栅氧化层的寿命，在对数正态坐标上分别提取中位寿

命 τ_{11}、τ_{21} 和 τ_{31}，在半对数坐标上画出中位寿命时间 τ_{11}、τ_{21} 和 τ_{31} 与温度的倒数 $1/T_1$、$1/T_2$ 和 $1/T_3$ 的对应关系，该对应关系拟合曲线的斜率就是激活能 E_a，如图 11.17 所示。

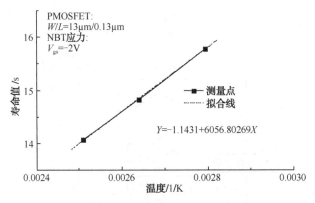

图 11.17　NBTI 效应激活能的提取

（2）电场加速因子的提取。恒定高温（如 125℃）环境条件下，分别在 3 个不同的栅极电压应力下（如-2.5V、-3.0V、-3.3V）各测量一批薄栅氧化层的寿命，在对数正态坐标上分别提取中位寿命 τ_{12}、τ_{22} 和 τ_{32}，在半对数坐标上画出中位寿命 τ_{12}、τ_{22} 和 τ_{32} 与电压栅极应力电压 V_{GS1}、V_{GS2} 和 V_{GS3} 的倒数的对应关系，该对应关系拟合曲线的斜率就是电场加速因子 C。

（3）应力作用时间影响因子的提取。恒定高温环境和恒定栅极应力条件下，PMOSFET 的阈值电压的退化量随着应力时间的增加而不断增大。测量一批薄栅氧化层的寿命，在双对数坐标系中以应力时间为横坐标，阈值电压的漂移量为纵坐标，该对应关系拟合曲线的斜率就是应力时间影响因子 p。

（4）比例系数的提取。恒定高温（如 125℃）环境条件下和恒定栅极应力条件下，测量一批 PMOSFET 的寿命。在对数正态坐标上提取出中位寿命，即可计算出比例系数。

6. 数据处理

在对数正态坐标上绘制累积失效率分布，得到加速应力下的寿命。计算温度应力和电场应力的加速度，推算工作应力条件下 NBTI 寿命。

工作条件下的寿命是加速应力条件下的时间与加速系数的乘积，加速系数是温度加速度、电场加速度和应力作用时间的乘积。

温度加速度：

$$A_T = \exp((E_a/k)(1/T_{use} - 1/T_{test})) \tag{11.28}$$

式中，A_T 是温度加速度；T_{use} 是使用条件下的温度值；T_{test} 是加速应力条件下的温度值。

电场加速度：

$$A_{\mathrm{E}} = \exp\left(C\left(\frac{1}{V_{\mathrm{GS,use}}} - \frac{1}{V_{\mathrm{GS,test}}} \right) \right) \tag{11.29}$$

式中，A_{E} 是电场加速度；$V_{\mathrm{GS,use}}$ 是使用条件下的电压；$V_{\mathrm{GS,test}}$ 是应力条件下的电压。

于是工作条件下的寿命可表示如下：

$$\tau_{\mathrm{op}} = \left(A_{\mathrm{T}} A_{\mathrm{E}} \right)^{1/p} \tau_{\mathrm{F}} \tag{11.30}$$

式中，τ_{op} 是工作条件下的寿命；τ_{F} 是加速应力条件下的寿命。

11.5.3　注意事项

（1）NBTI 效应与 HCI 效应的耦合机制。在 NBTI+HCI 应力下，器件阈值电压的漂移说明 SiO₂/Si 界面有正电荷的出现，而且 NBTI 效应和 HCI 效应都对正电荷的形成有贡献，因此器件的退化是 NBTI 效应和 HCI 效应共同作用的结果。NBTI 应力引起的阈值电压漂移量与沟道长度无关，如图 11.18 所示。

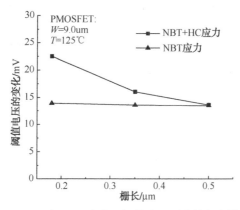

图 11.18　NBT＋HC 和 NBT 应力下阈值电压漂移量与沟道长度的关系

（2）环境温度对 NBTI 效应的影响。对于 0.18μm CMOS 工艺器件，NBTI 效应随环境温度的上升不断增强，125℃环境温度条件下，NBTI 效应产生的退化明显大于 HCI 效应产生的退化。此时，NBTI 效应是器件退化的主要因素。

11.5.4　验证实例

恒定电场条件下，分别在 3 个不同的温度点（85℃、105℃、125℃）各测量一批 PMOSFET 的失效时间，以进行激活能的提取。在对数正态坐标上分别提取中位失效时间 τ_{11}、τ_{21} 和 τ_{31}，在半对数坐标上画出中位失效时间 τ_{11}、τ_{21} 和 τ_{31} 与温度的倒数 $1/T_1$、$1/T_2$ 和 $1/T_3$ 的对应关系，对测量点进行线性拟合，该拟合曲线的斜率为 E_a/k，据此可计算出激活能 E_a，如图 11.19 所示。本图仅是典型 CMOS 工艺 NBTI 效应激活能的提取，图中计算出的激活能是 0.52eV。

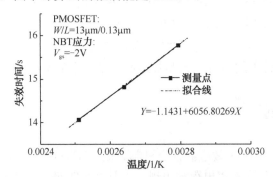

图 11.19 典型 NBTI 效应激活能的提取

电场加速因子的提取。恒定高温（125℃）环境条件下，分别在 3 个不同的栅极电压应力下（-1.8V、-2.0V、-2.2V）各测量一批薄栅氧化层的寿命，在对数正态坐标上分别提取中位失效时间 τ_{12}、τ_{22} 和 τ_{32}，在半对数坐标上画出中位失效时间 τ_{12}、τ_{22} 和 τ_{32} 与栅极应力电压 V_{GS1}、V_{GS2} 和 V_{GS3} 的倒数的对应关系，该对应关系拟合曲线的斜率就是电场加速因子 C，如图 11.20 所示。

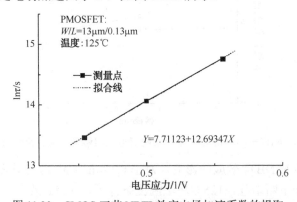

图 11.20 CMOS 工艺 NBTI 效应电场加速系数的提取

125℃环境温度条件下，施加-2.0V 的栅压，应力作用时间 5000s，根据一批器件的失效时间，列出应力作用时间与阈值电压漂移的关系，如图 11.21 所示。在双对数坐标中，应力作用时间与阈值电压漂移的关系近似为线性关系，曲线的斜率值为 0.25。通过对宽度和长度相关的模型参数的提取，CMOS 工艺 NBTI 效应导致的阈值电压漂移量的表示如下：

$$\Delta V_{th} = -A(1/W)^{0.35}\exp(-12.7/V_{GS})\exp(-0.52/kT)t^{0.25} \tag{11.31}$$

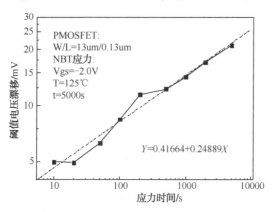

图 11.21　0.13μm CMOS 工艺 NBTI 效应应力作用时间参数的提取

根据上式可知，以阈值电压漂移 100mV 作为失效判据，在环境温度为 125℃时，依据上述模型可以计算出 W/L=13μm/0.13μm 的 PMOSFET 的 NBTI 效应的寿命是 18.1 年，列于表 11.16 中。

表 11.16　SMIC 0.13μm CMOS 工艺 NBTI 的寿命

机　理	参　数	电压应力	环境条件	寿　命
NBTI	阈值电压变化 100mV	−1.32V	125℃	5.72×10^{8}s

参 考 文 献

[1] GB/T 9178 集成电路术语

[2] GJB7400-2011 合格制造厂认证用半导体集成电路通用规范

[3] GJB597B-2012 半导体集成电路通用规范

[4] GJB548B-2005 微电子器件试验方法和程序

[5] JESD28-A. Procedure for Measuring N-Channel MOSFET Hot-Carrier-Induced Degradation Under DC Stress. JEDEC Solid State Technology Association, December 2001

[6] JESD28-1. N-Channel MOSFET Hot Carrier Data. Analysis. JEDEC Solid State Technology Association, September 2001

[7] JEP001A. Foundry Process Qualification Guidelines, February 2014

[8] JESD60. A Procedure for Measuring P-Channel MOSFET Hot-Carrier-Induced Degradation at Maximum Gate current under DC Stress, April 1997

[9] JESD63. Standard Method for Calculating the Electromigration Model Parameters for Current Density and Temperature, February 1998

[10] JESD-92. Procedure for Characterizing Time-Dependent Dielectric Breakdown of Ultra-Thin Gate Dielectrics, August 2003

[11] ASTM-96. Standard Test Method for Estimating Electromigration Median Time-To-Failure and Sigma of Integrated Circuit Metallizations [Metric]

[12] ASTM-F1259M–96(Reapproved 2003).Standard Guide for Design of Flat, Straight-Line Test Structures for Detecting Metallization Open-Circuit or Resistance-Increase Failure Due to Electromigration [Metric]

[13] Mil-PRF-38535J. Performance Specification integrated circuits (microcircuits) manufacturing general specification for, December 2010

[14] EIAJ ED-4704-2000. Failure mechanism driven reliability test methods for LSIs.

[15] IEC62374-2007 Semiconductor devices - Time dependent dielectric breakdown (TDDB) test for gate dielectric films

[16] 姚立真. 可靠性物理. 北京：电子工业出版社，2004

[17] 章晓文，恩云飞. 微电子工艺技术可靠性[J].电子质量，2003（9）:11

[18] Tu K.N. Recent advances on electromigration in very-large-scale—integration of interconnections. Journal of Applied Physics, 2003, 94(9): 5451

[19] Venkatesan S., Gelatos A. V.. A High Performance 1.8V 0.20μm CMOS Technology with Copper Metallization. IEDM, 1997: 769

[20] Hau-Riege C. S., Thompson C. V.. Electromigration in Cu interconnects with very different grain structures. Applied Physics Letters, 2001, 78(22): 3451

[21] Hu C. K., Gignac L., Rosenberg R., etc. Reduced electromigration of Cu wires by surface coating. Applied Physics Letters, 2002, 81(10): 1782

[22] Hu C. K., Gignac L., Liniger E., etc. Comparison of Cu electromigration lifetime in Cu interconnects coated with various caps. Applied Physics Letters, 2003,83(5): 869

主要符号表

A	（1）系数 （2）芯片面积
A_E	电场加速度
$A_{dc}(T)$	试验确定的参数
$A_{ac}(T)$	试验确定的参数
A_T	温度加速度
B	（1）与电子有效质量和阴极界面势垒有关的常数 （2）隧穿电流的指数因子
C	电容
C_{FB}	平坦能带电容
C_{lf}	准静态电容
C_{hf}	高频电容
C_{it}	界面陷阱电容
C_{max}	高频测量中的最大电容
C_{min}	高频测量中的最小电容
C_{ox}	每单位面积的氧化层电容
C_S	表面空间电荷层电容
D	扩散系数
D_{it}	界面陷阱密度（$cm^{-2}eV^{-1}$）
$\overline{D_{it}}$	平均界面陷阱密度（$cm^{-2}eV^{-1}$）
D_H	H 扩散时的有效扩散系数
D_O	（1）有效原子扩散因子 （2）缺陷
E	电场强度
E_a	激活能
E_g	半导体的禁带宽度
E_m	沟道电场
E_{ox}	氧化层电场
$E_{ox,test}$	应力条件下的电场强度
$E_{ox,use}$	使用条件下的电场强度

erfc	余误差函数
f	频率
F	作用在原子上的力
$F(t)$	累计失效率
F_q	电场力
F_e	摩擦力
F_V	空位流
g_m	跨导
H	空穴产生率的指数因子
I_B	基极电流
I_{cp}	电荷泵电流
I_{ds}	沟道电流
ΔI_{ds}	线性区电流的变化
I_{dsat}	饱和驱动电流
ΔI_{dsat}	漏极饱和电流的变化约
I_g	栅电流
I_R	反向电流
I_s	双极器件的饱和电流
I_{sub}	衬底电流
J	电流密度
J_{dc}	直流电流密度
$\overline{J}$	电流密度平均值
$\overline{|J|}$	绝对电流密度的平均值
j	原子通量
k	（1）玻耳兹曼常数 （2）工艺因子
K	修正因子
L	（1）互连线的长度 （2）MOS 管的长度
l_c	饱和区的特征长度
L_D	德拜长度
L_{eff}	有效沟道长度
L_H	H 扩散时的有效扩散长度

续表

m	（1）电流密度因子 （2）威布尔分布的形状参数
N	（1）运动的金属原子浓度 （2）单位体积晶体内所含的晶格数 （3）芯片数
n	（1）空位浓度 （2）缺陷数 （3）电压加速系数
NA	数值孔径
N_A	受主掺杂浓度
N_B	硅衬底原有杂质浓度
N_D	衬底掺杂浓度
n_E	基极和发射极泄漏电流的理想系数
N_f	单位面积内的固定氧化物电荷
N_{it}	单位面积的界面态密度
N_S	表面浓度
$N(x,t)$	恒定表面源扩散的杂质分布
$N(x_P)$	距离表面深度为 x_P 处的注入深度
N_{MAX}	离子注入的峰值浓度
P	（1）经验常数 （2）几率
$P(k)$	芯片含 k 个缺陷的几率
P_0	不含缺陷的芯片成品率
P_1	含一个缺陷的芯片几率
$P(t)$	失效概率密度函数
q	（1）电子电荷 （2）经验常数
Q_B	耗尽层电荷
Q_f	固定氧化层电荷
Q_m	可动电荷
Q_{it}	界面陷阱电荷
Q_{ot}	氧化层陷阱电荷
Q_{bd}	击穿电荷
Q_P	空穴流量

Q_{SS}	表面态电荷
$Q(t)$	扩散到硅片内部的杂质数量
R	（1）比例常数 （2）电阻 （3）光刻分辨率 （4）斜坡上升速率
R_S	方块电阻
R_P	离子注入的损伤深度
r_o	MOSFET 的沟道电阻
$R(t)$	可靠度
$R(T_{ref})$	参考温度下的电阻
S	亚阈值斜率
T	绝对温度
t	应力作用时间
t_{BD}	击穿时间
TCR	温度系数
t_r	栅信号的上升时间
t_f	栅信号的下降时间
t_{ox}	栅氧化层的厚度
T_{ref}	参考温度
T_{test}	实验条件下的温度值
T_{use}	使用条件下的温度值
V_{BS}	背栅压
V_{DD}	电源电压
$V_{DS(sat)}$	沟道夹断电压
V_{FB}	平带电压
V_g	栅极电压
V_{gBD}	斜坡击穿电压
V_{th}	阈值电压
V_{DS}	漏源电压
V_d	原子的漂移速度
V_{GS}	随栅源电压
V_{OX}	氧化层上的电压降

V_O	振动频率
V_S	表面势
W	（1）互连线的宽度 （2）MOS 管的宽度
W_{eff}	有效沟道宽度
W_i	间隙杂质的势垒高度
W_V	形成一个空位所需要的能量
W_S	替位杂质的势垒高度
x	由表面算起的垂直距离
x_d	耗尽层厚度
X_{OX}	栅氧名义厚度
ΔX_{OX}	由于存在缺陷而使栅氧减薄的量
X_{eff}	等效栅氧厚度
x_j	结深
x_P	离子注入距离表面的深度
Y	成品率
Z^*	等效电荷数
λ	（1）电子的平均自由程 （2）沟道长度调制系数
τ	器件的寿命
τ_F	加速应力条件下的寿命
τ_{op}	工作条件下的寿命
τ_{MTTF}	中位寿命
τ_{MTTFp}	脉冲电流下的中位寿命
τ_{MTTFAC}	纯交流电流下的中位寿命
$\tau_{MTTFdc,AC}$	一般双向波形下的电迁移中位寿命
τ_O	本征击穿时间
α	电离碰撞空穴产生系数
ρ	金属电阻率
δ	（1）互连线中的空洞 （2）失配
δ_C	互连线中空洞的临界值
ϕ_e	电子的亲和势

ϕ_F	半导体内部电势即费米势
ϕ_{it}	电子产生界面态时的临界能量
ϕ_M	金属的功函数
ϕ_{MS}	金属和半导体的功函数差
ϕ_S	表面电势，半导体的功函数 V_S
φ_i	碰撞离化能
γ	电场加速因子
γ_g	电压加速因子
θ	（1）平均寿命 （2）差分热阻
η	威布尔分布的特征寿命
μ_n	沟道中电子的平均迁移率
ϕ_F	费米势
ε_{si}	硅的介电常数
ε_{ox}	氧化层的介电常数
ε_{rs}	硅的相对介电常数
ε_o	真空电容率
$\Delta\psi_s$	表面势的总扫描范围
μ	（1）正态分布的均值 （2）沟道迁移率
σ	正态分布的方差
Θ	热阻

英文缩略词及术语

A	
AF（Acceleration Factor）	加速系数
AHI（Anode Hole Injection）	阳极空穴注入
ALT（Accelerated Life Test）	加速寿命试验
APCVD（Atmospheric Pressure CVD）	常压化学气相沉积
ASIC（Application Specific Integrated Circuit）	专用集成电路
ATPG（Automatic Test Pattern Generation）	自动化测试码的生成
ATTF（Actual Time To Fail）	实际失效时间
B	
BEOL（Before End of Line）	后道工序
BIR（Build in Reliability）	内建可靠性
BPSG（Boro Phospho Silicate Glass）	硼磷硅玻璃
C	
CHE（Channel Hot Electron）	沟道热电子
CIC（Chip Implementation Center）	芯片植入中心
CLM（Channel Length Modulation）	沟道长度调制效应
CMC（Canadian Microelectronics Corporation）	加拿大微电子公司
CMOS（Complement Metal-Oxide-Semiconductor）	互补氧化物半导体
CMP（Circuit Multi-Projects）	多项目电路
CPI（Chip Package Interaction）	芯片封装相互作用
CTFS（conductive top films）	导电的顶层薄膜
CV（constant voltage）	恒定电压
CVD（Chemical Vapor Deposition）	化学气相沉积
D	
DAHC（Drain Avalanche Hot Carrier）	漏极雪崩热载流子
DIBL（Drain-Induced Barrier Lowering）	漏致势垒降低
DOF（Depth Of Focus）	焦深
DOI（Defects of Interest）	感兴趣的缺陷
DRC（Design Rule Check）	设计规则检查

E	
ECC（Error Correcting Code）	纠错码
ECD（Electrochemical Deposition）	电化学沉积
EM（Electromigration）	金属化电迁移
ERC（Electrical Design Check）	电气规则检查
ESD（Electrostatic Discharge）	静电放电
ESDS（ElectroStatic Discharge Sensitivity）	静电放电灵敏度
EOS（Electrical Over Stress）	过电应力
EOT（Effective Oxide Thickness）	有效氧化层厚度
EUVL（Extreme-UV lithography）	远紫外线光刻
F	
FET（Field-effect transistor）	场效应晶体管
FEOL（Front End of Line）	前端工艺
FinFET（FinField-effect transistor）	鳍背式场效应晶体管
FOUP（Front-Opening Unified Pod）	前开口片盒
G	
GSI（Giga Scale Integrity）	巨大规模
H	
HCI（Hot Carrier Injection）	热载流子注入
HDPCVD（High Density Plasma CVD）	高密度等离子体化学气相沉积
HB（Hard Breakdown）	硬击穿
HBM（Human Body Model）	人体模型
HCIM（Hot Carrier injection MOS）	热载流子注入 MOS
HCIB（Hot Carrier injection Bipolar）	热载流子注入双极器件
HEPAF（High efficiency Particulate air Filter）	高效空气过滤器
HEPA（High Efficiency Particle Amass）	高效颗粒收集
I	
IC（Integrated Circuit）	集成电路
IMD（Intermetal Dielectric）	金属间介质层
IP（Intelligent Property）	知识产权
IRPS（International Reliabilty Procedings Sym）	国际可靠性物会议
L	
LDD（Lightly Doped Drain）	轻掺杂漏

LER（Line edge roughness）	线条边缘粗糙性
LOCOS（local oxidation of silicon）	局部氧化
LPE（Layout Parameter Extract）	版图参数提取
LPCVD（Low Pressure CVD）	低压化学气相沉积
LSI（Large Scale Integrity）	大规模
LVS（Layout Versus Schematic）	版图和电路图比较
M	
MEEF（mask error enhancement factor）	掩模版误差增强因子
MEMS（Microelectro Mechanical System）	微电子机械系统
MLC（Multi Level Cell）	多级单元
MIC（Mobile Ion Contamination）	可动离子污染物
MOS（Metal–Oxide-Semiconductor）	金属氧化物半导体
MOSIS（ Metal-Oxide-Semiconductor-Implementation Service）	金属氧化物半导体植入服务
MPW（Multi-Project Wafer）	多项目晶圆
MS（Mechanical Stress）	机械应力
MSI（Middle Scale Integrity）	中规模集成电路
MTTF（Mean Time To Failure）	中位失效时间
N	
NBTI（Negative Bias Temperature Instability）	负偏置温度不稳定性
O	
ONO（Oxide-Nitride-Oxide）	沉积氮化硅
OP（Oxide Passivation）	氧气钝化
P	
PCM（Process Control Monitor）	工艺质量监测
PECVD（Plasma Enhanced CVD）	等离子增强化学气相沉积
PPB（Parts Per Billion）	十亿分之几
PSG（Phospho Silicate Glass）	磷硅玻璃
PVD（Physical Vapor Deposition）	物理气相沉积
Q	
QCV（quasi-constant voltage）	准恒定电源电压
QML（Qualified Manufacturer Listing）	合格制造厂目录
R	
REM（Reliability Evaluation Monitor）	可靠性评价

RHACL（radiation hardness assurance capability level）	辐射加固保证能力
RHA（Radiation Hardness Assurance）	辐射加固保证
RTP（Rapid Thermal Processing）	快速热过程
S	
SB（Soft Breakdown）	软击穿
SCBE（Substrate Current Induced Body Effect）	衬底电流感生体效应
SEU（Single Event Upset）	单粒子翻转
SEC（Standard Evaluation Circuit）	标准评价电路
SHE（Substrate Hot Electron）	衬底热电子
SIA（Semiconductor Industry Association）	半导体工业协会
SILC（Stress Induced Leakage Current）	应力引起的漏电流
SPC（Statistic Process Control）	统计过程控制
SSI（Small Scale Integrity）	小规模集成电路
STI（Shallow Trench Isolation）	浅沟槽
T	
TCR（temperature coefficient of resistance）	电阻温度系数
TCV（Technology Characterization Vehicle）	可靠性表征结构
TDDB（Time Dependant Dielectric Breakdown）	与时间有关的介质击穿
TDRE（Totale Dose Radiation Effects）	总剂量辐照效应
TQV（Technology Qualification Vehicle）	技术鉴定方法
TPTSV（Tight Pitch Through Silicon Vias）	密集节距硅通孔
U	
ULSI（Ultra Large Scale Integrity）	特大规模集成电路
V	
VLSI（Very Large Scale Integrity）	超大规模集成电路
W	
WLR（Wafer Level Reliability）	圆片级可靠性

反侵权盗版声明

    电子工业出版社依法对本作品享有专有出版权。任何未经权利人书面许可，复制、销售或通过信息网络传播本作品的行为，歪曲、篡改、剽窃本作品的行为，均违反《中华人民共和国著作权法》，其行为人应承担相应的民事责任和行政责任，构成犯罪的，将被依法追究刑事责任。

    为了维护市场秩序，保护权利人的合法权益，我社将依法查处和打击侵权盗版的单位和个人。欢迎社会各界人士积极举报侵权盗版行为，本社将奖励举报有功人员，并保证举报人的信息不被泄露。

举报电话：（010）88254396；（010）88258888

传　　真：（010）88254397

E-mail：　dbqq@phei.com.cn

通信地址：北京市海淀区万寿路 173 信箱

          电子工业出版社总编办公室

邮　　编：100036